LES MÉTHODES NOUVELLES

DE LA

MÉCANIQUE CÉLESTE

PAR

H. POINCARÉ,

MEMBRE DE L'INSTITUT,
PROFESSEUR A LA FACULTÉ DES SCIENCES.

TOME II.

Méthodes de MM. Newcomb, Gyldén, Lindstedt et Bohlin.

PARIS,

GAUTHIER-VILLARS ET FILS, IMPRIMEURS-LIBRAIRES
DU BUREAU DES LONGITUDES, DE L'ÉCOLE POLYTECHNIQUE,
Quai des Grands-Augustins, 55.

1893

LES MÉTHODES NOUVELLES

DE LA

MÉCANIQUE CÉLESTE.

18591   PARIS. — IMPRIMERIE GAUTHIER-VILLARS ET FILS,

Quai des Grands-Augustins, 55.

LES MÉTHODES NOUVELLES

DE LA

MÉCANIQUE CÉLESTE

PAR

H. POINCARÉ,

MEMBRE DE L'INSTITUT,
PROFESSEUR A LA FACULTÉ DES SCIENCES.

TOME II.

Méthodes de MM. Newcomb, Gyldén, Lindstedt et Bohlin.

PARIS,

GAUTHIER-VILLARS ET FILS, IMPRIMEURS-LIBRAIRES

DU BUREAU DES LONGITUDES, DE L'ÉCOLE POLYTECHNIQUE,

Quai des Grands-Augustins, 55

1893

rigoureusement certains résultats, par exemple la stabilité du système solaire.

Dans le Chapitre VIII, je cherche à expliquer en quoi consiste
ce malentendu entre les géomètres et les astronomes; comment
certaines séries que les premiers appellent *divergentes* peuvent
rendre des services à ces derniers; comment les règles ordinaires
du calcul sont applicables à ces séries. Les méthodes peut-être un
peu longues qui me conduisent à ce dernier résultat ont l'avantage
de montrer comment on pourrait trouver une limite supérieure de
l'erreur; on pourra du reste rapprocher ce Chapitre VIII de la
discussion qui se trouve à la fin du Chapitre VII.

Dans les Chapitres suivants, j'expose les plus simples des
méthodes nouvelles, celles qui sont dues à MM. Newcomb et
Lindstedt. Je montre comment on peut triompher de certaines
difficultés que l'on rencontre quand on veut les appliquer au cas
le plus général du Problème des trois Corps.

Ces difficultés sont au nombre de deux : d'abord, pour que la
méthode de M. Lindstedt soit applicable, soit sous sa forme primitive, soit sous celle que je lui ai ensuite donnée, il faut qu'en première approximation les moyens mouvements ne soient liés par
aucune relation linéaire à coefficients entiers; or, dans le Problème
des trois Corps, les moyens mouvements qui doivent entrer en
ligne de compte sont, non seulement ceux des deux planètes, mais
encore ceux des périhélies et des nœuds. Mais, en première approximation, c'est-à-dire dans le mouvement képlérien, les périhélies
et les nœuds sont fixes : leurs moyens mouvements sont donc nuls
et la condition que j'ai énoncée plus haut, c'est-à-dire l'absence
de toute relation linéaire à coefficients entiers, n'est pas remplie.
Après avoir expliqué comment on peut diriger les approximations
suivantes de façon à échapper à cet inconvénient, je passe à une
seconde difficulté qui se présente quand les excentricités sont extrêmement petites. Je montre qu'elle est artificielle et qu'on l'évite
en prenant pour point de départ, non pas les cercles auxquels
se réduisent les ellipses képlériennes quand les excentricités sont
nulles, mais les orbites décrites par nos planètes dans le cas des

solutions périodiques de la première sorte étudiées au Chapitre III.

Dans les fascicules suivants, j'exposerai d'abord les premières méthodes de M. Gyldén: fondées sur des principes qui ne sont pas sans analogie avec ceux dont je viens de parler, elles permettent de triompher des mêmes obstacles; mais, en outre, beaucoup de difficultés de détail sont vaincues par des artifices aussi élégants qu'ingénieux.

Je consacre quelques paragraphes aux procédés d'intégration applicables à certaines équations différentielles que M. Gyldén est amené à considérer et j'insiste surtout longuement sur l'une d'elles qui est particulièrement intéressante et qu'un grand nombre d'autres géomètres ont également envisagée.

Dans l'étude de ces méthodes, je m'écarte souvent beaucoup du mode d'exposition de leurs auteurs; je ne voulais pas, en effet, refaire ce qu'ils avaient si bien fait ; aussi me suis-je moins préoccupé de mettre ces méthodes sous la forme la plus commode pour le calculateur numérique que d'en faire comprendre l'esprit, afin que la comparaison en devînt facile.

Quand le lecteur en sera là, il comprendra clairement qu'il y a toujours moyen de se débarrasser des termes dits *séculaires* qui s'introduisent plus ou moins artificiellement dans les anciennes méthodes de calcul. Mais les calculateurs rencontrent souvent un obstacle plus sérieux, c'est la présence de petits diviseurs quand les moyens mouvements sont près d'être commensurables. Les procédés exposés dans la première Partie de ce Volume deviennent inapplicables et il faut avoir recours, soit à la méthode de Delaunay, soit à celle de M. Bohlin qui y est étroitement apparentée et à laquelle je consacrerai un Chapitre. Celle-ci, toutefois, n'est pas encore parfaite, car elle introduit, sinon de petits diviseurs, au moins de grands multiplicateurs qui peuvent rendre l'approximation insuffisante dans certains cas. Un pas restait donc encore à faire; il a été fait par les dernières méthodes de M. Gyldén par lesquelles je terminerai ce Volume, car si elles ne sont pas encore parfaites, aux yeux d'un géomètre pur, elles sont du moins les plus perfectionnées que nous connaissions.

Rappel des notations.

Je crois, pour éviter au lecteur l'ennui de recourir incessamment au Tome premier, devoir rappeler ici succinctement la signification de certaines notations que j'ai définies dans le premier Volume et dont je ferai usage dans celui-ci.

Je rappelle d'abord que le corps m_2 est rapporté au corps m_1, le corps m_3 au centre de gravité des corps m_1 et m_2. Je pose (n° 11)

$$\beta\mu = \frac{m_1 m_2}{m_1 + m_2}, \qquad \beta'\mu = \frac{(m_1 + m_2)m_3}{m_1 + m_2 + m_3}$$

de façon que μ soit une quantité très petite et que β et β' soient finis.

F sera l'énergie totale du système divisée par μ; elle sera développable suivant les puissances de μ.

Je définis maintenant les éléments osculateurs de la première planète, c'est-à-dire du corps m_2 dans son mouvement relatif par rapport au corps m_1.

J'appelle (n° 8) a le demi grand axe, e l'excentricité, i l'inclinaison et je pose

$$L = \sqrt{a}, \qquad \beta L = \Lambda, \qquad G = \sqrt{a(1 - e^2)}, \qquad \Theta = G \cos i.$$

J'appelle l l'anomalie moyenne, λ la longitude moyenne, θ la longitude du nœud, $g + \theta$ celle du périhélie, que je désigne aussi par ϖ. Je pose (n° 12)

$$\xi = \sqrt{2\beta(L - G)}\cos\varpi, \qquad \eta = -\sqrt{2\beta(L - G)}\sin\varpi,$$
$$p = \sqrt{2\beta(G - \Theta)}\cos\theta, \qquad q = -\sqrt{2\beta(G - \Theta)}\sin\theta.$$

Telle est la signification des lettres

$$\beta, \quad L, \quad \Lambda, \quad G, \quad \Theta, \quad l, \quad \lambda, \quad g, \quad \theta, \quad \varpi, \quad \xi, \quad \eta, \quad p, \quad q$$

qui se rapportent au mouvement de la première planète. Les mêmes lettres affectées d'accents, β', L', ..., auront la même signification en ce qui concerne le mouvement de la seconde planète, c'est-à-dire le mouvement relatif du corps m_3 par rapport au centre de gravité de m_1 et de m_2.

LES MÉTHODES NOUVELLES

DE LA

MÉCANIQUE CÉLESTE.

TOME II.

CHAPITRE VIII.

CALCUL FORMEL.

Divers sens du mot convergence.

118. Il y a entre les géomètres et les astronomes une sorte de malentendu au sujet de la signification du mot *convergence*. Les géomètres, préoccupés de la parfaite rigueur et souvent trop indifférents à la longueur de calculs inextricables dont ils conçoivent la possibilité, sans songer à les entreprendre effectivement, disent qu'une série est convergente quand la somme des termes tend vers une limite déterminée, quand même les premiers termes diminueraient très lentement. Les astronomes, au contraire, ont coutume de dire qu'une série converge quand les vingt premiers termes, par exemple, diminuent très rapidement, quand même les termes suivants devraient croître indéfiniment.

Ainsi, pour prendre un exemple simple, considérons les deux séries qui ont pour terme général

$$\frac{1000^n}{1.2.3\ldots n} \quad \text{et} \quad \frac{1.2.3\ldots n}{1000^n},$$

Les géomètres diront que la première série converge, et même qu'elle converge rapidement, parce que le millionième terme est beaucoup plus petit que le 999999e; mais ils regarderont la seconde comme divergente, parce que le terme général peut croître au delà de toute limite.

Les astronomes, au contraire, regarderont la première série comme divergente, parce que les 1000 premiers termes vont en croissant; et la seconde comme convergente, parce que les 1000 premiers termes vont en décroissant et que cette décroissance est d'abord très rapide.

Les deux règles sont légitimes : la première, dans les recherches théoriques; la seconde, dans les applications numériques. Toutes deux doivent régner, mais dans deux domaines séparés et dont il importe de bien connaître les frontières.

Les astronomes ne les connaissent pas toujours d'une façon bien précise, mais ils les franchissent rarement; l'approximation dont ils se contentent les maintient d'ordinaire beaucoup en deçà; d'ailleurs leur instinct les guide et, s'il les trompait, le contrôle de l'observation les avertirait promptement de leur erreur.

Je crois néanmoins qu'il y a lieu d'apporter dans cette question un peu plus de précision, et c'est ce que je vais essayer de faire, bien que par sa nature même elle ne s'y prête pas beaucoup. Je commence par dire, afin d'éviter toute confusion, que j'emploierai toujours désormais, sauf avis contraire, le mot *convergence* dans le sens des géomètres.

Séries analogues à celles de Stirling.

119. Le premier exemple qui a montré clairement la légitimité de certains développements divergents est l'exemple classique de la série de Stirling. Cauchy a montré que les termes de cette série vont d'abord en décroissant, puis en croissant, de sorte que la série diverge; mais si l'on s'arrête au terme le plus petit, on représente la fonction eulérienne avec une approximation d'autant plus grande que l'argument est plus grand.

Depuis, des faits analogues très nombreux ont été mis en évidence, et j'ai moi-même étudié dans les *Acta mathematica*, Tome VIII, une classe importante de séries qui jouissent des mêmes propriétés que celle de Stirling.

Qu'on me permette d'en citer ici encore un autre exemple qui présente quelques particularités intéressantes et qui nous sera peut-être utile dans la suite.

Soit w_0 un nombre positif plus petit que 1.

La série

$$(1) \qquad \varphi(w, \mu) = \sum \frac{w^n}{1 + n\mu}$$

converge pour toutes les valeurs de w et de μ telles que

$$|w| < w_0, \qquad \mu \geqq 0.$$

De plus la convergence est absolue et uniforme.

Nous avons, d'autre part,

$$\frac{w^n}{1 - n\mu} = \Sigma_p w^n (-1)^p n^p \mu^p ;$$

on peut donc être tenté d'égaler $\varphi(w, \mu)$ à la série à double entrée

$$\Sigma_n \Sigma_p w^n (-1)^p n^p \mu^p.$$

Mais cette série ne converge pas absolument.

Ordonnons-en toutefois les termes suivant les puissances croissantes de μ, il viendra

$$(2) \qquad A_0 - A_1 \mu + A_2 \mu^2 - A_3 \mu^3 + \ldots$$

où

$$A_0 = \Sigma w^n, \qquad A_1 = \Sigma n w^n, \qquad A_2 = \Sigma n^2 w^n, \qquad A_3 = \Sigma n^3 w^n, \qquad \ldots$$

La série (2), ordonnée suivant les puissances croissantes de μ, diverge. On a, en supposant w réel positif pour fixer les idées,

$$k^k w^k < A_k < \frac{k!}{(1 - w)^k}.$$

Il est clair que la série

$$\Sigma (- k w \mu)^k$$

diverge et qu'il en est de même *a fortiori* de la série (2). Mais si l'on envisage la série

$$\sum \frac{(-\mu)^k k!}{(1 - w)^k},$$

on voit que, si $\frac{n}{1-w}$ est très petit, les premiers termes décroissent très rapidement, bien que les suivants croissent au delà de toute limite.

Cette série (2) représente-t-elle approximativement la fonction $\varphi(w, \mu)$?

Pour nous en rendre compte, posons

$$\varphi_p(w, \mu) = A_0 + A_1\mu + A_2\mu^2 + \ldots + A_p\mu^p;$$

je dis que

$$\lim \frac{\varphi - \varphi_p}{\mu^p} = 0, \qquad \text{pour} \qquad \mu = 0.$$

On trouve, en effet,

$$\frac{\varphi - \varphi_p}{\mu^p} = (-1)^{p+1}\mu \sum \frac{n^{p+1}w^n}{1 + n\mu};$$

il est aisé de voir que la série

$$\sum \frac{n^{p+1}w^n}{1 + n\mu}$$

converge uniformément; on a donc pour $\mu = 0$

$$\lim \sum \frac{n^{p+1}w^n}{1 + n\mu} = \sum n^{p+1}w^n = \text{quantité finie},$$

et, par conséquent,

$$\lim \frac{\varphi - \varphi_p}{\mu^p} = 0.$$

C. Q. F. D.

Calcul de ces séries.

120. Nous sommes donc conduit à envisager une relation d'une nature nouvelle qui peut exister entre une fonction de x et de μ, que nous appellerons $\varphi(x, \mu)$ et une série divergente ordonnée suivant les puissances de μ

$$(1) \qquad f_0 + \mu f_1 + \mu^2 f_2 + \ldots + \mu^p f_p + \ldots$$

où les coefficients $f_0, f_1, \ldots$ peuvent être des fonctions de x

seulement indépendantes de μ (c'est ce qui arrivait dans l'exemple qui précède) ou bien dépendre à la fois de x et de μ.

Posons

$$\varphi_p = f_0 + \mu f_1 + \mu^2 f_2 + \ldots + \mu^p f_p.$$

Si l'on a

$$\lim \frac{\varphi - \varphi_p}{\mu^p} = 0, \qquad \text{pour} \quad \mu = 0,$$

je dirai que la série (1) représente asymptotiquement la fonction φ et j'écrirai

$$(2) \qquad \varphi(x, \mu) = f_0 + \mu f_1 + \mu^2 f_2 + \ldots;$$

j'appellerai les relations de la forme (2) égalités asymptotiques.

Il est clair que, si μ est très petit, la différence $\varphi - \varphi_p$ sera aussi très petite et, bien que la série (1) soit divergente, la somme de ses $p + 1$ premiers termes représente très approximativement la fonction φ.

Les astronomes diraient que cette série est convergente et représente la fonction φ.

Les astronomes ont continué de rechercher des séries qui satisfont formellement aux équations différentielles proposées, sans se préoccuper de leur convergence. Cette manière de faire semble d'abord tout à fait illégitime et pourtant elle les conduit souvent au but.

Pour s'expliquer ce fait, il est nécessaire d'examiner la question de plus près et c'est ce que je me propose de faire.

Introduisons quelques définitions nouvelles.

Considérons un système d'équations différentielles

$$(3) \qquad \frac{dx_i}{dt} = X_i \qquad (i = 1, 2, \ldots, n).$$

Je suppose que X_i soit une fonction uniforme de t, de x_1, x_2, ..., x_n et d'un paramètre μ et soit développable suivant les puissances croissantes de μ.

Considérons maintenant n séries divergentes que j'écrirai

$$S_1 = f_{0,1} + \mu f_{1,1} + \mu^2 f_{2,1} + \ldots,$$
$$S_2 = f_{0,2} + \mu f_{1,2} + \mu^2 f_{2,2} + \ldots,$$
$$\ldots \ldots \ldots \ldots \ldots \ldots \ldots \ldots$$
$$S_n = f_{0,n} + \mu f_{1,n} + \mu^2 f_{2,n} + \ldots.$$

Je suppose que les $f_{i,k}$ soient des fonctions connues de t et de μ et de plus que ces fonctions soient développables en séries *convergentes* suivant les puissances croissantes de μ.

Soit $\varphi_{p,k}$ la somme des $p+1$ premiers termes de la série S_k. Je dirai que les séries S_1, S_2, ..., S_n satisfont *formellement* aux équations différentielles (3), si, quand on substitue

$$\varphi_{p,1}, \quad \varphi_{p,2}, \quad ...., \quad \varphi_{p,n}$$

à la place de

$$x_1, \quad x_2, \quad ..., \quad x_n,$$

la différence $\dfrac{dx_i}{dt} - X_i$ devient divisible par μ^{p+1}.

Cette définition posée, voici ce que je me propose d'établir : considérons une solution particulière des équations (3), à savoir celle qui est telle que

$$x_1 = x_2 = \ldots = x_n = 0$$

pour $t = 0$.

Soit

$$x_1 = \theta_1(t, \mu), \quad x_2 = \theta_2(t, \mu), \quad ...., \quad x_n = \theta_n(t, \mu).$$

Je suppose que les fonctions $f_{i,k}$ s'annulent toutes pour $t = 0$.

Je dis que l'on aura les égalités asymptotiques suivantes

$$(4) \quad \theta_1(t, \mu) \equiv S_1, \quad \theta_2(t, \mu) \equiv S_2, \quad ..., \quad \theta_n(t, \mu) \equiv S_n.$$

En effet, posons

$$x_1 = \varphi_{p,1} + \mu^{p+1}\xi_1, \quad x_2 = \varphi_{p,2} + \mu^{p+1}\xi_2, \quad .... \quad x_n = \varphi_{p,n} + \mu^{p+1}\xi_n.$$

Substituons ces valeurs des x dans les équations (3), ces équations deviendront

$$\mu^{p+1}\frac{d\xi_i}{dt} = X_i - \frac{d\varphi_{p,i}}{dt}.$$

Après la substitution, X_i deviendra développable suivant les puissances croissantes de μ, de

$$\mu^{p+1}\xi_1, \quad \mu^{p+1}\xi_2, \quad ...., \quad \mu^{p+1}\xi_n,$$

les coefficients du développement étant des fonctions connues du temps.

Il n'y aurait d'exception que si la solution particulière

$$x_1 = \theta_1(t, 0), \quad x_2 = \theta_2(t, 0), \quad \ldots, \quad x_n = \theta_n(t, 0), \quad \mu = 0$$

allait, pour l'une des valeurs de t que l'on a à considérer, passer par un des points singuliers de l'équation différentielle (j'appelle ainsi, comme dans le Chap. II, n° 27, les systèmes de valeurs de x_1, $x_2, \ldots, x_n$, t et μ pour lesquels les X_i cessent d'être des fonctions holomorphes).

On pourra donc, ainsi que nous l'avons vu au n° 27, trouver deux nombres positifs M et α tels que

$$X_i - \frac{d\varphi_{p,i}}{dt} < \frac{M}{1 - \alpha(\mu + \mu^{p+1}\xi_1 + \ldots + \mu^{p+1}\xi_n)} \arg(\mu, \xi_i).$$

Mais par hypothèse les séries S_1, S_2, $\ldots$, S_n satisfont formellement aux équations (3). Cela veut dire que si l'on fait

$$\xi_1 = \xi_2 = \ldots = \xi_n = 0,$$

d'où

$$x_i = \varphi_{p,i},$$

les différences $X_i - \frac{d\varphi_{p,i}}{dt}$ deviendront divisibles par μ^{p+1}. Nous avons donc

$$(5) \qquad X_i - \frac{d\varphi_{p,i}}{dt} < \frac{M \alpha \mu^{p+1}(\alpha^p + \xi_1 + \xi_2 + \ldots + \xi_n)}{1 - \alpha(\mu + \mu^{p+1}\xi_1 + \ldots + \mu^{p+1}\xi_n)}.$$

Si nous appelons pour abréger $\mu^{p+1} Z$ le second membre de l'inégalité (5), et que nous posions

$$X_i - \frac{d\varphi_{p,i}}{dt} = \mu^{p+1} Y_i,$$

les équations (3) deviendront

$$(6) \qquad \frac{d\xi_i}{dt} = Y_i,$$

avec la condition

$$Y_i < Z.$$

Considérons la solution particulière des équations (6) qui est telle que

$$\xi_1 = \xi_2 = \ldots = \xi_n = 0$$

pour $t = 0$. Cette solution peut s'écrire

$$\xi_i = \frac{\theta_i(t, \mu) - \varphi_{p,i}}{\mu^{p+1}}.$$

Pour démontrer les égalités asymptotiques (4), il me suffit donc d'établir que ξ_i est fini; et pour cela il me suffit de comparer les équations (6) aux équations

$$\frac{d\xi_i}{dt} = Z. \tag{6 bis}$$

Tant que la solution de (6 *bis*) sera finie, il en sera de même de celle de (6). Or les équations (6 *bis*) sont faciles à intégrer. Car si l'on pose

$$\xi_1 + \xi_2 + \ldots + \xi_n = \sigma,$$

il vient, pour la solution particulière que nous considérons

$$\xi_1 = \xi_2 = \ldots = \xi_n = \frac{\sigma}{n}$$

et

$$\frac{d\sigma}{dt} = \frac{M\alpha(\alpha^p - \sigma)}{1 - \alpha\mu - \sigma\mu^{p+1}}.$$

Il est facile d'intégrer cette dernière équation et de constater que σ est fini, et que σ tend vers une limite finie quand μ tend vers o.

Il en est donc de même des ξ_i. C. Q. F. D.

Ce théorème justifie la manière de faire des astronomes pourvu que μ soit suffisamment petit. Peut-être aurait-il pu être établi plus simplement; mais la démonstration qui précède peut donner un moyen simple de trouver une limite supérieure de l'erreur commise.

121. Dans quelle mesure les règles ordinaires du calcul sont-elles applicables au calcul formel, c'est ce qu'il nous reste à voir :

Pour cela, considérons deux équations simultanées

$$\frac{dx}{dt} = X, \qquad \frac{dy}{dt} = Y, \tag{1}$$

X et Y étant des fonctions uniformes de x, y, t et μ, développables suivant les puissances de μ.

Changeons de variables en posant

$$x = \psi_1(\xi, \eta),$$
$$y = \psi_2(\xi, \eta),$$

ψ_1 et ψ_2 étant des fonctions de ξ, η, t et μ.

Les équations différentielles deviendront

$$(2) \qquad \frac{d\xi}{dt} = X' \qquad \frac{d\eta}{dt} = Y',$$

où

$$X' = \frac{dx}{d\xi} X + \frac{dx}{d\eta} Y,$$

$$Y' = \frac{dy}{d\xi} X + \frac{dy}{d\eta} Y,$$

X' et Y' seront développables suivant les puissances croissantes de μ, *à moins que* $\dfrac{dx}{d\xi}\dfrac{dy}{d\eta} - \dfrac{dx}{d\eta}\dfrac{dy}{d\xi}$ *ne soit divisible par* μ, ce que nous ne *supposerons pas*.

Cela posé, soient

$$S = f_0 + \mu f_1 + \mu^2 f_2 + \dots,$$
$$S' = f_0 + \mu f_1 + \mu^2 f_2 + \dots,$$

deux séries divergentes, les f_i et les f_i étant des fonctions de t et de μ' développables en séries convergentes suivant les puissances croissantes de μ'.

Je suppose que ces séries S et S' satisfassent formellement aux équations (2) quand on les substitue à la place de ξ et de η, et qu'on y fait $\mu' = \mu$.

Substituons maintenant dans les deux équations

$$x = \psi_1(\xi, \eta), \qquad y = \psi_2(\xi, \eta),$$

S et S' à la place de ξ et η, et développons ensuite

$$\psi_1(S, S'), \quad \psi_2(S, S'),$$

suivant les puissances croissantes de μ. Bien que les séries S et

S' soient supposées divergentes, le développement se fera par les règles ordinaires du calcul. Voici ce que j'entends par là.

Soient S_p et S'_p la somme des $p+1$ premiers termes de S et de S'. Supposons que l'on veuille calculer les $p+1$ premiers termes du développement de $\psi_1 (S, S')$ et de $\psi_2 (S, S')$.

Il faut prendre pour ces $p+1$ premiers termes les $p+1$ premiers termes du développement de

$$\psi_1(S_p, S_p) \quad \text{et} \quad \psi_2(S_p, S'_p).$$

Nous obtiendrons ainsi deux séries divergentes que je puis écrire

$$(3) \qquad \begin{cases} \psi_1(S, S') = F_0 + \mu F_1 + \mu^2 F_2 + \dots \\ \psi_2(S, S') = F'_0 + \mu F'_1 + \mu^2 F'_2 + \dots \end{cases}$$

et ces séries sont de même forme que les séries S et S'.

Je dis que ces deux séries satisferont formellement aux équations (1), quand on les substituera à la place de x et de y et qu'on fera ensuite $y' = y$.

En effet, si l'on fait

$$x = \psi_1(S_p, S'_p), \qquad y = \psi_2(S_p, S'_p),$$

la différence des deux membres des équations (1) devient divisible par μ^{p+1}.

D'autre part, si l'on appelle Σ_p et Σ'_p la somme des $p+1$ premiers termes des séries (3), les différences

$$\Sigma_p - \psi_1(S_p, S'_p), \quad \Sigma'_p - \psi_2(S_p, S'_p),$$

seront divisibles par μ^{p+1}.

Il est facile d'en conclure que si l'on fait

$$x = \Sigma_p, \qquad y = \Sigma'_p$$

la différence des deux membres des équations (1) deviendra divisible par μ^{p+1}.

C. Q. F. D.

Soit maintenant une équation unique

$$(4) \qquad \frac{dx}{dt} = X,$$

X étant fonction de x, de t et de μ.

Posons

$$\frac{dx}{dt} = y,$$

il viendra

(5)
$$\frac{dy}{dt} = \frac{dX}{dt} - y\,\frac{dX}{dx}.$$

Soit une série divergente

$$S = f_0 + \mu f_1 + \mu^2 f_2 + \dots,$$

qui satisfasse formellement à l'équation (4).

Formons la série

$$S' = f'_0 + \mu f'_1 + \mu^2 f'_2 + \dots,$$

obtenue en différentiant chaque terme par rapport à t.

Je dis que les deux séries S et S' satisferont formellement aux deux équations (4) et (5).

Soit, en effet, S_p et S'_p la somme des $p + 1$ premiers termes de S et de S'; on aura

$$S'_p = \frac{dS_p}{dt}.$$

Posons

$$X = X(x, t),$$

$$\frac{dX}{dt} - y\,\frac{dX}{dx} = Y(x, y, t).$$

Je dis que la différence

$$Y(S_p, S'_p, t) - \frac{dS'_p}{dt}$$

est divisible par μ^{p+1}.

En effet, par hypothèse, la différence

$$U = X(S_p, t) - \frac{dS_p}{dt}$$

est divisible par μ^{p+1}; il doit donc en être de même de sa dérivée

$$\frac{dU}{dt} = Y(S_p, S'_p, t) - \frac{dS'_p}{dt}. \qquad \text{c. q. f. d.}$$

Ainsi les règles ordinaires du calcul sont applicables au calcul formel.

La question la plus intéressante pour ce qui va suivre est de savoir si les théorèmes de Jacobi exposés aux n°^{os} 3 et 4 sont applicables au calcul formel.

La réponse à cette question doit être affirmative; nous le démontrerons plus loin au n° 125 sur un exemple particulier, mais la démonstration peut s'étendre sans changement au cas général.

122. Dans le Tome VIII des *Acta mathematica*, page 295, j'ai démontré certaines propriétés des égalités asymptotiques.

On peut additionner deux égalités asymptotiques; on peut également les multiplier l'une par l'autre.

Soit maintenant

$$S = f_0 + \mu f_1 + \mu^2 f_2 + \ldots$$

une série divergente, les f_i étant fonctions de t.

Soit

$$\varphi(t, \mu) \doteq S$$

une égalité asymptotique.

Supposons que $f_0 = 0$ de sorte que, pour $\mu = 0$, on ait

$$S = 0, \qquad \varphi(t, 0) = 0.$$

Soit maintenant une fonction de z, holomorphe pour $z = 0$.

Substituons S à la place de z dans $F(z)$ et développons $F(S)$, suivant les puissances de μ, par les règles ordinaires du calcul, ainsi qu'il a été expliqué au numéro précédent. On aura l'égalité asymptotique

$$F[\varphi(t, \mu)] \doteq F(S).$$

Il est inutile de reproduire ici les démonstrations; le lecteur pourra les retrouver dans le Mémoire cité; mais je l'engage à n'en pas prendre la peine; car elles sont si faciles qu'il aura plus vite fait de les reconstruire lui-même.

Soit maintenant une égalité asymptotique

$$\varphi(t, \mu) \doteq f_0 + \mu f_1 + \mu^2 f_2 + \ldots.$$

les f dépendant de t et de μ. Je suppose que cette égalité ait lieu *uniformément*. Je veux dire que l'expression

$$\frac{\varphi - \varphi_p}{\mu^p},$$

où φ_p désigne la somme des $p+1$ premiers termes de la série, tend uniformément vers o quel que soit t, quand μ tend vers o; c'est-à-dire qu'on peut trouver un nombre ε indépendant de t, dépendant seulement de μ et s'annulant avec μ, tel que

$$|\varphi - \varphi_p| < \mu^p \varepsilon.$$

On aura alors

$$\left| \int_{t_0}^{t_1} (\varphi - \varphi_p) dt \right| < \mu^p \varepsilon (t_1 - t_0),$$

ce qui montre qu'on aura l'égalité asymptotique

$$\int \varphi \, dt = \int f_0 \, dt + \mu \int f_1 \, dt + \mu^2 \int f_2 \, dt + \dots$$

On a donc le droit d'intégrer une égalité asymptotique. Au contraire, on n'aurait pas en général le droit de la différentier. Il est cependant un cas où les principes qui précèdent nous permettent de le faire.

Soit $\varphi(t, \mu)$ une solution d'une équation différentielle et S une série qui satisfait formellement à cette équation.

On aura asymptotiquement

$$\varphi(t, \mu) \backsim S.$$

Soit S' la série obtenue en différentiant chaque terme de S.

D'après le numéro précédent, cette série satisfait formellement à l'équation différentielle à laquelle satisfait effectivement la dérivée $\frac{d\varphi}{dt}$.

On aura donc l'égalité asymptotique

$$\frac{d\varphi}{dt} \backsim S'.$$

Je demande pardon au lecteur d'avoir tant insisté sur des points aussi simples, mais je tenais à bien faire comprendre la nature du malentendu dont j'ai parlé plus haut. Je voulais également, avant d'aborder l'étude des méthodes d'approximations successives employées en Mécanique céleste, méthodes qui sont divergentes au point de vue des géomètres, expliquer pourquoi leur emploi a pu rendre des services aux astronomes.

CHAPITRE IX.

MÉTHODES DE MM. NEWCOMB ET LINDSTEDT.

Historique.

123. M. Lindstedt a proposé, dans les *Mémoires de l'Académie de Saint-Pétersbourg*, 1882, un procédé d'intégration par approximations successives de l'équation suivante

$$(1) \qquad \frac{d^2x}{dt^2} + n^2x = \mu \varphi(x, t),$$

où $\varphi(x, t)$ est une fonction développée suivant les puissances croissantes de x et dont les coefficients sont des fonctions périodiques du temps t.

Il a même fait voir que la même méthode est applicable aux équations suivantes

$$\frac{d^2x}{dt^2} + n_1^2 x = \mu \varphi(x, y, t),$$

$$\frac{d^2y}{dt^2} + n_2^2 y = \mu \psi(x, y, t),$$

qui sont plus générales que l'équation (1) et qui se réduisent à un cas particulier des équations de la Dynamique, quand on a

$$\frac{d\varphi}{dy} = \frac{d\psi}{dx}.$$

L'équation (1) a une importance extrême en Mécanique céleste; car M. Gyldén s'y est trouvé conduit plusieurs fois dans le cours de ses belles recherches.

M. Lindstedt ne démontrait pas la convergence des développements qu'il avait ainsi formés, et, en effet, ils sont divergents; mais nous avons vu dans le Chapitre précédent comment ils peuvent néanmoins être intéressants et utiles.

Mais il y a une autre difficulté plus grave ; on constate aisément que la méthode est applicable dans les premières approximations, mais on peut se demander si l'on ne sera pas arrêté dans les approximations suivantes ; M. Lindstedt n'avait pu l'établir rigoureusement et conservait même à ce sujet quelques doutes. Ces doutes n'étaient pas fondés et sa belle méthode est toujours légitime ; je l'ai démontré d'abord par l'emploi des invariants intégraux dans le *Bulletin astronomique*, t. III, p. 57, puis, sans me servir de ces invariants, dans les *Comptes rendus*, t. CVIII, p. 21. C'est la seconde de ces démonstrations que je reproduirai dans le présent Chapitre. J'ai été ainsi conduit à un mode d'exposition de la méthode de M. Lindstedt qui s'étend immédiatement au cas le plus général des équations de la Dynamique.

Plusieurs cas particuliers y échappaient encore toutefois et entre autres le cas général du Problème des trois Corps.

Ce cas avait toutefois, en raison de son importance, attiré l'attention de M. Lindstedt. Ce savant astronome avait dans les *Comptes rendus*, t. XCVII, p. 1276 et 1353, montré comment sa méthode y pouvait être appliquée.

Malheureusement les mêmes difficultés que j'ai signalées plus haut subsistaient encore et non seulement les développements divergent, ce dont nous n'avons pas à nous inquiéter pour les raisons exposées dans le Chapitre précédent, mais on pouvait même douter de leur possibilité et, par conséquent, de la légitimité de la méthode elle-même.

Je crois être arrivé à lever ces doutes et c'est à quoi je consacrerai le Chapitre XI.

Aussi, pour expliquer la manière d'appliquer la méthode de M. Lindstedt au Problème des trois Corps, j'adopterai un mode d'exposition qui ne sera, ni celui du savant inventeur, ni celui qui conviendrait au calcul des divers termes du développement, mais celui qui se prête le mieux à la démonstration de la légitimité de la méthode.

M. Lindstedt avait été devancé dans la voie où il a travaillé par M. Newcomb (*Smithsonian contributions to Knowledge*, décembre 1874), qui avait donné le premier des séries représentant le mouvement des planètes et ne contenant que des sinus et des cosinus. Sa méthode, sur laquelle je reviendrai plus loin, est fondée sur la variation des constantes arbitraires.

124. Bien que parmi les méthodes récemment introduites dans la Mécanique céleste, celles de M. Lindstedt ne soient pas les premières en date, je crois néanmoins que c'est par elles qu'il convient de commencer l'exposition de ces nouveaux procédés d'approximations successives. Je ne pourrais pas, en effet, en séparer l'exposition de celles de M. Newcomb qui sont les premières dans l'ordre chronologique et, d'ailleurs, les méthodes de M. Lindstedt sont en effet les moins compliquées de toutes et celles qui s'adaptent le mieux aux cas les plus simples. Elles ne se trouvent en défaut que quand on est en présence de très petits diviseurs, et il faut alors leur préférer les méthodes plus perfectionnées de M. Gyldén. Ma façon d'exposer la théorie de M. Lindstedt différera beaucoup de celle de cet astronome et je l'appliquerai d'ailleurs à des cas plus nombreux, mais les séries que j'obtiendrai seront identiques aux siennes, ainsi que je le montrerai plus loin.

Je compléterai d'ailleurs ses résultats sur un grand nombre de points et je chercherai à les étendre à des problèmes aussi nombreux que possible.

Exposé de la méthode.

125. Reprenons les équations du n° 13

$$(1) \quad \begin{cases} \dfrac{dx_i}{dt} = -\dfrac{dF}{dy_i}, \quad \dfrac{dy_i}{dt} = -\dfrac{dF}{dx_i} & (i = 1, 2, \ldots, n), \\ \\ F = F_0 + \mu F_1 + \mu^2 F_2 + \ldots \end{cases}$$

Le problème consiste à satisfaire *formellement* aux équations (1) par des séries de la forme suivante

$$(2) \quad \begin{cases} x_i = x_i^0 + \mu x_i^1 + \mu^2 x_i^2 + \ldots + \mu^n x_i^n + \ldots, \\ y_i = y_i^0 + \mu y_i^1 + \mu^2 y_i^2 + \ldots + \mu^n y_i^n + \ldots, \end{cases}$$

les quantités x_i^k et y_i^k étant elles-mêmes de la forme suivante

$$x_i^k = \Sigma A \cos ht + \Sigma B \sin ht + C,$$
$$y_i^k = \Sigma A' \cos ht + \Sigma B' \sin ht + C't + D,$$

H. P. — II.   2

A, B, C, A', B', C' et D' étant des coefficients indépendants de μ
et du temps t, mais qui peuvent être fonctions d'un certain
nombre de constantes d'intégration ; les h sont des coefficients
dépendant de μ et développés suivant les puissances de ce paramètre.

Quand je dis que les séries (2) satisfont formellement aux équations (1), voici ce que j'entends :

Substituons dans ces équations (1) les séries (2) arrêtées au
$p + 1^{er}$ terme, c'est-à-dire faisons

$$x_i = x_i^0 + \mu x_i^1 + \mu^2 x_i^2 + \ldots + \mu^p x_i^p,$$
$$y_i = y_i^0 + \mu y_i^1 + \mu^2 y_i^2 + \ldots + \mu^p y_i^p,$$

je dirai que les séries (2) satisfont formellement aux équations (1),
si, après cette substitution, la différence des deux membres de
ces équations devient divisible par μ^p.

Pour déterminer les séries (2), nous nous servirons d'un procédé
entièrement différent de celui dont M. Lindstedt a fait usage.

Cherchons donc à former une série de la forme suivante

$$(3) \qquad S = S_0 + \mu S_1 + \mu^2 S_2 + \ldots + \mu^p S_p + \ldots$$

dont les coefficients S_k soient eux-mêmes des séries de la forme
suivante

$$S_k = \alpha_{k,1} y_1 + \alpha_{k,2} y_2 + \ldots + \alpha_{k,n} y_n + \varphi_k.$$

les $\alpha_{k,i}$ étant des coefficients constants et φ_k étant une fonction de
$y_1, y_2, \ldots, y_n$ périodique, de période 2π par rapport à ces n
variables.

Nous chercherons à déterminer la série (3) de façon à satisfaire
formellement à l'équation aux dérivées partielles

$$(4) \qquad F\left(\frac{dS}{dy_1}, \frac{dS}{dy_2}, \ldots \frac{dS}{dy_n}, y_1, y_2, \ldots, y_n\right) = \text{const.}$$

La constante du second membre (qui n'est autre chose que la
constante des forces vives) pouvant dépendre de μ, nous la poserons égale à

$$C_0 + \mu C_1 + \mu^2 C_2 + \ldots.$$

Faisons dans l'équation (4) $\mu = 0$, il viendra si l'on se rappelle que F_0 ne dépend pas des y

$$(5) \qquad F_0\left(\frac{dS_0}{dy_1}, \frac{dS_0}{dy_2}, \ldots, \frac{dS_0}{dy_n}\right) = C_0.$$

On peut satisfaire à cette équation en faisant

$$S_0 = x_1^0 y_1 + x_2^0 y_2 + \ldots + x_n^0 y_n,$$

$$\frac{dS_0}{dy_1} = x_1^0, \qquad \frac{dS_0}{dy_2} = x_2^0, \qquad \ldots \qquad \frac{dS_0}{dy_n} = x_n^0,$$

les x_i^0 étant des constantes qui peuvent être choisies arbitrairement
puisque la constante C_0 est elle-même arbitraire.

Nous poserons, comme dans les Chapitres qui précèdent,

$$n_i^0 = -\frac{dF}{dx_i^0}.$$

En égalant ensuite les coefficients des puissances semblables de μ
dans les deux membres de l'équation (4), on obtient une série
d'équations qui permettent de déterminer par récurrence S_1,
$S_2, \ldots, S_p, \ldots$.

Voici quelle est la forme de ces équations

$$(6) \qquad n_1^0 \frac{dS_p}{dy_1} + n_2^0 \frac{dS_p}{dy_2} + \ldots + n_n^0 \frac{dS_p}{dy_n} = \Phi_p + C_p.$$

Φ_p est un polynôme entier par rapport aux quantités

$$\frac{dS_k}{dy_i} \qquad (k = 1, 2, \ldots, p-1; i = 1, 2, \ldots, n)$$

et les coefficients de ce polynôme sont des fonctions de x_1^0,
$x_2^0, \ldots, x_n^0$ et de $y_1, y_2, \ldots, y_n$, périodiques, de période 2π par
rapport aux y.

Je dis qu'on pourra tirer la fonction S_p de cette équation (6)
et de telle sorte que $\frac{dS_p}{dy_1}, \frac{dS_p}{dy_2}, \ldots, \frac{dS_p}{dy_n}$ soient périodiques, de
période 2π par rapport aux y.

Supposons, en effet, que cela soit vrai pour les dérivées de S_1,
$S_2, \ldots, S_{p-1}$ par rapport aux y.

Alors Φ_p sera une fonction périodique de $y_1, y_2, \ldots, y_n$ et je pourrai écrire

$$\Phi_p = A + \Sigma B \cos(m_1 y_1 + m_2 y_2 + \ldots + m_n y_n)$$
$$+ \Sigma C \sin(m_1 y_1 + \ldots + m_n y_n);$$

les nombres m_1, m_2, $\ldots$, m_n étant des entiers pendant que les A, les B et les C sont des coefficients constants indépendants des y.

On peut faire alors

$$S_p = x_{p,1} y_1 + x_{p,2} y_2 + \ldots + x_{p,n} y_n$$
$$+ \Sigma \frac{B \sin(m_1 y_1 + m_2 y_2 + \ldots + m_n y_n)}{m_1 n_1^0 + m_2 n_2^0 + \ldots + m_n n_n^0}$$
$$+ \Sigma \frac{C \cos(m_1 y_1 + \ldots + m_n y_n)}{m_1 n_1^0 + \ldots + m_n n_n^0}.$$

Les $x_{p,i}$ sont des constantes qui peuvent être choisies arbitrairement puisqu'elles sont assujetties seulement à la condition

$$x_{p,1} n_1^0 + x_{p,2} n_2^0 + \ldots + x_{p,n} n_n^0 = A + C_p$$

et que la condition C_p est arbitraire.

Cette méthode ne serait en défaut que s'il existait des entiers m_1, m_2, $\ldots$, m_n, tels que

$$\Sigma m_i n_i^0 = 0.$$

Nous supposerons qu'il n'en est pas ainsi.

Il est à remarquer que les fonctions S_p ainsi définies contiennent des constantes arbitraires; elles dépendent d'abord de

$$x_1^0, \quad x_2^0, \quad \ldots, \quad x_n^0,$$

puis de

$$x_{1,1}, \quad x_{1,2}, \quad \ldots, \quad x_{1,n},$$

puis de

$$x_{2,1}, \quad x_{2,2}, \quad \ldots, \quad x_{2,n},$$
$$\ldots \quad \ldots \quad \ldots \quad \ldots$$

puis de

$$x_{p,1}, \quad x_{p,2}, \quad \ldots, \quad x_{p,n},$$
$$\ldots \quad \ldots \quad \ldots \quad \ldots$$

Nous ne voulons conserver que n constantes arbitraires; nous continuerons donc à considérer les x_i^0 comme arbitraires, en choisissant d'une manière quelconque, mais définitive, les $z_{i,k}$. Nous pourrions convenir, par exemple, de choisir les $z_{i,k}$ de façon que

$$0 = C_1 = C_2 = \ldots = C_p = \ldots,$$

mais je préfère prendre tous les $z_{i,k}$ nuls; les constantes C_1, C_2, ... C_p, ... ne sont pas nulles alors; en général, elles dépendent, ainsi que C_0, de x_1^0, x_2^0, ..., x_n^0.

Cela posé, soit

$$\Sigma_p = S_0 + \mu S_1 + \mu^2 S_2 + \ldots + \mu^p S_p.$$

Posons

$$(7) \qquad \frac{d\Sigma_p}{dy_i} = x_i, \qquad \frac{d\Sigma_p}{dx_i^0} = w_i.$$

Si nous changeons de variables, en prenant pour variables nouvelles les x_i^0 et les w_i, au lieu des x_i et des y_i [les nouvelles variables étant liées aux anciennes par les relations (7)], le théorème du n° 4 nous apprend que les équations resteront canoniques et que nous aurons

$$\frac{dx_i^0}{dt} = \frac{dF}{dw_i}, \qquad \frac{dw_i}{dt} = -\frac{dF}{dx_i^0} \qquad (i = 1, 2, \ldots, n).$$

Voyons maintenant quelle sera la forme de F, quand elle sera exprimée en fonction des nouvelles variables x_i^0 et w_i. Par hypothèse, la série S satisfait formellement à l'équation (4); cela revient à dire que nous aurons

$$F(x_i, y_i) = F\left(\frac{d\Sigma_p}{dy_i}, y_i\right) = C_0 + \mu C_1 + \mu^2 C_2 + \ldots + \mu^p C_p + \mu^{p+1}\Phi_p,$$

Φ_p étant une fonction des x_i^0, des w_i et de μ susceptible d'être développée suivant les puissances de μ. Quant aux quantités C_0, C_1, ..., C_p, nous avons vu que ce sont des fonctions des x_i^0.

Nous poserons

$$v_i^0 = -\frac{dC_0}{dx_i^0} - \mu\frac{dC_1}{dx_i^0} - \mu^2\frac{dC_2}{dx_i^0} - \ldots - \mu^p\frac{dC_p}{dx_i^0}.$$

Alors, pour $\mu = 0$, v_i^0 se réduit à n^0.

Il vient alors

$$\frac{dx_i^0}{dt} = \mu^{p+1}\frac{d\Phi_p}{dw_i}, \qquad \frac{dw_i}{dt} = v_i^p - \mu^{p+1}\frac{d\Phi_p}{dx_i^0};$$

si l'on néglige les quantités de l'ordre de μ^{p+1}, on tirera de ces équations

$$x_i^0 = \text{const.}, \qquad w_i = v_i^p t + \text{const.}$$

On peut exprimer ce résultat en disant que le théorème de Jacobi du n° 3 est applicable au calcul formel, en employant le langage du Chapitre VIII.

Posons

$$n_i = -\frac{dC_0}{dx_i^0} - \mu\frac{dC_1}{dx_i^0} - \mu^2\frac{dC_2}{dx_i^0} - \dots \ ad \ inf.$$

Nous avons là une série ordonnée suivant les puissances de μ, qui peut être divergente; mais peu nous importe, puisque nous nous plaçons au point de vue du Chapitre précédent, c'est-à-dire au point de vue formel.

Posons ensuite

$$w_i = n_i t + \varpi_i,$$

les ϖ_i étant regardées comme des constantes d'intégration. Envisageons ensuite les équations

$$(8) \qquad \frac{dS}{dy_i} = x_i, \qquad \frac{dS}{dx_i^0} = w_i.$$

De ces équations (8), on peut tirer les x_i et les y_i sous la forme de séries ordonnées suivant les puissances de μ et dont les coefficients sont des fonctions des x_i^0 et des w_i. Ces séries peuvent d'ailleurs être convergentes ou divergentes, peu importe.

Si dans ces séries on remplace les w_i par $n_i t + \varpi_i$ et si l'on regarde les x_i^0 comme des constantes, elles satisferont formellement aux équations (1).

Soient

$$(2) \qquad \begin{cases} x_i = x_i^0 + \mu x_i^1 + \mu^2 x_i^2 + \dots \\ y_i = y_i^0 + \mu y_i^1 + \mu^2 y_i^2 + \dots \end{cases}$$

ces séries; voyons quelle est la forme des x_i^k et des y_i^k. Pour $\mu = 0$, S se réduit à

$$S_0 = x_1^0 y_1 + x_2^0 y_2 + \ldots + x_n^0 y_n,$$

et il vient par conséquent

$$x_i = x_i^0, \qquad y_i = w_i.$$

Ainsi le premier terme du développement de x_i est une constante et le premier terme du développement de y_i (c'est-à-dire y_i^0) se réduit à

$$w_i = n_i t + \varpi_i.$$

Si, au lieu de tirer les x_i et les y_i des équations (8), nous les avions tirées des équations (7), les $p + 1$ premiers termes auraient été les mêmes, puisque la différence $S - \Sigma_p$ est de l'ordre de μ^{p+1}.

Pour déterminer les quantités

$$x_i^k, \quad y_i^k \quad (i = 1, 2, \ldots, n; k = 0, 1, 2, \ldots, p),$$

envisageons donc les équations (7) que nous écrirons sous la forme suivante

$$(7\ bis) \qquad x_i = x_i^0 + \frac{d(\Sigma_p - S_0)}{dy_i}, \qquad y_i = w_i + \frac{d(\Sigma_p - S_0)}{dx_i^0}.$$

Nous pouvons tirer des équations (7 bis) les x_i et les y_i en séries ordonnées suivant les puissances de μ et convergentes si μ est assez petit; il nous suffit pour cela d'appliquer le théorème du n° 30, puisque $\Sigma_p - S_0$ représente une fonction complètement définie et n'est pas une simple expression formelle.

Nous avons supposé que les quantités $z_{k,i}$ sont nulles; il en résultera que les S_k ($k > 0$) et par conséquent $\Sigma_p - S_0$ sont des fonctions périodiques de période 2π par rapport aux y_i.

Si donc dans les équations (7 bis) on change y_i en $y_i + 2k_i\pi$ et w_i en $w_i + 2k_i\pi$ ($k_1, k_2, \ldots, k_n$ étant des entiers), ces équations ne changeront pas. Donc les valeurs de x_i et de $y_i - w_i$ tirées de ces équations sont périodiques, de période 2π par rapport aux w.

Donc *dans les séries* (2) *les quantités* x_i^k *et* y_i^k *sont des fonctions périodiques de période* 2π *par rapport aux* w_i.

Diverses formes des séries.

126. L'existence des séries (8) étant ainsi démontrée, on peut se proposer de les former sans passer par l'intermédiaire de l'expression auxiliaire S.

Mais je veux auparavant montrer qu'il est possible de satisfaire formellement aux équations (1) du numéro précédent par une infinité d'autres séries de même forme que les séries (2).

$1°$ La fonction S du numéro précédent est déterminée par l'équation (4) à une constante près seulement, ou plutôt, puisque les quantités x_1^0, x_2^0, ..., x_n^0 sont regardées comme des constantes, à une fonction arbitraire près de x_1^0, x_2^0, ... et x_n^0.

Si donc une fonction S satisfait à l'équation (4), il en sera de même de la fonction

$$S' = S + R,$$

R étant une fonction de x_1^0, x_2^0, ..., x_n^0 et μ, développable suivant les puissances croissantes de μ.

Remplaçons alors les équations (8) par les suivantes

$$(8\ bis) \qquad x_i = \frac{dS'}{dy_i} = \frac{dS}{dy_i}, \qquad w_i = \frac{dS'}{dx_i^0} = \frac{dS}{dx_i^0} + \frac{dR}{dx_i^0}.$$

Nous pourrons supposer que R est divisible par μ; on pourra alors tirer des équations (8 bis) les x_i et les y_i sous la forme de séries (2 bis) de même forme que les séries (2).

On aura

$$(2\ bis) \qquad \begin{cases} x_i = x_i^0 + \mu x_i^1 + \mu^2 x_i^2 + \ldots, \\ y_i = w_i + \mu y_i^1 + \mu^2 y_i^2 + \ldots, \end{cases}$$

les x_i^k et les y_i^k étant comme les x_i^k et les y_i^k des fonctions périodiques des w.

La comparaison des équations (8 bis) et des équations (8) montre qu'on obtiendra les séries (2 bis) en partant des séries (2) et en y changeant w_i en $w_i + \dfrac{dR}{dx_i^0}$.

$2°$ Plus généralement, soient

$$w_1, \quad w_2, \quad \ldots, \quad w_n$$

n fonctions de x_1^0, x_2^0, ..., x_n^0 et de μ développables suivant les puissances de μ.

Si, dans les séries (2), l'on change w_1, w_2, ..., w_n en

$$w_1 + \mu\omega_1, \quad w_2 + \mu\omega_2, \quad \ldots, \quad w_n + \mu\omega_n,$$

ces séries conserveront la même forme; nous avons en effet

$$(2) \qquad \begin{cases} x_i = x_i^0 + \mu\varphi_i(w_k, \mu), \\ y_i = w_i + \mu\psi_i(w_k, \mu), \end{cases}$$

les φ_i et les ψ_i étant développables suivant les puissances de μ et périodiques par rapport aux w.

Quand on changera w_i en $w_i + \mu\omega_i$, il viendra

$$(2\ ter) \qquad \begin{cases} x_i = x_i^0 + \mu\varphi_i(w_k + \mu\omega_k, \mu), \\ y_i = w_i + \mu[\omega_i + \psi_i(w_k + \mu\omega_k, \mu)]. \end{cases}$$

Il est manifeste que $\varphi_i(w_k + \mu\omega_k, \mu)$ et $\omega_i + \psi_i(w_k + \mu\omega_k, \mu)$ sont encore développables suivant les puissances de μ et périodiques par rapport aux w.

De plus les séries (2 ter) satisfont formellement aux équations (1). En effet, les séries (2) satisfont à ces équations quand on y fait

$$w_i = n_i t + \varpi_i,$$

quelles que soient les valeurs attribuées aux constantes d'intégration ϖ_i.

Or les ω_i sont des fonctions des x_i^0 qui sont des constantes : ce sont donc des constantes. Donc changer w_i en $w_i + \mu\omega_i$ revient à remplacer les constantes d'intégration ϖ_i par des constantes différentes $\varpi_i + \mu\omega_i$, ce qui, d'après la remarque que nous venons de faire, n'empêchera pas nos séries de satisfaire encore aux équations différentielles (1).

Ainsi les séries (2 ter) satisfont formellement aux équations (1).

Seulement elles ne peuvent pas être tirées d'équations analogues aux équations (8) et (8 *bis*), à moins que

$$\mu(\omega_1\,dx_1^0 + \omega_2\,dx_2^0 + \ldots + \omega_n\,dx_n^0)$$

ne soit la différentielle exacte d'une fonction de $x_1^0, x_2^0, \ldots, x_n^0$ qui n'est autre alors que la fonction R que nous avons considérée un peu plus haut.

3° Dans les séries (2) changeons

$$x_1^0, \quad x_2^0, \quad \ldots, \quad x_n^0$$

en

$$x_1^0 + \mu v_1, \quad x_2^0 + \mu v_2, \quad \ldots, \quad x_n^0 + \mu v_n;$$

$v_1, v_2, \ldots, v_n$ étant des fonctions de $x_1^0, x_2^0, \ldots, x_n^0$ et μ développables suivant les puissances de μ.

Si les x_i^0 sont regardées comme des constantes, les v_i seront également des constantes.

Si l'on altère de la sorte la valeur des constantes d'intégration, les séries (2) conserveront la même forme et elles ne cesseront pas de satisfaire formellement aux équations (1).

En résumé, écrivons les séries (2) sous la forme suivante

$$(2) \qquad \begin{cases} x_i = x_i^0 + \mu\, \varphi_i(w_k, x_k^0, \mu), \\ y_i = w_i + \mu\, \psi_i(w_k, x_k^0, \mu), \end{cases}$$

en mettant ainsi en évidence que $x_i - x_i^0$ et $y_i - w_i$ dépendent non seulement des w_k et de μ mais des x_k^0.

Soient ensuite

$$w_1, \quad w_2, \quad \ldots, \quad w_n; \quad v_1, \quad v_2, \quad \ldots, \quad v_n$$

$2n$ fonctions des x_i^0 et de μ développables suivant les puissances de μ.

Formons les séries

$$(2\ quater) \begin{cases} x_i = x_i^0 + \mu[v_i + \varphi_i(w_k + \mu w_k, x_k^0 + \mu v_k, \mu)], \\ y_i = w_i + \mu[w_i + \psi_i(w_k + \mu w_k, x_k^0 + \mu v_k, \mu)]; \end{cases}$$

ces séries satisferont formellement aux équations (1) quelles que soient les fonctions w_i et v_i.

De plus les fonctions

$$\varphi_i(w_k, x_k^0, \mu) \quad \text{et} \quad \psi_i(w_k, x_k^0, \mu),$$

étant périodiques par rapport aux w, il en sera de même des fonctions

$$v_i + \varphi_i(w_k + \mu w_k, x_k^0 + \mu v_k, \mu) \quad \text{et} \quad w_i + \psi_i(w_k + \mu w_k, x_k^0 + \mu v_k, \mu)$$

Une deuxième remarque :

Posons

$$v_i + \varphi_i(w_k + \mu\omega_k, x_k^0 + \mu v_k, \mu) = \varphi_i'(w_k, x_k^0, \mu),$$
$$\omega_i + \psi_i(w_k + \mu\omega_k, x_k^0 + \mu v_k, \mu) = \psi_i'(w_k, x_k^0, \mu).$$

Les fonctions φ_i, ψ_i, φ_i' et ψ_i' sont des fonctions périodiques des w; je vais considérer les valeurs moyennes de ces fonctions périodiques et je les appellerai respectivement

$$\varphi_i^0(x_k^0, \mu), \quad \psi_i^0(x_k^0, \mu), \quad \varphi_i'^0(x_k^0, \mu), \quad \psi_i'^0(x_k^0, \mu).$$

Cela posé, voici ce que je me propose de démontrer :

Soient θ_i et η_i ($i = 1, 2, \ldots, n$) $2n$ fonctions tout à fait arbitraires de x_1^0 x_2^0, ..., x_n^0 et μ, assujetties seulement à être développables suivant les puissances de μ.

Je dis qu'on pourra toujours, quelles que soient ces fonctions θ_i et η_i, choisir les fonctions v_i et ω_i de telle façon que

$$\varphi_i'^0 = \theta_i, \qquad \psi_i'^0 = \eta_i.$$

En effet, il suffit pour cela de définir les v_i et les ω_i par les équations suivantes

$$v_i + \varphi_i^0(x_k^0 + \mu v_k, \mu) = \theta_i(x_k^0, \mu),$$
$$\omega_i + \psi_i^0(x_k^0 + \mu v_k, \mu) = \eta_i(x_k^0, \mu).$$

Or on peut toujours tirer de ces équations les v_i et les ω_i sous la forme de séries ordonnées suivant les puissances de μ et dont les coefficients sont des fonctions de x_k^0.

Si nous écrivons les séries (2 *quater*) sous la forme suivante

$$x_i = x_i^0 + \mu x_i^1 + \mu^2 x_i^2 + \ldots,$$
$$y_i = w_i + \mu y_i^1 + \mu^2 y_i^2 + \ldots,$$

les x_i^k et les y_i^k sont des fonctions périodiques des w. *D'après la remarque qui précède, on peut toujours s'arranger de telle façon que les valeurs moyennes de ces fonctions périodiques* x_i^k *et* y_i^k *soient telles fonctions que l'on veut de* $x_1^0, x_2^0, \ldots, x_n^0$.

Calcul direct des séries.

127. Passons maintenant au calcul direct des séries (2 *quater*). Pour cela, supposons que dans $\dfrac{dF}{dy_i}$ par exemple, qui est une fonction des x_i, des y_i et de μ, on remplace ces variables par leurs développements

$$x_i^0 + \mu x_i^1 + \mu^2 x_i^2 + \dots$$
$$w_i + \mu y_i^1 + \mu^2 y_i^2 + \dots$$

ce $\dfrac{dF}{dy_i}$ deviendra alors une fonction des x_i^0, des x_i^k, des w_i, des y_i^k et de μ. Cette fonction sera périodique par rapport aux w_i; elle sera développable suivant les puissances de μ, des x_i^k et des y_i^k (si $k > 1$); elle dépendra des x_i^0 d'une manière quelconque.

Écrivons alors

$$(9) \qquad \frac{dF}{dy_i} = X_i^0 + \mu X_i^1 + \mu^2 X_i^2 + \dots + \mu^k X_i^k + \dots$$

les X_i^k étant des fonctions des w_i, des x_i^k, des y_i^k, des x_i^0 périodiques par rapport aux w_i.

Nous aurons de même

$$(10) \qquad -\frac{dF}{dx_i} = Y_i^0 + \mu Y_i^1 + \mu^2 Y_i^2 + \dots + \mu^k Y_i^k + \dots$$

les Y_i^k étant des fonctions de même forme que les X_i^k.

Si l'on se rappelle que $\dfrac{dF_0}{dy_i}$ est nul, et que $\dfrac{dF_0}{dx_i}$ ne dépend pas des y_i, on conclura sans peine que X_i^k ne dépend que

$$\text{des } x_i^0, \quad \text{des } x_i^1, \quad \dots \quad x_i^{k-1},$$
$$\text{des } w_i, \quad \text{des } y_i^1, \quad \dots \quad y_i^{k-1}.$$

Au contraire, Y_i^k dépend des mêmes quantités et, en outre, des x_i^k, mais il est indépendant des y_i^k. D'ailleurs X_i^0 est nul et Y_i^0 se réduit à n_i^0.

Nous supposerons d'autre part que

$$w_i = n_i t + \varpi_i.$$

d'où

$$\frac{dw_i}{dt} = n_i.$$

Nous supposerons que n_i est développable suivant les puissances de μ, et nous écrirons

(11)
$$n_i = n_i^0 + \mu n_i^1 + \mu^2 n_i^2 + \ldots.$$

Nos équations différentielles s'écriront alors

(12)
$$\Sigma_k n_k \frac{dx_i}{dw_k} = \frac{dF}{dy_i}, \qquad \Sigma_k n_k \frac{dy_i}{dw_k} = -\frac{dF}{dx_i}.$$

On a, en effet,

$$\frac{dx_i}{dt} = \sum \frac{dx_i}{dw_k}\frac{dw_k}{dt} = \Sigma n_k \frac{dx_i}{dw_k}.$$

Dans les équations (12), remplaçons $\dfrac{dF}{dy_i}$, $-\dfrac{dF}{dx_i}$ et n_k par leurs développements (9), (10) et (11) et égalons ensuite les puissances semblables de μ.

En posant, pour abréger,

$$\sum_{k=1}^{k=n}\sum_{q=1}^{q=p-1} n_k^q \frac{dx_i^{p-q}}{dw_k} = -Z_i^p \quad (\text{si } p > 1) \qquad Z_i^1 = 0,$$

$$\sum_{k=1}^{k=n}\sum_{q=1}^{q=p-1} n_k^q \frac{dy_i^{p-q}}{dw_k} = -T_i^p \quad (\text{si } p > 1) \qquad T_i^1 = 0.$$

Il viendra, en égalant les coefficients de μ^p $(p > 1)$

(13)
$$\begin{cases} \Sigma_k n_k^0 \dfrac{dx_i^p}{dw_k} = X_i^p - Z_i^p - \Sigma_k n_k^p \dfrac{dx_i^0}{dw_k}, \\[2mm] \Sigma_k n_k^0 \dfrac{dy_i^p}{dw_k} = Y_i^p - T_i^p - \Sigma_k n_k^p \dfrac{dx_i^0}{dw_k}. \end{cases}$$

En égalant les termes indépendants de μ, il vient simplement

$$\Sigma n_k^0 \frac{dx_i^0}{dw_k} = 0, \qquad \Sigma n_k^0 \frac{dy_i^0}{dw_k} = n_i^0.$$

équations auxquelles on peut, comme nous le savions déjà, satisfaire en faisant

$$x_i^0 = \text{const.}, \qquad y_i^0 = w_i.$$

Les équations (13) se réduisent alors à

$$(14) \qquad \Sigma n_k^0 \frac{dx_i^p}{dw_k} = X_i^p + Z_i^p, \qquad \Sigma n_k^0 \frac{dy_i^p}{dw_k} = Y_i^p + T_i^p - n_i^p.$$

Voyons comment on peut se servir des équations (14) pour déterminer par récurrence les fonctions

$$x_i^p \quad \text{et} \quad y_i^p,$$

de façon que ces fonctions soient périodiques par rapport aux w et que leurs valeurs moyennes soient telles fonctions que nous voulons des x_k^0.

Nous avons vu dans les deux numéros précédents que cette détermination est possible.

Supposons que l'on ait calculé

$$(15) \qquad x_i^1, \ x_i^2, \ \ldots, \ x_i^{p-1}, \ y_i^1, \ y_i^2, \ \ldots, \ y_i^{p-1},$$

et que l'on se propose de calculer à l'aide des équations (14) x_i^p et y_i^p.

Comme X_i^p et Z_i^p ne dépendent que des variables (15), le second membre de la première équation (14) est une fonction connue des w, périodique par rapport à ces variables.

Soit

$$X_i^p + Z_i^p = \Sigma A \cos(m_1 w_1 + m_2 w_2 + \ldots + m_n w_n + h)$$

cette fonction, nous en déduirons, en intégrant l'équation (14),

$$x_i^p = \sum \frac{A \sin(m_1 w_1 + m_2 w_2 + \ldots + m_n w_n + h)}{m_1 n_1^0 + m_2 n_2^0 + \ldots + m_n n_n^0} + K_i^p.$$

Ainsi x_i^p est une fonction périodique des w; il n'y aurait d'exception que dans deux cas : si les n_i^0 satisfaisaient à une relation linéaire à coefficients entiers

$$\Sigma m_i n_i^0 = 0,$$

mais nous avons supposé le contraire; ou bien si la fonction périodique $X_i^p + Z_i^p$ avait une valeur moyenne différente de 0. Il n'est pas facile de démontrer directement qu'il n'en est pas ainsi, mais comme nous savons d'avance que x_i^p doit être une fonction périodique des w, nous sommes certains que la valeur moyenne de $X_i^p + Z_i^p$ est nulle. *C'est pour cela que j'ai commencé l'exposition de la méthode de M. Lindstedt par les considérations des deux numéros précédents, au lieu de débuter tout de suite par le calcul du présent numéro.*

Quant à la constante K_i^p, on peut arbitrairement l'égaler à telle fonction que l'on veut des x_h^0, d'après ce que nous avons vu au numéro précédent.

Il reste à calculer y_i^p à l'aide de la seconde équation (14). On verrait, comme pour x_i^p, que l'on trouvera y_i^p sous la forme d'une fonction périodique des w, à la condition que la partie moyenne de

$$Y_i^p + T_i^p - n_i^p$$

soit nulle. Or la constante n_i^p est restée arbitraire, et il est clair qu'on peut toujours la choisir de façon à annuler cette valeur moyenne.

On ne sera donc jamais arrêté dans le calcul des différents termes des séries (2 *quater*).

Il reste beaucoup d'arbitraires dont un calculateur habile pourra disposer pour abréger ses calculs; on peut en effet choisir arbitrairement les valeurs moyennes de x_i^p et de y_i^p.

Parmi les choix que l'on peut faire, je citerai le suivant, sans avoir l'intention toutefois de le recommander particulièrement. On peut choisir les constantes K_i^p de telle façon que

$$n_i^p = 0, \qquad n_i = n_i^0.$$

Cette méthode est applicable toutes les fois qu'on peut choisir les quantités n_i^0, de façon qu'il n'y ait entre elles aucune relation linéaire à coefficients entiers, et, par conséquent, toutes les fois que l'on peut choisir arbitrairement les rapports de ces n quantités.

C'est ce qui arrive, par exemple, dans le cas particulier du Problème des trois Corps défini au n° 9; dans ce cas, on a en effet

$$F_0 = \frac{1}{2 x_1^2} + x'_2,$$

d'où

$$n_1^0 = \frac{1}{x_1'^3}, \qquad n_2^0 = -1.$$

Il est clair que nous pouvons choisir x_1 de façon que le rapport $\frac{n_1^2}{n_2^2}$ ait telle valeur que nous voulons.

C'est ce qui arrive également avec l'équation suivante, qui s'introduit dans l'application des méthodes de M. Gyldén, et qui a fait l'objet des études particulières de M. Lindstedt,

$$(16) \qquad \frac{d^2y}{dx^2} + n^2 y = \mu \varphi'(y, x),$$

où φ' est une fonction développée suivant les puissances de y et périodique en x.

J'observe d'abord que φ' peut toujours être regardée comme la dérivée prise par rapport à y d'une fonction φ de même forme. Je puis alors comme nous l'avons vu au n° 2, remplacer l'équation précédente par les suivantes :

$$-F = \frac{q^2}{2} + \frac{n^2 y^2}{2} - \mu \varphi(y, x) + p.$$

$$\frac{dr}{dt} = -\frac{dF}{dp} = 1, \qquad \frac{dy}{dt} = -\frac{dF}{dq} = q, \qquad \frac{dp}{dt} = \frac{dF}{dx},$$

$$\frac{dq}{dt} = \frac{dF}{dy} = -n^2 y + \mu \varphi'(y, x).$$

Posons ensuite

$$y = \rho \sin y_1, \qquad q = n\rho \cos y_1, \qquad \frac{n\rho^2}{2} = x_1, \qquad p = x_2, \qquad x = y_2,$$

nos équations deviendront

$$-F = n x_1 + x_2 - \mu \varphi\left(\sqrt{\frac{2x_1}{n}} \sin y_1, y_2\right).$$

$$\frac{dx_1}{dt} = \frac{dF}{dy_1}, \qquad \frac{dx_2}{dt} = \frac{dF}{dy_2}, \qquad \frac{dy_1}{dt} = -\frac{dF}{dx_1}, \qquad \frac{dy_2}{dt} = -\frac{dF}{dx_2}.$$

La forme canonique des équations ne sera en effet pas altérée, en vertu du n° 6.

Ici nous avons, en faisant $\mu = 0$,

$$F_0 = -n x_1 - x_2,$$

d'où

$$n_1^0 = -\frac{dF_0}{dx_1} = -n, \qquad n_2^0 = -\frac{dF_0}{dx_2} = 1.$$

Si donc n est incommensurable, il n'y a entre n_1^0 et n_2^0 aucune relation linéaire à coefficients entiers, et la méthode est applicable.

Elle serait applicable également au cas général du Problème des trois Corps, si ces trois corps se mouvaient dans un plan et s'attiraient suivant toute autre loi que la loi de Newton, mais elle cesse de l'être (à moins de modifications importantes qui feront l'objet des numéros suivants) si la loi d'attraction est la loi newtonienne.

En effet, dans ce cas (et en reprenant les notations du n° 125), F_0 ne contient plus x_3, et par conséquent n_3^0 est nul; il en résulte qu'il y a, entre les n_i^0, une relation linéaire à coefficients entiers, à savoir

$$n_3^0 = 0.$$

Le calcul direct tel qu'il a été exposé dans ce numéro se rapproche beaucoup plus de la méthode originale de M. Lindstedt. Il présente un avantage important sur les procédés indirects des deux numéros précédents, puisqu'il nous donne immédiatement les valeurs des x_i et des y_i en fonctions des α, et, par conséquent, du temps, et se prête ainsi au calcul des éphémérides. Mais ces procédés indirects nous étaient nécessaires; car, sans eux, je n'aurais pu démontrer la légitimité du calcul direct (qui ne peut s'achever que si la valeur moyenne de $X_i^p + Z_i^p$ est nulle), ou du moins je n'aurais pu le faire sans employer les invariants intégraux dont je ne parlerai que dans un Chapitre ultérieur.

A un autre point de vue, la connaissance de ces procédés indirects ne nous sera pas non plus inutile. Nous avons vu, en effet, dans l'Introduction, qu'on peut quelquefois employer avec avantage une intégrale ou une relation invariante (pour parler le langage des n°s 1 et 19) au lieu d'une solution. D'ailleurs le calcul de la fonction S peut servir de vérification au calcul direct.

128. On peut choisir la constante K_i^p, définie plus haut, de telle façon que $[Y_i^p + T_i^p]$, c'est-à-dire la valeur moyenne de $Y_i^p + T_i^p$, soit nulle, et, par conséquent, que

$$n_i^p = 0, \qquad n_i = n_i^0.$$

En effet, nous avons

$$Y_i^p = -\frac{d^2 F_0}{dx_i\,dx_1} x_1^p - \frac{d^2 F_0}{dx_i\,dx_2} x_2^p - \ldots - \frac{d^2 F_0}{dx_i\,dx_3} x_3^p + U_i^p,$$

U_i^p ne dépendant que de x_i^k et y_i^k $(i = 1, 2, \ldots, n; k = 0, 1, 2, \ldots, p - 1)$.
En égalant les valeurs moyennes, il vient

$$[Y_i^p + T_i^p] = - \sum \frac{d^2 F_0}{dx_i\, dx_k} K_k^p + [U_i^p + T_i^p].$$

Les fonctions U_i^p et T_i^p sont entièrement connues; il en est donc
de même de $[U_i^p + T_i^p]$, et, par conséquent, il suffit, pour annuler
les n_i^p, de choisir les constantes K_k^p, de façon à satisfaire aux n équations linéaires

$$(1) \qquad \frac{d^2 F_0}{dx_i\, dx_1} K_1^p + \frac{d^2 F_0}{dx_i\, dx_2} K_2^p + \ldots + \frac{d^2 F_0}{dx_i\, dx_n} K_n^p = [U_i^p + T_i^p].$$

Il faut et il suffit, pour que cela soit possible, que le hessien de F_0
ne soit pas nul. Or il est précisément nul dans le cas de l'équation (16), c'est-à-dire dans le cas particulier dont s'est surtout
occupé M. Lindstedt; c'est ce qui explique pourquoi ce savant
astronome n'a pas aperçu la possibilité de faire

$$n_i = n_i^0.$$

Ce hessien est encore nul dans le cas particulier du Problème des
trois Corps défini au n° 9, mais nous avons vu au n° 43 qu'on peut,
par un artifice simple, tourner cette difficulté.

Comparaison avec la méthode de M. Newcomb.

129. M. Newcomb, pour parvenir à des séries de même forme
que celles qui nous ont occupé dans ce Chapitre, a employé la
méthode de la variation des constantes arbitraires. Pour bien montrer que le résultat ne pouvait différer de celui que nous avons
obtenu dans les numéros précédents, nous allons exposer cette
méthode sous la forme suivante.

Reprenons l'équation aux dérivées partielles

$$(1) \qquad F\left(\frac{dS}{dy_i}, y_i\right) = \text{const.}.$$

qui est l'équation (4) du n° 125.

Soit S' une fonction de $y_1, y_2, \ldots, y_n$ et de n constantes x_1^0, $x_2^0, \ldots, x_n^0$, satisfaisant approximativement à l'équation (1), de telle sorte que l'on ait

$$F\left(\frac{dS'}{dy_i}, y_i\right) = \varphi(x_i^0, y_i) = \varphi_0(x_i^0) + \varepsilon \varphi_1(x_i^0, y_i),$$

φ_0 ne dépendant que des constantes x_i^0 et ε étant très petit. Nous aurons alors une solution approximative des équations canoniques

$$(2) \qquad \frac{dx_i}{dt} = \frac{dF}{dy_i}, \qquad \frac{dy_i}{dt} = -\frac{dF}{dx_i},$$

en faisant

$$(3) \qquad \frac{dS'}{dy_i} = x_i, \qquad \frac{dS'}{dx_i^0} = y_i^0 = n_i t + \varpi_i, \qquad n_i = -\frac{dz_0}{dx_i^0},$$

et en regardant les x_i^0 et les ϖ_i comme des constantes arbitraires.

Supposons maintenant qu'on veuille pousser plus loin l'approximation en appliquant la méthode de Lagrange; on regardera alors les x_i^0 et les ϖ_i non plus comme des constantes, mais comme de nouvelles fonctions inconnues. Voici comment, d'après le théorème du n° 4, nous devrons former nos nouvelles équations. Substituons à la place des y_i leurs valeurs en fonction des x_i^0 et des y_i^0 tirées des équations (3); il viendra

$$\varphi(x_i^0, y_i^0) = \psi(x_i^0, y_i^0),$$

et nous aurons les équations canoniques

$$(4) \qquad \frac{dx_i^0}{dt} = \frac{d\psi}{dy_i^0}, \qquad \frac{dy_i^0}{dt} = -\frac{d\psi}{dx_i^0}.$$

J'ai pris comme variables les y_i^0 au lieu des ϖ_i, ce qui revient au même, afin de mieux mettre en évidence la forme canonique des équations.

L'intégration des équations (4) peut être ramenée à celle de l'équation aux dérivées partielles

$$(5) \qquad \psi\left(\frac{dS}{dy_i^0}, y_i^0\right) = \text{const.}$$

Soit S'' une fonction des y_i'' et de n nouvelles constantes x_i^1, satisfaisant à cette équation. Si nous posons

$$(6) \qquad \frac{dS''}{dy_i''} = x_i^0, \qquad \frac{dS''}{dx_i^1} = y_i^1,$$

nous satisferons aux équations (4) en égalant les x_i^1 à des constantes et les y_i^1 à des fonctions linéaires du temps.

Si S'' n'est qu'une intégrale approximative de (5), nous n'aurons ainsi que des solutions approximatives des équations (4).

Telle est la méthode de la variation des constantes; ce n'est pas tout à fait celle que nous avons appliquée au n° **125**; conservant l'équation (1), après en avoir trouvé une solution approximative, nous en cherchions une solution plus approchée encore. Soit S''' cette solution, qui dépendra des y_i et de n constantes x_i^1. Si nous posons alors

$$(7) \qquad \frac{dS'''}{dy_i} = x_i, \qquad \frac{dS'''}{dx_i^1} = y_i^1,$$

les x_i^1 seront des constantes et les y_i^1 des fonctions linéaires du temps, soit exactement si S''' est une solution exacte de (1), soit approximativement si S''' n'est qu'une solution approchée. Pouvons-nous choisir S''' de telle façon que les équations (7) équivalent aux équations (3) et (6)? Les équations (3) et (6) peuvent s'écrire

$$dS = \Sigma x_i \, dy_i + \Sigma y_i^0 \, dx_i^0,$$
$$dS' = \Sigma x_i^0 \, dy_i^0 + \Sigma y_i^1 \, dx_i^1,$$

et les équations (7)

$$dS''' = \Sigma x_i \, dy_i + \Sigma y_i^1 \, dx_i^1.$$

Il suffira donc de prendre

$$S''' = S + S' - \Sigma x_i^0 y_i^0;$$

la méthode du n° **125** ne diffère donc pas essentiellement de celle de M. Newcomb et ne présente sur elle d'autre avantage que celui d'éviter de trop nombreux changements de variables.

J'ajouterai que nous avons choisi d'une manière particulière les constantes d'intégration, afin de conserver aux équations leur forme canonique. M. Newcomb ne s'y est pas astreint, et c'est ce que font d'ailleurs les astronomes dans l'application de la méthode de Lagrange. Les équations où s'introduisent les crochets de Lagrange prennent ainsi une forme en apparence plus compliquée. Mais cette différence n'a rien d'essentiel.

CHAPITRE X.

APPLICATION A L'ÉTUDE DES VARIATIONS SÉCULAIRES.

Exposé de la question.

130. On peut faire des principes du Chapitre précédent une application importante à l'étude de certaines équations que les astronomes ont souvent considérées.

Soient

$$(1) \qquad \frac{dx_i}{dt} = \frac{dF}{dy_i}, \qquad \frac{dy_i}{dt} = -\frac{dF}{dx_i}$$

nos équations canoniques, et soit

$$F = F_0 + \mu F_1 + \mu^2 F_2 + \dots$$

Supposons que nos variables conjuguées x_i et y_i soient les variables képlériennes du n° 11, que F_0 dépende seulement de βL et de $\beta' L'$, c'est-à-dire des deux grands axes, et qu'en négligeant $\mu^2 F_2$ et les termes suivants μF_1 représente la fonction perturbatrice.

Alors F_1 est développable suivant les sinus et cosinus des multiples des deux anomalies moyennes l et l'; j'appellerai R la valeur moyenne de cette fonction périodique de l et de l'.

On a souvent, pour étudier les variations séculaires des éléments des deux planètes, négligé dans F_1 les termes périodiques et réduit, par conséquent, cette fonction à sa valeur moyenne R. Nos équations deviennent alors

$$(1\,bis) \qquad \frac{dx_i}{dt} = \frac{dF_0}{dy_i} + \mu \frac{dR}{dy_i}; \qquad \frac{dy_i}{dt} = -\frac{dF_0}{dx_i} - \mu \frac{dR}{dx_i}.$$

Est-on certain, en opérant de la sorte, d'obtenir exactement les coefficients des termes séculaires de x_i et de y_i, je veux dire les coefficients des termes dont la période croît indéfiniment quand les masses tendent vers o? Il est évident que non; mais l'approximation est généralement assez grande et les astronomes s'en sont, à juste titre, contentés jusqu'ici. De là l'intérêt qui s'attache à l'étude de ces équations (1 *bis*).

F_0 et R ne dépendant pas de l et de l', il vient d'abord

$$\frac{d(\beta L)}{dt} = \frac{d(\beta' L')}{dt} = 0,$$

de sorte que L et L' peuvent être considérés comme des constantes. Nous pourrons donc nous contenter d'envisager les quatre paires de variables conjuguées,

$$\beta G, \quad \beta \theta, \quad \beta' G', \quad \beta' \theta',$$
$$g, \quad \theta, \quad g', \quad \theta'$$

(notations du n° 11), que nous appellerons pour un instant

$$x_1, \quad x_2, \quad x_3, \quad x_4,$$
$$y_1, \quad y_2, \quad y_3, \quad y_4.$$

Alors F_0 ne dépend d'aucune de ces huit variables et nos équations (1 *bis*) deviennent

$$(1\ ter) \qquad \frac{dx_i}{\mu\,dt} = \frac{dR}{dy_i}, \quad \frac{dy_i}{\mu\,dt} = -\frac{dR}{dx_i} \qquad (i = 1, 2, 3, 4).$$

La fonction R ne dépend que de nos huit variables x_i et y_i, puisqu'elle est indépendante de l et de l' et que L et L' sont désormais regardées comme des constantes. Nos équations (1 *ter*) ont donc la forme canonique.

Quand x_i et y_i auront été déterminés par les équations (1 *ter*), on calculera l et l' par les équations

$$\frac{dl}{dt} = -\mu\,\frac{dR}{\beta\,dL}, \quad \frac{dl'}{dt} = -\mu\,\frac{dR}{\beta'\,dL'},$$

qui s'intégreront par de simples quadratures, puisque l et l' n'entrent pas dans le second membre.

Les fondateurs de la Mécanique céleste ont envisagé ces équations en réduisant R à ses premiers termes, c'est-à-dire à ceux qui sont du second ordre par rapport aux excentricités et aux inclinaisons. Les équations sont alors linéaires et à coefficients constants. Depuis, Le Verrier et Cellérier ont envisagé les termes du quatrième ordre et ont reconnu qu'ils n'altèrent pas la stabilité.

Mais les principes du Chapitre précédent permettent, comme nous allons le voir, de généraliser ce résultat et de montrer qu'il est encore vrai (au point de vue du calcul formel bien entendu) quelque loin que l'on pousse l'approximation.

Nouveau changement de variables.

131. Si l'on adopte les variables (4) du n° 12, R est développable suivant les puissances de ξ, ξ', η, η', p, p', q et q'; il n'y a pas, comme nous l'avons vu, de termes de degré impair, par rapport à ces quantités

$$(2) \qquad \xi, \quad \xi', \quad \eta, \quad \eta', \quad p, \quad p', \quad q, \quad q'$$

Nous pourrons donc écrire

$$R(\xi, \xi', \eta, \eta', p, p', q, q') = R_0 + R_2 + R_4 + R_6 + \ldots,$$

R_k comprenant l'ensemble des termes du $k^{ième}$ degré par rapport aux quantités (2). Il s'agit d'intégrer les équations canoniques

$$\frac{d\xi}{dt} = \frac{dR}{d\eta}, \qquad \frac{d\eta}{dt} = -\frac{dR}{d\xi} \qquad \ldots$$

Mais nous avons encore un changement de variables à faire pour amener nos équations à la forme la plus commode.

Supposons d'abord que l'on néglige les termes d'ordre supérieur au deuxième par rapport aux quantités (2) et que l'on écrive

$$R = R_0 + R_2.$$

R_0 est une constante, R_2 est un polynôme homogène et du second degré par rapport aux variables (2). Si donc on forme les équations canoniques

$$(3) \begin{cases} \dfrac{d\xi}{dt} = \dfrac{dR_2}{d\eta}, & \dfrac{d\xi'}{dt} = \dfrac{dR_2}{d\eta'}, & \dfrac{dp}{dt} = \dfrac{dR_2}{dq}, & \dfrac{dp'}{dt} = \dfrac{dR_2}{dq'}, \\[2mm] \dfrac{d\eta}{dt} = -\dfrac{dR_2}{d\xi}, & \dfrac{d\eta'}{dt} = -\dfrac{dR_2}{d\xi'}, & \dfrac{dq}{dt} = -\dfrac{dR_2}{dp}, & \dfrac{dq'}{dt} = -\dfrac{dR_2}{dp'}, \end{cases}$$

ces équations seront linéaires par rapport aux variables (2).

Supposons que, au lieu de développer R suivant les puissances des variables (2), nous développions suivant les puissances des excentricités et des inclinaisons et qu'on obtienne ainsi le développement suivant

$$R = R_0^* + R_2^* + R_4^* + \dots,$$

R_k^* représentant l'ensemble des termes du degré k par rapport aux excentricités et aux inclinaisons.

D'après ce que nous avons vu au n° **12**, les variables (2) sont développables suivant les puissances des excentricités et des inclinaisons, de telle sorte qu'en arrêtant chacun de ces développements à son premier terme il vienne

$$(4) \begin{cases} \xi = \sqrt{\Lambda}\, e \cos\varpi, & \xi' = \sqrt{\Lambda'}\, e' \cos\varpi', \\[1mm] \eta = -\sqrt{\Lambda}\, e \sin\varpi, & \eta' = -\sqrt{\Lambda'}\, e' \sin\varpi', \\[1mm] p = \sqrt{\Lambda}\, i \cos\theta, & p' = \sqrt{\Lambda'}\, i' \cos\theta', \\[1mm] q = -\sqrt{\Lambda}\, i \sin\theta, & q' = -\sqrt{\Lambda'}\, i' \sin\theta' \end{cases}$$

(j'ai posé pour abréger, comme au n° **12**, $\Lambda = \beta L$, $\Lambda' = \beta' L'$).

Il résulte de là que

$$R_0 = R_0^*$$

et que, pour obtenir R_2^*, il suffit de remplacer dans R_2 les variables (2) par leur valeur approchée (4).

Inversement, on obtiendra R_2, en remplaçant dans R_2^* les quantités

$$e\cos\varpi, \quad e'\cos\varpi', \quad e\sin\varpi, \quad e'\sin\varpi', \quad i\cos\theta, \quad i'\cos\theta', \quad i\sin\theta, \quad i'\sin\theta'$$

par

$$\frac{\xi}{\sqrt{\Lambda}}, \quad \frac{\xi'}{\sqrt{\Lambda'}}, \quad \frac{-\eta}{\sqrt{\Lambda}}, \quad \frac{-\eta'}{\sqrt{\Lambda'}}, \quad \frac{p}{\sqrt{\Lambda}}, \quad \frac{p'}{\sqrt{\Lambda'}}, \quad \frac{-q}{\sqrt{\Lambda}}, \quad \frac{-q'}{\sqrt{\Lambda'}},$$

Mais le développement de R'_2 est bien connu; R'_2 n'est autre chose, en effet, que l'ensemble des termes séculaires de la fonction perturbatrice qui sont du deuxième degré par rapport aux excentricités et aux inclinaisons.

Je puis en conclure deux choses :

1° Que les équations linéaires (3) peuvent se déduire par un changement de variables très simple des équations (A) et (C) de la *Mécanique céleste* de Laplace (Livre II, Chap. VII, t. Ier, n°s 55 et 59, p. 321 et 334, édition de Gauthier-Villars, 1878) qui servent à calculer les variations séculaires des excentricités et des périhélies, des inclinaisons et des nœuds ;

2° Que la fonction R_2 est d'une forme particulière et peut s'écrire

$$R_2 = R'_2(\xi, \xi') + R'_2(\eta, \eta') + R'_2(p, p') + R'_2(q, q').$$

Elle est ainsi la somme de quatre formes quadratiques, la première dépendant seulement de ξ et de ξ', la seconde formée avec η et η' comme la première avec ξ et ξ', la troisième dépendant seulement de p et de p', la quatrième formée avec q et q' comme la troisième avec p et p'.

Cela posé, nous allons faire un changement linéaire de variables en nous arrangeant de façon à ne pas altérer la forme canonique des équations.

Posons pour cela

$$V = +\xi(\sigma_1 \cos\varphi + \sigma_2 \sin\varphi) + \xi'(-\sigma_1 \sin\varphi + \sigma_2 \cos\varphi)$$
$$+ p(\sigma_3 \cos\varphi' + \sigma_4 \sin\varphi') + p'(-\sigma_3 \sin\varphi' + \sigma_4 \cos\varphi'),$$

φ et φ' étant deux angles dépendant de A et de A'.

Posons ensuite

$$\eta = \frac{dV}{d\xi} = \sigma_1 \cos\varphi + \sigma_2 \sin\varphi, \qquad \eta' = \frac{dV}{d\xi'} = -\sigma_1 \sin\varphi + \sigma_2 \cos\varphi,$$

$$q = \frac{dV}{dp} = \sigma_3 \cos\varphi' + \sigma_4 \sin\varphi', \qquad q' = \frac{dV}{dp'} = -\sigma_3 \sin\varphi' + \sigma_4 \cos\varphi'.$$

J'ai ainsi des relations qui définiront les variables nouvelles σ_i en fonctions des variables anciennes.

J'introduis encore quatre nouvelles variables $\tau_1, \tau_2, \tau_3, \tau_4$, définies par les relations

$$\tau_i = \frac{dV}{d\sigma_i},$$

d'où

$$\xi = \tau_1 \cos\varphi + \tau_2 \sin\varphi, \qquad \xi' = -\tau_3 \sin\varphi + \tau_2 \cos\varphi,$$
$$p = \tau_3 \cos\varphi' + \tau_4 \sin\varphi', \qquad p' = -\tau_3 \sin\varphi' + \tau_4 \cos\varphi'.$$

D'après le théorème du n° 4, la forme canonique des équations ne sera pas altérée si l'on remplace les variables anciennes

$$\xi, \quad \xi', \quad p, \quad p'$$
$$\eta, \quad \eta', \quad q, \quad q'$$

par les variables nouvelles

$$\tau_1, \quad \tau_2, \quad \tau_3, \quad \tau_4,$$
$$\sigma_1, \quad \sigma_2, \quad \sigma_3, \quad \sigma_4.$$

Il reste à montrer comment on choisira les angles φ et φ' en fonctions de A et de A'.

On choisira l'angle φ de telle façon que la forme quadratique

$$R_2'(\xi, \xi') = R_2'(\tau_1 \cos\varphi + \tau_2 \sin\varphi, -\tau_1 \sin\varphi + \tau_2 \cos\varphi)$$

se réduise à une somme de deux carrés

$$A_1 \tau_1^2 + A_2 \tau_2^2.$$

On aura de même

$$R_2'(\eta, \eta') = R_2'(\sigma_1 \cos\varphi + \sigma_2 \sin\varphi, -\sigma_1 \sin\varphi + \sigma_2 \cos\varphi) = A_1 \sigma_1^2 + A_2 \sigma_2^2.$$

On choisira de même l'angle φ' de telle façon que

$$R_2''(p, p') = A_3 \tau_3^2 + A_4 \tau_4^2,$$
$$R_2''(q, q') = A_3 \sigma_3^2 + A_4 \sigma_4^2;$$

on aura alors

$$R_2 = A_1(\sigma_1^2 + \tau_1^2) + A_2(\sigma_2^2 + \tau_2^2) + A_3(\sigma_3^2 + \tau_3^2) + A_4(\sigma_4^2 + \tau_4^2).$$

Remarquons que A_1, A_2, A_3, A_4 dépendent de A et de A'.

La relation entre les variables ξ, η, σ et τ, qui s'écrit

$$(5) \quad \begin{cases} \xi = \tau_1 \cos\varphi + \tau_2 \sin\varphi, & \eta = \sigma_1 \cos\varphi + \sigma_2 \sin\varphi, \\ \xi' = -\tau_1 \sin\varphi + \tau_2 \cos\varphi, & \eta' = -\sigma_1 \sin\varphi + \sigma_2 \cos\varphi, \end{cases}$$

est une substitution linéaire *orthogonale*; c'est grâce à cette circonstance, comme nous l'avons expliqué au n° 5, que la forme canonique des équations n'est pas altérée. Le problème est donc ramené à la recherche des angles φ et φ', c'est-à-dire au choix de la substitution orthogonale (5), mais cette recherche revient à l'intégration des équations (A) et (C) de Laplace citées plus haut ; le calcul numérique peut donc être long, mais il a déjà été fait en ce qui concerne le système solaire.

On obtiendra des résultats analogues dans le cas où, au lieu de trois corps, on en considérerait $n + 1$.

La fonction R_2 serait encore la somme de quatre formes quadratiques, mais chacune de ces quatre formes au lieu de dépendre seulement de deux variables en contiendrait n.

Nous aurons alors n variables analogues aux ξ, n analogues aux η, n analogues aux p, n analogues aux q. Tout se ramènera encore à déterminer une substitution linéaire orthogonale qui, appliquée aux variables ξ, transforme la première de ces quatre formes quadratiques en une somme de n carrés.

Mais revenons au Problème des trois Corps.

Faisons un dernier changement de variables en posant

$$\tau_i = \sqrt{2\rho_i}\cos\omega_i, \qquad \sigma_i = \sqrt{2\rho_i}\sin\omega_i,$$

ce qui, d'après le n° 6, n'altère pas la forme canonique des équations.

R est alors développable suivant les puissances des $\sqrt{\rho_i}$ et périodique par rapport aux ω_i ; on a d'ailleurs

$$R_2 = 2A_1\rho_1 + 2A_2\rho_2 + 2A_3\rho_3 + 2A_4\rho_4,$$

c'est-à-dire que R_2 ne dépend pas des ω_i.

Application de la méthode du Chapitre IX.

132. Après ces divers changements de variables, nos équations se présentent sous la forme suivante

$$(2) \qquad \frac{d\rho_i}{dt} = -\mu\frac{dR}{d\omega_i}, \qquad \frac{d\omega_i}{dt} = \mu\frac{dR}{d\rho_i}.$$

Pour pouvoir appliquer à ces équations les méthodes du Chapitre précédent, il faudrait pouvoir développer R suivant les puissances

croissantes d'un paramètre très petit. Nous ne pouvons plus pour
cela nous servir de μ, puisque tous les termes du second membre
sont du même degré (de degré 1), par rapport à μ; heureusement
les quantités ρ_i qui sont de l'ordre du carré des excentricités et
des inclinaisons sont elles-mêmes très petites.

Nous n'avons donc, pour être ramené au cas traité dans le Chapitre précédent, qu'à poser

$$\rho_i = \varepsilon \rho'_i,$$

ε étant une constante très petite, et les quantités ρ'_i étant finies.
Il vient alors

$$(1\ bis) \qquad \frac{d\rho_i}{dt} = -\frac{\mu}{\varepsilon}\frac{dR}{d\omega_i}, \qquad \frac{d\omega_i}{dt} = \frac{\mu}{\varepsilon}\frac{dR}{d\rho_i},$$

$$R = R_0 + R_2 + R_4 + \ldots$$

R_{2p} sera homogène et du degré p par rapport aux ρ_i, de sorte que,
quand on remplacera ρ_i par $\varepsilon\rho'_i$, il viendra

$$R = R_0 + \varepsilon R'_2 + \varepsilon^2 R'_4 + \ldots,$$

R'_{2p} s'obtenant en remplaçant ρ_i par ρ'_i dans R_{2p}.

Nos équations deviennent alors, si l'on observe que R_0 se réduit
à une constante,

$$(3) \quad \begin{cases} \dfrac{d\rho_i}{dt} = -\mu\dfrac{dR'_2}{d\omega_i} - \mu\varepsilon\dfrac{dR'_4}{d\omega_i} - \mu\varepsilon^2\dfrac{dR'_6}{d\omega_i} - \ldots, \\[2ex] \dfrac{d\omega_i}{dt} = \mu\dfrac{dR'_2}{d\rho'_i} + \mu\varepsilon\dfrac{dR'_4}{d\rho'_i} + \mu\varepsilon^2\dfrac{dR'_6}{d\rho'_i} + \ldots. \end{cases}$$

On voit que les équations ont conservé la forme canonique; la
fonction F se réduit alors à

$$\mu\left(R'_2 + \varepsilon R'_4 + \varepsilon^2 R'_6 + \ldots\right).$$

On voit qu'elle est développée suivant les puissances de ε; elle est
périodique par rapport aux variables de la seconde série ω_i; enfin
le premier terme R'_2 ne dépend pas de ces variables ω_i. Nous nous
trouvons donc dans les conditions où les résultats du Chapitre
précédent sont applicables.

La seule hypothèse que nous devions faire, c'est qu'il n'y ait pas
entre les quatre constantes A_1, A_2, A_3, A_4 de relation linéaire à

coefficients entiers. La probabilité pour que cette relation existe est nulle, mais on peut encore se demander s'il n'y a pas une relation simple de cette forme qui soit assez près d'être satisfaite pour que les séries ne convergent plus que très lentement. On sait que Le Verrier a discuté cette question, mais il a dû la laisser indécise en ce qui concerne les planètes inférieures, parce que les masses en sont mal connues et que les coefficients A dépendent de ces masses.

Il est clair que tout ce qui précède s'applique, sans qu'on ait rien à y changer, au cas où l'on aurait plus de trois corps.

Ainsi on peut satisfaire formellement aux équations qui définissent les variations séculaires par des séries trigonométriques de la forme de celles de MM. Newcomb et Lindstedt. Alors $e \cos \varpi$, $e \sin \varpi$, $i \cos \theta$, $i \sin \theta$ sont exprimés par des séries dont les termes sont périodiques par rapport à t. Ce résultat aurait été envisagé par Laplace ou Lagrange comme établissant complètement la stabilité du système solaire. Nous sommes plus difficiles aujourd'hui parce que la convergence des développements n'est pas démontrée; le résultat n'en est pas moins important.

Remarquons, en terminant, que, dans le cas où il n'y a que trois corps et où ils se meuvent dans un plan, nos équations canoniques (3) peuvent être ramenées à n'avoir plus qu'un seul degré de liberté; on peut donc les intégrer par de simples quadratures.

Inutile de rappeler que l'intégration des équations (3) équivaut à celle de l'équation aux dérivées partielles

$$R\left(\frac{dT}{d\omega_i}, \omega_i\right) = \text{const.},$$

où T est la fonction inconnue, les ω_i les variables indépendantes et dont le premier membre est la fonction R où φ_i a été remplacé par $\dfrac{dT}{d\omega_i}$.

CHAPITRE XI.

Difficulté du problème.

133. Dans le cas du Problème des trois Corps, une difficulté spéciale se présente et rend plus difficile l'application des méthodes du Chapitre IX.

En effet, F_0 ne dépend plus des six variables de la première série

$$\beta L, \quad \beta' L', \quad \beta G, \quad \beta' G', \quad \beta \theta, \quad \beta' \theta',$$

mais seulement de deux d'entre elles

$$\beta L \quad \text{et} \quad \beta' L'.$$

Parmi les quantités que nous avons appelées

$$n_i^0 = - \frac{dF_0}{dx_i},$$

il y en a donc quatre qui sont nulles, à savoir

$$- \frac{dF_0}{d\beta G}, \quad - \frac{dF_0}{d\beta' G'}, \quad - \frac{dF_0}{d\beta \theta}, \quad - \frac{dF_0}{d\beta' \theta'}.$$

La condition pour que les conclusions du Chapitre subsistent, à savoir qu'il n'y ait entre les n_i^0 aucune relation linéaire à coefficients entiers, n'est donc pas satisfaite.

Cette difficulté ne se présenterait pas, au moins si les trois Corps se meuvent dans un plan, avec toute autre loi d'attraction que celle de Newton; en effet, ces équations

$$\frac{dF_0}{dG} = \frac{dF_0}{dG'} = \frac{dF_0}{d\theta} = \frac{dF_0}{d\theta'} = 0$$

ont une signification évidente. Elles veulent dire que dans le mouvement képlérien les périhélies et les nœuds sont fixes; nous avons en effet les équations

$$\frac{dg}{dt} = - \frac{dV}{\beta\, dG}, \qquad \frac{d\theta}{dt} = - \frac{dV}{\beta\, dG}.$$

Dans le mouvement képlérien F se réduit à F_0, g et θ sont des constantes.

Or dans le cas du Problème des deux Corps et avec une loi différente de celle de Newton, les nœuds sont encore fixes, mais les périhélies ne le sont plus. Il en résulte que si le mouvement a lieu dans un plan, et si l'on n'a plus à s'inquiéter des nœuds, la méthode du Chapitre IX est applicable sans modification.

Extension de la méthode du Chapitre IX à certains cas singuliers.

134. Examinons donc le cas où F_0 ne contient pas toutes les variables $x_1, x_2, \ldots, x_n$.

Supposons, pour fixer les idées, qu'il y ait 3 degrés de liberté et que F_0 contienne deux des variables de la première série x_1 et x_2 et ne contienne pas la troisième x_3.

On a alors

$$n_3^0 = 0.$$

Nous supposons toujours

$$F = F_0 + \mu F_1 + \mu^2 F_2 + \ldots.$$

F_1 est une fonction de $x_1, x_2, x_3, y_1, y_2, y_3$ périodique par rapport à y_1, y_2 et y_3.

Je considère un instant F_1 comme une fonction de y_1 et de y_2 seulement; c'est une fonction périodique de ces deux variables et j'appelle R la valeur moyenne de cette fonction périodique qui dépend encore de x_1, x_2, x_3 et y_3.

Je considère d'abord le cas où R ne dépend que de x_1, x_2 et x_3 et est au contraire indépendant de y_3.

Nous cherchons encore à trouver une fonction,

$$S = S_0 + \mu S_1 + \mu^2 S_2 + \ldots,$$

de même forme que la fonction S envisagée dans le n° 125 et qui satisfasse formellement à l'équation

$$(4) \qquad \mathrm{F}\left(\frac{dS}{dy_1}, \frac{dS}{dy_2}, \frac{dS}{dy_3}, y_1, y_2, y_3\right) = \mathrm{C},$$

C étant une constante que nous pourrons écrire

$$\mathrm{C} = \mathrm{C}_0 + \mu \mathrm{C}_1 + \mu^2 \mathrm{C}_2 + \dots,$$

$\mathrm{C}_0, \mathrm{C}_1, \mathrm{C}_2, \dots$, étant des constantes arbitraires.

Nous poserons d'abord

$$\frac{dS_0}{dy_1} = x_1^0, \qquad \frac{dS_0}{dy_2} = x_2^0.$$

Les constantes x_1^0 et x_2^0 seront liées par la relation

$$\mathrm{F}_0(x_1^0, x_2^0) = \mathrm{C}_0.$$

Mais, comme la constante C_0 est arbitraire, x_1^0 et x_2^0 seront eux-mêmes arbitraires.

Je poserai ensuite

$$\frac{d\mathrm{F}_0}{dx_1^0} = -n_1^0, \qquad \frac{d\mathrm{F}_0}{dx_2^0} = -n_2^0.$$

Il vient

$$S_0 = x_1^0 y_1 + x_2^0 y_2 + [S_0],$$

$[S_0]$ étant une fonction arbitraire de y_3 qu'il reste à déterminer. En égalant dans l'équation (4) les coefficients de μ, il vient, comme au n° 125,

$$(5) \qquad n_1^0 \frac{dS_1}{dy_1} - n_2^0 \frac{dS_1}{dy_2} = \mathrm{F}_1\left(x_1^0, x_2^0, \frac{d[S_0]}{dy_3}, y_1, y_2, y_3\right) - \mathrm{C}_1.$$

Quelle que soit la fonction arbitraire $[S_0]$, le second membre de l'équation (5) sera une fonction périodique de y_1 et de y_2 et la valeur moyenne de cette fonction sera

$$\mathrm{R}\left(x_1^0, x_2^0, \frac{d[S_0]}{dy_3}, y_3\right) - \mathrm{C}_1.$$

Nous voulons que la fonction S_1 soit de la forme suivante

$$\alpha_{1,1} y_1 + \alpha_{1,2} y_2 + \alpha_{1,3} y_3 + \text{fonction périodique de } y_1, y_2 \text{ et } y_3.$$

Pour que cela soit possible, il faut et il suffit, comme nous l'avons vu au n° 125, que la valeur moyenne du second membre de (5) se réduise à une constante que nous appellerons $C_1' - C_1$. Nous aurons alors, pour déterminer la fonction arbitraire $[S_0]$, l'équation suivante

$$(6) \qquad R\left(x_1^0, x_2^0, \frac{d[S_0]}{dy_3}, y_3\right) = C_1'.$$

J'ai supposé plus haut que R ne dépendait pas de y_3; il suffira donc pour satisfaire à cette équation (6) de prendre

$$[S_0] = x_3^0 y_3,$$

x_3^0 étant une constante qui peut encore être regardée comme arbitraire, puisque la constante C_1' l'est elle-même; on aura alors,

$$S_0 = x_1^0 y_1 + x_2^0 y_2 + x_3^0 y_3.$$

En égalant dans l'équation (5) les valeurs moyennes des deux membres, il vient

$$n_1^0 z_{11} + n_2^0 z_{12} = C_1' - C_1.$$

Comme C_1 est arbitraire, je ferai $C_1 = C_1'$, ce qui me permettra de faire comme au n° 125,

$$z_{11} = z_{12} = 0.$$

L'équation (5) permet alors de déterminer S_1 à une fonction arbitraire près de y_3.

Cela posé, imaginons que l'on ait déterminé complètement les fonctions

$$S_0, \quad S_1, \quad S_2, \quad \ldots, \quad S_{p-2}.$$

et qu'on ait calculé S_{p-1} à une fonction arbitraire près de y_3; supposons que l'on se propose d'achever la détermination de S_{p-1} et de calculer S_p à une fonction arbitraire près de y_3.

Égalons dans les deux membres de (4) les coefficients de μ^p, il viendra

$$(7) \qquad n_1^0 \frac{dS_p}{dy_1} + n_2^0 \frac{dS_p}{dy_2} = \frac{dF_1}{dx_1^0} \frac{dS_{p-1}}{dy_3} + \Phi_p - C_p.$$

Φ_p étant une fonction qui ne dépend que des y et des dérivées de S_0, S_1, S_2, …. S_{p-2} ainsi que de $\dfrac{dS_{p-1}}{dy_1}$ et de $\dfrac{dS_{p-1}}{dy_2}$. Les fonctions S_0, S_1, S_2, …. S_{p-2} sont connues. Nous connaissons S_{p-1} à une fonction arbitraire près de y_3; nous connaissons donc $\dfrac{dS_{p-1}}{dy_1}$ et $\dfrac{dS_{p-1}}{dy_2}$. Donc on peut regarder Φ_p comme une fonction connue des y et cette fonction sera périodique.

Étant donnée une fonction périodique U de y_1, y_2 et y_3, nous désignerons par $[U]$ la valeur moyenne de U considérée un instant comme fonction de y_1 et y_2 seulement. Il en résulte que $[U]$ est encore une fonction de y_3.

On verrait, comme plus haut, que la valeur moyenne du second membre de (7) doit se réduire à une constante $C'_p - C_p$, d'où

$$\left[\frac{dF_1}{dx_3^0}\frac{dS_{p-1}}{dy_3}\right] + [\Phi_p] = C_p,$$

$$\left[\frac{dF_1}{dx_3^0}\frac{d[S_{p-1}]}{dy_3}\right] + \left[\frac{dF_1}{dx_3^0}\frac{d(S_{p-1}-[S_{p-1}])}{dy_3}\right] + [\Phi_p] = C_p.$$

Comme $[S_{p-1}]$ ne dépend pas de y_1, y_2, il vient

$$\left[\frac{dF_1}{dx_3^0}\frac{d[S_{p-1}]}{dy_3}\right] = \frac{d[S_{p-1}]}{dy_3}\left[\frac{dF_1}{dx_3^0}\right] = \frac{dR}{dx_3^0}\frac{d[S_{p-1}]}{dy_3},$$

d'où

$$(8)\qquad \frac{dR}{dx_3^0}\frac{d[S_{p-1}]}{dy_3} = C_p - [\Phi_p] - \left[\frac{dF_1}{dx_3^0}\frac{d(S_{p-1}-[S_{p-1}])}{dy_3}\right].$$

Connaissant S_{p-1} à une fonction arbitraire près de y_3, nous connaissons

$$S_{p-1}-[S_{p-1}].$$

Le second membre de (8) est donc entièrement connu. D'autre part, R est une fonction connue de x_1, x_2 et x_3, où ces variables sont remplacées par les constantes connues x_1^0, x_2^0 et x_3^0. Nous connaissons donc $\dfrac{dR}{dx_3^0}$ et l'on pourra tirer de l'équation (8) $\dfrac{d[S_{p-1}]}{dy_3}$, et par intégration $[S_{p-1}]$.

Pour que $[S_{p-1}]$ soit une fonction périodique de y_3, il faut que la valeur moyenne du second membre de (8) soit nulle; or on peut toujours disposer de la constante arbitraire C'_p pour qu'il en soit ainsi.

La détermination de S_{p-1} est ainsi achevée ; l'équation (7) nous permettra ensuite de déterminer S_p à une fonction arbitraire près de y_3. Pour que la valeur de S_p tirée de (7) soit périodique en y_1 et y_2, il faut que la valeur moyenne du second membre soit nulle. Or cette valeur moyenne est $C'_p - C_p$ et, comme la constante C_p reste arbitraire, nous pouvons prendre

$$C_p = C'_p$$

Ainsi l'on pourra toujours déterminer les fonctions S_p par récurrence. Les conclusions du n° 125 subsistent donc ; la seule différence, c'est que le développement de n_3 suivant les puissances de μ, au lieu de commencer par un terme tout connu, commence par un terme en μ.

Supposons maintenant qu'il y ait 4 degrés de liberté et huit variables x_1, x_2, x_3, x_4 ; y_1, y_2, y_3, y_4, que F_0 ne dépende que de x_1 et x_2, et R de x_1, x_2, x_3, x_4.

Les mêmes conclusions subsisteront encore pourvu que :

1° Il n'y ait entre $\dfrac{dF_0}{dx_1}$ et $\dfrac{dF_0}{dx_2}$ (c'est-à-dire entre n_1^0 et n_2^0) aucune relation linéaire à coefficients entiers ;

2° Il n'y ait non plus entre $\dfrac{dR}{dx_3}$ et $\dfrac{dR}{dx_3}$ aucune relation linéaire à coefficients entiers.

En effet, l'équation analogue à (8) qui sert à déterminer $[S_{p-1}]$ s'écrit alors

$$(8\ bis)\ \left\{ \begin{aligned} &\frac{dR}{dx_3}\frac{d[S_{p-1}]}{dy_3} - \frac{dR}{dx_4}\frac{d[S_{p-1}]}{dy_4} \\ &= \text{(fonction périodique comme de } y_3 \text{ et } y_4 \text{ dont la valeur} \\ &\qquad \text{moyenne peut être rendue nulle)} \end{aligned} \right.$$

et, pour que l'on puisse tirer de là $[S_{p-1}]$ en fonction périodique des y_3 et y_4, il faut et il suffit qu'il n'y ait entre $\dfrac{dR}{dx_3}$ et $\dfrac{dR}{dx_4}$ aucune relation linéaire à coefficients entiers.

135. Nous avons supposé jusqu'ici que R ne dépendait que des variables de la première série x_1, x_2, x_3 et x_4 (en supposant,

comme à la fin du numéro précédent, qu'il y a 4 degrés de liberté et que F_0 ne dépend que de x_1 et de x_2.

Imaginons maintenant que R dépende non seulement de x_1, x_2, x_3 et x_4 mais encore de y_3 et de y_4.

Si nous remplaçons x_1 et x_2 par les constantes ξ_1 et ξ_2 et x_3 et x_4 par $\dfrac{dT}{dy_3}$ et $\dfrac{dT}{dy_4}$ et que nous égalions ensuite R à une constante C'_1, nous aurons l'équation suivante

$$(1) \qquad R\left(\xi_1, \xi_2, \frac{dT}{dy_3}, \frac{dT}{dy_4}, y_3, y_4\right) = C'_1.$$

qui définira une fonction T des deux variables y_3 et y_4.

Supposons que l'on ait trouvé une fonction T satisfaisant à cette équation; que cette fonction dépende en outre des deux constantes ξ_1 et ξ_2 et de deux constantes d'intégration nouvelles que j'appellerai ξ_3 et ξ_4.

La fonction

$$U = \xi_1 y_1 + \xi_2 y_2 + T$$

satisfera alors à l'équation

$$R\left(\frac{dU}{dy_1}, \frac{dU}{dy_2}, \frac{dU}{dy_3}, \frac{dU}{dy_4}, y_3, y_4\right) = C'_1.$$

De plus les relations

$$x_i = \frac{dU}{dy_i}, \qquad \eta_i = \frac{dU}{d\xi_i} \qquad (i = 1, 2, 3, 4)$$

définiront un changement de variables, les variables anciennes étant les x_i et les y_i et les variables nouvelles étant les ξ_i et les η_i.

D'après ce que nous avons vu au n° 4, ce changement de variables n'altérera pas la forme canonique des équations.

On voit aisément que

$$x_1 = \xi_1, \qquad x_2 = \xi_2,$$

et, par conséquent, qu'après le changement de variables F_0 ne dépendra que de ξ_1 et de ξ_2.

Si l'on suppose (ce que nous ferons) que la fonction U est telle que x_3, x_4, $y_1 - \eta_1$, $y_2 - \eta_2$, $y_3 - \eta_3$ (ou y_3), $y_4 - \eta_4$ (ou y_4) soient des fonctions des ξ_i et des η_i périodiques par rapport aux η_i

la fonction F après le changement de variables sera périodique par rapport aux z_i.

Nous avons appelé R la valeur moyenne de F, considérée comme fonction périodique de y_1 et y_2. Je dis que, si après le changement de variables nous regardons F_1 comme une fonction périodique de z_{i1} et z_{i2}, sa valeur moyenne sera encore R.

En effet, on a par définition

$$4\pi^2 R = \int_0^{2\pi} \int_0^{2\pi} F_1 \, dy_1 \, dy_2,$$

et je me propose de démontrer que

$$4\pi^2 R = \int_0^{2\pi} \int_0^{2\pi} F_1 \, dz_{i1} \, dz_{i2}.$$

On a en effet

$$\int \int F_1 \, dz_{i1} \, dz_{i2} = \int \int F_1 \left(\frac{dz_{i1}}{dy_1} \frac{dz_{i2}}{dy_2} - \frac{dz_{i1}}{dy_2} \frac{dz_{i2}}{dy_1} \right) dy_1 \, dy_2.$$

or, dans les relations

$$x_1 = \xi_1, \qquad x_2 = \xi_2, \qquad x_i = \frac{dU}{dy_i}, \qquad z_i = \frac{dU}{d\xi_i} \qquad (i = 3, 4),$$

y_1 et y_2, z_{i1} et z_{i2} n'entrent pas; ce qui montre que, quand on exprimera les variables nouvelles en fonction des anciennes ξ_1, ξ_2, ξ_3, ξ_4, z_{i3} et z_{i4} ne dépendront ni de y_1 ni de y_2.

Donc, si l'on remplace, dans T, ξ_3 et ξ_4 par leurs valeurs en fonction de x_1, x_2, x_3, x_4, y_1 et y_2, on aura

$$\frac{dT}{dy_1} = \frac{dT}{dy_2} = 0, \qquad \frac{d^2T}{d\xi_2 \, dy_1} = \frac{d^2T}{d\xi_2 \, dy_2} = 0,$$

d'où

$$\frac{dz_{i1}}{dy_1} = 1 + \frac{d^2T}{d\xi_1 \, dy_1} = 1, \qquad \frac{dz_{i1}}{dy_2} = \frac{d^2T}{d\xi_2 \, dy_1} = 0$$

et de même

$$\frac{dz_{i2}}{dy_1} = 0, \qquad \frac{dz_{i2}}{dy_2} = 1.$$

On a donc

$$\int \int F_1 \, dz_{i1} \, dz_{i2} = \int \int F_1 \, dy_1 \, dy_2.$$

C. Q. F. D.

De plus, la quantité C'_i qui doit être une constante ne pourra dépendre que des constantes d'intégration, c'est-à-dire des ξ_i, de sorte que R ne dépendra [en vertu de l'équation (1)] que de ξ_1, ξ_2, ξ_3 et ξ_4.

Nous sommes donc ramené au cas traité dans le paragraphe précédent, et nous devons conclure que les équations canoniques

$$\frac{d\xi_i}{dt} = \frac{dF}{d\tau_i}, \qquad \frac{d\tau_i}{dt} = -\frac{dF}{d\xi_i}$$

peuvent être satisfaites formellement par des séries de la forme suivante

$$\xi_i = \xi_i^0 + \mu \xi_i^1 + \ldots + \mu^p \xi_i^p + \ldots,$$
$$\tau_i = w_i + \mu \tau_i^1 + \ldots + \mu^p \tau_i^p + \ldots,$$

$$w_i = n_i t + \varpi_i, \qquad n_i = n_i^0 + \mu n_i^1 + \ldots + \mu^p n_i^p + \ldots,$$

où les ξ_i^0 sont des constantes, où les ξ_i^k et les τ_i^k sont des fonctions périodiques des w, dépendant en outre des n constantes d'intégration ξ_i^0; où les ϖ_i sont n autres constantes d'intégration; où enfin les quantités τ_i^p dépendent encore des constantes ξ_i^0.

Revenant aux variables primitives, on verra ensuite que les équations canoniques

$$\frac{dx_i}{dt} = \frac{dF}{dy_i}, \qquad \frac{dy_i}{dt} = -\frac{dF}{dx_i}$$

peuvent être satisfaites formellement par des séries de la forme suivante

$$x_i = x_i^0 + \mu x_i^1 + \ldots + \mu^p x_i^p + \ldots,$$
$$y_i = \varepsilon_i w_i + y_i^0 + \mu y_i^1 + \ldots + \mu^p y_i^p + \ldots,$$

les x_i^k et les y_i^k étant des fonctions périodiques des w.

Quant au coefficient ε_i, il peut être égal à o ou à 1. Il est toujours égal à 1 pour $i = 1$ ou 2; il est égal à 1 ou à o pour $i = 3$, selon que c'est $y_3 - \tau_{i3}$ ou y_3 qui est périodique par rapport aux τ_{i}; et de même, il est égal à 1 ou à o pour $i = 4$, selon que c'est $y_4 - \tau_{i4}$ ou y_4 qui est périodique par rapport aux τ_{i}.

Tout est donc ramené à l'intégration de l'équation aux dérivées partielles (1), ou, ce qui revient au même, à l'intégration des équations canoniques

$$\frac{dx_i}{dt} = \frac{dR}{dy_i}, \qquad \frac{dy_i}{dt} = -\frac{dR}{dx_i}.$$

Application au Problème des trois Corps.

136. Appliquons ce qui précède au Problème des trois Corps; nous avons mis les équations de ce problème sous la forme

$$(1) \qquad \frac{dx_i}{dt} = \frac{dF}{dy_i}, \qquad \frac{dy_i}{dt} = -\frac{dF}{dx_i}$$

avec

$$F = F_0 + \mu F_1,$$

μ étant un paramètre très petit, et μF_1 la fonction perturbatrice. Nos variables sont celles du n° 11,

$$(2) \qquad \begin{cases} \Lambda = \beta L, & \Lambda' = \beta' L', & \beta G, & \beta \theta, & \beta' G', & \beta' \theta', \\ l, & l', & g, & \theta, & g', & \theta', \end{cases}$$

ou bien encore celles du n° 12,

$$(3) \qquad \begin{cases} \Lambda, & \Lambda', & \xi, & \xi', & p, & p', \\ \lambda, & \lambda', & \eta, & \eta', & q, & q'. \end{cases}$$

F_0 ne dépend que de Λ et de Λ'; F_1 dépend des douze variables, mais est périodique par rapport à l et l'. Si l'on considère donc F_1 comme fonction périodique de l et de l' et que l'on appelle R la valeur moyenne de cette fonction, R ne sera pas autre chose que la fonction que nous avons désignée ainsi dans le Chapitre précédent. Elle dépend de dix variables, à savoir des douze variables (2) à l'exception de l et de l' ou bien des douze variables (3) à l'exception de λ et de λ'. Si l'on adopte les variables (2), elle sera périodique par rapport à g, g', θ et θ'.

La méthode des n° 134 et 135 sera donc applicable aux équations (1) et en permettra l'intégration formelle pourvu que l'on sache intégrer les équations

$$(4) \qquad \frac{dx_i}{dt} = \frac{dR}{dy_i}, \qquad \frac{dy_i}{dt} = -\frac{dR}{dx_i},$$

où les variables x_i et y_i sont les quatre dernières paires de variables conjuguées (2) ou les quatre dernières paires de variables conjuguées (3), et où Λ et Λ' sont regardées comme des constantes.

Or ces équations (4) sont précisément celles que nous avons appris dans le Chapitre précédent à intégrer formellement. On conçoit donc comment la méthode de M. Lindstedt peut être applicable au cas général du Problème des trois Corps.

L'application de cette méthode que je viens d'exposer succinctement sera l'objet des pages qui vont suivre.

Changement de variables.

137. Nous allons donc faire un changement de variables analogues à celui du n° 131.

Nous poserons pour cela

$$(\Lambda = \beta L, \qquad \Lambda' = \beta' L'),$$
$$V = \Lambda \lambda_1 + \Lambda' \lambda'_1 + \xi(\sigma_1 \cos\varphi + \sigma_2 \sin\varphi) + \xi'(- \sigma_1 \sin\varphi + \sigma_2 \cos\varphi)$$
$$+ p(\sigma_3 \cos\varphi' + \sigma_4 \sin\varphi') + p'(- \sigma_3 \sin\varphi' + \sigma_4 \cos\varphi');$$

φ et φ' étant les angles définis au n° 131.

Nous ferons ensuite, comme dans le même numéro,

$$\lambda = \frac{dV}{d\Lambda}, \qquad \eta_i = \frac{dV}{d\xi}, \qquad \eta'_i = \frac{V}{\xi'}, \qquad q = \frac{dV}{dp}, \qquad q' = \frac{V}{p'}, \qquad \tau_i = \frac{dV}{d\sigma_i}$$

et nous reconnaîtrons que la forme canonique des équations n'est pas altérée si l'on remplace les variables anciennes

$$\Lambda, \quad \Lambda', \quad \xi, \quad \xi', \quad p, \quad p',$$
$$\lambda, \quad \lambda', \quad \eta_i, \quad \eta'_i, \quad q, \quad q',$$

par les variables nouvelles

$$\Lambda, \quad \Lambda', \quad \tau_1, \quad \tau_2, \quad \tau_3, \quad \tau_4,$$
$$\lambda_1, \quad \lambda'_1, \quad \sigma_1, \quad \sigma_2, \quad \sigma_3, \quad \sigma_4,$$

Les variables τ_i et σ_i ont déjà été déterminées en fonctions des ξ, des η, des p, des q et des Λ, dans le Chapitre précédent.

Il me reste à voir quelle est la forme de la relation qui lie les nouvelles variables λ_1 et λ'_1 à λ et λ'.

Il vient

$$\lambda = \lambda_1 + \psi, \qquad \lambda' = \lambda'_1 + \psi',$$

ψ et ψ' étant des formes quadratiques des σ et des τ dont les coefficients dépendent de Λ et de Λ' et qui s'écrivent

$$\psi = \frac{d\varphi}{d\Lambda}(\sigma_2\tau_3 - \sigma_1\tau_2) + \frac{d\varphi'}{d\Lambda'}(\sigma_1\tau_3 - \sigma_3\tau_1),$$

$$\psi' = \frac{d\varphi}{d\Lambda'}(\sigma_3\tau_1 - \sigma_1\tau_2) + \frac{d\varphi'}{d\Lambda'}(\sigma_1\tau_3 - \sigma_3\tau_1),$$

φ et φ' étant les angles que nous avons appelés ainsi au n° 131.

On verrait alors, en raisonnant comme au n° 135, que toute fonction périodique en λ et λ' est encore, après le changement de variables, périodique en λ_1 et λ'_1 et que la valeur moyenne est la même dans les deux cas.

Nous pouvons tirer de là quelques conclusions au sujet de la forme de la fonction F.

F dépend d'une manière quelconque de Λ et de Λ'; mais elle est périodique en λ_1 et λ'_1; de plus elle est développable suivant les puissances des σ et des τ.

J'ajouterai qu'elle ne doit pas changer quand on change λ_1 et λ'_1 en $\lambda_1 + \pi$ et $\lambda'_1 + \pi$ et quand les σ et les τ changent de signe à la fois. Il suffit, pour s'en rendre compte, de se reporter à ce que nous avons dit au n° 12 et d'observer que quand

$$\lambda_1, \quad \lambda'_1, \quad \sigma_i, \quad \tau_i$$

se changent en

$$\lambda_1 + \pi, \quad \lambda'_1 + \pi, \quad -\sigma_i, \quad -\tau_i,$$

les quantités λ et λ' se changent en $\lambda + \pi$ et $\lambda' + \pi$ et que les variables ξ, etc., changent de signe.

Nous allons enfin faire un dernier changement de variables en posant, comme au n° 131,

$$\tau_i = \sqrt{2\rho_i}\cos\omega_i, \qquad \sigma_i = \sqrt{2\rho_i}\sin\omega_i,$$

ce qui, en vertu de la remarque du n° 6, n'altère pas la forme canonique.

F devient alors développable suivant les puissances des $\sqrt{\rho_i}$, et il vient d'ailleurs

$$R_2 = 2A_1\rho_1 + 2A_2\rho_2 + 2A_3\rho_3 + 2A_4\rho_4.$$

Cas des orbites planes.

138. Après ce changement de variables les équations du mouvement prennent la forme suivante.

Les deux séries de variables conjuguées sont

$$\Lambda, \quad \Lambda', \quad \rho_i,$$
$$\lambda_i, \quad \lambda'_i, \quad \omega_i,$$

et l'on a

$$F = F_0 + \mu F_1 + \mu^2 F_2 + \ldots$$

F_0 ne dépend que de Λ et de Λ'; et F_1, F_2, ..., qui sont périodiques par rapport à λ_i et λ'_i, sont développables suivant les puissances de

$$\cos \omega_i \sqrt{\rho_i}, \qquad \sin \omega_i \sqrt{\rho_i}.$$

De plus, ces fonctions ne changent pas quand on augmente λ_i, λ'_i et ω_i d'une même quantité; elles ne dépendent donc que des différences,

$$\lambda_i - \omega_i, \quad \lambda'_i - \omega_i, \quad \omega_i - \omega_i.$$

Si dans R nous remplaçons ρ_i par $\dfrac{dT}{d\omega_i}$ et que nous égalions R à une constante, en regardant d'ailleurs Λ et Λ' comme des constantes données, nous obtiendrons une équation aux dérivées partielles

$$(1) \qquad R\left(\frac{dT}{d\omega_i}, \, \omega_i \right) = C.$$

D'après ce que nous avons vu aux n°s 134 et 135, il suffit de savoir intégrer cette équation pour pouvoir former des séries développées suivant les puissances croissantes de μ et satisfaisant formellement aux équations du mouvement,

$$(2) \quad \begin{cases} \dfrac{d\Lambda}{dt} = \dfrac{dF}{d\lambda_i}, & \dfrac{d\Lambda'}{dt} = \dfrac{dF}{d\lambda'_i}, & \dfrac{d\rho_i}{dt} = \dfrac{dF}{d\omega_i}, \\[2ex] \dfrac{d\lambda_i}{dt} = -\dfrac{dF}{d\Lambda}, & \dfrac{d\lambda'_i}{dt} = -\dfrac{dF}{d\Lambda'}, & \dfrac{d\omega_i}{dt} = -\dfrac{dF}{d\rho_i}. \end{cases}$$

Il est un cas particulier où l'intégration de l'équation (1) est relativement facile : c'est celui où l'on étudie le mouvement de trois corps seulement se mouvant dans un même plan.

Dans ce cas en effet, le nombre des quantités ρ_i se réduit à 2, de sorte que, si l'on regarde λ et λ' comme des constantes, R ne dépend plus que de quatre variables ρ_1, ρ_2, ω_1 et ω_2; mais il y a plus : nous avons vu plus haut que F ne dépendait que des différences $\lambda_1 - \omega_i$, $\lambda'_1 - \omega_i$, $\omega_2 - \omega_i$. Donc R ne dépendra que des trois variables ρ_1, ρ_2 et $\omega_1 - \omega_2$, de sorte que l'équation (1) s'écrira

$$R\left(\frac{dT}{d\omega_1}, \frac{dT}{d\omega_2}, \omega_1 - \omega_2\right) = C.$$

Si nous posons $\omega_1 - \omega_2 = \varphi$ et que nous prenions pour variables nouvelles ω_1 et φ, l'équation devient

$$R\left(\frac{\partial T}{\partial \omega_1} + \frac{\partial T}{\partial \varphi}, \frac{\partial T}{\partial \varphi}, \varphi\right) = C.$$

Si nous donnons alors à $\dfrac{\partial T}{\partial \omega_1}$ une valeur constante arbitraire que j'appellerai h, l'équation ne contient plus que $\dfrac{\partial T}{\partial \varphi}$ et φ. On en tirera donc $\dfrac{\partial T}{\partial \varphi}$ en fonction de φ, de la constante C et de h et l'on aura

$$\frac{\partial T}{\partial \varphi} = f(\varphi, C, h).$$

d'où

$$T = h\omega_1 + \int f\, d\varphi.$$

Voyons quelle est la forme de cette fonction T.

J'observe que R est développable suivant les puissances de $\dfrac{dT}{d\omega_1}$ et de $\dfrac{dT}{d\omega_2}$, que le terme de degré 0 se réduit à une constante que j'appellerai H, et que les termes de degré 1 se réduisent à

$$2A_1 \frac{dT}{d\omega_1} + 2A_2 \frac{dT}{d\omega_2}.$$

Je poserai alors (en introduisant deux nouvelles constantes d'intégration Ω_1 et Ω_2 à la place de C et de h)

$$C = H + 2A_1\Omega_1 + 2A_2\Omega_2,$$
$$h = \Omega_1 + \Omega_2.$$

Nous aurons alors pour déterminer $\frac{dT}{d\omega_1}$ et $\frac{dT}{d\omega_2}$ les deux équations simultanées

$$R - H = \Lambda_1\Omega_1 + \Lambda_2\Omega_2,$$

$$\frac{dT}{d\omega_1} + \frac{dT}{d\omega_2} = \Omega_1 + \Omega_2.$$

Le déterminant fonctionnel des deux premiers membres par rapport à $\frac{dT}{d\omega_1}$ et $\frac{dT}{d\omega_2}$ se réduit pour $\frac{dT}{d\omega_1} = \frac{dT}{d\omega_2} = 0$ à $\Lambda_1 - \Lambda_2$. Il n'est donc pas nul.

Donc, d'après le théorème du n° 30, on pourra tirer de ces équations $\frac{dT}{d\omega_1}$ et $\frac{dT}{d\omega_2}$ sous la forme de séries ordonnées suivant les puissances croissantes des Ω : les termes de degré 0 seront nuls, les termes du premier degré se réduiront respectivement à Ω_1 et Ω_2, les termes de degré supérieur auront pour coefficients des fonctions périodiques de $\omega_1 - \omega_2$.

La fonction U du n° 135 pourra alors s'écrire

$$U = \Lambda\lambda_1 + \Lambda'\lambda'_1 + T,$$

et nous aurons

$$T = V_1\omega_1 + V_2\omega_2 + T',$$

V_1 et V_2 étant deux constantes dépendant de Ω_1 et Ω_2, et T' étant une fonction périodique de ω_1 et ω_2.

Nous allons faire le changement de variables défini au n° 4, en prenant pour variables nouvelles de la première série

$$\Lambda,\quad \Lambda',\quad V_1\quad \text{et}\quad V_2$$

liées aux variables anciennes Λ, Λ', λ_1, λ'_1, ρ_i et ω_i par les relations

$$(3)\qquad \Lambda = \frac{dU}{d\lambda_1},\qquad \Lambda' = \frac{dU}{d\lambda'_1},\qquad \rho_i = \frac{dU}{d\omega_i} = \frac{dT}{d\omega_i}.$$

Les variables conjuguées que j'appellerai

$$\lambda_2,\quad \lambda'_2,\quad v_1\quad \text{et}\quad v_2$$

seront alors définies par les équations

$$(4)\qquad \begin{cases} \lambda_2 = \dfrac{dU}{d\Lambda} = \lambda_1 + \dfrac{dT}{d\Lambda}, \qquad \lambda'_2 = \dfrac{dU}{d\Lambda'} = \lambda'_1 + \dfrac{dT}{d\Lambda'}, \\ v_i = \dfrac{dU}{dV_i} = \dfrac{dT}{dV_i}. \end{cases}$$

Je suppose que dans T, qui dépendait des constantes A, A', Ω_1 et Ω_2, on ait remplacé ces constantes en fonctions de A, A', V_1 et V_2. C'est dans ce sens qu'il faut entendre $\frac{dT}{dA}, \frac{dT}{dA'}, \frac{dT}{dV_1}$.

Pour que les conclusions du n° 135 soient applicables, il faut que les variables anciennes

$$A, \quad A', \quad \lambda_1, \quad \lambda_2, \quad \rho_1$$

ainsi que les variables

$$\omega_2 - v_1$$

soient des fonctions uniformes des variables nouvelles

$$A, \quad A', \quad \lambda_2, \quad \lambda_4, \quad V_1, \quad v_1$$

et que ces fonctions soient périodiques, par rapport à v_1 et à v_2.

Cherchons d'abord les expressions de ω_1 et ω_2 en fonctions des variables nouvelles, nous avons pour cela les deux équations

$$(5) \qquad v_1 = \frac{dT}{dN_1} = \omega_1 \, \frac{dT}{dN_1}, \qquad v_2 = \frac{dT}{dN_2} = \omega_2 \, \frac{dT}{dN_2}.$$

Nous devons d'abord nous demander si les valeurs de ω_1 et de ω_2 tirées de ces équations seront des fonctions uniformes des variables nouvelles. Pour qu'elles cessassent de l'être, il faudrait que le déterminant fonctionnel des seconds membres par rapport à ω_1 et ω_2 s'annulât, c'est-à-dire que l'on eût

$$\frac{d\left(\dfrac{dT}{dN_1}, \dfrac{dT}{dN_2}\right)}{d(\omega_1, \omega_2)} = 1 + \frac{d^2T}{dN_1 \, d\omega_1} + \frac{d^2T}{dN_2 \, d\omega_2} + \frac{d^2T}{dN_1 \, d\omega_1}\frac{d^2T}{dN_2 \, d\omega_2} - \frac{d^2T}{dN_2 \, d\omega_1}\frac{d^2T}{dN_1 \, d\omega_2} = 0.$$

J'écrirai, pour abréger, cette équation sous la forme suivante

$$1 - J = 0.$$

J'observe d'abord que ρ_1 et ρ_2 seront dans les applications des quantités très petites de l'ordre du carré des excentricités.

Ces quantités ρ_i sont liées aux Ω_i par les relations suivantes

$$\rho_i = \frac{dT}{d\omega_i}.$$

Or $\dfrac{dT}{d\omega_i}$ peut être développé suivant les puissances croissantes des Ω_i; il n'y a pas dans ce développement de terme tout connu et les termes du premier degré se réduisent à Ω_i.

On tirera de là, par le théorème du n° 30,

$$\Omega_1 = f_1(\rho_1, \rho_2), \qquad \Omega_2 = f_2(\rho_1, \rho_2),$$

f_1 et f_2 étant des séries développées suivant les puissances de ρ_1 et de ρ_2, dont les coefficients dépendent d'ailleurs d'une manière quelconque de

$$\Lambda, \quad \Lambda', \quad \omega_1 \quad \text{et} \quad \omega_2.$$

Les termes de degré o seront nuls, ceux du premier degré se réduiront respectivement à ρ_1 et à ρ_2.

Il résulte de là que Ω_1 et Ω_2 seront, comme ρ_1 et ρ_2, de l'ordre du carré des excentricités.

D'après la définition de V_1 et V_2, ces quantités pourront être développées suivant les puissances de Ω_1 et Ω_2, les coefficients du développement dépendant d'une manière quelconque de Λ et de Λ'; ces développements ne contiendront pas de termes de degré o et les termes du premier degré se réduiront respectivement à Ω_1 et à Ω_2.

Il résulte de là :

1° Que V_1 et V_2 sont de l'ordre du carré des excentricités;

2° Qu'on peut inversement développer Ω_1 et Ω_2 suivant les puissances de V_1 et de V_2 et qu'on a alors

$$\Omega_1 = V_1 + \varphi_1(V_1, V_2), \qquad \Omega_2 = V_2 + \varphi_2(V_1, V_2),$$

φ_1 et φ_2 ne contenant que des termes du second degré au moins par rapport à V_1 et V_2;

3° Que T peut se développer suivant les puissances croissantes de V_1 et de V_2 et ne contient alors que des termes du deuxième degré au moins par rapport à ces deux quantités;

4° Que le développement de $\dfrac{dT}{dV_1}$ et de $\dfrac{dT}{dV_2}$ suivant les puissances croissantes de V_1 et de V_2 commençant par des termes du premier degré, ces deux dérivées sont du même ordre de grandeur que le carré des excentricités;

$5°$ Qu'il en est de même des dérivées secondes $\dfrac{d^2 T'}{dV_k\, d\omega_i}$ et par conséquent de J.

J étant très petit, $1 + J$ ne peut être nul.

Nous devons donc conclure que ω_1 et ω_2 et par conséquent $\omega_1 - v_1$, $\omega_2 - v_2$ sont des fonctions uniformes des variables nouvelles.

J'ajoute que $v_1 - \omega_1$, $v_2 - \omega_2$ sont des fonctions périodiques de v_1 et de v_2 : si, en effet, nous augmentons v_1 et ω_1 de $2K_1\pi$, v_2 et ω_2 de $2K_2\pi$, K_1 et K_2 étant des entiers, les équations (5) ne cesseront pas d'être satisfaites, puisque T' est périodique en ω_1 et ω_2, et $v_1 - \omega_1$, $v_2 - \omega_2$ ne changeront pas.

En substituant ces valeurs de ω_1 et de ω_2 dans les équations (3) et (4) on verrait que les variables anciennes

$$A,\quad A',\quad \lambda_1,\quad \lambda'_1,\quad \varpi_1$$

sont des fonctions uniformes des variables nouvelles, périodiques par rapport aux v_i.

Nous nous trouvons donc dans des conditions où les résultats du n° 135 sont applicables.

Exprimons la fonction F à l'aide des nouvelles variables. J'observe d'abord que F_0 reste exprimé en fonction de A et de A' seulement. De plus, F est périodique par rapport aux variables de la seconde série λ_2, λ'_2, v_1 et v_2.

La valeur moyenne de F_1, considérée comme fonction périodique de λ_2 et λ'_2, se réduit à R. D'autre part, R se réduit en vertu de l'équation (1) à la constante C, ou bien encore à

$$H = 2A_1\Omega_1 - 2A_2\Omega_2,$$

ou à

$$H + 2A_1 V_1 - 2A_2 V_2 - 2A_1 \varpi_1(V_1, V_2) + 2A_2 \varpi_2(V_1, V_2).$$

Ainsi R dépend seulement de A, A', V_1 et V_2 et ne dépend pas des variables de la seconde série.

Nous retombons donc sur le cas étudié au n° 134.

Je dis maintenant que F ne change pas quand λ_2, λ'_2, v_1 et v_2 augmentent d'une même quantité. En effet, nous savons déjà que F ne change pas quand λ_1, λ'_1, ω_1 et ω_2 augmentent d'une même quantité et que T' ne dépend que de la différence $\omega_1 - \omega_2$.

Les équations (4) et (5) montrent alors que, quand λ_1, λ'_1, ω_1 et ω_2 augmentent d'une même quantité ε, λ_2, λ'_2, v_1 et v_2 augmentent de cette même quantité ε; donc quand ces quatre variables nouvelles augmentent de ε, F ne change pas.

La façon dont F dépend de V_1 et de V_2 est assez compliquée, parce que F, avant le changement de variables, contenait les radicaux $\sqrt{\rho_1}$ et $\sqrt{\rho_2}$.

Soit

$$F(\Lambda, \Lambda', \lambda_2, \lambda'_2, V_1, V_2, v_1, v_2)$$

ce que devient la fonction F après le changement de variables. Nous avons à intégrer l'équation

$$(6)\quad F\left(\frac{dS}{d\lambda_2}, \frac{dS}{d\lambda'_2}, \lambda_2, \lambda'_2, \frac{dS}{dv_1}, \frac{dS}{dv_2}, v_1, v_2\right) = C_0 + C_1\mu + C_2\mu^2 + \ldots.$$

Nous voulons satisfaire formellement à cette équation en faisant

$$S = S_0 + \mu S_1 + \mu^2 S_2 + \ldots$$

et

$$S_0 = \Lambda_0 \lambda_2 + \Lambda'_0 \lambda'_2 + V_1^0 v_1 + V_2^0 v_2,$$

Λ_0, Λ'_0, V_1^0 et V_2^0 doivent être nos quatre constantes d'intégration. On n'a pour cela, comme nous l'avons vu, qu'à appliquer la méthode du n° 134.

Étude d'une intégrale particulière.

139. On trouve une intégrale particulière remarquable en supposant que les deux dernières constantes V_1^0 et V_2^0 soient nulles.

Il suffit pour cela de faire dans l'équation (6)

$$\frac{dS}{dv_1} = \frac{dS}{dv_2} = 0.$$

Il arrive alors que le premier membre de cette équation ne dépend plus ni de v_1 ni de v_2.

En effet, avant le dernier changement de variables que nous venons de faire, F était développable suivant les puissances de

$$\sqrt{\rho_i}\cos\omega_i \quad \text{et} \quad \sqrt{\rho_i}\sin\omega_i.$$

et ne dépendait d'autre part que des autres variables

$$\Lambda, \quad \Lambda', \quad \lambda \quad \text{et} \quad \lambda'.$$

Si donc on fait

$$\rho_1 = \rho_2 = 0,$$

F ne dépend plus que de Λ, Λ', λ_1 et λ'_1.

Si, d'autre part, on fait

$$V_1 = V_2 = 0,$$

T', qui est développable suivant les puissances croissantes des V et ne contient que des termes du second degré au moins par rapport à ces quantités, s'annulera ainsi que ses dérivées du premier ordre. De même Ω_1 et Ω_2 s'annuleront et il viendra

$$\rho_1 = \frac{dT}{d\omega_1} = \Omega_1 - \frac{dT}{d\omega_1} = 0.$$

$$\lambda_2 = \lambda_1 + \frac{dT}{d\Lambda} = \lambda_1 + \frac{dT}{d\Lambda} = \lambda_1.$$

De même

$$\lambda'_2 = \lambda'_1.$$

Il résulte de là que ρ_1 et ρ_2 s'annulant et, d'autre part, λ_2 et λ'_2 se réduisant à λ_1 et λ'_1; il résulte, dis-je, que F ne dépend plus que des quatre variables

$$\Lambda, \quad \Lambda', \quad \lambda_2 \quad \text{et} \quad \lambda'_2.$$

Si donc on fait

$$\frac{dS}{d\lambda_1} = \frac{dS}{d\omega_1} = 0,$$

le premier membre de l'équation (6) ne contient plus que λ_2, λ'_2, $\frac{dS}{d\lambda_2}$, $\frac{dS}{d\lambda'_2}$.

Cette équation est alors très facile à intégrer; on n'aurait pour y parvenir qu'à appliquer les procédés du n° 125; mais il y a ici quelque chose de plus.

L'intégrale n'est plus purement formelle et la série développée suivant les puissances de μ à laquelle on parvient est convergente.

En effet, F ne dépend que de la différence $\lambda_2 - \lambda'_2$, puisque nous avons vu que F ne doit pas changer quand λ_2, λ'_2, v_1 et v_2 augmentent d'une même quantité et qu'ici F a cessé de dépendre de c_1 et de v_2.

Il résulte de là que les deux équations

$$F\left(\frac{dS}{d\lambda_2}, \frac{dS}{d\lambda'_2}, \lambda_2, \lambda'_2\right) = C, \qquad \frac{dS}{d\lambda_2} + \frac{dS}{d\lambda'_2} = C,$$

(où C et C′ sont deux constantes quelconques) sont compatibles; on en tirera $\frac{dS}{d\lambda_2}$ et $\frac{dS}{d\lambda'_2}$ et, par conséquent, S sous la forme de séries ordonnées suivant les puissances de μ.

L'intégrale ainsi obtenue dépend de deux constantes arbitraires C et C′; mais ces deux constantes peuvent s'exprimer à l'aide de deux des quatre constantes primitivement choisies, à savoir de Λ_0 et de Λ'_0, les deux autres constantes V_1^0 et V_2^0 étant nulles par hypothèse.

Nous appellerons cette intégrale particulière de l'équation (6),

$$(7) \qquad\qquad \Sigma(\lambda_2, \lambda'_2, \Lambda_0, \Lambda'_0).$$

Si les constantes C et C′ sont convenablement choisies (*Cf.* 125), Σ sera de la forme suivante

$$\Lambda_0 \lambda_2 + \Lambda'_0 \lambda'_2 + \text{fonction périodique de } \lambda_2 - \lambda'_2.$$

La discussion de cette intégrale particulière Σ ne conduirait pas, ainsi qu'on serait tenté de le croire, à des solutions particulières simples du Problème des trois Corps.

Forme des développements.

140. L'existence de la fonction S étant ainsi démontrée, on peut en déduire le résultat suivant, en raisonnant comme au n° 125.

Il existe des séries

$$(1) \quad \begin{cases} \Lambda = \Lambda_0 + \mu \Lambda_1 + \mu^2 \Lambda_2 + \ldots \\ \Lambda' = \Lambda'_0 + \mu \Lambda'_1 + \mu^2 \Lambda'_2 + \ldots \\ V_i = V'_i + \mu V_i^1 + \mu^2 V_i^2 + \ldots \\ \lambda_2 = w_1 + \mu y_1^1 + \mu^2 y_1^2 + \ldots \\ \lambda'_2 = w_2 + \mu y_2^1 + \mu^2 y_2^2 + \ldots \\ v_1 = w_3 + \mu y_3^1 + \mu^2 y_3^2 + \ldots \\ v_2 = w_4 + \mu y_4^1 + \mu^2 y_4^2 + \ldots \end{cases}$$

ordonnées suivant les puissances de μ et qui satisfont formellement aux équations du Problème des trois Corps.

A_0, A_0' et V_i^0 sont des constantes; on a

$$w_i = n_i t + \varpi_i.$$

Les A_h, les A_h', les A_i^h, les y_i^h sont des fonctions périodiques des w, qui dépendent en outre des constantes A_0, A_0', V_i^0.

D'autre part, les quantités n_i (qui dépendent en outre des constantes A_0, A_0', V_i^0) sont développables suivant les puissances croissantes de μ, de telle sorte que l'on a

$$n_i = n_i^0 + \mu n_i^1 + \mu^2 n_i^2 + \dots.$$

Le point sur lequel je désire attirer l'attention, c'est que l'on a

$$n_3^0 = n_4^0 = 0,$$
$$n_1^0 \lessgtr 0, \quad n_2^0 > 0.$$

Les coefficients des séries qui précèdent auraient pu être calculés d'une façon plus rapide et sans passer par toute cette série de changements de variables, si je ne m'étais attaché surtout à établir simplement et rigoureusement la possibilité même du développement.

Il y a plus : les variables primitives A, A', $\lambda - \omega_1$, $\lambda' - \omega_2$, ξ, ξ', η, η' peuvent être développées en séries de même forme, c'est-à-dire en séries dont les termes sont des fonctions périodiques de ω_1, ω_2, ω_3 et ω_4. Il suffit, pour s'en convaincre, de remplacer dans les expressions des variables primitives en fonctions des variables nouvelles, d'y remplacer, dis-je, ces variables nouvelles par leurs expressions (1); et alors on pourra avoir avantage à calculer directement les coefficients des développements des variables primitives, sans passer par l'intermédiaire des variables nouvelles qui ont servi à démontrer la possibilité de ce développement.

Je ne veux pas insister ici sur les procédés qui peuvent permettre le calcul direct de ces coefficients. Ce que j'ai dit au n° **127** suffit pour en faire comprendre l'esprit, et j'aurai d'ailleurs l'occasion d'y revenir au Chapitre XIV.

J'indiquerai seulement un moyen d'éviter le dernier changement de variables, celui par lequel on passe des ρ_i et des ω_i aux V_i et aux ω_i; ce serait là, dans les cas où l'on ne pourrait l'éviter, la partie la plus pénible du calcul.

Il suffit pour cela de grouper convenablement les termes et cela est possible pourvu que les excentricités soient petites.

Nous pouvons distinguer dans F_1 deux sortes de termes :

1° Ceux qui sont de degré 0, 1, 2 ou 3 par rapport aux excentricités et aux inclinaisons;

2° Ceux qui sont de degré 4 au moins par rapport aux excentricités et aux inclinaisons.

Les termes de la seconde sorte sont beaucoup plus petits que ceux de la première. Soit alors F'_1 l'ensemble des termes de la première sorte et $\varepsilon F''_1$ l'ensemble des termes de la seconde sorte; nous pourrons supposer que ε est une constante très petite et que F''_1 est fini, et écrire

$$ F = F_0 + \mu F'_1 + \mu\varepsilon F''_1 + \mu^2 F_2 + \ldots $$

Rien n'empêchera alors de réunir les termes $\mu\varepsilon F''_1$ aux termes $\mu^2 F_2$, puisque $\mu\varepsilon$ est beaucoup plus petit que μ; ou de chercher à développer suivant les puissances de μ et de ε.

Alors on conserve les variables

$$ \Lambda, \quad \Lambda', \quad \lambda_1, \quad \lambda'_1, \quad \rho_i, \quad \omega_i ; $$

la valeur moyenne de F'_1 se réduit à

$$ H = 2A_1\rho_1 + 2A_2\rho_2 + 2A_3\rho_3 + 2A_4\rho_4 $$

($Cf.$ n° 131), et est par conséquent indépendante des variables de la seconde série. Or le dernier changement de variables n'avait d'autre but que de rendre R indépendant des variables de la seconde série. Il est donc maintenant inutile.

Cas général du Problème des trois Corps.

141. Passons maintenant au cas du Problème des trois Corps dans l'espace. Le nombre des variables ω_i et ρ_i est alors égal à 4 et l'équation (1) du n° 135 s'écrit

$$ (1) \qquad R\left(\frac{dT}{d\omega_1}, \frac{dT}{d\omega_2}, \frac{dT}{d\omega_3}, \frac{dT}{d\omega_4}, \omega_1, \omega_2, \omega_3, \omega_4 \right) = C. $$

Elle n'est plus susceptible d'être intégrée par le procédé que nous avons employé au n° 138; on ne connaît même pas de moyen de l'intégrer exactement, mais on peut trouver une méthode simple d'intégration formelle, ce qui peut nous suffire au point de vue où nous nous sommes placé.

Les quantités

$$\frac{dT}{d\omega_i} = p_i$$

sont de l'ordre du carré des excentricités; si donc nous posons

$$T = \mu' T'',$$

μ' étant une constante de l'ordre du carré des excentricités, les dérivées $\dfrac{dT''}{d\omega_i}$ seront finies.

La fonction R est développable suivant les puissances croissantes des $\dfrac{dT}{d\omega_i}$ et nous avons

$$R = R_0 + R_2 + R_4 + \ldots,$$

R_k représentant l'ensemble des termes de degré $\dfrac{k}{2}$ par rapport aux p_i (R_0, R_2, R_4, ... ne diffèrent pas des quantités appelées ainsi au n° 131). Si je désigne par $R_k(T)$ ce que devient R_k quand on y remplace p_i par $\dfrac{dT}{d\omega_i}$, l'équation (1) pourra s'écrire

$$R_0(T) + R_2(T) + R_4(T) + \ldots = C$$

ou bien

$$R_0(T'') + \mu' R_2(T'') + \mu'^2 R_4(T'') + \ldots = C.$$

R_0 ne dépend que de A et de A' et, comme nous regardons momentanément ces quantités comme des constantes, R_0 sera aussi une constante.

Si alors nous posons

$$C = R_0 + \mu' C',$$

l'équation (1) deviendra

$$(2) \qquad R_2(T'') + \mu' R_4(T'') + \mu'^2 R_6(T'') + \ldots = C'.$$

Nous sommes ainsi conduit à intégrer une équation aux dérivées partielles dont le premier membre dépend des dérivées $\dfrac{dT''}{d\omega_i}$ et est d'ailleurs périodique par rapport aux variables indépendantes ω_i. Ce premier membre dépend d'un paramètre μ' et quand ce paramètre s'annule, il se réduit à

$$R_0(T') = \sum_{i=1}^{i=4} 2 A_i \frac{dT'}{d\omega_i}.$$

Pour $\mu' = o$, le premier membre ne dépend donc plus des ω_i, mais seulement des dérivées $\frac{dT'}{d\omega_i}$.

Nous nous trouvons donc dans les conditions où l'analyse du n° **125** est applicable et nous pouvons conclure qu'il existe une série

$$T_0'' + \mu' T_1'' + \mu'^2 T_2'' + \dots,$$

développée suivant les puissances de μ' et qui, substituée à la place de T', satisfait formellement à l'équation (2), et que cette série est telle que les dérivées

$$\frac{dT_k''}{d\omega_i}$$

soient périodiques par rapport aux ω_i.

Nous poserons

$$T_0'' = \Omega_1' \omega_1 + \Omega_2' \omega_2 + \Omega_3' \omega_3 + \Omega_4' \omega_4,$$

Ω_1', Ω_2', Ω_3', Ω_4' étant nos quatre constantes d'intégration; et la constante C' devra satisfaire à l'équation

$$C' = \Sigma\, 2 A_i \Omega_i'.$$

On vérifie sans peine que T_k'' est un polynôme entier de degré $k + 1$ par rapport aux quatre constantes Ω_i'.

Il en résulte que

$$T = \mu' T''$$

se présente sous la forme d'une série développée suivant les puissances entières croissantes des quatre quantités

$$\mu' \Omega_1', \quad \mu' \Omega_2', \quad \mu' \Omega_3', \quad \mu' \Omega_4',$$

que j'appellerai pour abréger

$$\Omega_1, \quad \Omega_2, \quad \Omega_3, \quad \Omega_4,$$

Cette série, développée suivant les puissances des quatre constantes Ω_i qui sont de l'ordre du carré des excentricités, satisfait formellement à l'équation (1).

Posons, comme au n° 138,

$$U = \Lambda\lambda_1 + \Lambda'\lambda'_1 + T,$$
$$T = V_1\omega_1 + V_2\omega_2 + V_3\omega_3 + V_4\omega_4 + T',$$

T' étant périodique par rapport aux ω, et les V_i étant des constantes développables suivant les puissances croissantes des Ω_i.

Les Ω_i sont inversement développables suivant les puissances des V_i; on peut aussi développer T suivant les puissances des V_i et la série ainsi obtenue satisfait encore formellement à l'équation (1).

Nous allons maintenant faire un changement de variables analogue à celui du n° 138 [équations (3), (4) et (5)].

Nous poserons donc

$$\rho_i = \frac{dT}{d\omega_i}, \qquad c_i = \frac{dT}{dV_i}, \qquad \lambda_2 = \lambda_1 - \frac{dT}{d\Lambda}, \qquad \lambda'_2 = \lambda'_1 + \frac{dT}{d\Lambda'}.$$

En remplaçant les variables anciennes

$$\Lambda, \quad \Lambda', \quad \rho_i,$$
$$\lambda_1, \quad \lambda'_1, \quad \omega_i$$

par les nouvelles

$$\Lambda, \quad \Lambda', \quad V_i,$$
$$\lambda_2, \quad \lambda'_2, \quad c_i,$$

on n'altère pas la forme canonique des équations.

On démontrerait comme dans le n° 138 :

1° Que les V_i sont de l'ordre du carré des excentricités;

2° Que les quantités ρ_i, $\lambda_1 - \lambda_2$, $\lambda'_1 - \lambda'_2$, $\omega_i - c_i$ sont des fonctions périodiques des c_i;

3° Que F est développable par rapport aux puissances croissantes de μ, des V_i et des $\sqrt{\rho_i}$, les ρ_i étant eux-mêmes développables suivant les puissances croissantes des V_i;

4° Que F est une fonction périodique des c_i, de λ_2 et λ'_2;

5° Que la valeur moyenne de F, considérée comme fonction périodique des deux variables λ_2 et λ'_2, est égale à R et ne dépend que de Λ, Λ' et des V_i.

Nous sommes donc dans les conditions où l'analyse du n° 135
est applicable.

Soit donc

$$F(\Lambda, \Lambda', V_i, \lambda_2, \lambda, v)$$

ce que devient la fonction F après le changement de variables; on
pourra trouver une série développable suivant les puissances de μ,
satisfaisant formellement à l'équation

$$F\left(\frac{dS}{d\lambda_2}, \frac{dS}{d\lambda'_2}, \frac{dS}{dv_i}, \lambda_3, \lambda'_2, v_i\right) = C_0 + \mu C_1 + \mu^2 C_2 + \ldots$$

et dépendant de six constantes que j'appellerai Λ_0, Λ'_0, V^0_1, V^0_2,
V^0_3, V^0_4.

Nous arrivons ainsi aux mêmes conclusions que dans les n°ˢ 138
et 140.

———

CHAPITRE XII.

Exposé de la difficulté.

142. Il y a des cas où l'application des méthodes exposées dans le Chapitre précédent peut donner lieu à certaines difficultés : ce sont ceux où les excentricités sont très petites. Voici comment on peut s'en rendre compte.

Je crois que l'étude d'un exemple simple, beaucoup plus simple que n'est le Problème des trois Corps, sera de nature à mieux faire comprendre ces difficultés.

Soit donc

$$F = A + \mu \sqrt{\Omega} \cos(\omega + \lambda) + \mu A \Omega;$$

μ est un paramètre très petit, A une constante, Λ, Ω, λ et ω deux paires de variables conjuguées.

Considérons les équations canoniques

$$(1) \quad \begin{cases} \dfrac{d\lambda}{dt} = \dfrac{dF}{d\Lambda} = 1, & \dfrac{d\omega}{dt} = \dfrac{dF}{d\Omega}, \\[2mm] \dfrac{d\Lambda}{dt} = -\dfrac{dF}{d\lambda}, & \dfrac{d\Omega}{dt} = -\dfrac{dF}{d\omega}, \end{cases}$$

Ces équations sont très faciles à intégrer complétement, comme nous le verrons plus loin. Mais je veux d'abord faire ressortir leur analogie avec les équations du Problème des trois Corps.

Nous avons vu, au n° 137, qu'après un certain nombre de changements de variables, les équations de ce problème pouvaient être mises sous la forme canonique, les variables conjuguées étant

$$\Lambda, \quad \Lambda', \quad \rho_1,$$
$$\lambda_1, \quad \lambda'_1, \quad \omega_1.$$

De plus, F est développable suivant les puissances de

$$\sqrt{\wp}\cos\omega_i, \quad \sqrt{\wp_i}\sin\omega_i \quad \text{et} \quad \mu$$

périodique en λ_i et λ'_i; enfin F_0 ne dépend que de A et A'. La fonction F, définie au commencement de ce numéro, est tout à fait analogue; la variable A joue le rôle de A et A', Ω celui des $\wp_i$, λ celui de λ_i et λ'_i, ω celui des ω_i. On voit que F est développable suivant les puissances de

$$\sqrt{\Omega}\cos\omega, \quad \sqrt{\Omega}\sin\omega,$$

et que, pour $\mu = o$, elle se réduit à A.

L'analogie est donc évidente. Supposons qu'on veuille appliquer à cette équation la méthode des Chapitres précédents, c'est-à-dire chercher à intégrer l'équation aux dérivées partielles

$$(2) \qquad \frac{dS}{d\lambda} + \mu\cos(\omega + \lambda)\sqrt{\frac{dS}{d\omega}} - \mu A \frac{dS}{d\omega} = C,$$

C étant une constante d'intégration. Il s'agit de trouver une solution de cette équation (2), qui soit développable suivant les puissances de μ, et telle que $\dfrac{dS}{d\lambda}$ et $\dfrac{dS}{d\omega}$ soient périodiques en λ et en ω.

Pour cela posons

$$\omega + \lambda = \varphi;$$

l'équation (2) devient, avec les variables nouvelles λ et φ,

$$\frac{dS}{d\lambda} + \mu\cos\varphi\sqrt{\frac{dS}{d\varphi}} + (1 - \mu A) \frac{dS}{d\varphi} = C.$$

Soit A une constante d'intégration, et posons

$$1 + \mu A = B, \qquad C - A = VB;$$

nous satisferons à notre équation en faisant

$$\frac{dS}{d\lambda} = A, \qquad \frac{dS}{d\varphi} = \frac{2\mu^2\cos^2\varphi + 4B^2 V - 2\mu\cos\varphi\sqrt{\mu^2\cos^2\varphi + 4B^2 V}}{4B^2}.$$

La fonction S ainsi définie satisfait bien à toutes les données du problème, à une condition toutefois, c'est que le radical

$$\sqrt{\mu^2\cos^2\varphi + 4B^2 V}$$

puisse être développé suivant les puissances de μ. Or ce développement est possible, pourvu que

$$\mu^2 < \tfrac{1}{4}B^2_0 V$$

et il sera très convergent si μ^2 est très petit, non seulement d'une manière absolue, mais encore par rapport à V.

Si nous voulons poursuivre la comparaison avec le Problème des trois Corps, nous verrons que V représente une quantité analogue à celle que nous avons désignée par Ω_0 dans le Chapitre précédent; regardons-la donc comme de l'ordre du carré des excentricités.

Si μ et V sont tous deux très petits, on pourrait se proposer de développer S suivant les puissances de μ et de V. Un pareil développement est impossible, car le radical

$$\sqrt{\tfrac{1}{4}B^2 - \frac{\mu^2\cos^2\varphi}{V}}$$

est seulement développable suivant les puissances de μ (parce que B dépend de μ) et de

$$\frac{\mu^3}{V}.$$

Si donc V est assez petit pour être comparable à μ^2, la méthode du Chapitre précédent cesse d'être applicable.

143. Il est aisé de voir qu'une difficulté analogue se présente dans le Problème des trois Corps.

Reprenons, en effet, ce problème tel que nous l'avons posé dans le Chapitre précédent. Nos variables conjuguées sont

$$\Lambda, \quad \Lambda', \quad V_0,$$
$$\lambda_2, \quad \lambda'_2, \quad v_0.$$

La fonction S qui satisfait formellement à notre équation aux dérivées partielles

$$F = \text{const.}$$

et qui a été définie dans le Chapitre précédent dépend des constantes Λ_0, Λ'_0 et V^0_0; ces dernières constantes V^0_0 seront en général, dans les applications des quantités très petites, de l'ordre du carré des excentricités. Nous pouvons alors poser

$$V_i^0 = \varepsilon^2 W_i^0,$$

ε étant une constante de l'ordre des excentricités, et les W_i^0 étant des constantes finies. Si nous regardons un instant les W_i^0 comme donnés, S dépendra encore de trois constantes arbitraires

$$A_0, \quad A'_0 \quad \text{et} \quad \varepsilon.$$

On peut se demander alors si S est développable suivant les puissances de μ et de ε.

S'il en était ainsi, la solution exposée dans le Chapitre précédent serait toujours satisfaisante quelque petit que soit ε, c'est-à-dire quelque petites que soient les excentricités.

Mais il n'en est pas ainsi, comme nous allons le voir et comme l'exemple du numéro précédent permettait déjà de le prévoir. S est seulement développable suivant les puissances de $\frac{\mu}{\varepsilon}$ et de ε. Il en résulte que la méthode n'est plus applicable, si $\frac{\mu}{\varepsilon}$ n'est pas très petit; elle ne l'est donc pas, bien que les masses soient très petites, si les excentricités sont du même ordre que les masses.

Reprenons notre équation

$$F\left(\frac{dS}{dt_2}, \frac{dS}{dt'_2}, \frac{dS}{dv_1}; \lambda_2, \lambda'_2, v_1\right) = C,$$

que j'écrirai, pour abréger,

$$(2) \qquad\qquad F(S) = C.$$

Nous avons vu au n° 129 que cette équation admet une solution particulière que nous avons appelée Σ; on aura donc

$$F(\Sigma) = C',$$

C' étant une constante.

Posons maintenant

$$S = \Sigma + \varepsilon^2 s,$$

il viendra

$$(3) \qquad\qquad F(\Sigma + \varepsilon^2 s) = C.$$

Le premier membre de (3) sera développable suivant les puissances de ε; je dis de ε et non de ε^2; en effet, F contient des termes de degré impair par rapport aux $\sqrt{\rho_i}$. Or les ρ_i qui sont liés aux

$$V_i = \frac{dS}{dv_i} = \varepsilon^2 \frac{ds}{dv_i},$$

par les relations

$$\rho_i = \frac{dT}{d\omega_i}, \qquad V_i = \frac{dT}{dV_i}$$

trouvées aux n°s 138 et 141, sont développables suivant les puissances de V_i, et, par conséquent, de ε^2. Donc les $\sqrt{\rho_i}$, et par conséquent F, seront développables suivant les puissances de ε. J'observe de plus que, si ε est de l'ordre des excentricités, s sera fini.

En effet, quand ε s'annule, S se réduit à Σ. Or cette solution particulière Σ correspond, comme nous l'avons vu, au cas où les V_i^0 sont nuls. Dans les applications, les V_i^0 ne sont pas nuls, mais sont des quantités très petites de l'ordre du carré des excentricités. La différence $S - \Sigma$ sera donc de l'ordre du carré des excentricités, c'est-à-dire de l'ordre de ε^2.

Faisons, pour abréger,

$$F(\Sigma + \varepsilon^2 s) - F(\Sigma) = \varepsilon^2 F^*(s),$$

il viendra en retranchant (2) de (3)

$$(4) \qquad\qquad\qquad F^*(s) = K,$$

K étant une nouvelle constante égale à $\dfrac{C - C'}{\varepsilon^2}$.

F^* sera développable suivant les puissances croissantes de μ, de sorte que

$$F^* = F_0^* + \mu F_1^* + \mu^2 F_2^* + \ldots,$$

F^* sera d'ailleurs périodique en λ_2 et en λ_2', et j'appellerai R^* la valeur moyenne de F_1^*.

Comme Σ est développable suivant les puissances de μ, de sorte que

$$\Sigma = \Sigma_0 + \mu \Sigma_1 + \mu^2 \Sigma_2 + \ldots,$$

$F_0(\Sigma + \varepsilon^2 s)$ sera également développable, de sorte que

$$F_0(\Sigma + \varepsilon^2 s) = \Phi_0(\varepsilon^2 s) + \mu \Phi_1(\varepsilon^2 s) + \dots,$$

et il est clair que

$$\Phi_0(\varepsilon^2 s) = F_0(\Sigma_0 + \varepsilon^2 s).$$

$$\Phi_1(\varepsilon^2 s) = \frac{d\Phi_0}{\varepsilon^2 d\dfrac{ds}{d\lambda_2}} \frac{d\Sigma_1}{d\lambda_2} + \frac{d\Phi_0}{\varepsilon^2 d\dfrac{ds}{d\lambda_2'}} \frac{d\Sigma_1}{d\lambda_2'}.$$

On aura donc

$$\varepsilon^2 F_0^* = F_0(\Sigma_0 + \varepsilon^2 s) - F_0(\Sigma_0),$$
$$\varepsilon^2 F_1^* = F_1(\Sigma_0 + \varepsilon^2 s) - F_1(\Sigma_0) - \Phi_0(\varepsilon^2 s) - \Phi_1(o).$$

F_0 ne dépend que de $\dfrac{dS}{d\lambda_2}$ et de $\dfrac{dS}{d\lambda_2'}$; quand on aura substitué $\Sigma + \varepsilon^2 s$ à la place de S, F_0 deviendra donc développable suivant les puissances de

$$\varepsilon^2 \frac{ds}{d\lambda}, \quad \varepsilon^2 \frac{ds}{d\lambda_2'},$$

d'où il résulte que

$$\Phi_0(\varepsilon^2 s) - \Phi_0(o), \quad \Phi_1(\varepsilon^2 s) - \Phi_1(o)$$

sont divisibles par ε^2, et ne dépendent d'ailleurs pas des $\dfrac{ds}{dv_i}$. Il résulte d'abord de là que F_0^* est développable suivant les puissances positives et croissantes de ε^2.

Au contraire, *comme le développement de* F_1 *contient des termes du premier degré en* $\sqrt{\rho_i}$, $F_1(\Sigma_0 + \varepsilon^2 s)$ sera développable non pas suivant les puissances de ε^2, mais suivant celles de ε. Le développement de la différence

$$F_1(\Sigma_0 + \varepsilon^2 s) - F_1(\Sigma_0)$$

commencera par un terme en ε.

D'où cette conséquence : F_1^* est développable suivant les puissances croissantes de ε, mais le développement commence par un terme en $\dfrac{1}{\varepsilon}$.

Observons maintenant que F_1^* est une fonction périodique en λ_2 et λ_2', et proposons-nous d'en déterminer la valeur moyenne R^*.

La valeur moyenne de $F_1(S)$ est par définition $R(S)$; quand on y remplacera S par $\Sigma_0 + \varepsilon^2 s$, cette valeur moyenne ne changera pas et s'écrira $R(\Sigma_0 + \varepsilon^2 s)$. Cela tient à ce que

$$\frac{d\Sigma_0}{d\lambda_2}, \quad \frac{d\Sigma_0}{d\lambda_2'}, \quad \frac{d\Sigma_0}{dv_1}$$

se réduisent respectivement à

$$\Lambda_0, \quad \Lambda_0', \quad 0,$$

et ne dépendent pas de λ_2 et de λ_2' ; si, au contraire, ces dérivées dépendaient périodiquement de λ_2 et λ_2', la valeur moyenne pourrait être modifiée par la substitution.

D'autre part, la valeur moyenne

$$[\Phi_1(\varepsilon^2 s) - \Phi_1(0)] = \varepsilon^2 H$$

ne dépend ni des c_i, ni des $\frac{ds}{dv_1}$, puisque $\Phi_1(\varepsilon^2 s)$ n'en dépendait pas lui-même ; elle est d'ailleurs développable suivant les puissances positives et croissantes de ε^2.

De même, $R(\Sigma_0 + \varepsilon^2 s)$ est développable suivant les puissances positives et croissantes de ε^2, parce que le développement primitif de R suivant les puissances des $\sqrt{\rho_i}$ (contrairement à ce qui se passait pour celui de F_1) ne contenait pas de termes de degré impair et en particulier de termes du premier degré. Il vient donc

$$\varepsilon^2 R^* = R(\Sigma_0 + \varepsilon^2 s) - R(\Sigma_0) + \varepsilon^2 H,$$

de sorte que R^* est développable suivant les puissances positives et croissantes de ε^2.

Si donc nous développons s suivant les puissances croissantes de μ, ainsi qu'il suit

$$s = s_0 + \mu s_1 + \mu^2 s_2 + \ldots$$

nous aurons, pour déterminer les s_p, des formules de récurrence que les méthodes des Chapitres précédents nous ont fournies.

Comme $s_p (p > 0)$ est une fonction périodique de λ_2 et de λ_2', j'écrirai

$$s_p = s'_p + s''_p.$$

s'_p étant une fonction périodique de valeur moyenne nulle et s''_p étant indépendant de λ_2 et λ'_1.

Nous pourrons écrire alors

$$(5) \qquad \left\{ \begin{aligned} &\mathrm{S}\, \frac{d\mathrm{R}^*}{d\mathrm{V}_i^0}\, \frac{ds''_{p-1}}{dv_i} = \psi_p, \\[2mm] &\mathrm{S}\, \frac{d\mathrm{F}_0^*}{d\Lambda_0}\, \frac{ds'_p}{d\lambda_2} = \theta_p; \end{aligned} \right.$$

ψ_p doit dépendre de

$$s_0, \quad s'_1, \quad s'_2, \quad \ldots \quad s'_{p-1},$$
$$s''_1, \quad s''_2, \quad \ldots \quad s''_{p-2},$$

et θ_p de

$$s_0, \quad s'_1, \quad s'_2, \quad \ldots \quad s'_{p-1},$$
$$s''_1, \quad s''_2, \quad \ldots \quad s''_{p-1}.$$

La lettre S représente une sommation portant, soit sur les diverses paires de variables conjuguées V_i et v_i, soit sur les deux paires de variables conjuguées Λ et λ_2, Λ' et λ'_1.

Les deux membres des relations (5) sont développables suivant les puissances croissantes de ε; mais les premiers membres ne contiennent que des puissances positives, tandis que les seconds membres contiennent des puissances négatives. Avant qu'on ait remplacé, dans ψ_p et θ_p, les dérivées de s'_q et de $s''_q (q < p)$ calculées antérieurement par récurrence, les développements de ces deux fonctions contenaient déjà des termes en $\dfrac{1}{\varepsilon}$, parce que le développement de F^* en contient, comme nous l'avons vu plus haut. Il en résulte que le développement de s_p, suivant les puissances croissantes de ε, doit commencer par une puissance négative de ε. Si donc, dans ψ_p et θ_p, on remplace les dérivées des s'_q et s''_q par leurs développements, suivant les puissances de ε, antérieurement calculés, alors ψ_p et θ_p seront encore développés suivant les puissances croissantes de ε, mais le développement, au lieu de commencer par un terme en $\dfrac{1}{\varepsilon}$, commencera par un terme en $\dfrac{1}{\varepsilon^n}$, n étant un entier positif.

L'exposant de $\dfrac{1}{\varepsilon}$, dans le premier terme du développement de s_p, ira donc en croissant avec p.

H. P. — II. 6

Il en résulte que, si les excentricités sont très petites, on pourra craindre de voir apparaître dans s_p des termes très grands. C'est là une difficulté qui, ainsi qu'on l'a vu, provient simplement de la présence de termes en $\frac{1}{\varepsilon}$ dans F^* ; et ces termes en $\frac{1}{\varepsilon}$ sont dus simplement à ce fait que F contenait des termes du premier degré par rapport aux $\sqrt{\rho_i}$ ou encore par rapport à ξ, η, ξ' et η'.

Voyons maintenant si cette difficulté, dont l'exemple du numéro précédent nous aide à comprendre la nature, n'est pas purement artificielle et si quelque détour ne nous permettra pas d'en triompher.

Solution de la difficulté.

144. Pour nous rendre compte de la manière dont on peut triompher de la difficulté que je viens de signaler, revenons à l'exemple très particulier du nº 142.

Posons

$$\sqrt{2\Omega}\cos\omega = x, \qquad \sqrt{2\Omega}\sin\omega = y;$$

nos équations canoniques deviennent

$$(1\ bis)\quad \begin{cases} \dfrac{d\Lambda}{dt} = \dfrac{\mu}{\sqrt{2}}(y\cos\lambda + x\sin\lambda), & \dfrac{d\lambda}{dt} = 1, \\[2ex] \dfrac{dx}{dt} = \dfrac{\mu}{\sqrt{2}}\sin\lambda - \mu\Lambda y, & \dfrac{dy}{dt} = \dfrac{\mu}{\sqrt{2}}\cos\lambda + \mu\Lambda x; \end{cases}$$

le système d'équations est évidemment très facile à intégrer, car les deux dernières sont linéaires et donnent immédiatement, en observant que $dt = d\lambda$,

$$(2)\quad \begin{cases} x = \alpha\cos\lambda + \beta\cos(\mu\Lambda\lambda) - \gamma\sin(\mu\Lambda\lambda), \\ y = -\alpha\sin\lambda + \beta\sin(\mu\Lambda\lambda) + \gamma\cos(\mu\Lambda\lambda), \end{cases}$$

où

$$\alpha = -\frac{\mu}{\sqrt{2}(1 + \mu\Lambda)}$$

et où β et γ sont deux constantes arbitraires.

On n'a plus ensuite qu'une quadrature à effectuer pour obtenir Λ.

et cette quadrature s'exécute sans peine. Il vient, en effet,

$$\Lambda = \delta + \beta\alpha\cos(1+\mu A)\lambda + \gamma\alpha\sin(1+\mu A)\lambda,$$

δ étant une nouvelle constante d'intégration.

Une solution particulière remarquable correspond au cas où β et γ sont nuls. Il vient alors

$$(3) \qquad x = \alpha\cos\lambda, \qquad y = -\alpha\sin\lambda,$$

d'où

$$\Lambda = \delta.$$

Si l'on veut continuer la comparaison avec le Problème des trois Corps, on pourra dire que cette solution particulière (3) est l'analogue des solutions périodiques de la première sorte définies au Chapitre III.

Les équations (2) nous donnent

$$(x-\alpha\cos\lambda)^2 + (y+\alpha\sin\lambda)^2 = \beta^2 + \gamma^2.$$

Si x et y sont regardées pour un instant comme les coordonnées d'un point dans un plan, c'est là l'équation d'un cercle qui a pour centre le point

$$x = \alpha\cos\lambda, \qquad y = -\alpha\sin\lambda,$$

qui correspondrait à la solution périodique (3). Ce point est voisin de l'origine, parce que μ et, par conséquent, α sont petits; mais il diffère néanmoins de l'origine, et, si β et γ sont petits également, le rayon du cercle est petit et l'origine peut devenir très excentrique par rapport à ce cercle; elle peut même être en dehors de ce cercle.

Si nous passons aux coordonnées polaires

$$\sqrt{2\Omega} \quad \text{et} \quad \omega,$$

l'équation du cercle devient

$$2\Omega - 2\alpha\sqrt{2\Omega}\cos(\omega - \lambda) = \beta^2 + \gamma^2 - \alpha^2.$$

Comparons cette équation avec celle-ci, que l'on peut déduire aisément de l'équation (2) du n° 142

$$\mu\cos\varphi\sqrt{\frac{dS}{d\varphi}} + (1+\mu A)\frac{dS}{d\varphi} = C - A - A(1+\mu A)$$

et d'où nous avons déduit, dans ce n° 142, la valeur de $\dfrac{dS}{d\varsigma}$; rappelons-nous que

$$\varsigma = \omega + \lambda, \qquad \frac{dS}{d\varsigma} = \frac{dS}{d\omega} = \Omega.$$

Nous verrons que les deux équations sont identiques pourvu que
l'on fasse

$$2V = \beta^2 + \gamma^2 - \alpha^2,$$

d'où il suit que la constante $\dfrac{\beta^2 + \gamma^2 - \alpha^2}{2}$ n'est autre chose que celle
que nous avons appelée plus haut V et que nous avons regardée
comme étant de l'ordre du carré des excentricités. Le rayon du
cercle qui est $\sqrt{\beta^2 + \gamma^2}$ est donc de l'ordre des excentricités et, s'il
est de l'ordre de α, c'est-à-dire de μ, l'origine peut se trouver en
dehors du cercle.

Nous pouvons donc dire que, si dans le n° 142 nous avons rencontré la difficulté que j'ai signalée, c'est parce que nous avions
employé des espèces de coordonnées polaires et parce que nous
en avions mal choisi l'origine. Cette origine doit être prise au
centre du cercle, c'est-à-dire au point qui correspond à la solution périodique.

Nous sommes donc conduits à changer d'origine en posant

$$x' = x - \alpha \cos\lambda, \qquad y' = y + \alpha \sin\lambda.$$

Pour conserver aux équations leur forme canonique, nous devons
maintenant adopter une variable nouvelle Λ' telle que

$$\Lambda' = \Lambda - \alpha(x'\cos\lambda - y'\sin\lambda).$$

Nos variables conjuguées sont alors

$$\Lambda', \quad x',$$
$$\lambda, \quad y'.$$

La fonction F qui, par hypothèse, était égale à

$$\Lambda + \mu\sqrt{\Omega}\cos(\omega + \lambda) + \mu\Lambda\Omega.$$

devient, en fonction des variables nouvelles,

$$\Lambda' + \frac{\mu\Lambda}{2}(x'^2 + y'^2) + \frac{\mu\Lambda\alpha^2}{2} - \frac{\alpha\mu}{\sqrt{\alpha}}.$$

Les deux derniers termes sont des constantes et ne jouent aucun rôle puisqu'on peut les faire rentrer dans la constante C.

Nos équations différentielles deviennent alors

$$\frac{d\lambda}{dt} = 1, \qquad \frac{d\lambda'}{dt} = 0,$$

$$\frac{dx'}{dt} = -\mu A y', \qquad \frac{dy'}{dt} = \mu A x',$$

et l'équation aux dérivées particlles correspondantes devient

$$\frac{dS}{d\lambda} + \frac{\mu A}{2}\left[\left(\frac{dS}{dy'}\right)^2 + y'^2\right] = \text{const.}$$

Si l'on revient maintenant aux coordonnées polaires en posant

$$\sqrt{2\Omega'}\cos\omega' = x', \qquad \sqrt{2\Omega'}\sin\omega' = y',$$

il vient

$$F = \lambda' + \mu A \Omega' + \text{const.},$$

et l'équation aux dérivées partielles se réduit à

$$\frac{dS}{d\lambda} + \mu A \frac{dS}{d\omega'} = \text{const.}$$

Grâce à la simplicité de l'exemple que j'ai choisi, l'intégration de l'équation ainsi transformée est immédiate; mais le point important pour mon objet, c'est de faire observer que les termes qui seraient analogues au terme en $\sqrt{\dfrac{dS}{d\omega}}$ dans l'équation (2) du n° 142 ont disparu. Or c'était de ce terme que provenait toute la difficulté.

145. Essayons donc d'appliquer la même méthode au Problème des trois Corps et d'abord dans le plan.

Nous avons pris d'abord pour variables

$$(1) \qquad \begin{cases} \Lambda, & \Lambda', & \xi, & \xi', \\ \lambda, & \lambda', & \eta, & \eta', \end{cases}$$

puis

$$(2) \qquad \begin{cases} \Lambda, & \Lambda', & \tau_i, \\ \lambda_1, & \lambda'_1, & \tau_0, \end{cases}$$

puis

$$(3) \qquad \left\{ \begin{array}{lll} \Lambda, & \Lambda', & \varpi, \\ \lambda_1, & \lambda'_1, & \omega. \end{array} \right.$$

puis

$$(4) \qquad \left\{ \begin{array}{lll} \Lambda, & \Lambda', & \Lambda, \\ \lambda_1, & \lambda'_1, & \omega. \end{array} \right.$$

Poursuivons notre comparaison et ne considérons pour le moment que les deux dernières paires de variables conjuguées, en laissant de côté les deux premières paires, c'est-à-dire Λ et Λ' et leurs conjuguées.

Nous pourrons dire alors que les variables (1) et (2) sont analogues à des coordonnées rectangulaires et les variables (3) et (4) analogues à des coordonnées polaires.

La difficulté que nous avons signalée au n° 143 provient, comme on l'a vu, de la présence de termes de degré $\frac{1}{2}$ par rapport aux $\sqrt{ }$, provenant eux-mêmes de termes du premier degré par rapport aux $\sqrt{\varpi}$ et de termes du premier degré en ξ, ξ', η, η'.

Si la fonction F ne contenait pas de pareils termes, nous n'aurions pas rencontré cette difficulté.

Mais, comme elle est tout à fait analogue à celle que nous avons signalée au n° 142 et dont nous avons triomphé au n° 144, nous sommes conduits à penser que nous en viendrons à bout par les mêmes moyens, c'est-à-dire par une transformation analogue à un changement d'origine. Il faut remplacer les variables ξ, ξ', η, η' par d'autres qui s'annulent pour les solutions périodiques de la première sorte étudiées au n° 40, puisque ces solutions sont analogues à la solution périodique (3) du numéro précédent.

Étudions donc ces solutions périodiques du n° 40. Nous avons vu que, pour ces solutions périodiques de la première sorte,

$$(5) \qquad \left\{ \begin{array}{ll} \Lambda, \quad \Lambda', \quad \xi\cos\lambda - \eta\sin\lambda, & -\xi\sin\lambda + \eta\cos\lambda, \\ \xi'\cos\lambda' - \eta'\sin\lambda', & -\xi'\sin\lambda' + \eta'\cos\lambda' \end{array} \right.$$

sont des fonctions périodiques du temps, et qu'il en est de même de $\sin(\lambda - \lambda')$, $\cos(\lambda - \lambda')$.

Nous pouvons aussi considérer les variables (5) comme des

fonctions périodiques de $\lambda - \lambda'$ et de deux constantes arbitraires que j'appellerai A_1 et A'_1.

Soient donc

$$\Lambda = A, \qquad \Lambda' = A', \qquad \xi = B, \qquad \xi' = B', \qquad \eta = C, \qquad \eta' = C'$$

les équations de ces solutions périodiques; A, A', B, B', C et C' seront des fonctions de λ, λ', A_1 et A'_1, périodiques par rapport à λ et λ'. Voici quelle est la forme de ces fonctions. A et A' ne dépendent que de $\lambda - \lambda'$, et on a

$$B = \quad T\cos\lambda - U\sin\lambda, \qquad B' = \quad T'\cos\lambda' - U'\sin\lambda',$$
$$C = -T\sin\lambda - U\cos\lambda, \qquad C' = -T'\sin\lambda' - U'\cos\lambda'.$$

T, U, T' et U' ne dépendant que de $\lambda - \lambda'$.

On déduit de là facilement l'identité suivante

$$(6) \qquad \frac{dB}{d\lambda}\frac{dC}{d\lambda'} - \frac{dB}{d\lambda'}\frac{dC}{d\lambda} = -T\frac{dT}{d(\lambda - \lambda')} - U\frac{dU}{d(\lambda - \lambda')},$$

et, par symétrie,

$$\frac{dB'}{d\lambda}\frac{dC'}{d\lambda'} - \frac{dB'}{d\lambda'}\frac{dC'}{d\lambda} = -T'\frac{dT'}{d(\lambda - \lambda')} - U'\frac{dU'}{d(\lambda - \lambda')}.$$

Cela posé, formons une fonction auxiliaire

$$S = S_0 - \xi_1 C - \xi'_1 C' + \eta_1 B + \eta'_1 B' - \xi_1\eta_1 - \xi'_1\eta'_1,$$

S_0 étant une fonction de λ, λ', A_1, A'_1 que nous déterminerons plus loin. Alors S est fonction de

$$\lambda, \qquad \lambda', \qquad \eta_1, \qquad \eta'_1,$$
$$A_1, \qquad A'_1, \qquad \xi_1, \qquad \xi'_1.$$

Si alors nous posons

$$(7) \qquad \begin{cases} \dfrac{dS}{dA_1} = \lambda_1, \qquad \dfrac{dS}{dA'_1} = \lambda'_1, \qquad \dfrac{dS}{d\xi_1} = \eta_1, \qquad \dfrac{dS}{d\xi'_1} = \eta'_1, \\[2ex] \dfrac{dS}{d\eta_1} = \Lambda, \qquad \dfrac{dS}{d\eta'_1} = \Lambda', \qquad \dfrac{dS}{d\eta_1} = \xi, \qquad \dfrac{dS}{d\eta'_1} = \xi', \end{cases}$$

et que l'on prenne pour variables nouvelles

$$A_1, \qquad A'_1, \qquad \xi_1, \qquad \xi'_1,$$
$$\lambda_1, \qquad \lambda'_1, \qquad \eta_1, \qquad \eta'_1,$$

au lieu de

$$\lambda, \quad \lambda', \quad \xi, \quad \xi,$$
$$\lambda, \quad \lambda', \quad \eta, \quad \eta',$$

la forme canonique des équations ne sera pas altérée. Il vient alors

$$A = \frac{dS_0}{d\lambda} - \xi_1 \frac{dC}{d\lambda} - \xi_1' \frac{dC'}{d\lambda} + \eta_1 \frac{dB}{d\lambda} + \eta_1' \frac{dB'}{d\lambda},$$

$$A' = \frac{dS_0}{d\lambda'} - \xi_1 \frac{dC}{d\lambda'} - \xi_1' \frac{dC'}{d\lambda'} + \eta_1 \frac{dB}{d\lambda'} + \eta_1' \frac{dB'}{d\lambda'};$$

$$\eta_1 = \eta - C, \qquad \eta_1' = \eta' - C',$$
$$\xi = \xi_1 + B, \qquad \xi' = \xi_1' + B'.$$

Quand on fait

$$\xi_1 = \xi_1' = \eta_1 = \eta_1' = o,$$

ξ, ξ', η et η' se réduisent respectivement à B, B', C et C'. Je veux que A et A' se réduisent de leur côté à A et A'. Cela entraîne les conditions

$$(8) \qquad \begin{cases} \dfrac{dS_0}{d\lambda} = A - C\,\dfrac{dB}{d\lambda} - C'\,\dfrac{dB'}{d\lambda}, \\[2ex] \dfrac{dS_0}{d\lambda'} = A' - C\,\dfrac{dB}{d\lambda'} - C'\,\dfrac{dB'}{d\lambda'}. \end{cases}$$

Ces deux équations sont compatibles et déterminent S_0, pourvu que les valeurs auxquelles elles conduisent pour les dérivées de S_0 satisfassent à la condition d'intégrabilité

$$\frac{d}{d\lambda'}\left(\frac{dS_0}{d\lambda}\right) - \frac{d}{d\lambda}\left(\frac{dS_0}{d\lambda'}\right) = o.$$

Or cette condition s'écrit

$$\frac{dA}{d\lambda'} - \frac{dA'}{d\lambda} - \frac{dC}{d\lambda'}\frac{dB}{d\lambda} - \frac{dC}{d\lambda}\frac{dB}{d\lambda'} - \frac{dC'}{d\lambda'}\frac{dB'}{d\lambda} + \frac{dC'}{d\lambda}\frac{dB'}{d\lambda'} = o.$$

Si l'on tient compte des équations (6) et si l'on observe que A, T et U ne dépendent que de $\lambda - \lambda'$, il viendra

$$-\frac{dA}{d\lambda} - \frac{dA'}{d\lambda} + T\,\frac{dT}{d\lambda} + U\,\frac{dU}{d\lambda} + T'\,\frac{dT'}{d\lambda} + U'\,\frac{dU'}{d\lambda} = o,$$

ce qui veut dire que l'on doit avoir pour la solution périodique

$$A + A' - \frac{T^2 + U^2 + T'^2 + U'^2}{2} = \text{const.},$$

c'est-à-dire

$$\Lambda - \Lambda' - \frac{\xi^2 - \xi'^2 + \eta_1^2 + \eta_1'^2}{2} = \text{const.}$$

Or, cette condition n'est autre chose que l'équation des aires, elle est donc remplie.

La fonction S_0, définie par les équations (8), existe donc. Ses dérivées $\frac{dS_0}{d\lambda}$ et $\frac{dS_0'}{d\lambda'}$ sont périodiques en λ et λ'. Les valeurs moyennes de ces deux fonctions périodiques dépendent seulement des deux constantes Λ_1 et Λ_1'. Comme nous n'avons jusqu'ici rien supposé au sujet du choix de ces deux constantes, nous pouvons les choisir de telle façon que ces valeurs moyennes soient précisément Λ_1 et Λ_1'.

On aura alors

$$S_0 = \Lambda_1 \lambda + \Lambda_1' \lambda' + \text{fonction périodique en } \lambda \text{ et } \lambda'.$$

La fonction S est développable suivant les puissances croissantes de μ, et pour $\mu = 0$ se réduit à

$$\Lambda_1 \lambda + \Lambda_1' \lambda' + \xi_1 \eta_1 + \xi_1' \eta_1'.$$

Pour effectuer la transformation, cherchons à exprimer les variables anciennes en fonctions des nouvelles à l'aide des équations (7). Nous avons d'abord

$$(9) \qquad \begin{cases} \eta = \eta_1 + C, & \eta' = \eta_1' + C', \\ \xi = \xi_1 + B, & \xi' = \xi_1' + B'; \end{cases}$$

puis, les deux premières équations (7)

$$\lambda_1 = \frac{dS}{d\Lambda_1}, \qquad \lambda_1' = \frac{dS}{d\Lambda_1'}.$$

Dans ces deux équations, je remplace η_1 et η_1' par leurs valeurs (9), et alors elles peuvent s'écrire

$$\lambda_1 = \lambda + \mu \psi, \qquad \lambda_1' = \lambda' + \mu \psi'.$$

ψ et ψ' étant des fonctions de μ, λ, λ', ξ_1, ξ_1', η_1, η_1', Λ_1, Λ_1' de la forme suivante :

1° Elles sont développables suivant les puissances de μ.

2° Elles sont périodiques en λ et λ'.

3° Elles sont linéaires en ξ_1, ξ'_1, η_1, η'_1.

De ces équations on peut alors déduire, par application des principes du Chapitre II, dont nous avons fait un si fréquent usage,

$$\lambda = \lambda_1 + \mu\psi_1, \qquad \lambda' = \lambda'_1 + \mu\psi'_1,$$

ψ_1 et ψ'_1 étant des fonctions de λ_1, Λ_1, ξ_1, η_1 et des mêmes lettres accentuées, qui sont

1° Développables suivant les puissances de μ, ξ_1, η_1, ξ'_1, η'_1.

2° Périodiques en λ_1 et λ'_1.

Substituons dans les équations (g) ces valeurs de λ et de λ'; nous aurons les ξ et les η en fonctions des variables nouvelles. J'observe que les ξ et les η, exprimés de la sorte sont développables suivant les puissances de μ, des ξ_1 et des η_1, et périodiques en λ_1 et λ'_1; de plus, pour $\mu = 0$, ξ et η se réduisent à ξ_1 et η_1.

Si, dans les deux équations,

$$\Lambda = \frac{dS}{d\lambda}, \qquad \Lambda' = \frac{dS}{d\lambda'},$$

on substitue maintenant, à la place des λ, des ξ et des η, leurs expressions en fonctions des variables nouvelles, on aura Λ et Λ' exprimés en fonctions des Λ_1, des λ_1, des ξ_1 et des η_1, périodiques en λ_1 et λ'_1, développables suivant les puissances de μ, des ξ_1 et des η_1, et se réduisant pour $\mu = 0$ à Λ_1 et Λ'_1.

Que devient maintenant F quand on adopte les variables nouvelles? Il est clair que F sera encore développable suivant les puissances de μ, des ξ_1 et des η_1, et périodique en λ_1 et λ'_1.

Soit

$$F = F_0 + \mu F_1 + \mu^2 F_2 + \ldots$$

le développement de F suivant les puissances de μ quand on adopte les variables anciennes et soit de même

$$F = F'_0 + \mu F'_1 + \mu^2 F'_2 + \ldots$$

le développement de F quand on adopte les variables nouvelles.

Il est clair d'abord que, pour obtenir F'_0, il suffit de remplacer dans F_0, Λ et Λ' par Λ_1 et Λ'_1.

Calculons F'_1.

Soit F'_1 ce qu'on obtient en remplaçant dans F_1 chaque variable
ancienne par la variable nouvelle correspondante, c'est-à-dire A
par A_1, λ par λ_1, ξ par ξ_1, etc.

Soit

$$A = A_1 + \mu A_2 + \dots,$$
$$A' = A'_1 + \mu A'_2 + \dots$$

le développement de A et de A' suivant les puissances de μ. Il est
clair que

$$F'_1 = F''_1 + \frac{dF''_1}{dA_1} A_2 + \frac{dF''_1}{dA'_1} A'_2.$$

Calculons A_2. On trouve aisément

$$A = A - \xi_1 \frac{dC}{d\lambda} - \xi'_1 \frac{dC'}{d\lambda'} + \eta_1 \frac{dB}{d\lambda} + \eta'_1 \frac{dB'}{d\lambda'}.$$

Donc, pour obtenir A_2, il faut dans l'expression

$$\frac{A - A_1}{\mu} - \xi_1 \frac{dC}{\mu \, d\lambda} - \xi'_1 \frac{dC'}{\mu \, d\lambda'} + \eta_1 \frac{dB}{\mu \, d\lambda} - \eta'_1 \frac{dB'}{\mu \, d\lambda'},$$

il faut, dis-je, faire $\mu = 0$ et par conséquent $\lambda = \lambda_1$, $\lambda' = \lambda'_1$. Donc
A_2 (et il en est de même de A'_2) est une fonction périodique des λ_1,
linéaire des ξ_1 et des η_1, et sa valeur moyenne (par rapport à λ_1
et λ'_1) ne dépend ni des ξ_1 ni des η_1.

Donc F_1 sera périodique en λ_1 et λ'_1. Soit R' sa valeur moyenne,
R'' celle de F'_1. On obtiendra R'' en remplaçant dans R chaque
variable ancienne par la variable nouvelle correspondante, et R''
ne différera de R' que par une quantité indépendante des ξ_1 et
des η_1.

Nous avons vu au Chapitre X quelle est l'importance des équations

$$\frac{d\xi}{dt} = \frac{dR}{d\eta}, \qquad \frac{d\eta}{dt} = - \frac{dR}{d\xi}$$

pour l'étude des variations séculaires des éléments. Après le changement de variables que nous venons de faire, elles seraient remplacées par les suivantes

$$\frac{d\xi_1}{dt} = \frac{dR''}{d\eta_1}, \qquad \frac{d\eta_1}{dt} = - \frac{dR''}{d\xi_1}.$$

Mais, d'après ce que nous venons de voir, les deux systèmes d'équations sont identiques, et le second ne diffère du premier que parce que les lettres sont affectées d'indices.

Jusqu'ici il semble que la transformation que nous avons faite n'ait rien changé à la forme de nos équations; j'arrive enfin à ce qui doit en mettre les avantages en évidence.

Voyons d'abord ce que deviennent les équations de nos solutions périodiques de la première sorte avec nos nouvelles variables. Grâce au choix de notre fonction auxiliaire S, elles s'écriront

$$\xi_1 = \eta_1 = \xi_1' = \eta_1' = 0, \qquad \Lambda_1 = \text{const.}; \qquad \Lambda_1' = \text{const.}$$

Enfin, λ_1 et λ_1' seront des fonctions données du temps, des deux constantes Λ_1 et Λ_1' et de deux nouvelles constantes arbitraires.

Il peut y avoir quelque intérêt, bien que cela ne soit pas nécessaire pour notre objet, de voir comment λ_1 et λ_1' dépendent de ces deux constantes que j'appellerai α et β; nous aurons

$$\lambda_1 = \alpha + \varphi(t + \beta, \Lambda_1, \Lambda_1'), \qquad \lambda_1' = \alpha + \varphi'(t + \beta, \Lambda_1, \Lambda_1'),$$

φ et φ' étant deux fonctions de $t + \beta$, Λ_1, Λ_1' qui, quand $t + \beta$ augmente d'une certaine constante γ dépendant de Λ_1 et Λ_1', augmentent elles-mêmes d'une certaine constante δ (la même pour φ et pour φ') qui dépend aussi de Λ_1 et Λ_1'. La première de ces deux constantes γ est la période de la solution périodique envisagée et la seconde δ est l'angle dont tourne le système des trois corps pendant la durée d'une période.

Je ne veux retenir de tout cela qu'une chose :

Si ξ_1, η_1, ξ_1' et η_1' sont nuls à l'origine des temps, la solution est périodique de la première sorte et ces quatre variables ξ_1, η_1, ξ_1' et η_1' resteront toujours nulles.

Or, nous avons les équations différentielles

$$\frac{d\xi_1}{dt} = \frac{dF}{d\eta_1}, \qquad \frac{d\xi_1'}{dt} = \frac{dF}{d\eta_1'},$$
$$\frac{d\eta_1}{dt} = -\frac{dF}{d\xi_1}, \qquad \frac{d\eta_1'}{dt} = -\frac{dF}{d\xi_1'}.$$

Il faut donc que les quatre dérivées

$$\frac{dF}{d\xi_1}, \quad \frac{dF}{d\xi_1'}, \quad \frac{dF}{d\eta_1}, \quad \frac{dF}{d\eta_1'}$$

s'annulent à la fois quand les quatre variables

$$\xi_1, \quad \xi'_1, \quad \eta_1, \quad \eta'_1$$

s'annulent à la fois, c'est-à-dire que F ne contienne pas de termes du premier degré par rapport à ces quatre variables.

Ainsi l'expression de F en fonction des variables nouvelles a la même forme que l'expression de F en fonction des variables anciennes; la seule différence, c'est qu'il n'y a pas de termes du premier degré par rapport à $\xi_1, \eta_1, \xi'_1, \eta'_1$, tandis qu'il y avait des termes du premier degré par rapport aux quatre variables anciennes correspondantes ξ, η, ξ' et η'. Or, c'étaient ces termes du premier degré qui créaient toute la difficulté; cette difficulté a donc disparu avec eux.

Il en est de même si, au lieu du Problème des trois Corps dans le plan, on a à traiter le Problème des trois Corps dans l'espace.

Si, en effet, on choisit comme variables

$$\lambda_1, \quad \lambda'_1, \quad \xi_1, \quad \xi'_1, \quad p, \quad p'$$
$$\lambda_1, \quad \lambda'_1, \quad \eta_1, \quad \eta'_1, \quad q, \quad q'$$

F ne contiendra pas de terme du premier degré par rapport aux ξ_1, aux η_1, aux p et aux q.

CHAPITRE XIII.

DIVERGENCE DES SÉRIES DE M. LINDSTEDT.

148. Dans le Chapitre IX, nous avons reconnu que les équations canoniques

$$(1) \qquad \frac{dx_i}{dt} = \frac{dF}{dy_i}, \qquad \frac{dy_i}{dt} = -\frac{dF}{dx_i},$$

peuvent être satisfaites formellement par des séries de la forme suivante

$$(2) \qquad \begin{cases} x_i = x_i^0 + \mu x_i^1 + \mu^2 x_i^2 + \dots, \\ y_i = y_i^0 + \mu y_i^1 + \mu^2 y_i^2 + \dots, \end{cases}$$

où les x_i^k et les y_i^k sont des fonctions périodiques des quantités

$$w_i = n_i t + \varpi_i \qquad (i = 1, 2, \dots, n)$$

et sont représentées par des séries ordonnées suivant les sinus et cosinus des multiples des w, de façon que l'on ait

$$(3) \qquad x_i^k (\text{ou } y_i^k) = A_0 + \Sigma A \cos(m_1 w_1 + m_2 w_2 + \dots + m_n w_n + h).$$

La valeur moyenne A_0 de ces fonctions périodiques peut d'ailleurs être choisie arbitrairement.

Il s'agit maintenant de reconnaître si ces séries sont convergentes. Mais la question se subdivise; on peut demander en effet :

1º Si les séries partielles (3) sont convergentes, et si la convergence est absolue et uniforme.

2º En admettant qu'elles ne convergent pas absolument, si l'on peut grouper les termes de façon à obtenir des séries semi-convergentes.

3º En admettant que les séries (3) convergent, si les séries (2) convergeront et si la convergence sera uniforme.

Discussion des séries (3).

147. Rappelons de quelle manière nous avons obtenu les séries (3). Nous sommes arrivés à des équations de la forme suivante

$$\Sigma\, n_p^2\, \frac{d x_p^1}{d w_p} = \Sigma B \cos(m_1 w_1 + m_2 w_2 + \ldots + m_n w_n + h)$$

[équations (12) du n° 127] et nous en avons tiré

$$(3\ bis)\qquad x_i^1 = \sum \frac{B \sin(m_1 w_1 + m_2 w_2 + \ldots + m_n w_n + h)}{m_1 n_1^2 + m_2 n_2^2 + \ldots + m_n n_n^2} + A_0,$$

A_0 étant une constante arbitraire.

La série $(3\ bis)$ converge-t-elle absolument et uniformément? S'il en était ainsi, la somme de cette série devrait rester finie pour toutes les valeurs du temps. Or, j'ai démontré, dans le *Bulletin astronomique* (t. I, p. 324), que la somme des termes d'une pareille série ne pouvait constamment rester inférieure à la moitié d'un quelconque de ses coefficients.

Donc, pour que la série $(3\ bis)$ converge uniformément, il faut que la valeur absolue du coefficient

$$\frac{B}{m_1 n_1^2 + m_2 n_2^2 + \ldots + m_n n_n^2}$$

soit limitée.

Supposons, pour fixer les idées, deux degrés de liberté seulement et soit $n_1^0 = n$, $n_2^0 = -1$; la série $(3\ bis)$ devient

$$A_0 + \sum \frac{B_{m_1, m_2} \sin(m_1 w_1 + m_2 w_2 + h_{m_1, m_2})}{m_1 n - m_2}$$

et la valeur absolue des coefficients

$$(4)\qquad \frac{B_{m_1, m_2}}{m_1 n - m_2}$$

doit être limitée.

Il est clair d'abord que cela ne peut pas avoir lieu pour les valeurs commensurables de n, à moins que B_{m_1, m_2} ne soit nul toutes les fois que

$$\frac{m_2}{m_1} = n.$$

Nous sommes donc conduits à nous occuper du cas où n est incommensurable et envisager spécialement ceux des diviseurs $m_1 n - m_2$ qui correspondent aux réduites successives de n.

Je dis d'abord que, quelle que soit la série des nombres $B_{m_1 m_2}$, on peut trouver un nombre incommensurable n (aussi voisin que l'on veut d'un nombre donné) et qui soit tel que la valeur absolue des coefficients (4) ne soit pas limitée.

Soient, en effet,

$$\frac{\alpha_1}{\beta_1}, \quad \frac{\alpha_2}{\beta_2}, \quad \ldots, \quad \frac{\alpha_p}{\beta_p}, \quad \ldots$$

les réduites successives de n.

Soient

$$\lambda_1, \quad \lambda_2, \quad \ldots, \lambda_p, \quad \ldots$$

une suite quelconque de nombres positifs indéfiniment croissants. Je dis qu'on peut toujours choisir le nombre n, de telle façon que

$$(5) \qquad \left| \frac{B \beta_p \alpha_p}{n \beta_p - \alpha_p} \right| > \lambda_p.$$

Nous avons, en effet, d'après la définition des réduites,

$$\alpha_{p+1} = \alpha_{p-1} + \alpha_p a_{p+1}, \qquad \beta_{p+1} = \beta_{p-1} + \beta_p a_{p+1}.$$

α_{p+1} étant un entier positif que nous pouvons choisir arbitrairement, sans altérer en rien les p premières réduites

On a, d'autre part,

$$| n \beta_p - \alpha_p | < \frac{1}{\beta_{p-1} + \beta_p a_{p+1}}.$$

Nous pouvons donc choisir l'entier a_{p+1}, de telle façon que la valeur absolue de $n \beta_p - \alpha_p$ soit aussi petite que nous le voudrons, et, par conséquent, de façon à satisfaire à l'inégalité (5), quels que soient les nombres $B \beta_p \alpha_p$ et λ_p.

Comme les nombres λ_p sont assujettis seulement à être indéfiniment croissants, nous pouvons choisir arbitrairement les q premiers de ces nombres (quel que soit q), et par conséquent les q premières réduites; le nombre n peut donc être aussi voisin que l'on veut d'un nombre quelconque donné.

En revanche, on peut souvent trouver un nombre n tel que la série (3 bis) soit convergente; supposons, en effet, que la série

$$\Sigma \, \mathrm{B}_{m_1,\,m_2} \cos(m_1 w_1 + m_2 w_2 + h)$$

converge et, ce qui arrivera d'ordinaire, de telle façon que l'on ait, pour toutes les valeurs de m_1 et de m_2.

$$(6) \qquad |\mathrm{B}_{m_1 m_2}| < \mathrm{K}\, \alpha^{|m_1|}\, \beta^{|m_2|},$$

K étant un nombre positif quelconque, et α et β deux nombres positifs plus petits que 1.

Prenons $n = \sqrt{\dfrac{p}{q}}$, p et q étant deux entiers premiers entre eux et tels que pq ne soit pas carré parfait. Il vient alors

$$\left|\frac{1}{m_1 n - m_2}\right| = \left|\frac{m_1 n + m_2}{m_1^2 n^2 - m_2^2}\right| = \left|\frac{(m_1 n + m_2)q}{pm_1^2 - qm_2^2}\right| < q\,(|m_1|\,n + |m_2|)$$

d'où

$$\left|\frac{\mathrm{B}_{m_1 m_2} \sin(m_1 w_1 + m_2 w_2 + h)}{m_1 n - m_2}\right| < \mathrm{K}q\,(|m_1|\,n + |m_2|)\,\alpha^{|m_1|}\,\beta^{|m_2|},$$

ce qui prouve que la série (3 bis) converge.

Mais on peut évidemment choisir les entiers p et q, de telle sorte que $\sqrt{\dfrac{p}{q}} = n$ soit aussi voisin que l'on veut d'un nombre quelconque donné.

Nous sommes donc conduits au résultat suivant, que j'énonce en l'étendant tout de suite au cas général.

Soient K un nombre positif quelconque, α_1, α_2, ..., α_n des nombres positifs plus petits que 1.

Je suppose que l'on ait une inégalité analogue à (6), et que j'écrirai

$$|\mathrm{B}| < \mathrm{K}\,\alpha_1^{|m_1|}\,\alpha_2^{|m_2|} \ldots \alpha_n^{|m_n|},$$

c'est ce qui arrivera d'ordinaire.

Dans ce cas, on pourra choisir les nombres

$$n_1^0, \quad n_2^0, \quad \ldots \quad n_n^0,$$

de telle sorte :

1° Qu'ils soient aussi voisins que l'on veut de n nombres donnés,

H. P. — II.   7

et en même temps que la série (3 *bis*) ne converge pas uniformément ;

2° Mais on pourra les choisir également de telle sorte qu'ils soient encore aussi voisins que l'on veut des mêmes n nombres donnés, et que la série (3 *bis*) converge uniformément.

On conçoit aisément l'importance de cette remarque. En effet, les observations, quelle que soit d'ailleurs leur précision, ne peuvent faire connaître les moyens mouvements qu'avec une certaine approximation. On pourra donc toujours, en restant dans les limites de cette approximation, s'arranger de façon que les séries (3 *bis*) convergent.

D'un autre côté, on peut se demander s'il peut se faire que les séries (3 *bis*) convergent pour les valeurs des constantes d'intégration x_i^0 comprises dans un certain intervalle (on se rappelle que les n_i^0 dépendent des x_i^0). D'après ce que nous venons de voir, cela ne serait possible que si la série

$$\Sigma B \cos(m_1 w_1 + \ldots + m_n w_n + h)$$

ne contenait qu'un nombre limité de termes, c'est-à-dire si, dans la fonction

$$F = F_0 + \mu F_1 + \mu^2 F_2 + \ldots$$

chacune des fonctions F_1, F_2, ..., dans son développement suivant les sinus et les cosinus des multiples des y, ne contenait qu'un nombre fini de termes.

Il n'en sera pas ainsi en général, et la fonction F_1, par exemple, sera une série d'une infinité de termes. Mais, dans la pratique, on dirigera le calcul de façon à être ramené au cas où les fonctions F_i n'ont qu'un nombre fini de termes. En effet, la série F_1 étant convergente, tous les termes, à l'exception d'un nombre fini d'entre eux, sont extrêmement petits. Il serait donc sans intérêt d'en tenir compte dès la première approximation.

Voici donc ce qu'on sera conduit à faire : dans la série F_1, tous les termes, sauf un nombre fini d'entre eux, pourront être regardés comme du même ordre de grandeur que μ ; mais il y en aura qui seront du même ordre de grandeur que μ^2, d'autres, plus petits encore, qui seront du même ordre de grandeur que μ^3, etc. Dans les autres séries F_2, F_3, on trouvera de même des termes de ces divers ordres de grandeur.

Nous pourrons donc écrire en général

$$F_i = F_{i,0} + F_{i,1} + F_{i,2} + \ldots + F_{i,k} + \ldots,$$

$F_{i,k}$ représentant ceux des termes des F_i qui peuvent être regardés comme du même ordre de grandeur que μ^k. Ces termes sont en nombre fini. Cette manière de décomposer F_i comporte évidemment un assez grand degré d'arbitraire.

Soit maintenant μ' une quantité qui soit du même ordre de grandeur que μ, et posons

$$F_{i,k} = \mu'^k \Phi_{i,k}.$$

Tous les termes de $\Phi_{i,k}$ seront finis et nous pourrons écrire

$$F = \Sigma \mu^i \mu'^k \Phi_{i,k}.$$

Grâce à cet artifice, F dépend maintenant de deux paramètres, et $\Phi_{i,k}$ ne contient qu'un nombre fini de termes. Comme les deux paramètres μ et μ' sont du même ordre de grandeur, nous ferons $\mu = \lambda \mu'$ et nous aurons

$$F = \Sigma \mu'^k \Phi_k,$$

Φ_k ne contenant qu'un nombre fini de termes.

Cet artifice, que j'ai peut-être exposé un peu longuement, mais dont l'application peut se faire très rapidement, montre que dans la pratique on pourra toujours se supposer ramené au cas où chacune des fonctions F_i ne contient qu'un nombre fini de termes.

Discussion des séries (2).

148. La question de la convergence des séries (3) étant ainsi tranchée, il y a lieu de se demander si les séries (2) convergent.

Mais cette question se subdivise.

Les séries (2) dépendent, en effet, de μ et des constantes d'intégration x_i^0. On peut donc se demander :

1° Si les séries (2) convergent uniformément pour toutes les valeurs de μ et des x_i^0 comprises dans un certain intervalle.

2° Si les séries (2) convergent uniformément pour les valeurs suffisamment petites de μ quand on donne aux x_i^0 des valeurs convenablement choisies.

A la première question on doit répondre négativement.

En effet, supposons que les séries (2) convergent uniformément et écrivons-les sous la forme suivante

$$(7) \qquad \begin{cases} x_i = x_i^0 + \mu \varphi_i(w_k, x_k^0, \mu), \\ y_i = w_i + \mu \psi_i(w_k, x_k^0, \mu), \end{cases}$$

φ_i et ψ_i étant des fonctions développables suivant les puissances croissantes de μ, et périodiques par rapport aux w, dépendant d'ailleurs des x_i^0 d'une manière quelconque.

Résolvons les équations (7) par rapport aux x_i^0 et aux w_i. On pourra tirer de ces équations les x_i^0 et les w_i sous la forme de séries ordonnées suivant les puissances de μ et dont les coefficients dépendent des x_i et des y_i.

Il est facile de s'en assurer; on n'a, en effet, pour voir que le théorème du n° 30 est applicable, qu'à remarquer que, pour $\mu = 0$, les équations se réduisent à

$$x_i^0 = x_i, \qquad w_i = y_i,$$

et que le déterminant fonctionnel des premiers membres est égal à 1. On n'a d'ailleurs qu'à appliquer la formule de Lagrange généralisée.

On trouve ainsi

$$(8) \qquad x_i^0 = x_i - \mu \varphi_i'(y_k, x_k, \mu),$$

$$(9) \qquad w_i = y_i - \mu \psi_i'(y_k, x_k, \mu),$$

φ_i' et ψ_i' étant des fonctions développables suivant les puissances de μ, uniformes par rapport aux x et aux y et périodiques par rapport aux y.

Les équations (8) définissent ainsi n intégrales uniformes de nos équations différentielles.

D'un autre côté, nous avons posé

$$w_i = n_i t + \varpi_i,$$

et les coefficients n_i ainsi définis dépendent de μ et des x_i^0; si ces quantités peuvent varier entre certaines limites, on pourra en dis-

poser de façon que les coefficients n_i soient commensurables
entre eux.

Dans ce cas, on pourra trouver un nombre T, tel que les $n_i T$
soient des multiples de 2π. Par conséquent, quand on donnera
à μ et aux x_i^0 ces valeurs particulières, les équations (7) représenteront une solution périodique de période T. L'existence de n
intégrales uniformes nous forcerait à conclure que $n-1$ des exposants caractéristiques relatifs à cette solution périodique sont nuls.

Mais il y a plus.

Les séries (7), par hypothèse, doivent satisfaire aux équations
différentielles

$$(1) \qquad \frac{dx_i}{dt} = \frac{dF}{dy_i}, \qquad \frac{dy_i}{dt} = -\frac{dF}{dx_i}.$$

Nous avons vu qu'en donnant aux n constantes d'intégration x_i^0 certaines valeurs particulières, les séries (7) représentent une solution périodique de ces équations. Pour achever de déterminer
cette solution, nous donnerons également aux n constantes d'intégration ϖ_k certaines valeurs particulières.

Soit

$$(10) \qquad x_i = f_i(t), \qquad y_i = f_i'(t)$$

la solution périodique ainsi obtenue. Posons

$$x_i = f_i + \xi_i, \qquad y_i = f_i' + \eta_i$$

et formons les équations aux variations des équations (1) (*Cf.*,
n° 53). Les séries (7) devant satisfaire aux équations différentielles, quelles que soient les constantes x_k^0 et ϖ_k, on obtiendra
$2n$ solutions particulières linéairement indépendantes de nos équations aux variations en faisant

$$\xi_i = x_{ik} + t\mu \sum \frac{dx_i}{d\varpi_p}\frac{dn_p}{dx_k^0} - \mu\frac{dx_i}{dx_k^0},$$

$$\eta_i = \frac{dy_i}{dx_k^0} + t\mu \sum \frac{dy_i}{d\varpi_p}\frac{dn_p}{dx_k^0} - \mu\frac{dy_i}{dx_k^0},$$

$$\xi_i = \mu\frac{dx_i}{d\varpi_k}, \qquad \eta_i = x_{ik} - \mu\frac{dy_i}{d\varpi_k};$$

$$x_{ik} = 1, \quad \text{si } i = k \quad \text{et } = 0 \text{ si } i \gtrless k$$

$$(i, k = 1, 2, \ldots, n).$$

Dans les fonctions

$$(11) \qquad \frac{d\varphi_i}{dw_p}, \quad \frac{d\varphi_i}{dx_k^0}, \quad \frac{d\psi_i}{dw_p}, \quad \frac{d\psi_i}{dx_k^0},$$

les constantes x_k^0 et w_k doivent être remplacées par les valeurs qui correspondent à la solution périodique (10); les fonctions (11) deviennent ainsi périodiques en t.

Il en résulte que les $2n$ exposants caractéristiques sont nuls. Or nous savons qu'il n'en est pas ainsi en général.

Donc, en général, les séries (2) ne convergeront pas uniformément quand μ et les x_i^0 varieront dans un certain intervalle.

C. Q. F. D.

149. Il nous reste à traiter la deuxième question; on peut encore, en effet, se demander si ces séries ne pourraient pas converger pour les petites valeurs de μ, quand on attribue aux x_i^0 certaines valeurs convenablement choisies.

Ici nous devons distinguer deux cas.

En général, les n_i dépendent non seulement des x_i^0, mais encore de μ et sont développables suivant les puissances de μ.

Nous avons vu, en outre, que l'on peut choisir arbitrairement les valeurs moyennes des fonctions φ_i et ψ_i; nous avons vu, de plus, que l'on peut choisir ces valeurs moyennes de façon que l'on ait

$$n_i = n_i^0,$$

$$n_i^1 = n_i^2 = \ldots = n_i^p = \ldots = 0,$$

c'est-à-dire que les n_i ne dépendent plus de μ.

Nous pouvons donc distinguer le cas où les n_i dépendent de μ et celui où les n_i ne dépendent pas de μ.

Supposons d'abord que les n_i dépendent de μ et en même temps qu'il n'y ait que 2 degrés de liberté.

Soit alors

$$n_1 = n_1^0 + \mu n_1^1 + \mu^2 n_1^2 + \ldots, \qquad w_1 = n_1 t + \varpi_1,$$
$$n_2 = n_2^0 + \mu n_2^1 + \mu^2 n_2^2 + \ldots, \qquad w_2 = n_2 t + \varpi_2.$$

D'autre part, x_1, x_2, y_1 et y_2 devraient être développables suivant les puissances de μ et de telle sorte que x_1, x_2, $y_1 - w_1$, $y_2 - w_2$ soient périodiques en w_1 et w_2.

Cela devrait avoir lieu pour les valeurs suffisamment petites de μ. Or, parmi les valeurs de μ inférieures à une certaine limite, on peut toujours en trouver de telles que le rapport $\frac{n_1}{n_2}$ soit commensurable, puisque ce rapport est une fonction continue de μ.

Or, si le rapport $\frac{n_1}{n_2}$ est commensurable, les séries (2) représentent une solution périodique des équations (1) et *cela, quelles que soient les deux constantes d'intégration* ϖ_1 *et* ϖ_2.

Si les séries (2) convergeaient, à cette valeur commensurable de $\frac{n_1}{n_2}$ correspondrait une double infinité de solutions périodiques des équations (1).

Or nous avons vu au n° 42 que cela ne peut avoir lieu que dans des cas très particuliers.

Il semble donc permis de conclure que les séries (2) ne convergent pas.

Toutefois le raisonnement qui précède ne suffit pas pour établir ce point avec une rigueur complète.

En effet, ce que nous avons démontré au n° 42, c'est qu'il ne peut pas arriver que, pour toutes les valeurs de μ inférieures à une certaine limite, il y ait une double infinité de solutions périodiques, et il nous suffirait ici que cette double infinité existât pour une valeur de μ déterminée, différente de 0 et généralement très petite.

Ainsi nous aurions une infinité de solutions périodiques pour $\mu = 0$ et pour $\mu = \mu_0$, et nous n'en aurions qu'un nombre fini (en ne regardant pas comme distinctes les solutions qu'on déduit les unes des autres en changeant t en $t + h$) pour les valeurs de μ comprises entre 0 et μ_0.

Il est très invraisemblable qu'il en soit ainsi, et cela suffit déjà pour rendre fort improbable la convergence des séries (2).

Mais il y a plus : il n'y aurait d'intérêt à constater la convergence des séries (2) que si cette convergence avait lieu pour une infinité de systèmes de valeurs des constantes x_i^0 de façon qu'on puisse toujours trouver un de ces systèmes qui diffère aussi peu que l'on veut d'un système de valeurs quelconque *donné* de ces mêmes constantes. Or si un pareil fait se présentait, il y aurait une infinité de valeurs de μ pour lesquelles les solutions périodiques (qui correspondent à une valeur commensurable donnée du rapport $\frac{n_1}{n_2}$) sont en nombre infini.

On pourrait d'ailleurs trouver une infinité de pareilles valeurs de μ dans tout intervalle, si petit qu'il soit, pourvu qu'il soit assez voisin de 0. Les exposants caractéristiques devraient être nuls pour toutes ces valeurs de μ (Cf. n° 54), et comme ces exposants sont des fonctions continues de μ (Cf. n° 74) ils devraient être identiquement nuls.

Nous avons vu qu'il n'en est pas ainsi en général, et nous devons donc conclure que la convergence des séries (2), en admettant qu'elle se produise pour certains systèmes de valeurs des x_i^0, ne pourra pas avoir lieu pour une infinité de ces systèmes.

C'est une raison de plus de regarder comme invraisemblable dans tous les cas la convergence des séries (2); car on ne voit pas bien ce qui distinguerait des autres les valeurs des x_i^0 pour lesquelles cette convergence aurait lieu.

On peut enfin se demander ce qui arriverait si l'on choisissait les valeurs moyennes des fonctions φ_i et ψ_i de telle sorte que

$$n_i = n_i^0$$

$$n_i^1 = n_i^3 = \ldots = n_i^p = \ldots = 0.$$

Dans ce cas, les n_i ne dépendent plus de μ, mais seulement des x_i^0.

Ne peut-il pas arriver que les séries (2) convergent quand on donne aux x_i^0 certaines valeurs convenablement choisies?

Supposons, pour simplifier, qu'il y ait deux degrés de liberté; les séries ne pourraient-elles pas, par exemple, converger quand x_1^0 et x_2^0 ont été choisis de telle sorte que le rapport $\frac{n_1}{n_2}$ soit incommensurable, et que son carré soit au contraire commensurable (ou quand le rapport $\frac{n_1}{n_2}$ est assujetti à une autre condition analogue à celle que je viens d'énoncer un peu au hasard)?

Les raisonnements de ce Chapitre ne me permettent pas d'affirmer que ce fait ne se présentera pas. Tout ce qu'il m'est permis de dire, c'est qu'il est fort invraisemblable.

Comparaison avec les méthodes anciennes.

150. Je n'ajouterai qu'un mot : quel est, à défaut d'un moyen d'assurer la convergence des séries, le meilleur choix à faire des valeurs moyennes des x_i^0 et des y_i^0 ? Je crois qu'il convient de choisir ces valeurs moyennes de telle façon que les x_i^0 et les y_i^0 (à partir de x_i^1 et de y_i^1) s'annulent pour $t = 0$, de telle façon que les x_i^0 représentent les valeurs initiales des x_i et les ϖ_i les valeurs initiales des y_i.

Si ensuite, on considère les séries ainsi obtenues

$$(1) \qquad \begin{cases} x_i = x_i^0 + \mu x_i^1 + \mu^2 x_i^2 + \dots, \\ y_i = \varpi_i + \mu y_i^1 + \mu^2 y_i^2 + \dots, \end{cases}$$

les x_i^0, les ϖ_i et les y_i^0 dépendront de μ; si l'on développe ces quantités suivant les puissances de μ, puis qu'on ordonne suivant les puissances croissantes de μ les seconds membres des équations (1), on obtiendra le développement selon les puissances de μ de celle des solutions particulières de nos équations différentielles qui admet x_i^0 et ϖ_i pour valeurs initiales des x_i et des y_i.

On sait que ce développement est convergent pour les valeurs de t suffisamment petites.

Soit

$$(2) \qquad \begin{cases} x_i = x_i^0 + \mu \xi_i^1 + \mu^2 \xi_i^2 + \dots, \\ y_i = n_i^0 t + \varpi_i + \mu \eta_i^1 + \mu^2 \eta_i^2 + \dots; \end{cases}$$

les ξ_i^0 et les η_i^0 sont des fonctions du temps non périodiques, mais ne dépendent plus de μ; de plus, ces fonctions s'annulent de même que les x_i^0 et les y_i^0 pour $t = 0$.

De la façon dont nous venons de déduire le développement (2) du développement (1), il est permis de tirer quelques conséquences au sujet de la forme du développement (2).

Ainsi, pour obtenir ξ_i^1, il suffit de faire $\mu = 0$ dans l'expression de x_i^1. Rappelons comment x_i^1 dépend de μ; x_i^1 est une fonction périodique des quantités que nous avons appelées

$$w_1, \quad w_2, \quad \ldots, \quad w_n$$

et l'on a d'ailleurs

$$w_i = n_i t + \varpi_i.$$

ϖ_i est une constante d'intégration et n_i dépend de μ; si donc on fait $\mu = 0$, n_i se réduit à n_i^0, puisqu'on a

$$n_i = n_i^0 + \mu n_i^1 + \mu^2 n_i^2 + \ldots.$$

Par conséquent, w_i se réduit à $n_i^0 t + \varpi_i$, et x_i^1 reste une fonction périodique des quantités $n_i^0 t + \varpi_i$.

Donc ξ_i^1 *ne contient pas de terme séculaire.*

Pour obtenir ξ_i^2, il suffit de faire $\mu = 0$ dans

$$\frac{dx_i^1}{d\mu} = x_i^1.$$

En raisonnant comme nous venons de le faire, on verrait qu'en faisant $\mu = 0$ dans x_i^2 on n'y introduit pas de terme séculaire. On a, d'autre part,

$$\frac{dx_i^1}{d\mu} = t \sum \frac{dn_k}{d\mu} \frac{dx_i^1}{dw_k}.$$

ou, pour $\mu = 0$

$$\frac{dx_i^1}{d\mu} = t \Sigma n_k^1 \frac{dx_i^1}{dw_k}.$$

On voit ainsi que l'expression de $\dfrac{dx_i^1}{d\mu}$ contient des termes séculaires, mais il faut faire une distinction; j'appellerai termes séculaires mixtes les termes de la forme

$$t^p \sin \alpha t \quad \text{ou} \quad t^p \cos \alpha t,$$

et termes séculaires purs les termes de la forme t^p.

Je puis écrire

$$\Sigma n_k^1 \frac{dx_i^1}{dw_k} = A_0 - \Sigma A_\alpha \sin \alpha t + \Sigma B_\alpha \cos \alpha t.$$

En effet, le premier membre est une fonction périodique des w et pour $\mu = 0$, on a $w_i = n_i^0 t + \varpi_i$. Si A_0 est nul, l'expression ξ_i^2 ne contient pas de termes séculaires purs, mais peut contenir des termes séculaires mixtes. Si A_0 n'est pas nul, l'expression ξ_i^1 contient des termes séculaires purs.

Il est un cas où A_0 est certainement nul, c'est celui où aucune des quantités n_i^0 n'est nulle, et où il n'y a entre les n_i^0 aucune relation linéaire à coefficients entiers (cas du n° 125). En effet, on a alors

$$A_0 = \Sigma n_k^1 \left[\frac{dx_i^1}{dw_k} \right] \quad \text{et} \quad \left[\frac{dx_i^1}{dw_k} \right] = 0,$$

en désignant par $[U]$ la valeur moyenne d'une fonction moyenne d'une fonction périodique U de $w_1, w_2, \ldots, w_n$.

Mais voici un autre cas où A_0 est encore nul.

Je suppose que

$$n_1^0 = n_2^0 = \ldots = n_n^0 = 0,$$

et que, d'autre part, le rapport de n_1^0 à n_2^0 soit incommensurable. Posons

$$x_i^1 = \Sigma C \sin(m_1 w_1 + m_2 w_2 + \ldots + m_n w_n + h),$$

$m_1, m_2, \ldots, m_n$ étant des entiers et C et h des constantes quelconques.

Telle est, en effet, la forme du développement de x_i^1, puisque cette fonction est périodique par rapport aux w.

Il vient alors

$$\Sigma n_k^1 \frac{dx_i^1}{dw_k} = \Sigma C S \cos(m_1 w_1 + m_2 w_2 + \ldots + m_n w_n + h),$$

où

$$S = \Sigma n_k^1 m_k.$$

Pour $\mu = 0$, il vient

$$\Sigma n_k^1 \frac{dx_i^1}{dw_k} = \Sigma C S \cos(\alpha t + \beta),$$

où

$$\alpha = m_1 n_1^0 + m_2 n_2^0, \quad \beta = m_1 \varpi_1 + m_2 \varpi_2 + \ldots + m_n \varpi_n + h.$$

D'après les hypothèses faites plus haut α ne peut être nul que si $m_1 = m_2 = 0$. Il vient donc

$$A_0 = \Sigma C S \cos \beta,$$

la sommation s'étendant à tous les termes tels que $m_1 = m_2 = 0$.

Soit maintenant

$$F_1 = \Sigma D \cos(m_1 y_1 + m_2 y_2 + \ldots + m_n y_n + k),$$

D et k étant des fonctions de $x_1, x_2, \ldots, x_n$. Telle doit être la forme de la fonction F_1 qui est périodique par rapport aux y.

Soit D_0 et k_0 ce que deviennent D et k quand on y remplace x_i par x_i^0. Soit

$$F_1^0 = \Sigma D_0 \cos(m_1 w_1 + m_2 w_2 + \ldots + m_n w_n + k_0)$$

ce que devient F_1 quand on y remplace x_i par x_i^0 et y_i par w_i. La fonction x_i^1 sera définie par l'équation

$$\Sigma n_k^0 \frac{dx_i^1}{dw_k} = \frac{dF_1^0}{dw_i},$$

d'où

$$x_i^1 = \sum \frac{D_0 m_i}{m_1 n_1^0 + m_2 n_2^0} \cos(m_1 w_1 + m_2 w_2 + \ldots + m_n w_n + k_0),$$

d'où

$$C = \frac{D_0 m_i}{m_1 n_1^0 + m_2 n_2^0}, \qquad h = k_0.$$

Si $i = 1$ ou 2, C s'annule quand on a $m_1 = m_2 = 0$ et Λ_0 est nul. Donc ξ_1^2 et ξ_2^2 contiendront des termes séculaires mixtes, mais ne contiendront pas de termes séculaires purs.

Au contraire les expressions

$$\xi_3^2, \quad \xi_4^2, \quad \ldots, \quad \xi_n^2$$

pourront contenir des termes séculaires purs.

Appliquons cela au Problème des trois Corps.

Reprenons les séries du n° **140**.

Les n_i^0 sont nuls, à l'exception de n_1^0 et n_2^0.

Développons les quantités Λ et V_i suivant les puissances croissantes de μ : il viendra

$$\Lambda = \Lambda_0 + \mu \Lambda^1 + \mu^2 \Lambda^2 + \ldots,$$

$$\Lambda' = \Lambda'_0 + \mu \Lambda'^1 + \mu^2 \Lambda'^2 + \ldots,$$

$$V_i = V_i^0 + \mu V_i^1 + \mu^2 V_i^2 + \ldots;$$

les $A_{(i)}$ et les V_i^k sont des fonctions de t indépendantes de μ et s'annulant avec t.

D'après les considérations qui précèdent, les $A_{(i)}^1$ ne contiendront pas de terme séculaire; c'est le théorème de Lagrange sur l'invariabilité des grands axes quand on néglige les carrés des masses.

Les $A_{(i)}^2$ contiendront des termes séculaires mixtes, mais pas de terme séculaire pur; c'est le théorème de Poisson sur l'invariabilité des grands axes quand on néglige les cubes des masses.

Les V_i^1 ne contiendront pas de termes séculaires, mais les V_i^2 contiendront des termes séculaires, tant purs que mixtes.

Revenons au cas où les n_i^0 sont tous différents de o et ne sont liés par aucune relation linéaire à coefficients entiers. On a alors

$$\xi_i^3 = x_i^1 + \frac{dx_i^1}{d\mu} + \frac{1}{2}\frac{d^2 x_i^1}{d\mu^2} \qquad \text{pour } \mu = o.$$

On verrait comme plus haut que x_i^1 ne donne pas de terme séculaire et que $\dfrac{dx_i^1}{d\mu}$ ne donne pas de terme séculaire pur. On a, d'autre part,

$$\frac{d^2 x_i^1}{d\mu^2} = \sum \frac{dx_i^1}{dw_k}\frac{d^2 w_k}{d\mu^2} + \sum \frac{d^2 x_i^1}{dw_k\, dw_h}\frac{dw_k}{d\mu}\frac{dw_h}{d\mu}$$

Le second membre peut s'écrire

$$t\Sigma n_k^0 \frac{dx_i^1}{dw_k} + t^2 \sum \frac{d^2 x_i^1}{dw_k\, dw_h} n_k^0 n_h^0.$$

Nous avons donc encore des termes séculaires mixtes, mais nous n'avons pas de termes séculaires purs parce que la valeur moyenne des dérivées $\dfrac{dx_i^1}{dw_k}$, $\dfrac{d^2 x_i^1}{dw_k\, dw_h}$ est toujours nulle.

Le même raisonnement s'appliquerait évidemment aux termes suivants du développement, c'est-à-dire aux ξ_i^k.

Ainsi, dans le cas particulier du Problème des trois Corps, défini au n° 9, le grand axe demeure invariable, au sens de Poisson, quelque loin que l'on pousse l'approximation.

De même, avec toute autre loi d'attraction que celle de Newton,
les développements des quantités qui correspondent aux grands
axes ne contiennent pas de termes séculaires purs, quelque loin
que l'on pousse l'approximation. Ces quantités sont donc invariables au sens de Poisson.

Ainsi se trouvent rattachés à la méthode de M. Lindsted les
théorèmes fameux de Lagrange et de Poisson.

C'est à M. Tisserand que l'on doit l'idée de la possibilité de ce
rattachement.

Ces considérations m'amènent à une dernière remarque.

Il peut sembler que des développements que nous avons établis
dans les Chapitres précédents, on ne puisse tirer aucune conclusion puisqu'ils sont tous divergents.

Considérons, en effet, le développement de arc sin u et écrivons

$$\text{arc sin } u = u + \text{A}_1 u^3 + \text{A}_2 u^5 + \ldots;$$

nous pouvons en déduire

$$\mu t = \sin \mu t + \text{A}_1 \sin^3 \mu t + \text{A}_2 \sin^5 \mu t + \ldots.$$

Comme les puissances $\sin^3 \mu t$, $\sin^5 \mu t$ peuvent facilement se développer suivant les sinus des multiples de μt, ne semble-t-il pas
que l'on puisse en déduire le développement, au moins formel, de
la fonction μt en série trigonométrique?

Il en serait de même évidemment de $\mu^2 t^2$, de $\mu t \sin x t$, ..., et
de tous les termes que l'on peut rencontrer dans le développement (2).

Par conséquent, dire que les fonctions représentées par ces
séries (2) peuvent être développées en séries purement trigonométriques, du moment qu'il s'agit d'un développement purement formel, c'est, à ce qu'il semble, ne rien affirmer et cela
ne peut rien nous apprendre au sujet de la forme de ces séries (2).

Ce serait se méprendre; si l'on voulait, en employant l'artifice
grossier que je viens d'appliquer à la fonction μt (je n'oserais
affirmer que personne ne l'a jamais fait) réduire les développements (2) à une forme purement trigonométrique, *on introduirait*

une infinité d'arguments différents. Ce que nous apprennent les théorèmes des Chapitres précédents, c'est que les développements formels sont possibles avec un nombre limité d'arguments. C'est cela qu'on ne pouvait prévoir et d'où il est permis de tirer de nombreuses conclusions au sujet des coefficients des séries (2) ou de ceux des autres séries analogues que l'on rencontre dans le Problème des trois Corps.

CHAPITRE XIV.

CALCUL DIRECT DES SÉRIES.

151. Il ne sera peut-être pas sans intérêt de revenir sur les
résultats obtenus dans les trois Chapitres précédents et d'en
dégager la signification. Mon but est d'ailleurs avant tout de
montrer comment on pourra calculer directement les coefficients
des développements que nous avons appris à former d'une manière
indirecte et dont nous avons ainsi démontré l'existence. Cette
existence une fois établie, le calcul de ces coefficients peut se faire,
en effet, d'une façon plus rapide, sans qu'on doive s'astreindre aux
nombreux changements de variables qui nous ont été nécessaires
plus haut.

Je commencerai par considérer le cas particulier des équations
du n° 134.

Dans ce n° 134, nous avons montré que, par des procédés analogues à ceux du n° 125 légèrement modifiés, on peut satisfaire
formellement à nos équations canoniques en faisant

$$x_i = x_i^0 + \mu x_i^1 + \mu^2 x_i^2 + \ldots,$$
$$y_i = y_i^0 + \mu y_i^1 + \mu^2 y_i^2 + \ldots,$$

les x_i^k et les y_i^k étant des fonctions périodiques de quantités que
j'appellerai w, sauf y_i^0 qui devra se réduire à w_i; les x_i^0 sont des
constantes arbitraires dont dépendent d'ailleurs les autres fonctions x_i^k et y_i^k, et l'on a

$$w_i = n_i t + \varpi_i,$$

ϖ_i étant une constante d'intégration et n_i une constante dépendant
de μ et des x_i^0 et développable suivant les puissances de μ.

On peut, par les procédés du n° 126, donner à ces séries une
infinité de formes et cela de telle sorte que les valeurs moyennes

des fonctions périodiques x_i^h et y_i^h soient telles fonctions arbitraires que l'on veut des x_i^0.

Observons qu'après comme avant la transformation de ces séries
par les procédés du n° 126, l'expression $\Sigma x_i \, dy_i$ (considérée
comme fonction des w_i pendant que les x_i^0 seront regardés comme
des constantes) devra être une différentielle exacte.

Soit donc encore

$$F = F_0 + \mu F_1 + \mu^2 F_2 + \ldots$$

Supposons qu'il y ait $2n$ variables conjuguées deux à deux; que
les variables de la première série soient de deux sortes; nous
appellerons celles de la première sorte les x_i, celles de la deuxième
sorte les x_i'.

Les variables de la deuxième série conjuguées des x_i s'appelleront les y_i et celles qui sont conjuguées des x_i' s'appelleront
les y_i', de sorte que nos équations canoniques s'écriront

$$(1)\qquad
\begin{cases}
\dfrac{dx_i}{dt} = \dfrac{dF}{dy_i}, & \dfrac{dx_i'}{dt} = \dfrac{dF}{dy_i'}, \\[2ex]
\dfrac{dy_i}{dt} = -\dfrac{dF}{dx_i}, & \dfrac{dy_i'}{dt} = -\dfrac{dF}{dx_i'},
\end{cases}$$

Je suppose que F_0 dépende des x_i, mais non des y_i, des y_i', ni
des x_i', que F est périodique par rapport aux y_i et aux y_i'; que, si
l'on appelle R la partie moyenne de F_1 (*en considérant pour un
instant* F_1 *comme une fonction périodique des* y_i *seulement,
mais non des* y_i'), R ne dépende pas des y_i', mais seulement des x_i
et des x_i'. Ce sont, en somme, les mêmes hypothèses que celles du
n° 134.

Nous avons vu alors qu'on peut satisfaire formellement aux
équations (1) par des séries de la forme suivante

$$(2)\qquad
\begin{cases}
x_i = x_i^0 + \mu x_i^1 + \mu^2 x_i^2 + \ldots, \\
x_i' = x_i'^0 + \mu x_i'^1 + \mu^2 x_i'^2 + \ldots; \\
y_i = w_i + \mu y_i^1 + \mu^2 y_i^2 + \ldots, \\
y_i' = w_i' + \mu y_i'^1 + \mu^2 y_i'^2 + \ldots,
\end{cases}$$

les x_i^h, $x_i'^h$, y_i^h, $y_i'^h$ étant des fonctions périodiques des w_i et
des w_i', dépendent en outre des constantes x_i^0 et $x_i'^0$ et *dont les
valeurs moyennes peuvent être des fonctions arbitrairement*

choisies de ces constantes, ce qui se verrait par un raisonnement tout pareil à celui du n° 126. On a de plus

$$w_i = n_i t + \varpi_i, \qquad w'_i = n'_i t + \varpi'_i;$$

les ϖ_i et les ϖ'_i sont des constantes d'intégration; les n_i et les n'_i sont développables suivant les puissances de μ, de sorte que

$$n_i = \Sigma \mu^k n_i^k, \qquad n'_i = \Sigma \mu^k n_i'^k$$

avec

$$n_i^0 \gtrless 0, \qquad n_i'^0 = 0.$$

La possibilité d'un pareil développement étant établie par le n° 134, je me propose d'en calculer directement les coefficients.

À cet effet, je suppose que, dans les équations (1), on substitue les développements (2) et que, par conséquent, on ne regarde plus nos variables comme exprimées directement en fonctions du temps, mais comme dépendant du temps par l'intermédiaire des w et des w'_i; ces équations (1) deviendront

$$(3) \quad \left\{ \begin{array}{l} \Sigma_k n_k \dfrac{d x_i}{d w_k} + \Sigma_k n'_k \dfrac{d x_i}{d w'_k} = \dfrac{dF}{d y_i}, \\ \dotfill \end{array} \right.$$

Après la substitution des développements (2), il viendra d'ailleurs

$$\frac{dF}{d y_i} = \Sigma \mu^k X_i^k, \qquad - \frac{dF}{d x_i} = \Sigma \mu^k Y_i^k,$$

équations analogues aux équations (9) et (10) du n° 127, et de même

$$\frac{dF}{d y'_i} = \Sigma \mu^k X_i'^k, \qquad - \frac{dF}{d x'_i} = \Sigma \mu^k Y_i'^k.$$

Les X_i^k, Y_i^k, $X_i'^k$, $Y_i'^k$ seront des fonctions des w_i, des x_i^k, des y_i^k, des x_i^0 et des mêmes lettres accentuées. Elles seront périodiques par rapport aux w et aux w'.

Recherchons, comme dans le n° 127, de quelles variables dépendent toutes ces quantités. Comme

$$\frac{dF_0}{d y_i} = \frac{dF_0}{d x_i} = \frac{dF_0}{d y'_i} = 0,$$

on voit que les X_i^k, $X_i'^k$, les $Y_i'^k$ dépendront seulement des

$$x_i^0, \quad x_i^1, \quad \ldots, \quad x_i^{k-1},$$
$$y_i^0, \quad y_i^1, \quad \ldots, \quad y_i^{k-1}$$

et des mêmes lettres accentuées; tandis que les Y_i^k dépendront en outre des x_i^k, mais non des x_i^k, des y_i^k, des $y_i'^k$.

Considérons l'expression

$$\Sigma_k n_k \frac{dx_i}{dw_k}.$$

Substituons-y, à la place de x_i, son développement (2) et à la place des n_k leur développement suivant les puissances de μ. Cette expression deviendra développable suivant les puissances de μ, et pour employer des notations analogues à celles du n° 127, j'écrirai son développement sous la forme suivante

$$(4)\quad \begin{cases} \Sigma_k n_k \dfrac{dx_i}{dw_k} = \Sigma' p^p n_k^p \dfrac{dx_k^p}{dw_k} + \Sigma \mu^p n_k^p \dfrac{dx_i^q}{dw_k} - \Sigma \mu^p Z_i^p. \\[2ex] \Sigma_k n_k \dfrac{dy_i}{dw_k} = \Sigma' \mu^p n_k^0 \dfrac{dy_i^p}{dw_k} + \Sigma \mu^p n_k^p \dfrac{dy_i^q}{dw_k} - \Sigma \mu^p T_i^p. \end{cases}$$

Il faut convenir que le signe Σ exprime une sommation étendue à toutes les valeurs de k et à toutes les valeurs de p depuis o jusqu'à l'infini, et le signe Σ' une sommation étendue à toutes les valeurs de k et à toutes les valeurs de p depuis 1 jusqu'à l'infini.

Il convient de se rappeler que $y_i^0 = w_i$, $y_i'^0 = w_i'$ et d'adjoindre aux équations (4) deux autres équations de même forme où les lettres x_i, y_i, x_i^p, y_i^p, x_i^0, y_i^0, Z_i^p et T_i^p sont remplacées par les mêmes lettres accentuées.

Nous écrirons de même

$$(5)\quad \Sigma_k n_k' \frac{dx_i}{dw_k'} = \Sigma' \mu^p n_k'^p \frac{dx_i^{p-1}}{dw_k'} + \Sigma \mu^p n_i'^p \frac{dx_i^0}{dw_k'} - \Sigma \mu^p U_i^p.$$

Il faut convenir que la sommation Σ s'étend à toutes les valeurs de p de 1 à l'infini et la sommation Σ' à toutes les valeurs de p de 2 à l'infini et nous adjoindrons à cette équation (5) trois autres de même forme où les lettres

$$x_i, \quad x_i^{p-1}, \quad x_i^0, \quad U_i^p$$

seront respectivement remplacées par

$$y_k, \quad x_i^{p-1}, \quad x_i^p, \quad V_i^p,$$

ou par

$$r_k', \quad x_i'^{p-1}, \quad x_i'^p, \quad U_i'^p,$$

ou par

$$y_k, \quad y_i^{p-1}, \quad y_i^p, \quad V_i'^p.$$

Nous obtiendrons alors une série d'équations analogues aux équations (14) du n° 127 et qui s'écriront, en remarquant que les x_i^p et les $x_i'^p$ sont des constantes et que les y_i^p et les $y_i'^p$ se réduisent à w_i et w_i'

$$(6) \quad \begin{cases} \Sigma_p \, n_k^0 \dfrac{dx_i^p}{dw_k} + \Sigma_k \, n_k'^2 \dfrac{dx_i^{p-1}}{dw_k'} = X_i^p + Z_i^p + U_i^p, \\[2ex] \Sigma_k \, n_k^0 \dfrac{dy_i^p}{dw_k} + \Sigma_k \, n_k'^2 \dfrac{dy_i^{p-1}}{dw_k'} = Y_i^p + T_i^p + V_i^p - n_i^p, \\[2ex] \Sigma_k \, n_k^0 \dfrac{dx_i'^p}{dw_k} + \Sigma_k \, n_k'^2 \dfrac{dx_i'^{p-1}}{dw_k'} = X_i'^p + Z_i'^p + U_i'^p, \\[2ex] \Sigma_k \, n_k^0 \dfrac{dy_i'^p}{dw_k} + \Sigma_k \, n_k'^2 \dfrac{dy_i'^{p-1}}{dw_k'} = Y_i'^p + T_i'^p + V_i'^p - n_i'^p. \end{cases}$$

Pour $p = o$, le premier membre de chacune des équations (6) doit être supprimé et il en est encore de même du second terme de ce premier membre pour $p = 1$. Il suffit, pour s'en rendre compte, de se rappeler la signification conventionnelle attribuée aux signes Σ et Σ' dans les équations (4) et (5).

Soit maintenant U une fonction périodique quelconque des w_i et des w_i'. Convenons de représenter par [U] la valeur moyenne de U *considérée pour un instant comme fonction périodique des w_i seulement.* Il résulte de cette définition que

$$\left[\frac{dU}{dw_i}\right] = o, \qquad \left[\frac{dU}{dw_i'}\right] = \frac{d[U]}{dw_i'}.$$

Nous représenterons par [[U]] la valeur moyenne de U considérée comme fonction périodique *à la fois* des w_i et des w_i'. C'est une constante, indépendante des w et des w', tandis que [U] indépendante des w était encore une fonction périodique des w'. Prenons alors dans les équations (6) les valeurs moyennes des deux membres, il viendra

$$(7) \quad \begin{cases} \Sigma n_k^{'1} \dfrac{d[x_i^{p-1}]}{dw_k'} = [X_i^p + Z_i^p + U_i^p], \\[2ex] \Sigma n_k^{'1} \dfrac{d[y_i^{p-1}]}{dw_k'} = [Y_i^p + T_i^p + V_i^p] - n_i^p, \\[2ex] \Sigma n_k^{'1} \dfrac{d[x_i^{'p-1}]}{dw_k'} = [X_i^{'p} + Z_i^{'p} + U_i^{'p}], \\[2ex] \Sigma n_k^{'1} \dfrac{d[y_i^{'p-1}]}{dw_k'} = [Y_i^{'p} + T_i^{'p} + U_i^{'p}] - n_i^{'p}. \end{cases}$$

Les premiers membres doivent être supprimés pour $p = 1$.

Voyons comment ces équations (6) et (7) nous permettront le calcul des coefficients du développement (2).

Dans les équations (6) faisons d'abord $p = 0$. Il vient (puisque

$$Z_i^0, \quad U_i^0, \quad \ldots \quad \text{sont nuls}$$

et que les premiers membres doivent être supprimés, ainsi que je l'ai dit plus haut)

$$o = o, \qquad Y_i^0 = n_i^0, \qquad Y_i^{'0} = n_i^{'0}.$$

Ces équations nous donnent les valeurs des n_i^0 qui, d'ailleurs, nous sont déjà connues et nous apprennent que les $n_i^{'0}$ sont nuls, puisque les $Y_i^{'0}$ le sont.

Considérons maintenant les équations (7) en y faisant $p = 1$, il viendra (en observant que Z_i^1, U_i^1, ... sont nuls)

$$(8) \quad \begin{cases} [X_i^1] + [X_i^{'1}] = o, \\[1ex] [Y_i^1] = n_i^1, \qquad [Y_i^{'1}] = n_i^{'1}. \end{cases}$$

Pour interpréter ces équations, il convient de rechercher ce que c'est que les quantités $[X_i^1]$, ... Pour avoir X_i^1, $X_i^{'1}$ et $Y_i^{'1}$, il faut envisager les dérivées

$$\frac{dF_1}{dy_i}, \quad \frac{dF_1}{dy_i'}, \quad -\frac{dF_1}{dx_i'}$$

et y remplacer les x_i, les x_i', les y_i et les y_i', par x_i^0, $x_i^{'0}$, w_i, w_i'.

Soit F_1^* le résultat de cette substitution dans F_1, on aura

$$X_i^1 = \frac{dF_1^*}{dw_i}, \qquad X_i^{'1} = \frac{dF_1^*}{dw_i'}, \qquad Y_i^{'1} = -\frac{dF_1^*}{dx_i^{'0}},$$

$$[F_1^*] = R^*,$$

R^* étant le résultat de la même substitution dans R.

D'où

$$[X_i^1] = \frac{dR^*}{dw_i} = 0, \qquad [X_i'^1] = \frac{dR^*}{dw_i},$$

$$[Y_i^1] = -\frac{dR^*}{dx_i^0}.$$

D'après nos hypothèses, R ne dépend pas des y et des y', ni par conséquent R* des w et des w'.

Donc $[X_i^1]$ et $[X_i'^1]$ sont nuls, et $[Y_i^1]$ ne dépend que des x_i^0 et des $x_i'^0$ et est, par conséquent, une constante.

Des quatre équations (8), les deux premières sont donc satisfaites d'elles-mêmes; la quatrième peut nous donner $n_i'^1$, puisque le premier membre est une constante.

Il vient ensuite (en appelant F$_0^*$ le résultat de la substitution des x_i^0 à la place des x_i dans F$_0$)

$$Y_i^1 = -\sum_k \frac{d^2 F_0^*}{dx_i^0 \, dx_k^0} x_k^1 - \frac{dF_1^*}{dx_i^0},$$

d'où

$$(9) \qquad n_i'^1 = -\sum_k \frac{d^2 F_0^*}{dx_i^0 \, dx_k^0} [x_k^1] - \frac{dR^*}{dx_i^0}.$$

Les n_i' doivent être des constantes, et il en est de même des $\dfrac{dR^*}{dx_i^0}$; il doit donc en être de même des $[x_k^1]$.

En effet, pour avoir x_k^1, il faut, dans $\dfrac{dS_1}{dy_k}$ (n° 134), remplacer les y et les y' par les w et les w'; ou, ce qui revient au même, si l'on fait cette substitution dans S_1, on aura

$$x_k^1 = \frac{dS_1}{dw_k}.$$

Or

$$S_1 = \Sigma_k z_{1,k} y_k + S_1',$$

S_1' étant périodique par rapport aux y et aux y', et les $z_{1,k}$ étant des constantes; on aura donc

$$x_k^1 = z_{1,k} + \frac{dS_1'}{dw_k},$$

d'où

$$[x_k^1] = z_{1,k}.$$

C. Q. F. D.

Envisageons la première des équations (7) en y faisant $p = 2$; si les $[x_i^1]$ sont des constantes, il restera

$$[X_i^2 + Z_i^2 + U_i^2] = 0.$$

Or, il résulte des définitions que

$$[Z_i^p] = 0, \qquad U_i^2 = 0.$$

Il vient donc

$$[X_i^2] = 0.$$

Cette conclusion, où nous avons été conduit en nous appuyant sur la possibilité du développement démontrée dans les Chapitres précédents, peut être obtenue directement.

On a en effet

$$(10) \quad \begin{cases} X_i^2 = \sum \dfrac{d^2 F_1}{dw_i\, dw_k}\, y_k^1 + \sum \dfrac{d^2 F_1}{dw_i\, dw_k'}\, y_k'^1 \\ \qquad + \sum \dfrac{d^2 F_1}{dw_i\, dx_k^0}\, x_k^1 + \sum \dfrac{d^2 F_1}{dw_i\, dx_k'^0}\, x_k'^1 + \dfrac{dF_2}{dw_i}, \end{cases}$$

Il va sans dire que dans F_1 et F_2, je suppose les y_k, les x_k, ... remplacés par les w_i les x_i^0, ...

Il est clair que la valeur moyenne de $\dfrac{dF_2}{dw_i}$ est nulle; il me reste donc à montrer que la somme algébrique des valeurs moyennes des quatre premiers termes du second membre de (10) est également nulle.

En effet, supposons les expressions

$$\dfrac{d^2 F_1}{dw_i\, dw_k}, \quad y_k^1, \quad \dfrac{d^2 F_1}{dw_i\, dw_k}, \quad y_k'^1, \quad \dots$$

développées en séries trigonométriques procédant suivant les sinus et les cosinus des multiples des w_i. X_i^2 se trouvera ainsi développé en une série de même forme et il s'agit de calculer les termes de cette série qui sont indépendants des w_i.

Il suffit pour cela de calculer les termes indépendants des w_i dans le produit

$$\dfrac{d^2 F_1}{dw_i\, dw_k}\, y_k^1$$

et dans tous les autres produits analogues.

Or on obtiendra les termes constants de ce produit en considérant un terme de

$$\frac{d^2 F_1}{dw_i\, dw_k},$$

dépendant de

$$\cos(m_1 w_1 + m_2 w_2 + \ldots + m_q w_q)$$

(si je suppose que le nombre des w_i soit égal à q) ou de

$$\sin(m_1 w_1 + m_2 w_2 + \ldots + m_q w_q),$$

par un terme de y_k^1 dépendant du *même* cosinus ou du même sinus.

Observons d'abord que nous n'avons pas à nous inquiéter du cas où

$$m_1 = m_2 = \ldots = m_q = 0.$$

En effet,

$$\frac{d^2 F_1}{dw_i\, dw_k}$$

étant une dérivée par rapport à w_i d'une fonction périodique par rapport aux w, ne peut pas contenir de termes indépendants des w. Cela n'est pas sans importance, et en effet il en résulte que nous n'avons pas besoin de calculer les

$$[y_k^1], \quad [x_k^1], \quad \ldots$$

Or les équations (6) vont bien nous donner les y_k^1, les x_k^1, $\ldots$, à une fonction arbitraire près des w, mais elles ne nous donneraient pas les valeurs moyennes de ces fonctions. Nous venons heureusement de voir qu'elles nous sont inutiles.

Soit donc

$$m_1, \quad m_2, \quad \ldots, \quad m_q$$

un système quelconque d'entiers positifs ou négatifs et n'étant pas tous nuls à la fois. Posons

$$m_1 w_1 + m_2 w_2 + \ldots + m_q w_q = h.$$

Nous chercherons dans les deux facteurs de chacun des termes du second membre de l'équation (10) les termes en $\cos h$ et en $\sin h$ et nous verrons s'ils donnent des termes indépendants des w dans X_i^2.

Soit donc

$$A \cos h + B \sin h$$

les termes de F_1 dépendant de h. Il est clair que A et B seront des fonctions des x_i^0, des $x_i'^0$ et des w_i.

Les termes correspondants seront

$$\text{Dans } \frac{d^2 F_1}{dw_i\, dw_k} : \; -m_i m_k (A c + B s),$$

$$\text{Dans } \frac{d^2 F_1}{dw_i\, dw_k'} : \; m_i \left(- \frac{dA}{dw_k'} s + \frac{dB}{dw_k'} c\right),$$

$$\text{Dans } \frac{d^2 F_1}{dw_i\, dx_k^0} : \; m_i \left(- \frac{dA}{dx_k^0} s + \frac{dB}{dx_k^0} c\right),$$

$$\text{Dans } \frac{d^2 F_1}{dw_i\, dx_k'^0} : \; m_i \left(- \frac{dA}{dx_k'^0} s + \frac{dB}{dx_k'^0} c\right).$$

(les lettres s et c sont mises, pour abréger, pour $\sin h$ et $\cos h$).

Maintenant nous avons les équations (6), en y faisant $p = 1$, qui deviennent

$$\Sigma n_k^0 \frac{dx_k^1}{dw_k} = + \frac{dF_1}{dw_i},$$

$$\Sigma n_k^0 \frac{dy_k^1}{dw_k} = - \frac{dF_1}{dx_i},$$

avec deux autres équations où les lettres x_i^1, y_i^1, w_i (et non pas w_k) et x_i^0 sont remplacées par les mêmes lettres accentuées. Si donc nous posons

$$m_1 n_1^0 + m_2 n_2^0 + \ldots + m_q n_q^0 = \frac{1}{M},$$

nous verrons que les termes en $\sin h$ et $\cos h$ seront

$$\text{Dans } y_k^1 : \; - M \left(\frac{dA}{dx_k^0} s - \frac{dB}{dx_k^0} c\right),$$

$$\text{Dans } y_k'^1 : \; - M \left(\frac{dA}{dx_k'^0} s - \frac{dB}{dx_k'^0} c\right),$$

$$\text{Dans } x_k^1 : \; + M m_k (A c + B s),$$

$$\text{Dans } x_k'^1 : \; + M \left(\frac{dA}{dw_k'} s - \frac{dB}{dw_k'} c\right).$$

Si l'on remplace dans le second membre de l'équation (10), on voit que tous ces termes s'annulent. On a donc bien, comme nous l'avions prévu,

$$[X_i^2] = 0.$$

Cela posé, en faisant dans les équations (6) $p = 1$, on pourra calculer sans peine

$$y_i^1, \quad x_i^1, \quad y_i^{\prime 1}, \quad x_i^{\prime 1},$$

à une fonction arbitraire près des ω'.

Nous connaissons alors n_i^0, n_i^1, $n_i^{\prime 1}$ et

$$y_i^1 - [y_i^1], \quad x_i^1 - [x_i^1], \quad y_i^{\prime 1} - [y_i^{\prime 1}], \quad x_i^{\prime 1} - [x_i^{\prime 1}].$$

Nous savons de plus que $[x_i^1]$ est une constante, c'est-à-dire une fonction des x_i^0 et des $x_i^{\prime 0}$; et, d'après la remarque faite au début et analogue à celle de la fin du n° 126, nous savons que cette fonction peut être choisie arbitrairement. Nous devons donc conclure que x_i^1 est entièrement connu.

Nous avons ensuite à déterminer

$$[x_i^{\prime 1}] \quad \text{et} \quad [y_i^{\prime 1}].$$

Nous nous servirons pour cela des équations (7), en y faisant $p = 2$. Si nous remarquons que

$$[Z_i^2] = [U_i^2] = [T_i^2] = [V_i^2] = 0,$$

nous verrons qu'elles deviennent

$$(11) \quad \begin{cases} \Sigma n_k^{\prime 2} \dfrac{d[x_i^{\prime 1}]}{d\omega_k} = [X_i^2], \\[2mm] \Sigma n_k^{\prime 1} \dfrac{d[y_i^{\prime 1}]}{d\omega_k} = [Y_i^2] - n_i^{\prime 2}. \end{cases}$$

Nous avons donné plus haut [équation (10)] l'expression de X_i^2 ; il suffit, pour en déduire celle de X_i^2, d'y changer ω_i en ω_i' et, pour en déduire celle de Y_i^2, d'y changer ω_i en x_i^0.

On aura donc dans $[X_i^2]$, par exemple, des termes de la forme suivante :

$$(12) \quad \left[\frac{d^2 F_1}{d\omega_i' \, d\omega_k} \, y_k^1 \right], \quad \left[\frac{d^2 F_1}{d\omega_i' \, dx_k^0} \, x_k^1 \right], \quad \dots$$

et l'on trouvera

$$\left[\frac{d^2 F_1}{d\omega_i' \, d\omega_k} \, y_k^1 \right] = \left[\frac{d^2 F_1}{d\omega_i' \, d\omega_k} \left(y_k^1 - [y_k^1] \right) \right] + \frac{d^2 R'}{d\omega_i' \, d\omega_k} [y_k^1];$$

$$\left[\frac{d^2 F_1}{d\omega_i' \, dx_k^0} \, x_k^1 \right] = \left[\frac{d^2 F_1}{d\omega_i' \, dx_k^0} \left(x_k^1 - [x_k^1] \right) \right] + \frac{d^2 R'}{d\omega_i' \, dx_k^0} [x_k^1]; \quad \dots$$

Mais, par hypothèse, R ne dépend que des x_i et des x_i', par conséquent les dérivées de R^* par rapport à w_i' sont nulles. D'où cette conclusion :

Les termes (12) qui entrent dans le second membre de la première équation (11) ne dépendent que de

$$y_i^1 - [y_i^1], \quad x_k^1 - [x_k^1], \quad \ldots$$

qui sont connus, et non pas de $[y_k^1]$, $[x_k^1]$, $\ldots$ qui sont inconnus. $[X_i'^2]$ est donc une fonction *connue* des w' et nous pouvons, par conséquent, déduire de là la valeur de $[x_i'^1]$, à une condition toutefois, c'est que

$$[[X_i'^2]] = 0.$$

Cette condition doit être remplie d'elle-même, puisque nous savons d'avance que le développement est possible.

Pour la même raison, $[Y_i'^2]$ est une fonction connue; en effet, nous connaissons maintenant $[x_k^1]$, $[x_k'^1]$, mais nous ne connaissons pas encore $[y_k^1]$ ni $[y_k'^1]$. Or les termes de $[Y_i'^2]$ qui dépendent de $[y_k^1]$ et de $[y_k'^1]$ s'écrivent

$$-\sum \frac{d^2 R^*}{dx_i'^0 \, dw_k} \, [y_k^1] - \sum \frac{d^2 R^*}{dx_i'^0 \, dw_k'} \, [y_k'^1],$$

et, comme R^* ne dépend pas des w ni des w_i', ils sont nuls et la seconde équation (11), jointe à

$$[[Y_i'^2]] = n_i'^2,$$

nous donnera $n_i'^2$ et $[y_i'^1]$.

Ayant ainsi déterminé $[x_i'^1]$ et $[y_i'^1]$ à l'aide des équations $(7, 3, 2)$ et $(7, 4, 2)$, je veux dire de la 3ᵉ et de la 4ᵉ équation (7), où l'on a fait $p = 2$, occupons-nous de déterminer $[x_i^2]$.

La manière la plus simple est de se servir de ce fait que l'expression

$$\Sigma x_i \, dy_i - \Sigma x_i' \, dy_i'$$

doit être une différentielle exacte.

Si dans cette expression nous remplaçons $x_i, y_i, \ldots$ par leurs développements (2), le coefficient de chacune des puissances de μ

devra être une différentielle exacte ; les différentielles suivantes

$$\Sigma' x_i^0 \, dw_i,$$

$$\Sigma'(x_i^1 \, dw_i + x_i^0 \, dy_i^1),$$
$$\Sigma'(x_i^2 \, dw_i + x_i^1 \, dy_i^1 + x_i^0 \, dy_i^2),$$
$$\Sigma'(x_i^3 \, dw_i + x_i^2 \, dy_i^1 + x_i^1 \, dy_i^2 + x_i^0 \, dy_i^3),$$

$$\dotfill$$

devront donc être exactes. Par le signe Σ' on doit entendre que la sommation doit être étendue à tous les indices i et de plus aux lettres accentuées.

S'il y a, par exemple, q lettres y_i sans accent et λ lettres y_i' affectées d'accent, on aura

$$\Sigma' x_i^0 \, dw_i = x_1^0 \, dw_1 + x_2^0 \, dw_2 + \ldots + x_q^0 \, dw_q$$
$$+ x_1'^0 \, dw_1' + x_2'^0 \, dw_2' + \ldots + w_\lambda'^0 \, dw_\lambda.$$

Comme, d'autre part, les x_i^0 et les $x_i'^0$ sont des constantes,

$$\Sigma' x_i^0 \, dy_i^1$$

sera toujours une différentielle exacte, de sorte que nous pourrons écrire

$$(13) \qquad \left\{ \begin{aligned} \Sigma' x_i^1 \, dw_i &= d\varphi_1, \\ \Sigma'(x_i^2 \, dw_i + \Sigma' x_i^1 \, dy_i^1) &= d\varphi_2, \\ \Sigma'(x_i^3 \, dw_i + x_i^2 \, dy_i^1 + x_i^1 + x_i^1 \, dy_i^2) &= d\varphi_3, \end{aligned} \right.$$

$$\dotfill$$

De plus, φ_1, φ_2, φ_3, ... devront être des fonctions des w et des w' dont les dérivées seront périodiques.

Voyons comment l'équation

$$\Sigma' x_i^2 \, dw_i + \Sigma' x_i^1 \, dy_i^1 = d\varphi_2$$

va nous permettre de déterminer $[x_i^2]$; elle nous donnera

$$x_k^2 + \Sigma' x_i^1 \frac{dy_i^1}{dw_k} = \frac{d\varphi_2}{dw_k}.$$

Mais, comme les dérivées des φ_2 doivent être périodiques, on aura

$$\left[\frac{d\varphi_2}{dw_k} \right] = \text{const.},$$

ce qui nous donne

$$(14) \qquad [x_k^2] + \Sigma \left[x_i^1 \frac{dv_i^1}{dw_k} \right] + \Sigma \left[x_i'^1 \frac{dy_i'^1}{dw_k} \right] = \text{const.}$$

Dans cette équation (14) tout est connu, sauf $[x_k^2]$. Nous connaissons, en effet, x_i^1, $x_i'^1$, $y_i'^1$ et nous connaissons également $\frac{dv_i^1}{dw_k}$, puisque nous connaissons $y_i^1 - [y_i^1]$. Quant à la constante du second membre, une remarque faite plus haut montre qu'elle pourrait être choisie arbitrairement.

Nous pouvons donc calculer $[x_k^2]$.

Calculons maintenant $[y_i^1]$ à l'aide de l'équation $(7, 2, 2)$. Cette équation s'écrit

$$(15) \qquad \Sigma n_i^1 \frac{d[y_i^1]}{dw_h} = [Y_i^2] - n_i^2.$$

d'où l'on tire, en égalant les valeurs moyennes prises par rapport aux w',

$$(16) \qquad [[Y_i^2]] = n_i^2.$$

Or Y_i^2 ne dépend que des x_i^1, y_i^1, $x_i'^1$, $y_i'^1$ et x^2. Les x_i^1, $x_i'^1$ et $y_i'^1$ sont entièrement connus; au contraire, nous ne connaissons que $x_i^1 - [y_i^1]$ et $[x_i^2]$. Voyons donc comment Y_i^2 dépend de x_i^2 et de y_i^1. On trouve

$$Y_i^2 = - \sum \frac{d^2 F_2}{dx_i^0 dx_i^0} x_k^2 - \sum \frac{d^2 F_1}{dx_i^0 dw_k} y_k^1 + A,$$

A étant entièrement connu.

On en déduit

$$[Y_i^2] = - \sum \frac{d^2 F_2}{dx_i^0 dx_i^0} [x_k^2]$$
$$- \sum \left[\frac{d^2 F_1}{dx_i^0 dw_k} (y_k^1 - [y_k^1]) \right] - \sum \frac{d^2 R^*}{dx_i^0 dw_k} [y_k^1] + [A].$$

Comme R^* ne dépend pas de w_h et que les $\frac{d^2 R^*}{dx_i^0 dw_k}$ sont nuls, $[Y_i^2]$ est entièrement connu et les équations (16) et (15) nous donneront n_i^2 et $[y_i^1]$.

Nous déterminerons ensuite et successivement $x_i^2 - [x_i^2]$ par $(6, 1, 2)$, $x_i'^2 - [x_i'^2]$ par $(6, 3, 2)$, $y_i'^2 - [y_i'^2]$ par $(6, 4, 2)$, $y_i^2 - [y_i^2]$ par $(6, 2, 2)$, $[x_i'^2]$ par $(7, 3, 3)$, $[y_i'^2]$ et $n_i'^3$ par $(7, 4, 3)$, $[x_i^2]$ par $(14, 3)$ [je veux dire par une équation déduite de la troisième équation (13), comme (14) l'a été de la seconde équation (13) un peu plus haut], $[y_i^2]$ et n_i^3 par $(7, 2, 3)$, puis $x_i^3 - [x_i^3]$, $x_i'^3 - [x_i'^3]$, $y_i'^3 - [y_i'^3]$, $y_i^3 - [y_i^3]$, $[x_i'^3]$, $[y_i'^3]$ et $n_i'^4$, $[x_i^3]$, $[y_i^3]$ et n_i^4, etc., etc.

Si l'on a soin de faire le calcul dans cet ordre, on ne sera jamais arrêté; car chaque équation ne contient qu'une seule inconnue, celle qu'il s'agit de déterminer.

Je rappelle d'ailleurs que les valeurs moyennes

$$[[x_i']], \quad [[y_i']], \quad [[x_i'']], \quad [[y_i'']]$$

peuvent être choisies arbitrairement en fonctions des x_i^0 et des $x_i'^0$.

Pour que l'intégration soit possible, certaines conditions doivent être remplies; mais nous savons qu'elles le sont (ce qui ne serait sans doute pas facile à démontrer directement), puisque nous savons d'avance que le développement est possible.

Application au Problème des trois Corps.

152. Nous avons vu au Chapitre XI comment les principes du n° 134 sont applicables au Problème des trois Corps. Il en sera de même évidemment des résultats du numéro précédent qui se déduisent immédiatement de ces principes. Dans ce Chapitre XI, nous avons successivement adopté les variables suivantes

$$(1) \quad \begin{cases} \Lambda, & \Lambda', & z_i, \\ \lambda_0, & \lambda'_0, & \tau_0, \end{cases}$$

$$(2) \quad \begin{cases} \Lambda, & \Lambda', & \rho_0, \\ \lambda_1, & \lambda'_1, & \omega_0, \end{cases}$$

$$(3) \quad \begin{cases} \Lambda, & \Lambda', & V_0, \\ \lambda_2, & \lambda'_2, & v_0, \end{cases}$$

Avec le système (3), les équations du mouvement prennent la même forme que celles du n° 134 et du numéro précédent.

Mais le changement de variables qui fait passer du système (2) au système (3) est assez pénible, et le plus souvent les excentricités sont assez petites pour qu'on puisse l'éviter par l'artifice que j'ai indiqué à la fin du n° 140. Je rappelle en quoi il consiste. Dans la fonction F, les termes de μF_1 qui dépendent des puissances des excentricités et des inclinaisons supérieures à la troisième sont très petits. Si donc je pose

$$\mu F_1 = \mu F'_1 + \mu^2 F'_2,$$

$\mu F'_1$ représentant l'ensemble des termes de degré 3 au plus et $\mu^2 F'_2$ les termes de degré 4 au moins, $\mu^2 F'_2$ sera très petit et F'_2 sera fini. Je pourrai écrire alors

$$F = F_0 + \mu F'_1 + \mu^2(F'_2 + F_2) + \mu^3 F_2 + \ldots$$

et F sera encore développé suivant les puissances de μ. Mais, si l'on considère F'_1 comme fonction périodique de λ, et λ'_1, sa valeur moyenne ne dépendra pas des ω_i, de sorte qu'avec les variables (2) les conditions du n° 134 sont remplies.

Il est vrai que la signification du paramètre μ devient ainsi un peu différente de celle que nous lui attribuons d'ordinaire; mais cela importe peu, puisque le but de ce paramètre est seulement de mettre en évidence l'ordre de grandeur des différents termes.

Une fois ces conventions faites, les résultats du numéro précédent deviennent immédiatement applicables au problème qui nous occupe. Mais, afin d'éviter les difficultés qui ont fait l'objet du Chapitre XII, j'adopterai, au lieu des variables (2), les variables (1), ce qui amènera dans ces résultats quelques modifications sur lesquelles il est nécessaire d'insister. Pour plus de symétrie dans les notations, j'écrirai dans le reste de ce Chapitre λ et λ' au lieu de λ_1 et λ'_1, F_1 au lieu de F'_1, F_2 au lieu de $F'_2 + F_2$. Il ne peut, en effet, en résulter aucune confusion.

Nous savons que les variables (2) sont, au point de vue formel, développables suivant les puissances croissantes de μ de la manière suivante

$$(4) \quad \begin{cases} \Lambda = \Sigma \mu^k \Lambda_k, & \Lambda' = \Sigma \mu^k \Lambda'_k, \\ \lambda = \Sigma \mu^k \lambda_k, & \lambda' = \Sigma \mu^k \lambda'_k, \\ \varpi_i = \Sigma \mu^k \varpi'_k, & \omega_i = \Sigma \mu^k \omega'_k. \end{cases}$$

Les Λ_k, Λ'_k, λ_k, λ'_k, ρ_i^k, ω_i^k sont des fonctions périodiques des ϖ et des ϖ', sauf le cas de $k = 0$; Λ_0, Λ'_0 et les ρ_i^0 sont des constantes; λ_0 et λ'_0 se réduisent à ϖ_1 et ϖ_2 et ω_i^0 à ϖ'_i.

Si nous adoptons les variables (1), on aura de même

$$(4) \qquad \sigma_i = \Sigma \mu^k \sigma_i^k, \qquad \tau_i = \Sigma \mu^k \tau_i^k,$$

où σ_i^k et τ_i^k seront des fonctions périodiques des w et des w', et il viendra, si l'on égale pour abréger à x_i^0 la constante $\sqrt{2\rho_i^0}$,

$$\sigma_i^0 = \sqrt{2\rho_i^0} \cos \omega_i^0 = x_i^0 \cos w'_i,$$
$$\tau_i^0 = \sqrt{2\rho_i^0} \sin \omega_i^0 = x_i^0 \sin w'_i.$$

J'ajoute que

$$\Lambda \, d\lambda + \Lambda' \, d\lambda' + \Sigma \rho_i \, d\omega_i$$

devant être une différentielle exacte, il en sera de même de

$$\Lambda \, d\lambda + \Lambda' \, d\lambda' + \Sigma \sigma_i \, d\tau_i,$$

puisque

$$\Sigma \tau_i \, d\tau_i = \Sigma \rho_i \, d\omega_i + \tfrac{1}{2} \Sigma \, d(\sigma_i \tau_i).$$

Si nous donnons à w_i, w'_i, n_i, n'_i, ... le même sens que dans le numéro précédent, nos équations vont s'écrire

$$(5) \qquad \Sigma n_k \frac{d\Lambda}{dw'_k} + \Sigma n'_k \frac{d\Lambda}{dw'_k} = \frac{dF}{d\lambda},$$

équation analogue à l'équation (3) du numéro précédent comme les développements (4) sont analogues aux développements (2) du numéro précédent.

A l'équation (5) il faut naturellement en adjoindre d'autres où les lettres Λ et λ sont respectivement remplacées par Λ' et λ', λ et $-\Lambda$, λ' et $-\Lambda'$, σ_i et τ_i, τ_i et $-\sigma_i$. J'ajoute que le nombre des paramètres ϖ est de 2 dans le Problème des trois Corps et de $n-1$ dans le Problème des n Corps; tandis que le nombre des paramètres ϖ' est de 4 dans le Problème des trois Corps, de $2n-2$ dans le Problème des n Corps dans l'espace, et seulement de $n-1$ dans le Problème des n Corps dans le plan.

Substituons les développements (4) et ceux des n_i et des n'_i dans les équations (5), les deux membres de ces équations deviendront développables selon les puissances de μ et nous pourrons écrire

$$\frac{dF}{d\lambda} = \Sigma \mu^p L_p, \qquad \frac{dF}{d\lambda'} = \Sigma \mu^p L'_p,$$

$$\frac{dF}{d\Lambda} = \Sigma \mu^p l_p, \qquad -\frac{dF}{d\Lambda'} = \Sigma \mu^p l'_p,$$

$$\frac{dF}{d\tau_i} = \Sigma \mu^p S_i^p, \qquad -\frac{dF}{d\tau_i} = \Sigma \mu^p \Theta_i^p,$$

équations analogues aux équations (9) et (10) du n° 127 et à d'autres équations rencontrées au numéro précédent.

Poursuivons toujours le calcul comme au numéro précédent et posons

$$\Sigma_k n_k \frac{d\Lambda}{dw_k} = \Sigma' \mu^p n_k^p \frac{d\Lambda_p}{dw_k} + \Sigma \mu^p n_k^p \frac{d\Lambda_0}{dw_k} - \Sigma \mu^p Z_p,$$

équations où les signes Σ et Σ' ont même sens que dans l'équation (4) du numéro précédent et à laquelle il faut adjoindre d'autres équations où les lettres

$$\Lambda, \quad \Lambda_p, \quad \Lambda_0, \quad Z_p$$

sont remplacées par les mêmes lettres accentuées ou par

$$\lambda, \quad \lambda_p, \quad \lambda_0, \quad T_p,$$

ou par les mêmes lettres accentuées, ou par

$$\sigma_i, \quad \sigma_i^p, \quad \tau_i^0, \quad Z_i^p,$$

ou enfin par

$$\tau_i, \quad \tau_i^p, \quad \tau_i^0, \quad T_i^p.$$

On voit qu'il faut éviter de confondre les lettres Z_p et Z_i^p, T_p et T_i^p.

Nous poserons de même

$$\Sigma_k n'_k \frac{d\Lambda}{dw'_k} = \Sigma' \mu^p n'^p_k \frac{d\Lambda_{p-1}}{dw'_k} + \Sigma \mu^p n'^p_k \frac{d\Lambda_0}{dw'_k} - \Sigma \mu^p U_p,$$

équation où les signes Σ et Σ' ont même sens que dans l'équation (5) du numéro précédent et à laquelle il convient d'adjoindre d'autres équations de même forme où les lettres

$$\Lambda, \quad \Lambda_{p-1}, \quad \Lambda_0, \quad U_p$$

H. P. — II.

sont remplacées par les mêmes lettres accentuées ou par

$$\lambda, \quad \lambda_{p-1}, \quad \lambda_0, \quad V_p,$$

ou par les mêmes lettres accentuées, ou par

$$\sigma_i, \quad \sigma_i^{p-1}, \quad \sigma_i^0, \quad U_i^p$$

ou

$$\tau_i, \quad \tau_i^{p-1}, \quad \tau_i^0, \quad V_i^p,$$

Nous pouvons écrire maintenant une série d'équations analogues aux équations (6) du numéro précédent.

Si nous posons, pour abréger, pour une fonction u quelconque

$$\Sigma_k n_k^0 \frac{du}{dw_k} = \Delta u,$$

$$\Sigma_k n_k'^1 \frac{du}{dw_k'} = \Delta' u,$$

ces équations s'écriront

$$(6) \quad \begin{cases} \Delta \Lambda_p + \Delta' \Lambda_{p-1} = L_p + Z_p + U_p, \\ \Delta \lambda_p + \Delta' \lambda_{p-1} = l_p + T_p + V_p - n_1^p, \\ \Delta \sigma_i^p + \Delta' \sigma_i^{p-1} = S_i^p + Z_i^p + U_i^p + n_i^p x_i^0 \sin w_i', \\ \Delta \tau_i^p + \Delta' \tau_i^{p-1} = \Theta_i^p + T_i^p + V_i^p - n_i^p x_i^0 \cos w_i', \end{cases}$$

Aux deux premières équations (6), il convient d'en ajouter deux autres, qui en diffèrent parce que toutes les lettres y sont accentuées, à l'exception de n_i^p qui est remplacé par n_2^p. De même qu'au numéro précédent, pour $p = 0$, le premier membre doit être supprimé, et pour $p = 1$ le second terme du premier membre.

En égalant les valeurs moyennes des deux membres par rapport aux w, on obtiendra des équations analogues aux équations (7) du numéro précédent. Elles s'écriront

$$(7) \quad \begin{cases} \Delta'[\Lambda_{p-1}] = [L_p + Z_p + U_p], \\ \Delta'[\lambda_{p-1}] = [l_p + T_p + V_p] - n_2^p, \\ \Delta'[\tau_i^{p-1}] = [S_i^p + Z_i^p + U_i^p] + n_2^p x_i^0 \sin w_i', \\ \Delta'[\tau_i^{p-1}] = [\Theta_i^p + T_i^p + V_i^p] - n_2^p x_i^0 \cos w_i', \end{cases}$$

Pour $p = 0$ et 1, le premier membre doit être supprimé.

Adjoignons encore des équations analogues aux équations (13) et (14) du numéro précédent.

Nous avons vu, en effet, que

$$\Lambda\, d\lambda + \Lambda'\, d\lambda' + \Sigma \sigma_i\, d\tau_i$$

doit être la différentielle exacte d'une fonction dont toutes les dérivées sont périodiques; il en sera donc de même des expressions suivantes

$$\Sigma \Lambda_0\, d\lambda_0 + \Sigma \sigma_i^0\, d\tau_i^0,$$

$$\Sigma(\Lambda_1\, d\lambda_0 + \Lambda_0\, d\lambda_1) + \Sigma(\sigma_i^1\, d\tau_i^0 + \sigma_i^0\, d\tau_i^1),$$

$$\Sigma(\Lambda_2\, d\lambda_0 + \Lambda_1\, d\lambda_1 + \Lambda_0\, d\lambda_2) + \Sigma(\sigma_i^2\, d\tau_i^0 + \sigma_i^1\, d\tau_i^1 + \sigma_i^0\, d\tau_i^2), \quad \ldots$$

Dans chacune de ces expressions, le premier signe Σ s'étend aux deux planètes, de telle sorte, par exemple, que

$$\Sigma \Lambda_0\, d\lambda_0 = \Lambda_0\, d\lambda_0 + \Lambda'_0\, d\lambda'_0.$$

Si nous regardons un instant les ϖ' comme des constantes et les ϖ comme seuls variables, ces expressions demeureront *a fortiori* des différentielles exactes, mais $d\tau_i^0$ et $d\sigma_i^0$ seront nuls, de sorte que

$$\sigma_i^0\, d\tau_i^0 \quad \text{et} \quad \sigma_i^0\, d\tau_i^0 = d(\sigma_i^0 \tau_i^0)$$

seront des différentielles exactes. Comme il en est de même de $\Lambda_0\, d\lambda_p$, et que $\lambda_0 = \varpi_1$, $\lambda'_0 = \varpi_2$, les expressions

$$\Lambda_1\, d\varpi_1 + \Lambda'_1\, d\varpi_2,$$

$$\Lambda_2\, d\varpi_1 + \Lambda'_2\, d\varpi_2 + \Sigma \Lambda_1\, d\lambda_1 + \Sigma \sigma_i^1\, d\tau_i^1,$$

$$\Lambda_3\, d\varpi_1 + \Lambda'_2\, d\varpi_2 + \Sigma(\Lambda_2\, d\lambda_1 + \Lambda_1\, d\lambda_2) + \Sigma(\sigma_i^2\, d\tau_i^1 + \sigma_i^1\, d\tau_i^2), \quad \ldots$$

seront encore les différentielles exactes de fonctions dont les dérivés sont périodiques et dont, par conséquent, les dérivées par rapport à ϖ_1 et ϖ_2 ont une valeur moyenne indépendante des ϖ'.

En raisonnant alors comme au numéro précédent quand nous avons déduit les équations (14) des équations (13), nous trouverons

$$(8) \quad \left\{ \begin{aligned}
[\Lambda_1] &= \text{const.}, \\
[\Lambda_2] + \Sigma\left[\Lambda_1 \frac{d\lambda_1}{d\varpi_1}\right] + \Sigma\left[\sigma_i^1 \frac{d\tau_i^1}{d\varpi_1}\right] &= \text{const.}, \\
[\Lambda_3] + \Sigma\left[\Lambda_2 \frac{d\lambda_1}{d\varpi_1} + \Lambda_1 \frac{d\lambda_2}{d\varpi_1}\right] + \Sigma\left[\sigma_i^2 \frac{d\tau_i^1}{d\varpi_1} + \sigma_i^1 \frac{d\tau_i^2}{d\varpi_1}\right] &= \text{const.},
\end{aligned} \right.$$

Considérons d'abord les équations (6) en y faisant $p = 0$; nous verrons facilement qu'elles sont satisfaites d'elles-mêmes pourvu que (ainsi que nous l'avons supposé) Λ_0 et Λ'_0 soient des constantes, λ_0 et λ'_0 se réduisent à w_1 et w_2, σ_i^0 et τ_i^0 à $x_i^{\prime 0} \cos w'_i$ et $x_i^{\prime 0} \sin w'_i$, que $n_i^{\prime 1}$ soit nul, et que n_i^0 ait une valeur convenable.

Passons maintenant aux équations (7) en y faisant $p = 1$, il viendra, comme aux équations (8) du numéro précédent,

$$(8\ bis) \qquad \begin{cases} [L_1] = 0, \qquad [l_1] = n_1^1, \\ [S_i^1] = -n_i^{\prime 1} \tau_i^0, \qquad [\Theta_i^1] = n_i^{\prime 1} \sigma_i^0. \end{cases}$$

Nous reconnaîtrions, comme au numéro précédent, que $[L_1]$, $[S_i^1]$ et $[\Theta_i^1]$ sont les dérivées de R par rapport à λ, à τ_i et à $-\sigma_i$; il faut, bien entendu, remplacer dans R, Λ, λ, σ_i et τ_i par Λ_0, λ_0, σ_i^0 et τ_i^0. Or nous avons trouvé au Chapitre X l'expression de R, qui est

$$\Sigma \Lambda_i (\sigma_i^2 + \tau_i^2) - B,$$

B et Λ_i étant des fonctions de Λ et Λ'.

On voit ainsi que les équations (8 *bis*), sauf la deuxième, sont satisfaites d'elles-mêmes, pourvu que

$$n_i^{\prime 1} = -2 \Lambda_i^0$$

(où Λ_i^0 et B_0 sont ce que deviennent Λ_i et B quand on y remplace les Λ par les Λ_0), car

$$[L_1] = 0, \qquad [S_i^1] = 2 \Lambda_i^0 \tau_i^0, \qquad [\Theta_i^1] = -2 \Lambda_i^0 \sigma_i^0.$$

D'autre part,

$$[l_1] = -\frac{d^2 F_0}{d\Lambda_0^2} [\Lambda_1] - \frac{d^2 F_0}{d\Lambda_0 \, d\Lambda'_0} [\Lambda'_1] - \Sigma \frac{d\Lambda_i^0}{d\Lambda_0} (x_i^{\prime 0})^2 - \frac{dB_0}{d\Lambda_0},$$

comme $[\Lambda_1]$ et $[\Lambda'_1]$ doivent être des constantes, ainsi que nous l'avons vu plus haut, $[l_1]$ sera également une constante, ce qui nous permettra de l'égaler à n_1^1.

Pour continuer le calcul, en suivant le même ordre que dans le numéro précédent, il nous faut maintenant considérer les équations (6, 1, 1), (6, 3, 1), (6, 4, 1).

Les premiers membres se réduiront à

$$\Delta\Lambda_1, \quad \Delta\tau_i^1, \quad \Delta\sigma_i^1.$$

et les seconds membres seront des fonctions connues et périodiques des w et des w' dont la valeur moyenne, par rapport aux w, sera nulle, puisque les équations (7) $(p = 1)$ sont satisfaites.

On pourra donc opérer l'intégration comme au numéro précédent et au n° 127, et l'on connaîtra

$$A_1 - [A_1], \quad \sigma_i^1 - [\sigma_i^1], \quad \tau_i^1 - [\tau_i^1];$$

comme nous savons que $[A_1]$ se réduit à une constante et que cette constante peut être choisie arbitrairement, nous pouvons regarder A_1 comme entièrement connu.

Envisageons l'équation $(6, 2, 1)$ dont le premier membre se réduit à $\Delta \lambda_1$. Comme le second membre ne contenait d'autre quantité inconnue que A_1, il devient une fonction connue des w et des w' et le procédé que nous venons d'appliquer nous donnera

$$\lambda_1 - [\lambda_1].$$

Il faut maintenant déterminer $[\sigma_i^1]$ et $[\tau_i^1]$ à l'aide des équations $(7, 3, 2)$ et $(7, 4, 2)$. Le second membre de ces équations n'est pas entièrement connu. Ils ne dépendent pas, en effet, des $[\lambda_i]$, mais ils dépendent des $[A_i]$, des $[\sigma_k^1]$ et des $[\tau_k^1]$. Les termes qui dépendent de ces quantités peuvent s'écrire :

$1°$ Dans l'équation $(7, 3, 2)$ par exemple,

$$\sum \frac{d^2 R^*}{d\tau_i^0 \, dA_0}\,[A_i] + \sum \frac{d^2 R^*}{d\tau_i^0 \, d\sigma_i^0}\,[\sigma_k] - \sum \frac{d^2 R^*}{d\tau_i^0 \, d\tau_i^0}\,[\tau_k^1].$$

Le premier terme est connu puisque $[A_i]$ est connu. D'après la forme de la fonction R^* donnée plus haut, toutes les dérivées secondes sont nulles, sauf $\dfrac{d^2 R^*}{d\tau_i^{0\,2}}$. Les deux derniers termes se réduiront donc à

$$2 A_i^0 [\tau_i^1] = - n_i'^2 [\tau_i^1].$$

Il y a, en outre, dans le second membre de $(7, 3, 2)$, un terme en $n_i'^2 x_i'^0 \sin w_i'$ et, dans le second membre de $(7, 4, 2)$, un terme en $- n_i'^2 x_i'^0 \cos w_i'$ qui contiennent la quantité inconnue $n_i'^2$.

Le second membre de $(7, 3, 2)$ est donc égal à $- n_i'^1 [\tau_i^1]$, plus une fonction connue des w' (et de $n_i'^2$). De même, le second membre de $(7, 4, 2)$ se réduira à une fonction connue des α' (et de $n_i'^2$); de sorte que nos équations deviendront

$$(9) \quad \begin{cases} \Delta'[\sigma_i'] + n_2'^1[\tau_i'] = \varphi_1 + n_i'^2 x_i'^0 \sin w_h' \\ \Delta'[\tau_i'] - n_2'^1[\sigma_i'] = \varphi_2 - n_i'^2 x_i'^0 \cos w_h' \end{cases}$$

φ_1 et φ_2 étant des fonctions périodiques connues des w'. Soit, pour abréger,

$$h = m_1 w_1' + m_2' w_2' + \ldots + m_q' w_q'$$

les m' étant des entiers quelconques, et de même

$$N = m_1' n_1'^1 + m_2' n_2'^1 + \ldots + m_q' n_q'^1.$$

Soient

$$A_1 \cos h + B_1 \sin h,$$
$$A_2 \cos h + B_2 \sin h$$

les termes en h dans les fonctions connues φ_1 et φ_2. Soient

$$C_1 \cos h + D_1 \sin h,$$
$$C_2 \cos h + D_2 \sin h$$

les termes en h dans les fonctions inconnues $[\sigma_i']$ et $[\tau_i']$. Il s'agit de calculer les coefficients C et D en fonction des coefficients A et B.

Les équations (9) nous donnent, en identifiant,

$$(10) \quad \begin{cases} ND_1 + n_i'^1 C_2 = A_1, \\ - NC_1 + n_i'^1 D_2 = B_1, \\ ND_2 - n_i'^1 C_1 = A_2, \\ - NC_2 - n_i'^1 D_1 = B_2. \end{cases}$$

Ces équations (10) nous feront connaître les coefficients inconnus C et D, à moins que le déterminant ne soit nul; or ce déterminant est égal à

$$[N^2 - (n_i'^1)^2]^2.$$

Il ne peut donc s'annuler que si

$$N = \pm n_i'^1,$$

c'est-à-dire (puisqu'il n'y a aucune relation linéaire à coefficients entiers entre les $n_k'^1$) si

$$h = \pm w_i'$$

ou (puisque nous ne devons pas considérer comme distincts les termes en h et en $-h$)

$$h = \alpha'_i.$$

Identifions donc en égalant dans les deux membres de (9) les termes en α'_i. J'écris h pour abréger au lieu de α'_i (et N au lieu de $n_i'^1$), puisque je suppose ici $h = \alpha'_i$, et je continue à désigner par A_1, B_1, ... les coefficients de $\cos h$, $\sin h$ dans les fonctions φ_1, etc. Seulement ici les équations (10) n'auront plus la même forme, parce qu'il faut tenir compte des termes en $n_i'^2$ qui entrent dans le second membre des équations (9). Nous aurons donc

$$(10\ bis) \quad \left\{ \begin{aligned} N(\quad D_1 + C_2) &= A_1, \\ N(- C_1 + D_2) &= B_1 + n_i'^2 x_i'^0, \\ N(\quad D_2 - C_1) &= A_2 - n_i'^2 x_i'^0, \\ - N(\quad C_2 - D_1) &= B_2. \end{aligned} \right.$$

Pour que ces équations soient compatibles, il faut évidemment que

$$A_1 - B_2 = 0$$

et

$$(11) \qquad A_2 - B_1 = 2 n_i'^2 x_i'^0.$$

La première condition doit être remplie d'elle-même, puisque nous savons que le développement est possible. La seconde nous donnera la valeur de $n_i'^2$.

Ces conditions étant remplies, les équations (10 *bis*) ne sont plus distinctes. Elles nous donneront C_1 et D_1, si nous connaissons C_2 et D_2. Je dis que C_2 et D_2 peuvent être choisis arbitrairement. Je le prouverai par un raisonnement analogue à celui du n° 126. En effet, on ne change pas la forme des séries en ajoutant à A_0, A'_0, aux $x_i'^0$, aux w et aux w' des fonctions arbitraires de μ, des A_0 et des $x_i'^0$ divisibles par μ. Le nombre de ces fonctions arbitraires est le même que celui des variables, c'est-à-dire de 12 par exemple pour le Problème des trois Corps dans l'espace. On peut donc s'en servir pour satisfaire à 12 conditions. Nous pouvons, par exemple, nous en servir pour que les valeurs moyennes de λ, λ', λ, λ', ainsi que les coefficients de $\cos \alpha'_i$ et $\sin \alpha'_i$ dans les quatre fonctions τ_i, soient des fonctions arbitraires de μ, et des constantes A_0 et $x_i^{\prime 0}$; ces fonctions devront être développables suivant les puissances de μ, et, en considérant séparément les divers termes de ce développement, on verrait que l'on peut choisir arbitrairement les coefficients de $\cos w_i^\prime$ et $\sin w_i^\prime$ dans les diverses fonctions τ_i^p et, en particulier, C_2 et D_2.

Les équations (9) nous permettent donc de déterminer $[\sigma_i^1]$ et $[\tau_i^1]$.

Déterminons maintenant $[A_2]$; nous nous servirons pour cela de la seconde équation (8), où tout est connu, excepté $[A_2]$.

De même pour $[A_2^\prime]$.

Calculons maintenant $[\lambda_1]$ à l'aide de $(7, 2, 2)$. Cette équation [comparez avec l'équation $(7, 2, 2)$ du numéro précédent et avec le raisonnement que nous avons fait quand nous nous en sommes servi pour déterminer $[y_i^1]$] peut s'écrire

$$\Delta^\prime[\lambda_1] = A - n_1^2.$$

A étant une fonction périodique entièrement connue de $w^\prime$. Cette équation peut s'intégrer si l'on égale n_1^2 à la valeur moyenne de la fonction périodique A, de telle sorte que la valeur moyenne du second membre soit nulle. On déterminerait de la même manière $[\lambda_1^\prime]$ et n_2^2. Reste à déterminer ensuite par les mêmes procédés

$$A_2 - [A_2] \quad \text{par} \quad (6, 1, 2),$$
$$\sigma_i^2 - [\sigma_i^2] \quad \text{par} \quad (6, 3, 2),$$
$$\tau_i^2 - [\tau_i^2] \quad \text{par} \quad (6, 4, 2),$$
$$\lambda_2 - [\lambda_2] \quad \text{par} \quad (6, 2, 2),$$

$$[\sigma_i^2], [\tau_i^2] \text{ et } n_1^3 \quad \text{par} \quad (7, 3, 3) \text{ et } (7, 4, 3),$$

$$[A_2] \text{ par la troisième équation } (8),$$

$$[\lambda_2] \text{ et } n_1^3 \quad \text{par} \quad (7, 2, 3),$$

et ainsi de suite.

Propriétés diverses.

153. Les six quantités A_p, λ_p, σ_i^p, τ_i^p, n_1^p, $n_i^{\prime p}$, définies dans le numéro précédent, sont des fonctions des A_0, des w, des $x_i^{\prime 0}$ et des $w_i^\prime$; mais, comme on a

$$\sigma_i^0 = x_i^{\prime 0} \cos w_i^\prime, \qquad \tau_i^0 = x_i^{\prime 0} \sin w_i^\prime,$$

nous pouvons également les considérer comme des fonctions
des A_0, des w, des σ_i^0 et des τ_i^0. Je me propose de démontrer que
*ces fonctions sont développables suivant les puissances des σ_i^0
et des τ_i^0.*

Cette proposition est susceptible d'un autre énoncé évidemment
équivalent. Reprenons les variables A_0, w, $x_i^{\prime 0}$, $w_i^{\prime}$; nos fonctions
A_p, ... seront périodiques par rapport aux w et aux w', et, par
conséquent, développables en séries trigonométriques. Soit

$$A \cos h \quad \text{ou} \quad A \sin h$$

un terme d'une de ces séries; je suppose que

$$h = \Sigma\, m_k w_k + \Sigma\, m_k^{\prime} w_k^{\prime},$$

les m_k et les $m_k^{\prime}$ étant des entiers positifs ou négatifs. Les coefficients A sont des fonctions des A_0 et des $x_i^{\prime 0}$.

Eh bien, notre proposition peut s'énoncer comme il suit :

*A est développable suivant les puissances des $x_k^{\prime 0}$. Le dévelop-
pement est divisible par*

$$\left(x_i^{\prime 0}\right)^{|m_i^{\prime}|}$$

*et tous ses termes contiennent $x_i^{\prime 0}$ à une puissance paire si $m_i^{\prime}$
est pair ou à une puissance impaire si $m_i^{\prime}$ est impair.*

Pour démontrer cette proposition, je me servirai d'un raisonnement de récurrence. Dans le numéro précédent, nous avons
déterminé successivement les fonctions A_p, ... par une série
d'équations auxquelles je conserverai ici le même numérotage que
dans le numéro précédent.

Il s'agit de démontrer que les valeurs des fonctions déterminées
par ces équations sont développables suivant les puissances des σ_i^0
et τ_i^0.

J'observe d'abord que, F étant développable suivant les puis-
sances des τ_i et des $\tau_i^{\prime}$, les fonctions que nous avons appelées L_p,
l_p, S_i^p, Θ_i^p sont développables suivant les puissances de

$$(12)\quad \left\{ \begin{array}{llll} A_1, & A_2, & \ldots, & A_p, & \ldots \\ \lambda_1, & \lambda_2, & \ldots, & \lambda_p, & \ldots \\ \sigma_1^0, & \sigma_2^1, & \sigma_3^2, & \ldots, & \sigma_i^p, & \ldots \\ \tau_1^0, & \tau_2^1, & \tau_3^2, & \ldots, & \tau_i^p, & \ldots \end{array} \right\} \quad \text{(et des mêmes lettres accentuées)}$$

Il en résulte, si l'on se rappelle la signification des quantités Z_p, etc., que les seconds membres des équations (6) seront développables suivant les puissances des quantités (12), de leurs dérivées par rapport aux w et w' et enfin des n_i^p et des $n_i'^p$.

Je me propose de démontrer que toutes ces quantités, ainsi que les seconds membres des équations (6) et (7), sont développables suivant les puissances des σ_i^0 et des τ_i^0; pour cela je vais passer en revue la série des opérations par lesquelles nous avons, dans le numéro précédent, déduit ces quantités les unes des autres et je montrerai qu'aucune d'elles ne peut altérer cette propriété.

Ces opérations sont les suivantes :

1° Substituer dans le second membre des équations (6), à la place des quantités (12), de leurs dérivées, des n_i^p et des $n_i'^p$, leurs valeurs antérieurement calculées. Comme le second membre de (6) est développable suivant les puissances des quantités substituées et que ces quantités substituées (puisque nous raisonnons par récurrence et que nous supposons que les quantités déjà calculées jouissent de la propriété énoncée) sont elles-mêmes développables suivant les puissances des σ_i^0 et τ_i^0, il est clair que le résultat de la substitution sera aussi développable suivant les puissances des σ_i^0 et des τ_i^0.

2° Prendre la valeur moyenne d'une fonction périodique connue soit par rapport aux w seulement, soit par rapport aux w et aux w'.

C'est ce qui arrive quand on déduit le second membre de (7) de celui de (6), ou bien encore lorsqu'on annule la valeur moyenne du second membre de l'équation $(7, 2, 2)$, en égalant n_i^7 à la valeur moyenne de A (*vide supra*, vers la fin du numéro précédent).

Comme cette opération consiste à supprimer des termes dans le développement trigonométrique de la fonction considérée, il est clair qu'elle ne peut altérer la proposition énoncée.

3° Différentier l'une des quantités (12) par rapport à w ou à w'.

Soit, comme plus haut,

$$A \cos h \quad \text{ou} \quad A \sin h$$

un terme du développement de la quantité que nous différentions.

La dérivée de ce terme par rapport à w_i sera

$$- A m_i \sin h \quad \text{ou} \quad A m_i \cos h.$$

Sa dérivée par rapport à w_i sera

$$- A m_i \sin h \quad \text{ou} \quad A m_i \cos h.$$

Il est clair que, si A satisfait à la condition énoncée, il en sera de même de

$$\pm A m_i \quad \text{et de} \quad \pm A m_i$$

4° Intégrer les équations (6), (7) et (8).

Quelques-unes de ces équations nous donnent immédiatement l'inconnue; telles sont les équations (8) et celles qui nous donnent les n_i^p, qui doivent être choisis de façon à annuler la valeur moyenne du second membre de $(7, 2, p)$. Mais d'autres équations exigent une intégration : telles sont, par exemple, les équations (6) qui ont la forme

$$(13) \qquad n_1^0 \frac{dx}{dw_1} + n_2^0 \frac{dx}{dw_2} = y_i$$

x étant la fonction inconnue et y une fonction périodique connue. Soit alors

$$A \cos h \quad \text{ou} \quad A \sin h$$

un terme de y. Le terme correspondant de x s'écrira

$$\frac{A}{n_1^0 m_1 + n_2^0 m_2} \sin h \quad \text{ou} \quad \frac{A}{n_1^0 m_1 + n_2^0 m_2} \cos h.$$

Il est clair que, si A satisfait à la condition énoncée, il en sera de même de

$$\pm \frac{A}{n_1^0 m_1 + n_2^0 m_2}.$$

Le même raisonnement est applicable à l'équation $(7, 2, p)$ qui, après qu'on a choisi n_i^p de façon à annuler la valeur moyenne du second membre, prend la forme

$$(14) \qquad \Sigma n_k^{i,1} \frac{dx}{dw_i} = y_i$$

y étant connu et x inconnu, et est ainsi de même forme que (13). Observons d'ailleurs que les n_i^1, de même que les n_i^p, dépendent des A_s, mais non des x_i^0. Il convient d'ajouter que cette équation (14) ne détermine l'inconnue x qu'à une constante près.

laquelle peut être choisie arbitrairement en fonction des A_0 et des $x_i'^0$; il faut, bien entendu, pour que le théorème soit vrai, avoir soin de choisir cette fonction arbitraire de telle façon qu'elle soit développable suivant les puissances entières des $(x_i'^0)^2$.

De même, les équations (8) ne déterminent $[A_p]$ qu'à une constante près que l'on peut choisir arbitrairement. Il est nécessaire de faire ce choix de telle façon que

$$[[A_p]]$$

soit développable suivant les puissances des $(x_i'^0)^2$.

5° L'intégration des équations $(7, 3, p)$ et $(7, 4, p)$ se traite à peu près de la même manière.

Considérons, par exemple, les équations (9) et reprenons les notations dont nous nous sommes servi dans l'étude de ces équations.

Considérons d'abord le cas où h n'est pas égal à $\pm w_i'$ et où le déterminant des équations linéaires (10) n'est pas nul. Il est clair alors que si les coefficients A_1, B_1, A_2, B_2 satisfont à la condition énoncée, il en sera de même des coefficients C_1, D_1, C_2, D_2 tirés de ces équations (10).

Passons maintenant au cas où $h = w_i'$ et où les équations (10) doivent être remplacées par les équations (10 *bis*).

Nous avons d'abord l'équation

$$n_i'^2 = \frac{A_2 - B_1}{2 x_i'^0}.$$

Nous supposons que A_2 et B_1 qui sont des coefficients du développement d'une fonction antérieurement calculée satisfont à la condition énoncée, c'est-à-dire qu'ils sont développables suivant les puissances des $x_k'^0$, qu'ils sont divisibles par $x_i'^0$ et que le quotient ne contient plus que des puissances paires des $x_k'^0$. Il en résulte que $n_i'^2$ ne contient non plus que des puissances paires des $x_k'^0$ et satisfait par conséquent à notre proposition.

Revenant ensuite aux équations (10 *bis*) on voit que C_1 et D_1 satisfont à la condition énoncée pourvu que C_2 et D_2 y satisfassent. Mais nous avons vu que C_2 et D_2 peuvent être choisis arbitrairement; nous pouvons toujours faire ce choix de façon à y satisfaire et le théorème bien entendu n'est vrai qu'à cette condition.

Puisque aucune de nos opérations ne peut altérer la propriété énoncée, elle est vraie dans toute sa généralité.

154. Observons maintenant que les équations du mouvement ne changent pas, quand, les Λ et les ρ_i ne changeant pas, les λ et les ω_i augmentent d'une même quantité.

Reprenons les développements (4) (je conserve encore le numérotage du n° 152); comme nous pouvons choisir arbitrairement les valeurs moyennes des quantités Λ_p, λ_p, Λ'_p, λ'_p, ρ_i^p, ω_i^p, par rapport aux w et aux w', je me donnerai d'une manière quelconque toutes ces valeurs moyennes.

Les séries (4) sont alors les seules qui satisfassent formellement aux équations du mouvement et qui satisfassent de plus à cette double condition que toutes ces valeurs moyennes soient déterminées, et que

$$(15) \qquad \Sigma \Lambda \, d\lambda + \Sigma \rho_i \, d\omega_i$$

soit une différentielle exacte.

Le calcul du n° 152 détermine, en effet, sans ambiguïté les coefficients des séries qui sont assujetties à ces conditions diverses.

Ajoutons maintenant une même constante z à λ, à λ' et aux ω_i; nous satisferons encore aux équations du mouvement d'après la remarque faite au début de ce numéro, et nos séries (4) n'auront pas changé, sauf que λ_0, λ'_0 et ω_i^0 seront devenus $\alpha_1 + z$, $\alpha_2 + z$ et $\alpha'_i + z$.

Changeons ensuite ω_i et ω'_i en $\omega_i - z$ et $\omega'_i - z$. Les séries conserveront la même forme, c'est-à-dire que les Λ^p, les λ^p, les ρ_i^p, les ω_i^p $(p > o)$ seront encore des fonctions périodiques des w et des w' dont la valeur moyenne restera la même. Elles satisferont encore formellement aux équations du mouvement, puisque je n'ai fait que retrancher une constante z aux constantes ϖ_i et ϖ'_i qui sont arbitraires.

Enfin l'expression (15) restera une différentielle exacte.

Ces séries ne pourront donc différer des séries (4) qui sont les seules qui satisfassent à toutes ces conditions.

Cela veut dire que les Λ_p, les λ_p, les ω_i^p $(p > o)$ ne changent pas quand on diminue à la fois les w et les w' d'une même quantité.

Ou bien encore que si

$$A \cos h \qquad \text{ou} \qquad A \sin h$$

est un terme du développement de A_p, λ_p, τ_i^p ou ω_i^p, et que

$$h = \Sigma m_i w_i + \Sigma m'_i w'_i,$$

la somme algébrique des entiers m_i et m'_i doit être nulle.

On en conclurait aisément que, si

$$A \cos h \qquad \text{ou} \qquad A \sin h$$

est un terme de τ_i^p ou τ_i^p, *cette même somme algébrique doit être égale à ± 1*; j'ajoute que cette somme est nulle dans le développement de

$$\sigma_i^p \cos w_k + \tau_i^p \sin w_k,$$
$$\tau_i^p \cos w_k - \sigma_i^p \sin w_k$$

(et dans celui des mêmes expressions où w_k serait remplacé par w'_k).

Des considérations de symétrie et un raisonnement analogue nous conduiraient à d'autres propriétés.

Ainsi, tout étant symétrique par rapport au plan des xz, les équations du mouvement ne changeront pas quand on changera les signes de λ, de λ' et des τ_i sans changer A, A' et les τ_i.

Alors supposons que, dans les développements (4), les valeurs moyennes des λ_p et des τ_i^p que l'on peut choisir arbitrairement soient nulles. Changeons maintenant

$$\lambda, \quad \lambda', \quad \tau_i$$

en

$$-\lambda, \quad -\lambda', \quad -\tau_i$$

et, en même temps, w_i et w'_i en

$$-w_i \quad \text{et} \quad -w'_i.$$

Les séries (4) conserveront la même forme, elles ne cesseront pas de satisfaire aux équations du mouvement. Les valeurs moyennes des A_p et τ_i^p ne changeront pas; celles des λ_p et τ_i^p resteront nulles. Enfin l'expression (15) restera une différentielle exacte.

Il faut pour cela que les séries (4) n'aient pas changé. Donc les

Λ_p et les σ_i^p ne changent pas, les λ_p et les τ_i^p changent de signe quand les α et les α' changent de signe.

Cela veut dire que le développement des Λ et des σ_i ne contient que des cosinus, tandis que celui des λ et des τ_i ne contient que des sinus.

De même tout est symétrique par rapport au plan des xy et l'on peut en tirer d'autres conclusions.

Supposons qu'on ait affaire au Problème des trois Corps dans l'espace, et soient

$$\Lambda,\ \Lambda',\ \sigma_1,\ \sigma_2,\ \sigma_3,\ \sigma_4,$$
$$\lambda,\ \lambda',\ \tau_1,\ \tau_2,\ \tau_3,\ \tau_4.$$

Les troisième et quatrième paires de variables définissent les excentricités et les périhélies ; les deux dernières paires de variables définissent les inclinaisons et les nœuds.

En vertu de la symétrie que je viens de signaler les équations ne changeront pas si τ_2, τ_3, τ_4 et τ_4 changent de signe, les autres variables demeurant inaltérées.

On verrait alors, par un raisonnement tout pareil à ceux qui précèdent, que les séries (4) ne changent pas, si l'on change à la fois

$$\sigma_3,\ \sigma_4,\ \tau_3,\ \tau_4,\ w_3',\ w_4',$$

en

$$-\sigma_3,\ -\sigma_4,\ -\tau_3,\ -\tau_4,\ -w_3'+\pi,\ w_4'+\pi.$$

On doit en conclure que, dans les développements (4) qui procèdent suivant les cosinus et les sinus de

$$h = \Sigma m_i w_i + \Sigma m_i' w_i',$$

la somme $m_3' + m_4'$ doit être paire dans le développement de

$$\Lambda\quad \Lambda'\quad \sigma_1\quad \sigma_2$$
$$\lambda\quad \lambda'\quad \tau_1\quad \tau_2$$

et impaire, au contraire, dans le développement de

$$\sigma_3,\quad \sigma_4,$$
$$\tau_3,\quad \tau_4.$$

155. Au n° 152, j'ai employé pour simplifier l'exposition et les

calculs un artifice dont j'avais déjà parlé à la fin du n° 140 et que j'ai rappelé au commencement du n° 152. Il consiste à regarder comme du second ordre des termes qui ne contiennent les masses qu'au premier degré.

Cet artifice est légitime à cause de l'extrême petitesse de ces termes; mais il n'est pas sans inconvénient. En effet, la signification du paramètre μ s'en trouve altérée. En faisant $\mu = 0$, on tombe sur un cas particulier du Problème des trois Corps, celui où les masses perturbatrices sont nulles et le mouvement képlérien; en donnant à μ une certaine valeur très petite déterminée, on tombe sur un autre cas particulier du Problème des trois Corps, celui qui correspond aux véritables masses des corps que l'on considère. Mais, si l'on donne à μ une valeur intermédiaire, les équations sont celles d'un problème de Dynamique qui n'a plus aucun rapport avec le Problème des trois Corps.

Il n'en serait pas de même si l'on avait conservé à la lettre μ sa signification primitive, que nous avons définie au n° 11; quelle que soit alors la valeur attribuée à μ, les équations sont celles d'un cas particulier du Problème des trois Corps correspondant à certaines valeurs des masses.

Il serait donc bien plus satisfaisant de restituer à la lettre μ sa signification primitive et de chercher à développer nos variables non seulement suivant les puissances de μ, mais encore suivant celles de ces constantes que nous avons appelées $x_i'^0$ et qui sont de l'ordre des excentricités.

Les équations du mouvement sont encore de même forme; seulement la valeur moyenne de F, que j'appellerai toujours R a une expression plus compliquée. On n'a plus simplement, comme au n° 152,

$$(16) \qquad R = B + \Sigma A_i(\sigma_i^2 + \tau_i^2);$$

mais R est développable suivant les puissances croissantes de σ_i et τ_i et le second membre de (16) représente seulement les premiers termes du développement, à savoir ceux de degré 0 et de degré 2 (tous les termes étant comme on sait de degré pair).

Développons donc nos variables (1) suivant les puissances de μ et des $x_i'^0$; conservons les développements (4) et soit, d'autre part,

$$(17) \quad \left\{ \begin{aligned} A_p &= A_{p,0} + A_{p,1} + A_{p,2} + \dots, \\ \lambda_p &= \lambda_{p,0} + \lambda_{p,1} + \lambda_{p,2} + \dots, \\ \sigma_i^p &= \sigma_i^{p,0} + \sigma_i^{p,1} + \sigma_i^{p,2} + \dots, \\ \tau_i^p &= \tau_i^{p,0} + \tau_i^{p,1} + \tau_i^{p,2} + \dots. \end{aligned} \right.$$

où

$$A_{p,q}, \quad \lambda_{p,q}, \quad \sigma_i^{p,q}, \quad \tau_i^{p,q}$$

représentent l'ensemble des termes qui sont de degré q par rapport aux $x_i'^0$.

Je suppose toujours

$$A_0 = \text{const.}, \qquad \lambda_0 = w_1,$$

et, par conséquent,

$$A_{0,q} = \lambda_{0,q} = 0 \qquad \text{pour} \qquad q > 0;$$

mais je ne suppose plus

$$\sigma_i^0 = x_i'^0 \cos w_i', \qquad \tau_i^0 = x_i'^0 \sin w_i'.$$

Je suppose que

$$\sigma_i^{0,0} = \tau_i^{0,0} = 0;$$

$$\sigma_i^{0,1} = x_i'^0 \cos w_i', \qquad \tau_i^{0,1} = x_i'^0 \sin w_i'.$$

Mais $\tau_i^{0,q}$, $\tau_i^{p,q}$ ne seront pas nuls.

Ces hypothèses faites, reprenons le calcul du n° 152.

Nous avons envisagé d'abord les équations (6) en y faisant $p = 0$. Ces équations seront satisfaites pourvu que, $n_i'^0$ étant nul, σ_i^0 et τ_i^0 ne dépendent pas des w_i, mais seulement des w_i', ce que nous supposerons.

Viennent ensuite les équations (7), en y faisant $p = 1$ (cf. équations 8 bis du n° 152); mais il importe de remarquer que la forme des équations (6) et (7) est un peu modifiée.

Envisageons, en effet, dans $(6, 3, p)$, $(6, 4, p)$, $(7, 3, p)$, $(7, 4, p)$, le dernier terme du deuxième membre. Ce terme doit s'écrire

$$(18) \quad \left\{ \begin{aligned} &\text{Pour } (6, 3, p) \dots && -\Sigma_k n_k^p \frac{d\tau_i^0}{dw_k} - \Sigma n_k'^p \frac{d\tau_i^0}{dw_k}, \\ &\text{Pour } (6, 4, p) \dots && -\Sigma_k n_k^p \frac{d\tau_i^0}{dw_k} - \Sigma n_k'^p \frac{d\tau_i^0}{dw_k}, \\ &\text{Pour } (7, 3, p) \dots && -\Sigma n_k'^p \frac{d\sigma_i^0}{dw_k'}, \\ &\text{Pour } (7, 4, p) \dots && -\Sigma n_k'^p \frac{d\tau_i^q}{dw_k'}. \end{aligned} \right.$$

Au n° 152, σ_i^0 et τ_i^0 se réduisant à

$$x_i'^0 \cos w_i' \quad \text{et} \quad x_i'^0 \sin w_i',$$

ces quatre termes se réduisaient à

$$\pm n_i'^p x_i'^0 \, \frac{\sin}{\cos} w_i',$$

mais ici il n'en est plus de même et il faut conserver à ces termes leur expression (18).

Les équations (7) pour $p = 1$ s'écriront alors

$$(19) \quad \begin{cases} [L_1] = \dfrac{dR}{d\lambda_0} = 0, \qquad [l_1] = n_1, \\[2ex] \dfrac{dR}{d\tau_i^0} = \Sigma\, n_k'^1 \dfrac{d\sigma_i^0}{dw_k'}, \qquad -\dfrac{dR}{d\sigma_i^0} = \Sigma\, n_k'^1 \dfrac{d\tau_i^0}{dw_k'}. \end{cases}$$

Il faut supposer, bien entendu, que dans R on a remplacé Λ, λ, σ_i et τ_i par Λ_0, λ_0, σ_i^0 et τ_i^0.

Ces équations sont, sous une forme différente, les mêmes qui ont fait l'objet du Chapitre X. La première est satisfaite d'elle-même. Examinons donc les deux dernières équations qui doivent déterminer σ_i^0 et τ_i^0.

Développons les $n_i'^1$ suivant les puissances des $x_i'^0$ et soit

$$(20) \qquad n_i'^1 = n_i'^{1,0} + n_i'^{1,1} + n_i'^{1,2} + \ldots,$$

$n_i'^{1,q}$ étant l'ensemble des termes de degré q par rapport aux $x_i'^0$.

Substituons, dans les deux dernières équations (19), les développements (17) et (20) à la place des σ_i^0, des τ_i^0, des $n_k'^1$, et égalons les termes de même degré dans les deux membres. Posons d'ailleurs pour abréger

$$\Delta'' u = \Sigma\, n_k'^{1,0} \, \frac{du}{dw_k'}.$$

Si nous égalons les termes de premier degré par rapport aux $x_i'^0$, il viendra

$$\Delta'' \sigma_i^{0,1} = 2\,\Lambda_i^0 \tau_i^{0,1}; \qquad \Delta'' \tau_i^{0,1} = -2\,\Lambda_i^0 \sigma_i^{0,1};$$

ces équations sont satisfaites pourvu que

$$n_i'^{1,0} = -2\,\Lambda_i^0.$$

Supposons maintenant que l'on ait déterminé

$$\sigma_i^{0,1}, \quad \sigma_i^{0,2}, \quad \ldots, \quad \sigma_i^{0,q-1},$$
$$\tau_i^{0,1}, \quad \tau_i^{0,2}, \quad \ldots, \quad \tau_i^{0,q-1},$$
$$n_i^{1,0}, \quad n_i^{1,1}, \quad \ldots, \quad n_i^{1,q-2},$$

et que l'on se propose de déterminer

$$\sigma_i^{0,q}, \quad \tau_i^{0,q}, \quad n_i^{1,q-2}.$$

Égalons dans les deux membres des deux dernières équations (19) les termes de degré q. Ces termes seront :

Dans la troisième équation :

Premier membre . $\quad 2 A_i \sigma_i^{0,q}$ — quantités connues.

Second membre . . $\quad \Delta^2 \sigma_i^{0,q} - n_i^{1,q-1} \dfrac{d\sigma_i^{0,1}}{dw_i}$ — quantités connues.

Dans la quatrième équation :

Premier membre . $\quad - 2 A_i \tau_i^{0,q}$ — quantités connues.

Second membre . . $\quad \Delta^2 \tau_i^{0,q} - n_i^{1,q-1} \dfrac{d\tau_i^{0,1}}{dw_i}$ — quantités connues.

Nous pouvons donc écrire

$$(21) \quad \begin{cases} \Delta^2 \sigma_i^{0,q} - n_i^{1,0} \tau_i^{0,q} = \varphi_1 - n_i^{1,q-1} x_i^0 \sin w_i, \\ \Delta^2 \tau_i^{0,q} - n_i^{1,0} \sigma_i^{0,q} = \varphi_2 - n_i^{1,q-1} x_i^0 \cos w_i, \end{cases}$$

φ_1 et φ_2 étant des fonctions périodiques connues des w'.

L'analogie de ces équations avec les équations (9) est évidente. On passe des unes aux autres en changeant $[\sigma_i^1]$, $[\tau_i^1]$, n_i^1, n_i^2 en $\sigma_i^{0,q}$, $\tau_i^{0,q}$, $n_k^{1,0}$, $n_i^{1,q-1}$.

On traitera donc les équations (21) comme les équations (9). La condition du succès de la méthode [à savoir que dans les équations analogues à (10 *bis*) $A_1 + B_2$ soit nul] doit être remplie d'elle-même, puisque nous avons démontré d'avance la possibilité du développement.

Quand on aura satisfait aux deux dernières équations (19), R sera une constante (puisque ces deux équations admettent comme intégrale, analogue à celle des forces vives, R = const.) et comme cela doit être vrai quelles que soient les constantes A_0

et Λ'_0, la dérivée $-\dfrac{dR}{d\Lambda_0}$ devra également être une constante, dépendant seulement des Λ_0 et des $x_i'^0$.

Mais on a

$$[l_1] = -\frac{d^2 F_0}{d\Lambda_0^2}[\Lambda_1] - \frac{d^2 F_0}{d\Lambda_0\, d\Lambda_0}[\Lambda'_1] - \frac{dR}{d\Lambda_0}.$$

Les dérivées de F_0 sont des constantes. La première équation (8) nous apprend qu'il en est de même de $[\Lambda_1]$ et $[\Lambda'_1]$. Donc $[l_1]$ est aussi une constante que nous pourrons égaler à n_1^1, et nous aurons ainsi satisfait à la deuxième équation (19).

Au n° 152, nous avons ensuite déterminé successivement $\Lambda_1 - [\Lambda_1]$ (et, par conséquent Λ_1, puisque $[\Lambda_1]$ est une constante que l'on peut choisir arbitrairement), $\sigma_i^1 - [\sigma_i^1]$, $\tau_i^1 - [\tau_i^1]$, $\lambda_1 - [\lambda_1]$, par $(6, 1, 1)$, $(6, 3, 1)$, $(6, 4, 1)$ et $(6, 2, 1)$. *Je n'ai rien à changer à cette partie du calcul.*

Déterminons maintenant

$$[\sigma_i^1] \quad \text{et} \quad [\tau_i^1],$$

et pour cela considérons les équations $(7, 3, 2)$ et $(7, 4, 2)$. Ces équations prennent la forme

$$(22)\begin{cases} \Delta'[\sigma_i^1] = \varphi_1 + \sum \frac{d^2 R}{d\sigma_i^0\, d\sigma_k^0}[\sigma_k^1] + \sum \frac{d^2 R}{d\sigma_i^0\, d\tau_k^0}[\tau_k^1] - \Sigma\, n_k^2 \frac{d\sigma_i^0}{dw_k}, \\[2ex] \Delta'[\tau_i^1] = \varphi_2 - \sum \frac{d^2 R}{d\tau_i^0\, d\sigma_k^0}[\sigma_k^1] - \sum \frac{d^2 R}{d\tau_i^0\, d\tau_k^0}[\tau_k^1] - \Sigma\, n_k^2 \frac{d\tau_i^0}{dw_k}, \end{cases}$$

φ_1 et φ_2 étant connues.

Ces équations sont analogues aux équations (9) : seulement R, σ_i^0, τ_i^0 ayant une expression moins simple, il n'arrive plus, comme au n° 152, que, pour la première de ces équations par exemple, les trois derniers termes du second membre se réduisent respectivement à

$$0, \quad 2\Lambda_1^2[\tau_i^1], \quad n_i^2 \tau_i^0,$$

ce qui apportait une simplification notable.

Substituons donc dans (22) à la place de σ_i^1 et τ_i^1 leurs développements (17), à la place de $n_k'^1$ son développement (20) et à la place de $n_k'^2$ son développement

$$n_k'^2 = n_k'^{2,0} + n_k'^{2,1} + n_k'^{2,2} + \dots$$

analogue à (20). Soit d'ailleurs φ_1^q et φ_2^q l'ensemble des termes de φ_1 et de φ_2 qui sont de degré q par rapport aux $x_i'^0$.

Nous égalerons ensuite les termes de même degré dans les deux membres de (22).

En égalant d'abord les termes de degré o, il vient simplement

$$(23) \qquad \begin{cases} \Delta''[\sigma_i^{1,0}] = \varphi_1^0 - 2\Lambda_i^2[\tau_i^{1,0}], \\ \Delta'[\tau_i^{1,0}] = \varphi_2^0 - 2\Lambda_i^2[\sigma_i^{1,0}]. \end{cases}$$

φ_1^0 et φ_2^0 seront des constantes dépendant seulement de Λ_0 et Λ_0'; et, en effet, en vertu du raisonnement du n° 153, qui reste applicable sans modification, φ_1 et φ_2 sont développables suivant les puissances des $x_i'^0 \cos w_i'$ et des $x_i'^0 \sin w_i'$. Les termes du degré o par rapport aux $x_i'^0$ ne dépendront donc ni des $x_i'^0$ ni des w_i'.

Il en résulte que $[\tau_i^{1,0}]$ et $[\sigma_i^{1,0}]$ sont aussi des constantes et que les premiers membres des équations (23) sont nuls. Ces équations (23) nous permettront alors de déterminer $[\sigma_i^{1,0}]$ et $[\tau_i^{1,0}]$.

Supposons maintenant que l'on ait déterminé

$$[\sigma_i^{1,0}], \ [\sigma_i^{1,1}], \ [\sigma_i^{1,2}], \ \ldots, \ [\sigma_i^{1,q-1}],$$
$$[\tau_i^{1,0}], \ [\tau_i^{1,1}], \ [\tau_i^{1,2}], \ \ldots, \ [\tau_i^{1,q-1}],$$
$$n_i'^{2,0}, \ n_i'^{2,1}, \ \ldots, \ n_i'^{2,q-2},$$

et que l'on se propose de déterminer

$$(24) \qquad [\sigma_i^{1,q}], \ [\tau_i^{1,q}], \ n_i'^{2,q-1}.$$

Égalons pour cela les termes de degré q dans les deux membres des équations (22).

Il viendra, en mettant en évidence les termes dépendant des quantités inconnues (24),

$$(25) \qquad \begin{cases} \Delta''[\sigma_i^{1,q}] + n_i'^{2,0}[\tau_i^{1,q}] = \psi_1 - n_i'^{2,q-1} x_i'^0 \sin w_i, \\ \Delta'[\tau_i^{1,q}] - n_i'^{1,0}[\sigma_i^{1,q}] = \psi_2 - n_i'^{2,q-1} x_i'^0 \cos w_i, \end{cases}$$

ψ_1 et ψ_2 étant des fonctions connues.

Ces équations sont analogues aux équations (9); on passe en effet des unes aux autres en changeant

$$[\sigma_i^1], \ [\tau_i^1], \ n_k'^1, \ n_i'^2$$

en

$$[\sigma_i^{1,q}], \ [\tau_i^{1,q}], \ n_k'^{1,0}, \ n_i'^{2,q-1}.$$

On pourra donc traiter les équations (25) comme les équations (9).

On déterminerait ensuite

$$[\Lambda_2], \quad n_1^2, \quad [\lambda_1], \quad \Lambda_2, \quad \sigma_i^0 - [\sigma_i^2], \quad \tau_i^0 - [\tau_i^2], \quad \lambda_2 - [\lambda_2],$$

comme au n° 152.

Pour déterminer

$$[\sigma_i^2], \quad [\tau_i^2] \quad \text{et} \quad n_1^3,$$

on se servirait des équations $(7, 3, 3)$ et $(7, 4, 3)$. Ces équations seraient de même forme que les équations (22) et se traiteraient de la même manière.

Cas particuliers remarquables.

156. Les développements (4) et (17) ont, comme nous l'avons vu au n° 153, leurs seconds membres développés suivant les puissances des $x_i'^0 \cos w_i'$ et des $x_i'^0 \sin w_i'$.

Si nous annulons à la fois toutes les constantes arbitraires $x_i'^0$, nos variables ne dépendront plus des w_i', mais seulement de w_1 et w_2. Leurs développements procéderont suivant les lignes trigonométriques de

$$m_1 w_1 + m_2 w_2,$$

m_1 et m_2 étant des entiers.

D'après ce que nous avons vu au n° 154, dans le développement des Λ et des λ, la somme $m_1 + m_2$ doit être nulle, de sorte que ces variables dépendront seulement de $w_1 - w_2$. Il en sera de même pour la même raison de

$$(26) \qquad \begin{cases} \sigma_i \cos w_1 + \tau_i \sin w_1, \\ \tau_i \cos w_1 - \sigma_i \sin w_1. \end{cases}$$

Il en résulte évidemment que ces hypothèses particulières $(x_i'^0 = 0)$ correspondent au cas d'une solution périodique et il est aisé de voir que les solutions ainsi trouvées ne diffèrent pas de celles que nous avons appelées au Chapitre III *solutions périodiques de la première sorte.*

On peut en conclure que les développements (4) qui ne sont pas ordinairement convergents au sens géométrique du mot le deviennent quand on annule les constantes $x_i'^0$.

Comme les constantes $x_i'^0$ sont généralement petites, on voit que la solution réelle ira en oscillant autour de la solution périodique sans s'en écarter beaucoup.

Considérons maintenant dans le développement de A, de λ et des expressions (26), les termes du premier degré par rapport aux $x_i'^0$; nous verrons, en tenant compte des résultats des n° 153 et 154, qu'ils seront de la forme

$$(27) \qquad \Sigma_k x_k'^0 \cos(w_k - w_1)\varphi_k + \Sigma_k x_k' \sin(w_k - w_1)\psi_k.$$

φ_k et ψ_k étant des fonctions périodiques développables suivant les sinus et cosinus multiples de $w_1 - w_2$.

L'interprétation de ce résultat est évidente. Dans le Chapitre IV nous avons considéré les équations aux variations relatives à une solution périodique donnée. Considérons alors nos équations du mouvement et la solution périodique de la première sorte que l'on en obtient en annulant tous les x_i'. Les expressions (27) ne seront pas alors autre chose que la solution la plus générale des équations aux variations correspondantes.

On en conclut que les exposants caractéristiques relatifs à cette solution de la première sorte sont

$$\pm \sqrt{-1}(n_k - n_1).$$

Il importe d'observer que dans cette expression les constantes $x_i'^0$ (dont dépendent n_k et n_1) doivent être égalées à o.

On peut se proposer de déduire des développements (4) et (17) les solutions périodiques de la deuxième et de la troisième sorte, ainsi que nous l'avons fait pour celles de la première sorte. Cela est un peu plus difficile.

Pour mieux faire comprendre ce qu'il y a à faire, je vais prendre d'abord un exemple plus simple. Reprenons les séries du n° 127 et proposons-nous d'en déduire les solutions périodiques du n° 42. Nous avons vu que, dans les séries du n° 127, on peut choisir arbitrairement les valeurs moyennes des fonctions périodiques x_i^p et y_i^p et qu'en particulier on peut faire ce choix de telle façon que n_i^p soit nul toutes les fois que $p > 0$. On peut même réaliser cette condition en choisissant convenablement les valeurs moyennes des x_i^p pendant que les valeurs moyennes des y_i^p restent arbitraires.

Supposons donc qu'on ait choisi ces valeurs moyennes de cette manière et, par conséquent, que

$$n_i = n_i^0.$$

Supposons de plus que les x_i^0 aient été choisis de telle sorte que les n_i^0 aient certaines valeurs données commensurables entre elles. Il arrive alors, quand on veut faire le calcul du n° **127**, que certains coefficients deviennent infinis, *à moins que l'on ne choisisse convenablement les constantes ϖ_i et les valeurs moyennes de y_i^p restées arbitraires.*

Si ce choix est fait de la sorte, les séries du n° **127** existent : *elles sont convergentes* et elles ne diffèrent pas de celles du n° **44**. Revenons au Problème des trois Corps.

Choisissons nos constantes Λ_0, Λ_0' et $x_i'^0$, ainsi que les valeurs moyennes des divers termes des développements (4) et (17) considérés comme fonctions périodiques des w et des w'; choisissons ces quantités, dis-je, de telle façon :

1° Que n_1^0 et n_2^0 aient des valeurs données commensurables entre elles (je fais observer que si l'on adopte les notations du n° **155**, $n_i^{0,p}$ est nul pour $p > 0$);

2° Que n_i^p et $n_i'^p$ soient nuls pour $p > 1$;

3° Que

$$n_1^1 = n_2^1 = n_i'^1 \qquad (i = 1, 2, 3, 4).$$

Je puis faire ce choix de façon à réaliser ces conditions et même la moitié des valeurs moyennes demeure arbitraire.

Il arrive alors que, si l'on veut faire le calcul des n°s **152** ou **155**, certains coefficients deviennent infinis, à moins que l'on ne choisisse convenablement les constantes ϖ_i et ϖ_i' ainsi que les valeurs moyennes restées arbitraires.

Si on le fait, les séries (4) et (17) existent; *elles convergent* et ne diffèrent pas de celles qui représentent les solutions de la deuxième et de la troisième sorte.

Supposons maintenant que, sans annuler $x_1'^0$ et $x_2'^0$, on annule $x_3'^0$ et $x_4'^0$; on trouvera une série de solutions particulières du Problème des trois Corps, ne dépendant que des quatre arguments

$$w_1, \quad w_2, \quad w'_1, \quad w'_2:$$

ce sont les solutions correspondant aux cas du Problème des trois
Corps dans le plan. Le nombre des arguments est ici réduit à 4
comme celui des degrés de liberté.

Mais on peut observer que les Λ, les λ et les expressions (26)
ne dépendent que des différences

$$w_2 - w_1, \quad w'_1 - w_1, \quad w'_2 - w_1,$$

ainsi que nous l'avons vu au n° 134.

Si donc on prend comme variables Λ, λ et ces expressions (26),
le nombre des arguments est réduit à 3. Cela correspond au cas
du problème du n° 5, où il y a 3 degrés de liberté.

Imaginons maintenant que la masse de la première planète soit
infiniment petite (cas d'une petite planète troublée par Jupiter).
Il arrivera d'abord que

$$\tau_2, \quad \tau_3, \quad \tau_4, \quad \tau_5$$

se réduiront à

$$\xi', \quad \eta', \quad p', \quad q'.$$

Ces quantités, de même que Λ', seront des constantes et λ' se réduira
à w_2.

Il résulte de là que

$$n'_2 = \frac{dw'_2}{dt} = 0,$$

$$n'_3 = \frac{dw'_3}{dt} = 0.$$

Le nombre de nos arguments, qui était de 6, est réduit à 4, à
savoir

$$w_1, \quad w_2, \quad w'_1, \quad w'_3.$$

Il n'arrive plus ici que Λ, λ, ... ne dépendent que des différences

$$w_1 - w_2, \quad w'_1 - w_2, \quad w'_3 - w_2.$$

Le raisonnement du n° 134 ne nous apprend, en effet, qu'une
chose, c'est que, dans le cas général, Λ dépend seulement des cinq
différences

$$w_2 - w_1, \quad w'_i - w_1 \quad (i = 1, 2, 3, 4).$$

Quand deux des w'_i se réduiront à des constantes (ce qui arrive dans le cas particulier que nous examinons), deux de ces cinq arguments ne diffèrent plus que par une constante, et c'est pour cette raison qu'il n'en reste plus que quatre; mais il n'y a aucune raison pour que la réduction puisse être poussée plus loin.

Nos variables restent d'ailleurs, en vertu du n° 153, développables suivant les puissances des

$$x_i'^0 \cos w'_i, \quad x_i'^0 \sin w'_i.$$

Supposons que l'on annule $x_3'^0$ et $x_3'^0$; cela correspond au cas où les trois corps se meuvent dans un même plan (je suppose toujours que l'une des masses est infiniment petite). Alors nos variables ne dépendent plus de w'_3 et il nous reste seulement trois arguments, à savoir

$$w_1, \quad w_2, \quad w'_1.$$

Annulons encore la constante $x_2'^0$; cela correspond au cas où l'orbite de la seconde planète est circulaire, c'est-à-dire au problème du n° 9.

Comme nos variables sont développables suivant les puissances des $x_i'^0 \cos w'_i$ et $x_i'^0 \sin w'_i$, et que

$$x_2'^0 = x_3'^0 = x_3'^0 = 0,$$

elles ne dépendront plus ni de w'_2, ni de w'_3, ni de w'_3. Or, en vertu du n° 154, elles ne dépendent que des différences

$$w_1 - w_2, \quad w_1 - w'_i.$$

Or nous venons de voir qu'il y a trois des w'_i qui ne doivent plus entrer dans leur expression. Elles ne dépendront plus que de

$$w_1 - w_2, \quad w_1 - w'_1.$$

Le nombre des arguments est réduit à 2; nous avons vu d'ailleurs que le problème du n° 9 comporte précisément 2 degrés de liberté. Si, de plus, on fait $x_1'^0 = 0$, on tombe sur les solutions périodiques étudiées par M. Hill (*voir* le n° 44 et tenir compte de la remarque faite aux trois dernières lignes).

Si, dans la théorie de la Lune, on regarde ce satellite comme soumis aux seules actions de la Terre et du Soleil et que l'on regarde le mouvement relatif de ces deux derniers astres comme képlérien, on est ramené à un des cas particuliers étudiés plus haut.

Mais on sera souvent conduit à tenir compte des perturbations éprouvées par la Terre de la part d'autres planètes, tout en continuant à négliger l'action directe de ces planètes sur la Lune. Si l'on se place à ce point de vue, le mouvement relatif de la Terre et du Soleil n'est plus un mouvement képlérien, mais il est *connu*, et la Lune reste soumise seulement à l'action de ces deux corps mobiles qui se meuvent d'après une loi connue.

Supposons donc que les coordonnées du Soleil par rapport à la Terre puissent s'exprimer par des séries de même forme que celles que nous avons étudiées dans ce Chapitre, et dépendant de n arguments. On verrait aisément alors, en raisonnant à peu près comme nous l'avons fait dans ce Chapitre, que les coordonnées de la Lune s'exprimeront encore par des séries de même forme dépendant de $n + 2$ arguments.

Pour bien faire comprendre ce que je veux dire par là, je reviens au problème du n° 9; c'est-à-dire : imaginons que la Terre et le Soleil décrivent des circonférences concentriques ; les coordonnées du Soleil dépendront alors de $n = 1$ argument ; les distances de la Lune à la Terre et au Soleil dépendront de 2 arguments (qui sont ceux que je viens d'appeler $w_1 - w_2$, $w_1 - w'_1$) ; mais les coordonnées de la Lune par rapport à des axes fixes dépendront de $n + 2 = 3$ arguments.

Des considérations analogues sont applicables au cas où il y a plus de trois corps ; supposons, par exemple, qu'il y en ait quatre. Le nombre des w_i est alors 3 et celui des w'_i est 6.

Supposons qu'on annule à la fois les six constantes $x_i^{'0}$. Une première conséquence de cette hypothèse, c'est que le mouvement se passe dans un plan. De plus les A, les λ, les expressions (26) et par conséquent les distances mutuelles des quatre corps ne vont plus dépendre que des deux arguments

$$w_1 - w_2, \qquad w_1 - w_3.$$

Il ne s'ensuit pas (comme dans le cas où, envisageant trois corps seulement, on annulait tous les $x_i^{'0}$) que les séries deviennent convergentes au sens géométrique du mot ; mais on peut se proposer d'en déduire les solutions périodiques du n° 50.

Voici comment on doit opérer.

Choisissons nos constantes d'intégration et les valeurs moyennes des divers termes des développements (4) et (17) de telle sorte :
1° que les quantités

$$n_1^0 - n_2^0, \quad n_1^0 - n_3^0$$

aient des valeurs données commensurables entre elles ; 2° que

$$n_1^p = n_2^p = n_3^p$$

pour $p > 0$. Les constantes ϖ_i et ϖ_i' et la moitié de nos valeurs moyennes deviennent arbitraires.

Si l'on veut faire le calcul du n° 152, certains coefficients deviennent infinis, *à moins qu'on ne choisisse convenablement les ϖ_i, les ϖ_i' et les valeurs moyennes restées arbitraires.*

Si l'on fait ainsi ce choix, les séries existent, elles convergent et elles représentent les solutions périodiques du n° 50.

Conclusions.

157. Telles sont les séries auxquelles on parvient par les procédés de calcul exposés dans les Chapitres qui précèdent. C'est M. Newcomb qui en a eu la première idée et qui a découvert leurs principales propriétés.

Ces séries sont divergentes, mais si l'on s'arrête à temps dans le développement, je veux dire avant d'avoir rencontré de très petits diviseurs, elles représentent les coordonnées avec une très grande approximation.

On peut encore les utiliser d'une autre manière.

Imaginons que l'on s'arrête à un certain terme de développement, puis qu'appliquant la méthode de la variation des constantes, on prenne pour variables nouvelles les Λ_0, les $x_i'^0$, les ϖ_i et les ϖ_i'. Ces variables nouvelles varieront avec une extrême lenteur et les procédés anciens pourront être appliqués avec avantage aux équations différentielles qui définissent leurs variations. On pourra, par exemple, développer ces variables nouvelles suivant les puissances du temps.

CHAPITRE XV.

AUTRES PROCÉDÉS DE CALCUL DIRECT.

Problème du n° 125.

158. Reprenons les équations

$$(1) \qquad \frac{dy_i}{dt} = -\frac{dF}{dx_i}$$

et

$$(2) \qquad \frac{dx_i}{dt} = \frac{dF}{dy_i}.$$

Nous nous proposons de satisfaire à ces équations à l'aide des séries ordonnées suivant les sinus et cosinus des multiples des n arguments.

$$w_1, \quad w_2, \quad \ldots, \quad w_n$$

séries dont nous avons démontré l'existence au n° 125.

Je rappelle d'ailleurs que l'on a

$$w_k = n_k t + \varpi_k$$

et, par conséquent,

$$(3) \qquad \begin{cases} \Sigma_k n_k \dfrac{dx_i}{dw_k} = \dfrac{dx_i}{dt}, \\[2mm] \Sigma_k n_k \dfrac{dy_i}{dw_k} = \dfrac{dy_i}{dt}. \end{cases}$$

Au n° 127, nous nous sommes servi pour déterminer ces séries des équations (1) et (2); mais on peut opérer autrement.

Nous avons d'abord l'intégrale des forces vives

$$(4) \qquad F = \text{const.}$$

D'autre part, l'expression

$$(5) \qquad \Sigma x_i \, dy_i$$

doit être une différentielle exacte et, comme les x_i^0 sont des constantes, il doit en être de même de

$$\Sigma (x_i - x_i^0) \, dy_i = dS,$$

ce qui donne

$$(6) \qquad \frac{dS}{dw_k} = \Sigma (x_i - x_i^0) \, \frac{dy_i}{dw_k}.$$

Je dis maintenant que les équations (2) sont une conséquence des équations (1), (3), (4) et (6). En effet, les équations (6) signifient que l'expression (5) est une différentielle exacte et les conditions d'intégrabilité de cette expression peuvent s'écrire

$$(7) \qquad \sum_i \left(\frac{dx_i}{dw_q} \frac{dy_i}{dw_k} - \frac{dx_i}{dw_k} \frac{dy_i}{dw_q} \right) = 0.$$

Multiplions cette équation par n_q; puis, conservant à k une valeur constante, faisons successivement $q = 1, 2, \ldots, n$.

Enfin ajoutons les n équations ainsi obtenues; il viendra, en tenant compte de (3),

$$\sum_i \left(\frac{dx_i}{dt} \frac{dy_i}{dw_k} - \frac{dx_i}{dw_k} \frac{dy_i}{dt} \right) = 0$$

ou, en tenant compte de (1),

$$(8) \qquad \sum \frac{dx_i}{dt} \frac{dy_i}{dw_k} - \sum \frac{dF}{dx_i} \frac{dx_i}{dw_k} = 0.$$

Différentions maintenant (4) par rapport à w_k, il viendra

$$\sum \frac{dF}{dx_i} \frac{dx_i}{dw_k} + \sum \frac{dF}{dy_i} \frac{dy_i}{dw_k} = 0$$

ou, en rapprochant de (8),

$$\sum \frac{dx_i}{dt} \frac{dy_i}{dw_k} = \sum \frac{dF}{dy_i} \frac{dy_i}{dw_k} \qquad (k = 1, 2, \ldots, n),$$

d'où

$$\frac{dx_i}{dt} = \frac{dF}{dy_i}.$$

C. Q. F. D.

Nous pouvons donc déterminer nos séries à l'aide des équations suivantes

$$(4), \quad (6)$$

et

$$(1\,bis) \qquad \Sigma n_k \frac{dy_i}{dx_k} = -\frac{dF}{dx_i}.$$

Dans ces diverses équations remplaçons les x_i, les y_i, les n_k et S par leurs développements suivant les puissances de μ.

$$\Sigma \mu^p x_i^p, \quad \Sigma \mu^p y_i^p, \quad \Sigma \mu^p n_k^p, \quad \Sigma \mu^p S_p.$$

Égalons ensuite dans les deux membres les coefficients des puissances semblables de μ.

Nous obtiendrons ainsi une série d'équations qui nous permettront de déterminer par récurrence les coefficients des séries.

Imaginons en effet qu'on ait calculé

$$x_i^0, \quad x_i^1, \quad x_i^2, \quad \ldots \quad x_i^{p-1},$$
$$y_i^0, \quad y_i^1, \quad y_i^2, \quad \ldots \quad y_i^{p-1},$$
$$n_k^0, \quad n_k^1, \quad n_k^2, \quad \ldots \quad n_k^{p-1},$$
$$S_0, \quad S_1, \quad \quad \ldots \quad S_{p-1},$$

et qu'on se propose de déterminer

$$x_i^p, \quad y_i^p, \quad n_k^p, \quad S_p.$$

Dans l'équation (4) égalons les coefficients de μ^p, il viendra

$$(9) \qquad \Sigma n_k^0 x_k^p = \Phi + \text{const.}$$

Je désigne par Φ, ainsi que je le ferai dans tout ce Chapitre, une fonction quelconque, entièrement connue et périodique des x. Inutile d'ajouter que les diverses fonctions que je désigne ainsi par Φ ne sont pas identiques. Quant à la constante du second membre de (9), elle est arbitraire comme la constante du second membre de (4).

Égalons maintenant dans les deux membres de (6) les coefficients de μ^p, il viendra

$$(10) \qquad \frac{dS_p}{dx_k} = x_k^p + \Phi.$$

d'où, tenant compte de (9),

$$(11) \qquad \Sigma\, n_k \frac{dS_p}{dw_k} = \Phi + \text{const.}$$

La fonction S_p doit avoir toutes ses dérivées périodiques par rapport aux w, c'est-à-dire qu'elle doit être de la forme

$$\alpha_{1,p} w_1 + \alpha_{2,p} w_2 + \ldots + \alpha_{n,p} w_n + \varphi,$$

les $\alpha_{k,p}$ étant des constantes et φ une fonction périodique.

L'équation (11), par un calcul tout semblable à l'intégration de l'équation (6) du n° 125, nous fera connaître S_p. J'ajoute que les constantes $\alpha_{k,p}$ peuvent être choisies arbitrairement en fonctions des constantes x_i^0, puisque la constante du second membre de (11) est elle-même arbitraire.

S_p étant déterminé, les équations (10) nous donneront les x_k^p dont la valeur moyenne $\alpha_{k,p}$ peut, comme nous venons de le voir, être choisie arbitrairement.

Les x_i^p étant connus, égalons dans les deux membres de (1 *bis*) les coefficients de μ^p. Il viendra

$$(12) \qquad \Sigma\, n_k^0 \frac{dy_i^p}{dw_k} = \Phi - n_i^p.$$

On commencera par déterminer la constante n_i^p de façon à annuler la valeur moyenne du deuxième membre de (12). L'équation (12) nous donnera ensuite y_i^p par un calcul tout semblable à celui du n° 127. Observons en passant que la valeur moyenne de y_i^p peut être choisie arbitrairement en fonction des x_i^0.

Autre exemple.

159. Soient

$$\xi_1, \quad \xi_2, \quad \ldots \quad \xi_n,$$
$$\eta_1, \quad \eta_2, \quad \ldots \quad \eta_n$$

nos n paires de variables conjuguées.

Supposons que F soit développable suivant les puissances croissantes des ξ_i et des η_i; que dans ce développement il n'y ait pas de terme de degré 0, ni de degré 1, et que les termes du deuxième degré s'écrivent

$$\Sigma A_i (\xi_i)^2 - \Sigma A_i (\eta_i)^2.$$

J'écris avec des parenthèses $(\xi_i)^2$ pour le carré de ξ_i, afin de ne pas confondre avec la notation ξ_i^α que nous emploierons plus loin, et où le α sera un indice et non un exposant.

Soient alors

$$(1) \qquad \frac{d\xi_i}{dt} = \frac{dF}{d\eta_i}, \qquad \frac{d\eta_i}{dt} = -\frac{dF}{d\xi_i}$$

nos équations différentielles.

Je suppose que l'on veuille développer les ξ_i et les η_i suivant les puissances de certaines constantes d'intégration x_i et j'écris

$$\xi_i = \xi_i^0 + \xi_i^1 + \ldots + \xi_i^p + \ldots$$
$$\eta_i = \eta_i^0 + \eta_i^1 + \ldots + \eta_i^p + \ldots$$

Les ξ_i^p et les η_i^p représenteront les termes du développement qui sont d'ordre p par rapport aux x_i. Ce devront être des fonctions périodiques par rapport à n arguments

$$w_1, \quad w_2, \quad \ldots, \quad w_n.$$

On devra avoir d'ailleurs

$$\xi_i^1 = x_i \cos w_i, \qquad \eta_i^1 = x_i \sin w_i.$$

On aura, d'autre part,

$$n_k = n_k^2 + n_k^4 + \ldots + n_k^p + \ldots,$$

n_k étant développé suivant les puissances des x_i^2 et n_k^p représentant l'ensemble des termes d'ordre p par rapport aux x_i. Nos équations différentielles deviennent

$$(2) \qquad \Sigma_k n_k \frac{d\xi_i}{dw_k} = \frac{dF}{d\eta_i}, \qquad \Sigma_k n_k \frac{d\eta_i}{dw_k} = -\frac{dF}{d\xi_i}.$$

D'autre part,

$$\Sigma \xi_i \, d\eta_i$$

doit être une différentielle exacte et il en sera naturellement de
même de

$$dS = \Sigma \xi_i \, d\tau_{i} - \Sigma \, d(\xi_i^1 \tau_{i}).$$

Je remarque enfin que S doit être aussi développé selon les
puissances des α_i et je désigne par S_p l'ensemble des termes de
degré p.

Je pose aussi

$$x_i = \xi_i \cos w_i + \tau_{i} \sin w_i,$$
$$y_i = \xi_i \sin w_i - \tau_{i} \cos w_i$$

et

$$x_i = \Sigma x_i^p, \qquad y_i = \Sigma y_i^p,$$

d'où

$$x_i^p = \xi_i^p \cos w_i + \tau_i^p \sin w_i,$$
$$y_i^p = \xi_i^p \sin w_i - \tau_i^p \cos w_i,$$
$$x_i^1 = \xi_i^0 \cos w_i + \tau_i^0 \sin w_i = \alpha_i,$$
$$y_i^1 = 0.$$

On trouve d'abord aisément

$$n_k^0 = - 2 A_k.$$

Observons ensuite que les équations (2) nous donnent

$$(3) \qquad \Sigma_k n_k \frac{dx_i}{dw_k} = \frac{dF}{d\tau_{i}} \cos w_i - \frac{dF}{d\xi_i} \sin w_i - n_i y_i,$$

$$(4) \qquad \Sigma_k n_k \frac{dy_i}{dw_k} = \frac{dF}{d\tau_{i}} \sin w_i + \frac{dF}{d\xi_i} \cos w_i + n_i x_i.$$

Nous allons calculer nos séries à l'aide de l'équation (4), de
l'équation

$$(5) \qquad\qquad F = \text{const.}$$

et de

$$(6) \qquad \frac{dS}{dw_k} = \Sigma \xi_i \frac{d\tau_{i}}{dw_k} - \Sigma \frac{d(\xi_i^1 \tau_{i})}{dw_k},$$

Les équations (3) et par conséquent les équations (2) et (1)
s'en déduisent, en effet, très aisément.

Supposons donc que l'on ait déterminé

$$\begin{array}{llll}
\xi_i^1, & \xi_i^2, & \ldots, & \xi_i^{p-1}; \\
\eta_i^1, & \eta_i^2, & \ldots, & \eta_i^{p-1}; \\
x_i^1, & x_i^2, & \ldots, & x_i^{p-1}; \\
y_i^1, & y_i^2, & \ldots, & y_i^{p-1}; \\
n_k^0, & n_k^1, & \ldots, & n_k^{p-2}; \\
S_1, & S_2, & \ldots, & S_p,
\end{array}$$

et que l'on se propose de déterminer

$$\xi_i^p, \quad \eta_i^p, \quad x_i^p, \quad y_i^p, \quad n_k^{p-1}, \quad S_{p+1}.$$

Égalons dans les deux membres de (4) les termes d'ordre p et dans les deux membres de (5) et de (6) les termes d'ordre $p+1$.

Je poserai pour abréger, comme dans le Chapitre précédent,

$$\Delta u = \Sigma n_k^0 \frac{du}{dw_k}.$$

Il viendra alors

$$(7) \qquad \Delta y_i^p = \Phi + 2 A_i (\xi_i^p \cos w_i + \eta_i^p \sin w_i) + n_i^0 x_i^p + n_i^{p-1} x_i^1,$$

$$(8) \qquad \Sigma 2 A_i (\xi_i^1 \xi_i^p + \eta_i^1 \eta_i^p) + \Phi + \text{const.} = 0,$$

$$\frac{dS_{p+1}}{dw_k} = \Sigma \xi_i^p \frac{d\eta_i^1}{dw_k} - \Sigma \eta_i^p \frac{d\xi_i^1}{dw_k} + \Phi.$$

Si nous remarquons que

$$d\xi_i^1 = -\eta_i^1 \, dw_i, \qquad d\eta_i^1 = \xi_i^1 \, dw_i,$$

nous pourrons écrire

$$(9) \qquad \frac{dS_{p+1}}{dw_k} = \xi_k^1 \xi_k^p + \eta_k^1 \eta_k^p + \Phi.$$

Si nous combinons (8) et (9), nous aurons

$$(10) \qquad \Delta S_{p+1} = \Phi + \text{const.};$$

d'autre part, (9) pourra s'écrire

$$(11) \qquad \frac{dS_{p+1}}{dw_k} = \alpha_k x_k^p + \Phi.$$

et (7) s'écrira

$$(12) \qquad \Delta_1 y_i^p = \Phi - n_i^{p-1} z_i.$$

Alors l'équation (10) nous fera connaître S_{p+1}, l'équation (11) nous donnera les x_i^p; en écrivant que la valeur moyenne du second membre de (12) est nulle, nous obtiendrons n_i^{p-1}, et l'équation (12) nous donnera ensuite y_i^p. Connaissant ainsi y_i^p et x_i^p, nous aurons ξ_i^p et η_i^p.

On aurait pu, pour déterminer ces quantités, se servir des équations suivantes, déduites de (2) en égalant les termes d'ordre p dans les deux membres, et analogues aux équations (9) du n° 152 :

$$(13) \qquad \Delta_2 \xi_i^p = 2 \Delta_1 \eta_i^p + n_i^{p-1} \eta_i^1 - \Phi,$$

$$(14) \qquad \Delta_2 \eta_i^p = -2 \Delta_1 \xi_i^p - n_i^{p-1} \xi_i^1 - \Phi.$$

On aurait vu alors, par un raisonnement tout pareil à celui du n° 153, que les ξ_i^p, η_i^p sont développables suivant les puissances des

$$z_i \cos w_i, \quad z_i \sin w_i,$$

et qu'il en est de même des n_i^p (c'est-à-dire que ces quantités qui ne dépendent pas des w_i seront développables suivant les puissances *paires* des z_i).

Il en est d'ailleurs évidemment de même des termes périodiques de S_{p+1} en vertu de l'équation (10).

On sait que

$$S_{p+1} = \beta_1 w_1 + \beta_2 w_2 + \ldots + \beta_n w_n + S'_{p+1},$$

les β_k étant des constantes et S'_{p+1} étant périodique.

Pour S'_{p+1}, l'équation (10) et un raisonnement analogue à celui du n° 153 nous apprennent que la condition est remplie. Quant aux β_k, on peut les choisir arbitrairement; nous pouvons donc supposer que β_k est développable suivant les puissances paires des z_i et divisible par $(z_k)^2$.

Il est inutile de répéter ici ce raisonnement du n° 153.

Indiquons seulement en passant ce qui se passe quand on traite l'équation (11). Cette équation nous donne la valeur de $z_k x_k^p$ et cette valeur doit, bien entendu, être divisible par z_k et, en effet, je dis que $\frac{dS_{p+1}}{dw_k}$ et Φ sont divisibles par z_k.

J'observe que si φ est une fonction développable suivant les puissances des $z_i \cos w_i$ et $z_i \sin w_i$ et qu'on développe cette fonction en série trigonométrique, le coefficient du cosinus ou du sinus de

$$m_1 w_1 + m_2 w_2 + \ldots + m_n w_n,$$

dans ce développement, sera divisible par

$$z_1^{|m_1|}.z_2^{|m_2|}\ldots z_n^{|m_n|}.$$

Donc, les coefficients des termes dépendant de w_k sont divisibles par z_k; donc $\frac{d\varphi}{dw_k}$ est divisible par z_k.

Or

$$\frac{dS_{p+1}}{dw_k} = \beta_k + \frac{dS_{p-1}}{dw_k}$$

et β_k a été choisi divisible par z_k et $\frac{dS_{p-1}}{dw_k}$ doit l'être aussi d'après ce que nous venons de voir. Donc il en est de même de $\frac{dS_{p+1}}{dw_k}$.

D'autre part, Φ est une somme de termes; chacun de ces termes est le produit de facteurs dont l'un est de la forme

$$\frac{d\xi_i^p}{dw_k} \quad \text{ou} \quad \frac{d\eta_i^p}{dw_k},$$

et est par conséquent divisible par z_k.

Donc Φ est également divisible par z_k.

C. Q. F. D.

160. Supposons que F dépende d'un paramètre très petit μ et soit

$$F = F_0 + \mu F_1 + \mu^2 F_2 + \ldots.$$

Je suppose toujours que F est développable suivant les puissances des ξ_i et des η_i, que le développement de F_0 commence par des termes du deuxième degré et que ces termes s'écrivent

$$\Sigma A_i (\xi_i)^2 + \Sigma A_i (\eta_i)^2.$$

Mais je suppose que le développement de F_1, F_2, ..., commence par des termes du premier degré.

Je me propose de développer

$$\xi_k, \quad \eta_k, \quad x_i, \quad y_i, \quad n_k, \quad S,$$

non plus seulement suivant les puissances des constantes z_i, mais suivant les puissances de ces constantes et celles de μ.

Je désigne par

$$\xi_i^{p,q}, \quad \eta_i^{p,q}, \quad x_i^{p,q}, \quad y_i^{p,q}, \quad n_k^{p,q}, \quad S_{p,q}$$

les termes de ces développements qui sont de degré p par rapport aux z_i et de degré q par rapport à μ.

J'aurai d'ailleurs

$$\xi_i^{0,0} = \eta_i^{0,0} = 0,$$

$$\xi_i^{1,0} = z_i \cos \omega_i, \quad \eta_i^{1,0} = z_i \sin \omega_i,$$

$$n_k^{0,0} = - 2 A_k.$$

On aura d'ailleurs

$$dS = \Sigma \xi_i \, d\eta_i - \Sigma \, d(\xi_i^{1,0} \eta_i),$$

d'où

$$S_{0,0} = S_{1,0} = 0,$$

$$S_{2,0} = - \tfrac{1}{4} \Sigma (z_i)^2 \omega_i - \tfrac{1}{4} \Sigma (z_i)^2 \sin 2\omega_i.$$

Supposons alors que l'on ait calculé

$$\xi_i^{a,b}, \quad \eta_i^{a,b}, \quad x_i^{a,b}, \quad y_i^{a,b}, \quad n_k^{a-1,b}, \quad S_{a+1,b}$$

$$(a \leqq p, \quad a + b \leqq p + q),$$

à l'exception de la combinaison $a = p$, $b = q$ et qu'on se propose de calculer

$$\xi_i^{p,q}, \quad \eta_i^{p,q}, \quad x_i^{p,q}, \quad y_i^{p,q}, \quad n_k^{p-1,q}, \quad S_{p+1,q}.$$

Reprenons les équations (1), (2), (3), (4), (5), (6). Égalons dans les deux membres de (4) les termes d'ordre p par rapport aux z_i et d'ordre q par rapport à μ. Égalons de même dans (5) et (6) les termes d'ordre $p + 1$ par rapport aux z_i et q par rapport à μ.

Soit

$$\Delta u = \Sigma\, n_k^{2,0}\, \frac{du}{dw_k}.$$

Nous retrouverons alors les équations (7), (8), (9), (10), (11), (12), (13), (14) avec cette différence que les indices simples (supérieurs ou inférieurs) p, $p+1$ ou $p-1$ seront remplacés par des indices doubles $p.q$, $p+1.q$ ou $p-1.q$ et que les indices simples 1 ou 0 seront remplacés par des indices doubles 1.0 ou 0.0.

On se servira de ces équations comme dans le numéro précédent pour déterminer successivement $S_{p+1.q}$, $c_k^{p.q}$, $n_i^{p-1.q}$, $x_i^{p.q}$, et par conséquent $\xi_i^{p.q}$ et $\eta_i^{p.q}$.

On verrait, comme au n° 153, que $\xi_i^{p.q}$ et $\eta_i^{p.q}$ sont développables suivant les puissances de

$$z_k \cos w_k \quad \text{et} \quad z_k \sin w_k.$$

Il en résulte que $\xi_i^{0.q}$ et $\eta_i^{0.q}$ sont des constantes.

D'autre part, il convient d'observer que la remarque du n° 126, en vertu de laquelle les valeurs moyennes de x_i^p et y_i^p peuvent être choisies arbitrairement n'est applicable ici qu'avec certaines restrictions.

Reprenons en effet le raisonnement du n° 126; considérons le développement de ξ_i et de η_i selon les puissances de μ et des z_i.

Changeons-y z_i et w_i en

$$z_i(1 + \varphi_i), \quad w_i + \psi_i,$$

φ_i et ψ_i étant deux fonctions développables suivant les puissances de μ et des $(z_k)^2$ et se réduisant à 0 quand ces quantités s'annulent. Les valeurs des $\xi_i^{0.q}$, $\eta_i^{0.q}$ ne seront pas modifiées par ce changement. Il en résulte que les valeurs moyennes des

$$x_i^{p.q}, \quad y_i^{p.q} \quad (p > 0)$$

peuvent être choisies arbitrairement, mais qu'il n'en est pas de même de celles des

$$x_i^{0.q}, \quad y_i^{0.q}.$$

On voit d'ailleurs aisément que ces dernières valeurs moyennes doivent être nulles.

Supposons maintenant qu'on revienne aux équations numérotées (1) à (6) et que l'on envisage dans les équations (1) à (4) les termes de degré 0 par rapport aux z_i, et dans les équations (5) et (6) les termes de degré 0 ou 1 par rapport aux z_i, on obtiendra des équations dont la forme différera un peu de celle des équations numérotées (7) à (14) et sur lesquelles par conséquent il est nécessaire de revenir.

Cette différence de forme provient d'abord de ce que $n_i^{p-1,q}$ est nul si $p = 0$, et, d'autre part, de ce que, $\xi_i^{0,q}$ et $\eta_i^{0,q}$ étant des constantes,

$$\Delta \xi_i^{0,q} = \Delta \eta_i^{0,q} = 0.$$

Il nous suffira d'ailleurs de considérer les équations (1), (2), (5) et (6) dont (3) et (4) se déduisent immédiatement. Posons, pour abréger,

$$\xi_i^0 = \xi_i^{0,1} + \xi_i^{0,2} + \dots,$$
$$\xi_i^1 = \xi_i^{1,0} + \xi_i^{1,1} + \xi_i^{1,2} + \dots.$$

Définissons de même η_i^0 et η_i^1 et soit F^* le résultat de la substitution de ξ_i^0 et de η_i^0 dans F à la place de ξ_i et η_i.

Les termes de degré 0 de (1) et (2) nous donneront

$$\frac{dF^*}{d\xi_i^0} = \frac{dF^*}{d\eta_i^0} = 0.$$

Ces deux équations nous permettront de déterminer par récurrence les $\xi_i^{0,q}$ et $\eta_i^{0,q}$.

Les termes de degré 0 et 1 de (5) nous donneront

$$F^* = \text{const.}$$

$$\frac{dF^*}{d\xi_i^0} \xi_i^1 + \frac{dF^*}{d\eta_i^0} \eta_i^1 = \text{const.}$$

La première de ces deux équations nous permet de déterminer la constante du deuxième membre [qui ne peut pas être choisie arbitrairement comme pouvait l'être la constante de l'équation (8) quand on supposait $p = 1$].

La seconde équation est satisfaite d'elle-même et la constante du deuxième membre doit être nulle, puisque les deux dérivées de F^* sont nulles.

Reste l'équation (6); les termes du degré o nous donnent

$$d(S_{0,0} + S_{0,1} + S_{0,2} + \ldots) = 0,$$

en remarquant que, les η_i^0 étant des constantes, $d\eta_i^0$ est nul. Il suffit, pour satisfaire à cette équation, de supposer que les $S_{0,q}$ sont des constantes.

Les termes de degré 1 nous donnent

$$d(S_{1,0} + S_{1,1} + S_{1,2} + \ldots) = \Sigma \xi_i^0 \, d\eta_i^1 - \Sigma d\xi_i^{1,0} \eta_i^0.$$

Il suffit, pour y satisfaire, de supposer

$$S_{1,q} = \Sigma(\xi_i^{0,1} \eta_i^{1,q-1} + \xi_i^{0,2} \eta_i^{1,q-2} + \ldots - \xi_i^{0,q} \eta_i^{1,0}) - \Sigma(\xi_i^{1,0} \eta_i^{0,q}).$$

Les termes de degré o et 1 n'engendreront donc pas de difficultés, ainsi qu'on aurait pu le craindre.

Problème du n° 134.

161. La même méthode est évidemment applicable au problème du n° 134. Reprenons les notations du n° 151.

Reprenons les équations (1) à (6) du n° 158, en convenant que les signes Σ porteront non seulement sur tous les x_i (ou sur tous les y_i, ou sur tous les w_i, etc.), mais à la fois sur les x_i et les x'_i (ou sur les y_i et les y'_i, ou sur les w_i et les w'_i, etc.).

On verrait alors, comme au n° 158, que les équations (2) sont des conséquences des équations (1), (3), (4) et (6). Nous conserverons donc les équations (4), (6) et (1 *bis*) qui vont nous servir à la détermination de nos inconnues.

Nous allons, comme au n° 158, remplacer dans ces diverses équations les x_i, les y_i, les w_i et S par leurs développements suivant les puissances de μ et égaler ensuite dans les deux membres les coefficients des puissances semblables de μ.

Mais les équations ainsi obtenues ne sont pas les seules dont j'aurai à faire usage : je me servirai également de celles que l'on en déduit en égalant dans les deux membres les valeurs moyennes prises par rapport aux w'_k seulement (et non par rapport aux w'_k).

Soit U une fonction quelconque périodique par rapport aux w

et aux w'. Je désignerai, comme au n° 151, par $[U]$ sa valeur moyenne prise par rapport aux w seulement et par $[[U]]$ sa valeur moyenne prise à la fois par rapport aux w et aux w'.

On aura alors

$$\frac{d[U]}{dw_k} = 0,$$

mais en général

$$\frac{d[U]}{dw'_k} \gtrless 0.$$

Quant à S, ce n'est pas une fonction périodique, mais seulement une fonction dont les dérivées sont périodiques.

On aura donc seulement

$$\left[\frac{dS}{dw_k}\right] = \text{const.}$$

Imaginons maintenant que l'on ait calculé complètement

$$
\begin{aligned}
&x_i^0, \quad x_i^1, \quad x_i^2, \quad \ldots, \quad x_i^{p-2}, \\
&y_i^0, \quad y_i^1, \quad\qquad \ldots, \quad y_i^{p-2}, \\
&n_k^0, \quad n_k^1, \quad\qquad \ldots, \quad n_k^{p-1}, \\
&S_0, \quad S_1, \quad\qquad \ldots, \quad S_{p-2},
\end{aligned}
$$

ainsi que x_i^{p-1}, y_i^{p-1} et S_{p-1}, *à une fonction arbitraire près des w', et qu'on se propose d'achever la détermination de x_i^{p-1}, y_i, p_i^{p-1}, et S_{p-1}, et de calculer n_k^p complètement ainsi que x_i^p, y_i^p et S_p à une fonction arbitraire près des w'.*

L'équation (9) du n° 158, obtenue en égalant dans l'équation (4) les termes en μ^p, prendra une forme un peu différente, parce que le second membre ne sera plus entièrement connu. Elle s'écrira

$$(9\ bis) \qquad \Sigma\, n_k^0 x_k^p = \sum \frac{dF_1}{dy_i^0}\, y_i^{p-1} + \sum \frac{dF_1}{dw_i^0}\, w_i^{p-1} + \Phi + \text{const.}$$

Dans le cas de $p = 1$, on a simplement

$$(9\ ter) \qquad \Sigma\, n_k^0 x_k^1 = F_1 + \text{const.}$$

Il va sans dire que, dans F_1, x_i est supposé remplacé par x_i^0 et y_i par $y_i^0 = w_i$.

Le second membre de $(9'bis)$ n'est pas entièrement connu parce que x_i^{p-1} et y_i^{p-1} ne sont connus qu'à une fonction arbitraire près des w'.

Prenons maintenant l'équation (10) : ici encore, le second membre n'étant plus entièrement connu, la forme s'en trouve un peu changée et nous devons écrire

$$(10\ bis)\qquad \frac{dS_p}{dw_k} = x_k^p + \Sigma_i x_i^{p-1} \frac{dy_i^1}{dw_k} - \Sigma_i x_i^1 \frac{dy_i^{p-1}}{dw_k} - \Phi.$$

Si nous observons maintenant que

$$x_i^{p-1} - [x_i^{p-1}] \quad \text{et} \quad y_i^{p-1} - [y_i^{p-1}]$$

sont connus, nos équations (9 *bis*) et (10 *bis*) pourront s'écrire

$$(9\,a)\qquad \Sigma n_k^0 x_k^p = \sum \frac{dF_1}{dy_i^0} [y_i^{p-1}] - \sum \frac{dF_1}{dx_i^0} [x_i^{p-1}] - \Phi - \text{const.},$$

$$(10\,a)\qquad \frac{dS_p}{dw_k} = x_k^p + \Sigma_i [x_i^{p-1}] \frac{dy_i^1}{dw_k} - \Sigma_i x_i^1 \frac{d[y_i^{p-1}]}{dw_k} - \Phi.$$

On voit le rôle que joue $\dfrac{dy_i^1}{dw_k}$; c'est ce qui m'engage à déterminer d'abord cette quantité en m'occupant en détail de la première approximation. Pour cela nous avons l'équation (9 *ter*) écrite plus haut et l'équation

$$(10\ ter)\qquad \frac{dS_1}{dw_k} = x_k^1,$$

de sorte que (9 *ter*) devient

$$\Sigma n_k^0 \frac{dS_1}{dw_k} = F_1 - \text{const.}$$

J'observe d'abord que les $n_k'^0$ sont nuls et que je puis, par conséquent écrire,

$$(9\,b)\qquad S n_k^0 \frac{dS_1}{dw_k} = F_1 - \text{const.},$$

en convenant de désigner par S une sommation portant sur les x_i seulement ou sur les x_i' seulement, tandis que Σ désigne, comme nous l'avons vu plus haut, une sommation portant à la fois sur

les x_i et les x'_i. Si nous prenons les valeurs moyennes des deux
membres, il viendra, puisque

$$\left[\frac{dS_1}{dw_k}\right] = \text{const.},$$

il viendra, dis-je,

$$[F_1] = \text{const.}$$

Mais $[F_1]$, c'est R qui ne dépend que des x_i^0 et des $x_i'^0$; comme
ce sont là des constantes arbitraires, la constante du second
membre est également arbitraire et l'équation ($9\ b$) s'intégrera
sans difficulté.

Égalons maintenant dans les deux membres de ($1\ bis$) les termes
du premier degré, il viendra

$$\Sigma_k n_k^0 \frac{dy_i^1}{dw_k} + n_i^1 = -\sum_k \frac{d^2 F_0}{dx_i^0 dx_k^0} x_k^1 - \frac{dF_1}{dx_i^0}.$$

Le second membre est entièrement connu; en effet, le second
terme ne dépend que des x_i^0 et des $y_i'^0 = w_i$; le premier dépend en
outre des x_k^1 (et non des $x_k'^1$, puisque F_0 par hypothèse ne dépend
pas des x_i'); mais ces quantités sont égales aux $\dfrac{dS_1}{dw_k}$ qui sont connues, puisque S_1 a été déterminée à une fonction arbitraire près
des w'_k.

En outre, la valeur moyenne de ce second membre, prise par
rapport aux w_i seulement, est une constante.

En effet, cette valeur moyenne est égale à

$$-\sum_k \frac{d^2 F_0}{dx_i^0 dx_k^0} [x_k^1] - \frac{d[F_1]}{dx_i^0}.$$

Or

$$[x_k^1] = \left[\frac{dS_1}{dw_k}\right] = \text{const.},$$

$$\frac{d[F_1]}{dx_i^0} = \frac{dR}{dx_i^0} = \text{const.},$$

puisque R ne dépend que des x_i^0 et des $x_i'^0$ qui sont des constantes.

Donc la valeur moyenne de ce second membre étant une constante, nous pourrons y égaler n_i^1. On calculerait de même $n_i'^1$.

seulement dans ce cas le premier terme manque et il reste simplement

$$n_i'^1 = -\frac{dR}{dx_i'^0}.$$

L'équation s'intégrera alors sans difficulté et nous donnera y_i^1, à une fonction arbitraire près des w'.

Ce que je dis de y_i^1 s'applique sans changement à $y_i'^1$. Quant à $x_i'^1$ il est égal à $\frac{dS_1}{dw_i'}$ et est par conséquent connu, à une fonction arbitraire près des w'.

Revenons aux équations (9 a) et (10 a).

Prenons les valeurs moyennes des deux membres par rapport aux w seulement, faisons d'abord cette opération pour (10 a), en supposant que la dérivée $\frac{dS_p}{dw_k}$ est prise par rapport à une des quantités w_k et non par rapport à une des quantités w_k'. Nous aurons

$$\left[\frac{dS_p}{dw_k}\right] = \text{const.}, \qquad \frac{d[y_i^{p-1}]}{dw_k} = 0,$$

$$\left[[x_i^{p-1}]\frac{dy_i^1}{dw_k}\right] = [x_i^{p-1}]\left[\frac{dy_i^1}{dw_k}\right] = 0,$$

d'où enfin

$$[x_k^p] = \Phi + \text{const. arb.} \tag{10 c}$$

Opérons de même pour (9 a), il viendra (puisque $n_k'^0 = 0$),

$$\Sigma n_k^0 x_k^p = S\, n_k^0 x_k^p,$$

$$\left[\frac{dF_1}{dy_i^0}\right] = \frac{dR}{dy_i^0} = 0,$$

$$\left[\frac{dF_1}{dx_i^0}\right] = \frac{dR}{dx_i^0} = \text{const. donnée.}$$

Nous aurons donc

$$S\, n_k^0 [x_k^p] = \sum \frac{dR}{dx_i^0}[x_i^{p-1}] + \Phi + \text{const.}; \tag{9 c}$$

d'où, en rapprochant de (10 c),

$$\sum \frac{dR}{dx_i^0}[x_i^{p-1}] = \Phi + \text{const.}$$

ou

$$S \frac{d\mathrm{R}}{dx_j^q} [x_j^{p-1}] - S \frac{d\mathrm{R}}{dx_i'^q} [x_i'^{p-1}] = \Phi + \text{const.}$$

Mais $[x_i^{p-1}]$ est connu à une constante près; nous avons, en effet, une équation analogue à $(10\,c)$, en changeant p en $p-1$,

$$[x_k^{p-1}] = \Phi + \text{const.}$$

En tenant compte de l'égalité

$$n_i'^1 = - \frac{d\mathrm{R}}{dx_i'^q},$$

nous pouvons donc écrire

$$S\, n_i'^1 [x_i'^{p-1}] = \Phi + \text{const.}$$

Revenons maintenant à l'équation $(10\,a)$, mais en y changeant w_k en w_k' et p en $p-2$.

Si nous observons que $[x_i^{p-2}]$ et $[y_i^{p-2}]$ sont connus, cette équation pourra s'écrire

$$(10\,d) \qquad \frac{d\mathrm{S}_{p-1}}{dw_k'} = x_k'^{p-1} + \Phi.$$

S_{p-1} est une somme de termes dont les uns sont périodiques par rapport aux w et aux w', tandis que les autres se réduisent à une constante multipliée par l'un des w ou l'un des w'; c'est ce qui résulte de l'hypothèse faite plus haut que les dérivées de S_{p-1} sont périodiques.

Si dans cette somme de termes nous supprimons tous ceux qui dépendent des w, il nous restera une fonction des w' que nous pourrons appeler $[\mathrm{S}_{p-1}]$, et, comme nous avons supposé la fonction S_{p-1} connue à une fonction arbitraire près des w', nous pourrons dire que nous connaissons $\mathrm{S}_{p-1} - [\mathrm{S}_{p-1}]$, mais non $[\mathrm{S}_{p-1}]$.

Nous avons alors

$$\frac{d[\mathrm{S}_{p-1}]}{dw_k'} = [x_k'^{p-1}] + \Phi$$

et, par conséquent,

$$S\, n_i'^1 \frac{d[\mathrm{S}_{p-1}]}{dw_i'} = \Phi + \text{const.,}$$

équation qui donne $[\mathrm{S}_{p-1}]$ et achève ainsi la détermination de S_{p-1}.

L'équation $(10\,d)$ et l'équation analogue

$$\frac{dS_{p-1}}{dw_k} = x_k^{p-1} + \Phi$$

achèvent alors la détermination de x_k^{p-1} et $x_k'^{p-1}$.

Égalons maintenant dans les deux membres de $(1\,bis)$ les termes de degré p, il viendra

$$(12\,bis) \qquad \Sigma\, n_k^0 \frac{dy_l^p}{dw_k} + \Sigma\, n_k^1 \frac{dy_l^{p-1}}{dw_k} + n_l^p = \Phi + A + B,$$

A représentant le coefficient de μ^p dans $-\dfrac{dF_0}{dx_l}$, et B celui de μ^{p-1} dans $-\dfrac{dF_1}{dx_l}$.

F_0 ne dépend que des x_k, qui sont maintenant entièrement connus jusqu'aux x_l^{p-1} inclusivement. Nous pourrons donc écrire

$$A = \Phi - S\, \frac{d^2 F_0}{dx_l^0\, dx_k^0}\, x_k^p.$$

De même les x_l^{p-1} étant entièrement connus, nous aurons

$$B = \Phi - \sum_k \frac{d^2 F_1}{dy_k^0\, dx_l^0}\, y_k^{p-1},$$

ou même, puisque nous connaissons

$$y_k^{p-1} = [y_k^{p-1}],$$

$$B = \Phi - \sum_k \frac{d^2 F_1}{dy_k^0\, dx_l^0}\, [y_k^{p-1}].$$

D'autre part, les $n_k'^0$ sont nuls, et comme y_l^{p-1} est connu à une fonction arbitraire près des w', on a

$$\Sigma\, n_k^0 \frac{dy_l^p}{dw_k} = S\, n_k^0 \frac{dy_l^p}{dw_k},$$

$$\Sigma\, n_k^1 \frac{dy_l^{p-1}}{dw_k} = \Phi + S\, n_k'^1 \frac{dy_l^{p-1}}{dw_k'},$$

d'où

$$(12\,a) \qquad \left| \begin{aligned} & S\, n_k^0 \frac{dy_l^p}{dw_k} + S\, n_k'^1 \frac{dy_l^{p-1}}{dw_k'} + n_l^p \\ & = \Phi - \sum \frac{d^2 F_0}{dx_l^0\, dx_k^0}\, x_k^p - \sum \frac{d^2 F_1}{dy_k^0\, dx_l^0}\, [y_k^{p-1}]. \end{aligned} \right.$$

Prenons maintenant les valeurs moyennes des deux membres, en observant que

$$\left[\frac{d^2 F_1}{dy_k^0 \, dx_i^0}\right] = \frac{d^3 R}{dy_k^0 \, dx_i^0} = 0;$$

il vient

$$(12\,b) \qquad 8\,n_k'^1 \frac{d[y_i^{p-1}]}{dw_k'} = \Phi - \sum \frac{d^3 F_0}{dx_i^0 \, dv_k^0}\,[x_k^p] - n_i^p.$$

Nous avons trouvé plus haut

$$(10\,c) \qquad\qquad [x_k^p] = \Phi + \text{const. arb.};$$

ce qui signifie que, la constante du second membre pouvant être choisie arbitrairement, $[x_k^p]$ est connue. On a donc

$$(12\,c) \qquad\qquad 8\,n_k'^1 \frac{d[y_i^{p-1}]}{dw_k'} = \Phi - n_i^p.$$

On profitera de n_i^p pour annuler la valeur moyenne du deuxième membre et cette équation (12 c) s'intégrera sans peine et nous donnera $[y_i^{p-1}]$.

On calculerait de même $n_i'^p$ et $[y_i'^{p-1}]$, de sorte que x_i^{p-1}, $x_i'^{p-1}$, y_i^{p-1}, $y_i'^{p-1}$ sont maintenant entièrement connus.

Les équations (9 *bis*) et (10 *bis*) peuvent alors s'écrire

$$(9\,e) \qquad\qquad \Sigma\, n_k^0 x_k^p = 8\,n_k^0 x_k^p = \Phi + \text{const.},$$

$$(10\,e) \qquad\qquad \frac{dS_p}{dw_k} = x_k^p + \Phi,$$

$$(10\,f) \qquad\qquad \frac{dS_p}{dw_k'} = x_k'^p + \Phi,$$

d'où l'équation

$$8\,n_k^0 \frac{dS_p}{dw_k} = \Phi + \text{const. arb.},$$

qui détermine S_p à une fonction inconnue près des w' (car nous avons plus haut choisi $[S_{p-1}]$ de façon que la valeur moyenne du deuxième membre se réduise à une constante); ou, en d'autres termes, qui détermine

$$S_p - [S_p].$$

Les équations $(10\,e)$ et $(10\,f)$ nous donneront ensuite x_k^p et $x_k'^p$
à des fonctions près de w', c'est-à-dire qu'elles détermineront

$$x_k^p - [x_k^p], \quad x_k'^p - [x_k'^p].$$

Je dois ajouter que, $(10\,e)$ nous donnant déjà $[x_k^p]$, nous connaissons complètement x_k^p, mais non $x_k'^p$.

L'équation $(12\,a)$ devient alors

$$(12\,c) \qquad\qquad 8\,n_k^0\,\frac{dy_k^p}{dw_k} = \Phi.$$

La valeur moyenne du deuxième membre est nulle en vertu de
$(12\,b)$; nous tirerons donc de là

$$y_i^p - [y_i^p],$$

et l'on trouverait de même

$$y_i'^p - [y_i'^p].$$

Problème des trois Corps.

162. Nous prendrons pour variables indépendantes

$$\Lambda, \quad \Lambda', \quad \sigma_i,$$
$$\lambda_i, \quad \lambda'_i, \quad \tau_i$$

et comme au n° 152, supprimant des indices devenus inutiles,
nous écrirons λ et λ' au lieu de λ_i et λ'_i.

Nous allons chercher à satisfaire aux équations du problème en
remplaçant chacune de ces variables par les développements (4)
du n° 152 et (17) du n° 155; procédant suivant les puissances
de μ et de certaines constantes que j'ai appelées x_i^0 et $x_i'^0$ dans les
n°ˢ 152 et 155 et que j'appellerai ici z_i par analogie avec les notations
du n° 159 et pour éviter certaines confusions.

On aura d'ailleurs

$$\Lambda_{0,0} = \text{const.}, \quad \Lambda'_{0,0} = \text{const.}; \quad \lambda_{0,0} = w_1, \quad \lambda'_{0,0} = w_0;$$
$$\Lambda_{0,q} = \Lambda'_{0,q} = \lambda_{0,q} = \lambda'_{0,q} = 0 \quad (q > 0);$$
$$\tau_i^{0,0} = \tau_i'^{0,0} = 0;$$
$$\tau_i^{0,1} = z_i \cos w'_i; \quad \tau_i'^{0,1} = z_i \sin w'_i.$$

Nous avons d'abord à former l'équation qui doit être analogue à l'équation (6) du n° 158 et à l'équation (6) du numéro suivant.

Cette équation sera

$$(6\ bis)\quad \frac{dS}{dw_k} = (\Lambda - \Lambda_{0.0})\frac{d\lambda}{dw_k} + (\Lambda' - \Lambda'_{0.0})\frac{d\lambda'}{dw_k} + \Sigma \sigma_i \frac{d\tau_i}{dw_k} - \sum \frac{d(\sigma_i^{0.1}\tau_i)}{dw_k}$$

avec une équation analogue où w_k est remplacé par w'_k.

À cette équation $(6\ bis)$ et à l'équation des forces vives

$$(4\ bis)\qquad\qquad\qquad\qquad F = \text{const.}$$

nous adjoindrons les suivantes. En premier lieu,

$$(1\ bis)\qquad \frac{\lambda}{dt} = \Sigma_k n_k \frac{d\lambda}{dw_k} = -\frac{dF}{d\Lambda},$$

à laquelle il convient d'ajouter une autre équation de même forme où Λ et λ sont remplacés par Λ' et λ'. D'ailleurs disons une fois pour toutes que, sans qu'il soit nécessaire de le répéter, il sera convenu qu'à toute équation non symétrique en Λ et Λ'; λ et λ', etc., il faut en adjoindre une autre où ces lettres sont permutées. Les signes Σ et s conservent le même sens que dans le numéro précédent. En second lieu, nous aurons encore des équations analogues aux équations (4) du n° 159.

Pour cela posons, comme dans ce numéro,

$$x_i = \sigma_i \cos \omega'_i + \tau_i \sin \omega'_i,$$
$$y_i = \sigma_i \sin \omega'_i - \tau_i \cos \omega'_i,$$

$$x_i^{p,q} = \sigma_i^{p,q} \cos \omega'_i + \tau_i^{p,q} \sin \omega'_i, \qquad \ldots$$

d'où

$$x_i^{0,1} = \sigma_i, \qquad y_i^{0,1} = 0,$$

Nous aurons alors

$$(7)\qquad \Sigma_k n_k \frac{dx_i}{dw_k} = \frac{dF}{d\tau_i}\cos \omega'_i - \frac{dF}{d\sigma_i}\sin \omega'_i - n'_i y_i,$$

$$(8)\qquad \Sigma_k n_k \frac{dy_i}{dw_k} = \frac{dF}{d\tau_i}\sin \omega'_i + \frac{dF}{d\sigma_i}\cos \omega'_i + n'_i x_i.$$

On verrait, comme dans les numéros précédents, que l'équation

$$\frac{d\Lambda}{dt} = \frac{dF}{d\lambda}$$

et les équations (7) sont une conséquence nécessaire des équations (6 *bis*), (4 *bis*), (1 *bis*) et (8). Ces dernières suffisent donc pour résoudre le problème.

Le problème ainsi posé présente, combinées entre elles, toutes les difficultés que nous avons résolues séparément dans les premiers numéros de ce Chapitre; les mêmes procédés sont applicables.

J'emploierai la notation suivante, pour abréger certaines écritures; j'écrirai

$$\sigma_j^p = \Sigma_q \sigma_i^{p,q},$$
$$\sigma_j^{(q)} = \Sigma_p \pi_i^{p,q}$$

[*Cf* développements (17) page 145]; je ferai usage de notations analogues pour les lettres autres que σ_i.

Cela posé, commençons par annuler μ dans toutes nos équations; (4 *bis*) nous donnera

$$(4\,a) \qquad F_0(\Lambda_0, \Lambda_0') = \text{const.}$$

Comme la constante du second membre est arbitraire, nous satisferons à cette équation en donnant à Λ_0 et Λ_0' des valeurs constantes arbitraires. Nous pourrons supposer, comme nous l'avons fait plus haut, que ces constantes sont indépendantes des z_i, c'est-à-dire que

$$\Lambda_{0,q} = 0 \qquad \text{pour } q > 0.$$

Nous aurons ensuite, en partant de (6 *bis*),

$$(6\,a) \qquad \frac{dS_0}{d\varpi_k} = \Sigma \sigma_j^q \frac{d\sigma_j^q}{d\varpi_k} - \sum \frac{d(\sigma_j^{q-1}\pi_j^q)}{d\varpi_l}.$$

Quant à (1 *bis*), il se réduira à

$$n_i^0 = -\frac{dF_0}{d\Lambda_0}$$

et de même

$$n_q^0 = -\frac{dF_0}{d\Lambda_0'}.$$

Les équations (7) et (8) nous donnent

$$(7\,a) \qquad \Sigma n_k^0 \frac{dx_i^0}{dw_k} = - n_i^{\prime 0} y_i^0 .$$

$$(8\,a) \qquad \Sigma n_k^0 \frac{dy_i^0}{dw_k} = n_i^{\prime 0} x_i^0 .$$

On satisfera à ces équations en supposant que les $n_i^{\prime 0}$ sont nuls et que les x_i^0, les y_i^0, les τ_i^0, les τ_i^0 ne dépendent pas des w, mais seulement des w'.

Déterminons maintenant S_0 ou plutôt

$$S_0 - [S_0].$$

Comme les τ_i^0 et les τ_i^0 ne dépendent pas des w, l'équation $(6\,a)$ nous donne

$$\frac{dS_0}{dw_1} = \frac{dS_0}{dw_2} = 0.$$

ce qui signifie que S_0 ne dépend pas des w, mais seulement des w'.

Considérons maintenant dans nos équations les termes du premier degré en μ. L'équation $(4\,bis)$ va nous donner

$$(4\,b) \qquad S\,n_1^0 \Lambda_1 = n_i^0 \Lambda_i + n_2^0 \Lambda_1' = F_1 = \text{const.}$$

L'équation $(6\,bis)$ nous donnera

$$(6\,b) \quad \frac{dS_1}{dw_k} = S \Lambda_1 \frac{d\lambda_0}{dw_k} - \Sigma \tau_i^1 \frac{d\tau_i^0}{dw_k} - \Sigma \tau_i^0 \frac{d\tau_i^1}{dw_k} - \sum \frac{d(\tau_i^{0,1}\tau_i^1)}{dw_k} .$$

Le premier terme du second membre se réduit évidemment à Λ_1 pour $k = 1$, et à Λ_1' pour $k = 2$; car nous savons que

$$\lambda_0 = w_1, \qquad \lambda_0' = w_2.$$

Pour la même raison, quand on change w_k en w_k', il vient

$$(6\,b') \qquad \frac{dS_1}{dw_k'} = \Sigma \left[\tau_i^1 \frac{d\tau_i^0}{dw_k'} + \tau_i^0 \frac{d\tau_i^1}{dw_k'} - \frac{d(\tau_i^{0,1}\tau_i^1)}{dw_k'} \right].$$

Nous avons vu plus haut que τ_i^0 ne dépend ni de w_1 ni de w_2, et il en est de même de τ_i^0; il vient donc

$$\frac{d[S_1]}{dw_k} = \text{const.}, \qquad \frac{d\tau_i^0}{dw_k} = 0, \qquad \left[\frac{d(\tau_i^0\,\tau_i^1)}{dw_k}\right] = 0.$$

$$\left[\tau_i^0\frac{d\tau_i^1}{dw_k}\right] = [\tau_i^0]\left[\frac{d\tau_i^1}{dw_k}\right] = 0.$$

Si donc, dans $(6b)$, nous prenons les valeurs moyennes des deux membres, nous aurons, en faisant successivement $k = 1$ ou 2,

$$[\Lambda_1] = \left[\frac{dS_1}{dw_1}\right] = \text{const.},$$

$$\Lambda_1'] = \left[\frac{dS_1}{dw_2}\right] = \text{const.}$$

En prenant alors dans $(4b)$ les valeurs moyennes des deux membres, le premier membre devient une constante arbitraire avec laquelle la constante du second membre peut se confondre, de sorte qu'il restera

$(4c)$ $$[F_1] = R = \text{const.}$$

Dans F_1, les variables Λ, λ, τ_i et τ_i' sont supposées remplacées par Λ_0, λ_0, τ_i^0 et $\tau_i'^0$; comme dans R, les variables λ_0 et λ_0' ont disparu, R reste une fonction des Λ_0, τ_i^0 et $\tau_i'^0$; cette fonction est développable suivant les puissances des τ_i^0 et des $\tau_i'^0$; les termes du degré le moins élevé sont du deuxième degré et s'écrivent

$$\Sigma \Lambda_i(\tau_i^0)^2 + \Sigma \Lambda_i(\tau_i'^0)^2.$$

Passons maintenant à l'équation $(1\,bis)$; les termes du premier degré en μ donneront

$(1b)$ $$8n_k^0\frac{d\lambda_1}{dw_k} - 8n_\lambda^1\frac{d\lambda_0}{dw_k} = -\frac{dF_1}{d\Lambda_0} - \frac{d^2F_0}{d\Lambda_0^2}\Lambda_1 - \frac{d^2F_0}{d\Lambda_0\,d\Lambda_0'}\Lambda_1'$$

En prenant les valeurs moyennes des deux membres, il vient

$(1c)$ $$n_1^1 = -\frac{dR}{d\Lambda_0} - \frac{d^2F_0}{d\Lambda_0^2}[\Lambda_1] - \frac{d^2F_0}{d\Lambda_0\,d\Lambda_0'}[\Lambda_1'].$$

Cette équation nous servira tout à l'heure à déterminer n_1^1.

Venons maintenant aux équations (7) et (8); elles nous donneront

$$(7b) \qquad \Sigma n_k^0 \frac{dx_i^1}{dw_k} + \Sigma n_k^1 \frac{dx_i^0}{dw_k} = \frac{dF_1}{d\tau_i^0}\cos w_i' - \frac{dF_1}{d\sigma_i^0}\sin w_i' - n_i'^1 y_i^0,$$

$$(8b) \qquad \Sigma n_k^0 \frac{dy_i^1}{dw_k} + \Sigma n_k^1 \frac{dy_i^0}{dw_k} = \frac{dF_1}{d\tau_i^0}\sin w_i' + \frac{dF_1}{d\sigma_i^0}\cos w_i' + n_i'^1 x_i^0$$

ou, en prenant les valeurs moyennes des deux membres et remarquant que x_i^0, y_i^0, σ_i^0, τ_i^0 ne dépendent que des w',

$$(7c) \qquad 8\, n_k'^1 \frac{dx_i^0}{dw_k'} = \frac{dR}{d\tau_i^0}\cos w_i' - \frac{dR}{d\sigma_i^0}\sin w_i' - n_i'^1 y_i^0,$$

$$(8c) \qquad 8\, n_k'^1 \frac{dy_i^0}{dw_k'} = \frac{dR}{d\tau_i^0}\sin w_i' - \frac{dR}{d\sigma_i^0}\cos w_i' + n_i'^1 y_i^0.$$

Nous sommes maintenant en mesure de déterminer les S_0, les τ_i^0, les τ_i^0 et les $n_k'^1$; l'analogie avec le problème du n° 159 est en effet évidente.

On passe du problème actuel à celui du n° 159, en changeant respectivement

$$\sigma_i^0, \quad \tau_i^0, \quad x_i^0, \quad y_i^0, \quad n_k'^1, \quad w_k', \quad R, \quad S_0$$

en

$$\xi_i, \quad \tau_i, \quad x_i, \quad y_i, \quad n_k, \quad w_k, \quad F, \quad S.$$

Les équations $(4c)$, $(7c)$, $(8c)$ sont alors respectivement équivalentes aux équations (5), (3) et (4) du n° 159. De même l'équation $(6a')$ obtenue en changeant dans $(6a)$ w_k en w_k' est équivalente à l'équation (6) du n° 159.

Il est vrai que R dépend non seulement des τ_i^0 et des τ_i^0, mais encore de A_0 et A_0'. Mais ces quantités, comme nous l'avons vu, doivent se réduire à des constantes.

Les procédés du n° 159 sont donc applicables et nous donneront

$$\tau_i^0, \quad \tau_i^0, \quad n_k'^1, \quad S_0.$$

D'après l'équation $(4e)$, R se réduit à une constante et cette constante devra dépendre des α_i, des A_0 et des A_0', qui sont nos constantes d'intégration.

Il en résulte que $\frac{d\mathrm{R}}{d\Lambda_0}$ est encore une constante. Comme $[\Lambda_1]$, $[\Lambda'_1]$ et les dérivées de F_0 sont encore des constantes, le second membre de $(1c)$ sera donc aussi une constante, ce qui nous permettra d'y égaler n_1^1.

On calculerait de même n_2^1.

Le second membre de $(7b)$ et de $(8b)$ est maintenant entièrement connu, ce qui fait que ces équations peuvent s'écrire

$$\mathrm{S}\, n_k^0 \frac{dx_i^1}{dw_k} = \Phi,$$

$$\mathrm{S}\, n_k^0 \frac{dy_i^1}{dw_k} = \Phi.$$

La valeur moyenne du second membre est nulle, en vertu de $(7c)$ et $(8c)$; ces équations nous permettront donc de calculer

$$x_i^1 - [x_i^1], \quad y_i^1 - [y_i^1],$$

et par conséquent

$$\sigma_i^1 - [\sigma_i^1], \quad \tau_i^1 - [\tau_i^1], \quad \frac{d\tau_i^1}{dw_k}, \quad \ldots.$$

Mais il vaut mieux opérer autrement.

En égalant dans les deux membres de

$$\text{(A)} \qquad \frac{d\tau_i}{dt} = -\frac{d\mathrm{F}}{d\sigma_i}$$

les termes en μ, il vient

$$\text{(B)} \qquad \mathrm{S}\, n_k^0 \frac{d\tau_i^1}{dw_k} = \Phi,$$

qui nous fera connaître

$$\tau_i^1 - [\tau_i^1], \quad \frac{d\tau_i^1}{dw_k}.$$

L'équation $(6b)$ pour $w_k = w_1$ nous donne alors

$$\frac{d\mathrm{S}_1}{dw_1} = \Lambda_1 + \Sigma(\sigma_i^0 - \sigma_i^{0\,1})\frac{d\tau_i^1}{dw_1},$$

d'où

$$\Lambda_1 = \frac{d\mathrm{S}_1}{dw_1} + \Phi, \quad \Lambda'_1 = \frac{d\mathrm{S}_1}{dw_2} + \Phi.$$

Alors, comme F_1 est connu, et que la constante du second membre de $(4\,b)$ a été choisie plus haut d'une manière arbitraire, $(4\,b)$ devient

$$s\, n_1^2\, \frac{dS_1}{dw_k} = \Phi,$$

équation qui détermine

$$S_1 - [S_1]$$

et, par conséquent,

$$A_1 - [A_1], \quad A_1' - [A_1'].$$

Comme $[A_1]$ et $[A_1']$ sont, comme je l'ai dit plus haut, des constantes que l'on peut choisir arbitrairement, A_1 et A_1' sont connus.

L'équation $(6\,b')$ nous donne alors

$$(C) \qquad \Sigma \sigma_i^1\, \frac{d\tau_i^0}{dw_k'} = \frac{dS_1}{dw_k'} - \Phi$$

ou, en prenant les valeurs moyennes et remarquant que $\dfrac{d\tau_i^0}{dw_k'}$ ne dépend pas des w_k,

$$\Sigma\, [\tau_i^1]\, \frac{d\tau_i^0}{dw_k'} = \frac{d[S_1]}{dw_k'} - \Phi$$

ou, en retranchant et remarquant que $S_1 - [S_1]$ est connu,

$$(D) \qquad \sum \frac{d\tau_i^0}{dw_k'}\, (\sigma_i^1 - [\tau_i^1]) = \Phi.$$

Nous avons ainsi une suite d'équations linéaires d'où nous tirerons

$$\tau_i^1 - [\sigma_i^1].$$

Observons que l'équation

$$(E) \qquad s\, n_k^2\, \frac{d\tau_i^1}{dw_k} = \Phi,$$

déduite de

$$(F) \qquad \frac{d\tau_i}{dt} = \frac{dF}{d\tau_i},$$

en égalant les termes en μ, est une conséquence de (A), (B), (D)

et des équations précédemment satisfaites

$$(4a), \quad (4b), \quad (1a), \quad (7a) \quad (8a), \quad (6a), \quad (6b).$$

Cela est presque évident et j'y reviendrai plus loin. On en déduirait ensuite sans peine $(7b)$ et $(8b)$.

Comme, d'autre part,

$$8\,n_k^1 \frac{d\lambda_0}{dw_k} = n_k^1$$

est connu par $(1c)$, l'équation $(1b)$ peut s'écrire

$$8\,n_k^0 \frac{d\lambda_1}{dw_k} = \Phi.$$

La valeur moyenne de Φ étant nulle d'après $(1c)$, cette équation nous donnera

$$\lambda_1 - [\lambda_1].$$

On obtiendrait de même

$$\lambda_1' - [\lambda_1'].$$

Considérons maintenant dans nos équations les termes du second degré en μ. D'abord, l'équation $(4\ bis)$ donnera

$$(4d) \quad 8\,n_1^0 \Lambda_2 = \sum \frac{dF_1}{d\tau_i^1}\,\tau_i^1 + \sum \frac{dF_1}{d\tau_i^0}\,\tau_i^1 - \sum \frac{dF_1}{d\lambda_0}\,\lambda_1 + \Phi + \text{const.}$$

De même, l'équation $(6\ bis)$ donnera

$$(6d) \quad \left\{ \begin{aligned} &\frac{dS_1}{dw_k} = 8\,\Lambda_2 \frac{d\lambda_0}{dw_k} - 8\,\Lambda_1 \frac{d\lambda_1}{dw_k} \\ &\qquad + \Sigma \left[\tau_i^2 \frac{d\tau_i^0}{dw_k} - \tau_i^1 \frac{d\tau_i^1}{dw_k} + \tau_i^0 \frac{d\tau_i^2}{dw_k} - \frac{d(\tau_i^{0-1}\tau_i^2)}{dw_k} \right]. \end{aligned} \right.$$

Prenons les valeurs moyennes des deux membres. Je dis que la valeur moyenne du second membre se réduira à

$$[\Lambda_2] - \Phi.$$

En effet, nous connaissons Λ_1 et $\lambda_1 - [\lambda_1]$ et par conséquent $\dfrac{d\lambda_1}{dw_k}$; on verrait, comme quand nous avons traité l'équation $(6b)$, que

$$\left[\tau_i^1 \frac{d\tau_i^0}{dw_k} \right] = \left[\tau_i^0 \frac{d\tau_i^1}{dw_k} \right] = \left[\frac{d(\tau_i^{0-1}\tau_i^2)}{dw_k} \right] = 0.$$

D'autre part,

$$\left[\sigma_i^1\,\frac{d\tau_i^1}{dw_k}\right] = \left[(\sigma_i^1 - [\sigma_i^1])\,\frac{d\tau_i^1}{dw_k}\right] + \left[[\sigma_i^1]\,\frac{d\tau_i^1}{dw_k}\right].$$

Le premier terme du second membre est connu, puisque nous connaissons σ_i^1 et τ_i^1 à une fonction près des w'. Le second terme est nul, car

$$\left[[\sigma_i^1]\,\frac{d\tau_i^1}{dw_k}\right] = [\sigma_i^1]\left[\frac{d\tau_i^1}{dw_k}\right] = 0.$$

Il vient donc finalement

$$[A_2] = \left[\frac{dS_2}{dw_k}\right] = \Phi = \Phi = \text{const. arb.}$$

Nous allons prendre maintenant la valeur moyenne des deux membres dans $(4d)$; nous venons de trouver la valeur moyenne de $[A_2]$; considérons un terme du second membre, par exemple

$$\frac{dF_1}{d\sigma_i^0}\,\sigma_i^1.$$

Il vient

$$\left[\frac{dF_1}{d\sigma_i^0}\,\sigma_i^1\right] = \left[\frac{dF_1}{d\sigma_i^0}\,(\sigma_i^1 - [\sigma_i^1])\right] + \left[\frac{dF_1}{d\sigma_i^0}\,[\sigma_i^1]\right] = \Phi + \left[\frac{dF_1}{d\sigma_i^0}\right][\sigma_i^1] = \Phi + \frac{dR}{d\sigma_i^0}\,[\sigma_i^1].$$

En opérant de même sur les autres termes de $(4d)$, confondant en une seule les fonctions connues Φ et les constantes arbitraires, on trouve

$$(4e) \qquad \sum\left(\frac{dR}{d\sigma_i^0}\,[\sigma_i^1] + \frac{dR}{d\tau_i^0}\,[\tau_i^1]\right) = \Phi = \text{const.}$$

On sait en effet que

$$\frac{dR}{dk_9} = 0.$$

Passons maintenant à l'équation (7) et voyons ce qu'elle nous donnera. D'abord le premier membre donnera

$$\Sigma\,n_k^0\,\frac{dx_k^2}{dw_k} + \Sigma\,n_k^1\,\frac{dx_k^1}{dw_k} + \Sigma\,n_k^2\,\frac{dx_k^0}{dw_k}.$$

Si nous en prenons la valeur moyenne en nous rappelant que $n_k'^0$

est nul ainsi que la valeur moyenne d'une dérivée prise par rapport à ω_1 ou ω_2, nous trouverons

$$S\,n_k^1\left[\frac{dx_i^1}{dw_k'}\right] - S\,n_k^2\left[\frac{dx_i^0}{dw_k'}\right].$$

Dans le second membre, considérons d'abord le terme en $\dfrac{dF}{dz_i}$, il nous donnera

$$\frac{dF_2}{dz_i^0} + \sum\left(\frac{d^2F_1}{dz_i^0\,d\lambda_0}\,\lambda_1 + \frac{d^2F_1}{dz_i^0\,db_0}\,\lambda_1 + \frac{d^2F_1}{dz_i^0\,dz_k^1}\,z_k^1 + \frac{d^2F_1}{dz_i^0\,dz_k^0}\,z_k^1\right)$$

ou bien

$$\Phi + \sum\left(\frac{d^2F_1}{dz_i^0\,db_0}\,[\lambda_1] + \frac{d^2F_1}{dz_i^0\,dz_k^0}\,[z_k^1] + \frac{d^2F_1}{dz_i^0\,dz_k^0}\,[z_k^1]\right),$$

et la valeur moyenne sera

$$\Phi - \sum\left(\frac{d^2R}{dz_i^0\,dz_k^1}\,[z_k^1] + \frac{d^2R}{dz_i^0\,dz_k^0}\,[z_k^1]\right).$$

On opérerait de même pour $\dfrac{dF_1}{dz_i^0}$. Cela va nous permettre d'écrire ce que deviennent les équations (7) et (8) quand on y prend dans les deux membres des termes du second degré en μ. On trouve

$$(7e)\qquad S\,n_k^{i1}\frac{d[x_i^1]}{dw_k'} = A\cos\omega_i' - B\sin\omega_i' - n_i^{i1}[y_i^1] - n_i^{i2}y_i^0.$$

$$(8e)\qquad S\,n_k^{i1}\frac{d[y_i^1]}{dw_k'} = A\sin\omega_i' + B\cos\omega_i' + n_i^{i1}[x_i^1] + n_i^{i2}x_i^0.$$

A et $-$ B étant les seconds membres des équations (22) du n° 155 (p. 148), d'où les équations $(7e)$ et $(8e)$ se déduisent d'ailleurs aisément. Aux équations $(7e)$ et $(8e)$ nous adjoindrons la suivante, obtenue en prenant les valeurs moyennes dans $(6b')$,

$$(6c')\qquad \frac{d[S_1]}{dw_k'} = \Sigma\left([z_i^1]\frac{dz_i^0}{dw_k'} + z_i^0\frac{d[z_i^1]}{dw_k'} - \frac{d(z_i^0\,[z_i^1])}{dw_k}\right).$$

Nous allons maintenant, à l'aide des équations $(4e)$, $(7e)$, $(8e)$, $(6c')$, déterminer

$$[z_i^1],\quad [z_i^1],\quad n_i^{i2}\ [S_1].$$

Ces équations ne sont d'ailleurs pas distinctes, et au Chapitre XIV nous avons vu qu'on pouvait déterminer ces quantités par les seules équations (22) du n° 155, équivalentes à $(7e)$ et $(8e)$.

Mais je veux indiquer un autre procédé où l'on se sert seulement de $(4e)$, $(6c')$ et $(8e)$ et qui se rapproche davantage de la méthode que j'ai toujours suivie dans le présent Chapitre.

Il pourrait donc y avoir intérêt à démontrer que $(7c)$ peut se déduire de $(4e)$, $(6c')$ et $(8e)$; mais pour cela il est nécessaire d'examiner avec plus de détail comment (7) peut se déduire de $(4\ bis)$, $(6\ bis)$ et (8) et par conséquent de faire une digression qui va occuper les numéros suivants.

163. Reprenons le problème et les notations du n° 158; les renvois se rapporteront tous, sauf avis contraire, à ce numéro. Nous avons démontré, au début de ce numéro, que les équations (2) sont une conséquence des équations (1), (3), (4) et (6). Mais on peut se poser la question suivante : Supposons que l'on ait satisfait à toutes les équations, déduites de (1), (3), (4) et (6) en égalant dans les deux membres les termes indépendants de μ, les termes en μ, en μ^2, et ainsi de suite jusqu'aux termes en μ^p inclusivement. S'ensuivra-t-il qu'on aura satisfait du même coup aux équations déduites de (2) en égalant dans les deux membres les termes tout connus, les termes en μ, en μ^2, ..., en μ^p? En d'autres termes, je suppose qu'on ait satisfait aux équations (1), (3), (4) et (6) aux termes en μ^{p+1} près, c'est-à-dire de telle façon qu'après la substitution de notre solution approchée la différence des deux membres soit divisible par μ^{p+1}; s'ensuit-il que les équations (2) seront également satisfaites aux termes en μ^{p+1} près? Si les équations (1), (3), (4) et (6) sont satisfaites aux termes en μ^{p+1} près, il en sera de même des équations que l'on en déduit par voie de différentiation, d'addition ou de multiplication, telles par exemple que les équations (7) et (8). Les équations (7) et (8) seront donc encore vraies, avec cette différence que dans le second membre o devra être remplacé par une fonction développable suivant les puissances de μ et divisible par μ^{p+1}.

Nous aurons donc

$$\sum \frac{dy_i}{dx_i}\left(\frac{dF}{dx_i} - \frac{dy_i}{dt}\right) = H.$$

H étant divisible par μ^{p+1}; et il sera permis d'en conclure que

$$\frac{dF}{dx_i} - \frac{dy_i}{dt}$$

est égal à une fonction de même forme pourvu que le déterminant des $\frac{dy_i}{dw_k}$ ne soit pas divisible par μ. Or c'est précisément ce qui arrive, car il se réduit à 1 pour $\mu = 0$.

Donc les équations (2) sont satisfaites aux termes en μ^{p+1} près.

C. Q. F. D.

Arrivons maintenant au problème du n° 161 : le raisonnement qui précède s'y appliquera sans changement, mais nous devons encore nous poser une autre question.

Outre les équations déduites de (1 *bis*), (2), (4), (6) en égalant dans les deux membres les coefficients de μ^p, nous avons encore à envisager celles que l'on peut obtenir en égalant les valeurs moyennes des deux membres.

Je suppose que les équations (1 *bis*), (4) et (6) soient satisfaites aux termes près en μ^p. Il en résultera, ainsi que nous venons de le voir, qu'il en sera de même de l'équation (2).

Je suppose de plus que l'on ait satisfait aux équations obtenues de la manière suivante : dans les équations (1 *bis*), (4) et (6) égalons les coefficients de μ^p et prenons ensuite les valeurs moyennes des deux membres. *S'ensuivra-t-il que l'équation tirée de* (2) *par le même procédé sera également satisfaite?*

Nous pouvons exprimer nos hypothèses de la manière suivante : les équations (1 *bis*), (4) et (6) ne sont pas satisfaites exactement, mais la différence des deux membres est une fonction périodique des w et des w', développable suivant les puissances de μ, divisible par μ^p et dont la valeur moyenne prise par rapport aux w est divisible par μ^{p+1}.

Je désignerai par H toute fonction satisfaisant à ces conditions. Il résulte de là que la somme de deux fonctions H est une fonction H, que la dérivée de H par rapport à w_k ou w'_k est une fonction H. Si enfin nous multiplions H par une fonction K périodique en w et w' développable suivant les puissances de μ, le produit sera encore une fonction H, pourvu que, pour $\mu = 0$, K ne dépende pas des w, mais seulement des w'. Nous aurons alors

$$\Sum\left(\frac{dx_i}{dt}\frac{dy_i}{dw_k} - \frac{dx_i}{dw_k}\frac{dy_i}{dt}\right) = H$$

et

$$\frac{dy_i}{dt} = -\frac{dF}{dx_i} + H\,;$$

$$\frac{dx_i}{dw_k}\left(\frac{dy_i}{dt} + \frac{dF}{dx_i}\right) = H\frac{dx_i}{dw_k} = H,$$

puisque $\dfrac{dx_i}{dw_k}$ ou $\dfrac{dx_i}{dw'_k}$ se réduit à zéro pour $\mu = 0$, et est par conséquent indépendant des w.

Il résulte de là que le second membre de (8) sera encore une fonction H. Comme la différentiation de (4) donne

$$\Sum\left(\frac{dF}{dx_i}\frac{dx_i}{dw_k} - \frac{dF}{dy_i}\frac{dy_i}{dw_k}\right) = H,$$

il vient

$$\Sum\frac{dy_i}{dw_k}\left(\frac{dx_i}{dt} - \frac{dF}{dy_i}\right) = H_k,$$

H_k étant une fonction H; d'où

$$\frac{dx_i}{dt} - \frac{dF}{dy_i} = \Sigma H_k\frac{\Delta_{i,k}}{\Delta},$$

Δ étant le déterminant des $\dfrac{dy_i}{dw_k}$, en y comprenant, bien entendu, les $\dfrac{dy'_i}{dw_k}$, les $\dfrac{dy_i}{dw'_k}$ et les $\dfrac{dy'_i}{dw'_k}$. Quant à $\Delta_{i,k}$, c'est un des mineurs de Δ.

Pour $\mu = 0$, Δ se réduit à 1, $\Delta_{i,k}$ à 1 ou à 0 : $\dfrac{\Delta_{i,k}}{\Delta}$ est donc indépendant des w. On a par conséquent

$$\frac{dx_i}{dt} - \frac{dF}{dy_i} = H,$$

C. Q. F. D.

164. Revenons maintenant aux hypothèses du n° 159; adoptons-en les notations et convenons que tous les renvois se rapportent aux équations de ce n° 159. Il s'agit d'établir :

1° Que les équations (3) peuvent se déduire des équations (4),

(5) et (6) : c'est là un point que nous avons plus haut énoncé sans démonstration, mais dont je vais donner maintenant une démonstration qui me sera utile plus loin;

2° Que si les équations (5) et (6) sont satisfaites aux termes près d'ordre $p+2$ par rapport aux α_i, et les équations (4) aux termes près d'ordre $p+1$, les équations (3) le seront aux termes près d'ordre $p+1$ ou, en d'autres termes, que les équations (13) et (14) sont une conséquence des équations (7), (8) et (9).

Les équations (6), exprimant que dS est une différentielle exacte, nous donneront

$$\sum_i \left(\frac{d\xi_i}{dw_k}\frac{d\eta_i}{dw_q} - \frac{d\xi_i}{dw_q}\frac{d\eta_i}{dw_k} \right) = 0, \tag{α}$$

d'où l'on déduirait, comme au n° 158,

$$\sum_i \left(\frac{d\xi_i}{dw_k}\frac{d\eta_i}{dt} - \frac{d\xi_i}{dt}\frac{d\eta_i}{dw_k} \right) = 0. \tag{β}$$

D'autre part, l'équation (5), différentiée par rapport à w_k, nous donne

$$\sum \left(\frac{dF}{d\xi_i}\frac{d\xi_i}{dw_k} + \frac{dF}{d\eta_i}\frac{d\eta_i}{dw_k} \right) = 0. \tag{γ}$$

Posons maintenant

$$\begin{aligned}
\frac{d\xi_i}{dt}\cos w_i + \frac{d\eta_i}{dt}\sin w_i &= X_i,\\
\frac{d\xi_i}{dt}\sin w_i + \frac{d\eta_i}{dt}\cos w_i &= Y_i,\\
\frac{d\xi_i}{dw_k}\cos w_i + \frac{d\eta_i}{dw_k}\sin w_i &= X_i^k,\\
\frac{d\xi_i}{dw_k}\sin w_i + \frac{d\eta_i}{dw_k}\cos w_i &= Y_i^k,\\
\frac{dF}{d\eta_i}\cos w_i + \frac{dF}{d\xi_i}\sin w_i &= A_i,\\
\frac{dF}{d\eta_i}\sin w_i + \frac{dF}{d\xi_i}\cos w_i &= B_i.
\end{aligned}$$

En effet, avec ces nouvelles notations, les équations (3) et (4) vont s'écrire respectivement

$$(\delta) \qquad\qquad X_i = A_i,$$

$$(\varepsilon) \qquad\qquad Y_i = B_i.$$

L'équation (β) deviendra

$$(\beta') \qquad\qquad \Sigma(X_i^k Y_i - Y_i^k X_i) = 0$$

et l'équation (γ) deviendra

$$(\gamma') \qquad\qquad \Sigma(X_i^k B_i - Y_i^k A_i) = 0.$$

Je dis que de (ε), (β') et (γ') on peut déduire (δ), et en effet de (β') et (ε) on déduit

$$(\zeta) \qquad\qquad \Sigma(X_i^k B_i - Y_i^k X_i) = 0$$

ou enfin

$$(\theta) \qquad\qquad \Sigma_i Y_i^k (X_i - A_i) = 0 \qquad (k = 1, 2, \ldots, n).$$

Comme le déterminant des Y_i^k n'est pas nul, on déduira de là

$$X_i = A_i. \qquad\qquad \text{C. Q. F. D.}$$

Supposons maintenant que les équations (4) soient vraies aux termes près d'ordre $p + 1$ par rapport aux z_i et les équations (5) et (6) aux termes près d'ordre $p + 2$.

Alors les équations (α), (β), (γ), (β') et (γ') seront vraies aux termes près d'ordre $p + 2$, (ε) aux termes près d'ordre $p + 1$. Comme le développement de X_i^k commence par des termes de premier ordre, en multipliant (ε) par X_i^k, on obtiendra une équation qui sera vraie aux termes près d'ordre $p + 2$.

Il suit de là que (ζ) et (θ) seront satisfaites aux termes près d'ordre $p + 2$. Je dis qu'il en résulte que (δ) le sera aux termes près de l'ordre $p + 1$.

En effet, posons pour un instant

$$z_i = \lambda z_i'$$

de telle façon que les termes d'ordre p par rapport aux z_i deviennent divisibles par λ^p.

Je poserai ensuite

$$X_i - A_i = \lambda^{p+1} C_i,$$

$$Y_i^k = \lambda Z_i^k.$$

Ce que je me propose d'établir, c'est que C_i reste fini pour $\lambda = o$.

L'équation (9) étant satisfaite aux termes près de l'ordre $p + 2$, nous aurons

$$\Sigma Y_i^k (X_i - A_i) = \lambda^{p+2} H_k.$$

H_k restant fini pour $\lambda = o$; d'où

$$\Sigma Z_i^k C_i = H_k.$$

Il suit de là que C_i reste fini pour $\lambda = o$, pourvu que le déterminant des Z_i^k ne s'annule pas pour $\lambda = o$.

Or ce déterminant se réduit pour $\lambda = o$ à

$$\pm z_1 . z_1' \ldots z_n'.$$

Il n'est donc pas nul. C. Q. F. D.

165. Je reviens maintenant au problème du n° 162. Je me propose de démontrer que $(7e)$ est une conséquence de $(4e)$, $(6e')$ et $(8e)$, en supposant, bien entendu, comme nous l'avons fait plus haut, qu'on ait préalablement satisfait aux équations $(4a)$, $(4b)$, $(6a)$, $(6b)$, $(8a)$, $(8b)$, $(1a)$, $(1b)$.

Ces hypothèses peuvent se traduire de la manière suivante.

Dire que $(4a)$, $(4b)$ et $(4c)$ sont satisfaites, c'est dire que l'on a

$$F = \text{const.} + \mu^2 H_0.$$

Je désigne par H toute fonction développable suivant les puissances croissantes de μ et périodique par rapport aux w et aux w' et par H_0 toute fonction H dont la valeur moyenne s'annule pour $\mu = o$.

On en déduit

$$(z) \qquad \Sigma \left(\frac{dF}{d\lambda}\frac{d\lambda}{dw_k} + \frac{dF}{d\Lambda}\frac{d\Lambda}{dw_k} + \frac{dF}{dz_i}\frac{dz_i}{dw_k} + \frac{dF}{dz_i}\frac{dz_i}{dw_k} \right) = \mu^2 H_0.$$

Dire que $(1\,a)$ et $(1\,b)$ sont satisfaites, c'est dire que

$$(\beta) \qquad \frac{d\lambda}{dt} - \frac{dF}{d\lambda} = \mu^3 H,$$

d'où, puisque $\dfrac{d\Lambda}{dw_k}$ s'annule pour $\mu = 0$,

$$(\beta') \qquad \frac{d\Lambda}{dw_k}\left(\frac{d\lambda}{dt} - \frac{dF}{d\lambda}\right) = \mu^3 H.$$

Passons aux équations déduites de $(6\,bis)$.

Nous supposons que $(6\,a)$, $(6\,b)$, $(6\,b')$ sont satisfaites, mais ce n'est pas tout; en effet, pour établir l'équation $(4\,e)$, nous nous sommes servi de l'équation $(6\,d)$ ou plutôt de l'équation $(6\,e)$ que l'on en déduit en égalant les valeurs moyennes de deux membres.

Cette équation $(6\,e)$ est donc supposée satisfaite; mais il n'en est pas de même de l'équation $(6\,e')$ que l'on en déduirait en y changeant w_k en w'_k.

Comment tout cela va-t-il s'exprimer dans notre nouveau langage?

Comme $(6\,a)$, $(6\,b)$ et $(6\,e)$ sont satisfaites, nous aurons

$$\frac{dS}{dw_k} = C_k + \mu^2 H_0,$$

C_k désignant pour un moment le second membre de $(6\,bis)$. Si nous changeons w_k en w'_q, il viendra, en désignant par C'_q ce que devient C_k,

$$\frac{dS}{dw'_q} = C'_q + \mu^2 H.$$

La valeur moyenne de H ne s'annule pas pour $\mu = 0$ parce que $(7\,e')$ n'est pas supposée satisfaite.

Si l'on différentie la première par rapport à w'_q, la seconde par rapport à w_k et qu'on retranche, il vient

$$\frac{dC_k}{dw'_q} - \frac{dC'_q}{dw_k} = \mu^2 H_0.$$

On aurait de même

$$\frac{dC_k}{dw_q} - \frac{dC_q}{dw_k} = \mu^2 H_0;$$

mais on aurait seulement

$$\frac{dC'_k}{dw'_q} - \frac{dC'_q}{dw'_k} = \mu^2 H,$$

sans que la valeur moyenne de H s'annule pour $\mu = 0$. Mais, si l'on multiplie l'équation par n'_q qui s'annule pour $\mu = 0$, il vient

$$n'_q \left(\frac{dC'_k}{dw'_q} - \frac{dC'_q}{dw'_k} \right) = \mu^3 H.$$

Nous aurons donc

$$\Sigma_q \left[n_q \left(\frac{dC_k}{dw_q} - \frac{dC_q}{dw_k} \right) + n'_q \left(\frac{dC_k}{dw'_q} - \frac{dC'_q}{dw_k} \right) \right] = \mu^2 H_0,$$

avec l'équation analogue qu'on en déduirait en changeant w_k en w'_k.

Cela nous permet d'écrire

$$(\gamma) \qquad \sum \left(\frac{d\Lambda}{dt} \frac{d\lambda}{dw_k} - \frac{d\lambda}{dt} \frac{d\Lambda}{dw_k} + \frac{d\sigma_l}{dt} \frac{d\tau_l}{dw_k} - \frac{d\tau_l}{dt} \frac{d\sigma_l}{dw_k} \right) = \mu^2 H_0$$

avec l'équation qu'on peut en déduire en changeant w_k en w'_k.

Posons, comme au numéro précédent,

$$\frac{d\sigma_l}{dt} \cos w'_l + \frac{d\tau_l}{dt} \sin w'_l = X_l,$$

$$\frac{d\sigma_l}{dt} \sin w'_l - \frac{d\tau_l}{dt} \cos w'_l = Y_l,$$

$$\frac{d\sigma_l}{dw_k} \cos w'_l + \frac{d\tau_l}{dw_k} \sin w'_l = X_l^k,$$

$$\frac{d\sigma_l}{dw_k} \sin w'_l - \frac{d\tau_l}{dw_k} \cos w'_l = Y_l^k,$$

$$\frac{dF}{d\tau_l} \cos w'_l - \frac{dF}{d\sigma_l} \sin w'_l = A_l,$$

$$\frac{dF}{d\tau_l} \sin w'_l + \frac{dF}{d\sigma_l} \cos w'_l = B_l,$$

avec d'autres équations analogues où w_k, X_l^k, Y^k sont remplacés par les mêmes lettres accentuées.

Les équations (α) et (γ) deviennent alors

$$(\alpha') \qquad \sum \left(\frac{dF}{d\lambda}\frac{d\lambda}{dw_k} + \frac{dF}{d\Lambda}\frac{d\Lambda}{dw_k} + X_i^k B_i - Y_i^k A_i \right) = \mu^2 H_0,$$

$$(\gamma') \qquad \sum \left(\frac{d\Lambda}{dt}\frac{d\lambda}{dw_k} - \frac{d\lambda}{dt}\frac{d\Lambda}{dw_k} + X_i^k Y_i - Y_i^k X_i \right) = \mu^2 H_0,$$

avec d'autres équations analogues où w_k, X_i^k, Y_i^k sont remplacés par les mêmes lettres accentuées.

D'autre part, $(8\,a)$, $(8\,b)$ et $(8\,c)$ étant supposées satisfaites, il vient

$$Y_i - B_i = \mu^2 H_0.$$

La combinaison de toutes nos équations nous donnera alors

$$\sum \frac{d\lambda}{dw_k}\left(\frac{d\Lambda}{dt} - \frac{dF}{d\lambda} \right) - Y_i^k (X_i - A_i) = \mu^2 H_0,$$

avec une autre équation où w_k et Y_i^k sont remplacés par les mêmes lettres accentuées.

Nous avons là un système d'équations linéaires d'où l'on pourra tirer

$$\frac{d\Lambda}{dt} - \frac{dF}{d\lambda} \quad \text{et} \quad X_i - A_i.$$

Pour $\mu = 0$, que deviennent les coefficients de ces équations et leur déterminant?

Les dérivées de $\dfrac{d\lambda}{dw_k}$ s'annulent, sauf $\dfrac{d\lambda}{dw_1}$ et $\dfrac{d\lambda}{dw_2}$ qui se réduisent à 1. Les Y_i^k s'annulent. Quant à

$$Y_i^k = \frac{d\tau_i^0}{dw_2}\sin w_i' - \frac{d\tau_i^0}{dw_k}\cos w_i'$$

il est indépendant de w_1 et w_2.

Le déterminant et ses mineurs est donc indépendant des w pour $\mu = 0$; de plus, ce déterminant ne s'annule pas.

Il vient donc

$$X_i - A_i = \mu^2 H_0,$$

ce qui veut dire que $(7\,a)$, $(7\,b)$, $(7\,c)$ sont satisfaites.

C. Q. F. D.

Il me reste encore à établir, ainsi que je l'avais annoncé plus haut, que l'équation E du n° 162 est une conséquence de (A), (B), (D), (4 a), (4 b), (1 a), (7 a), (8 a), (6 a), (6 b).

De (4 a) et (4 b) on déduit

$$(\alpha') \qquad\qquad A = \mu^2 H,$$

A étant le premier nombre de (z).

De (1 a) on déduit

$$\frac{d\lambda}{dt} - \frac{dF}{dA} = \mu H$$

et

$$(\beta') \qquad \frac{dA}{dw_k}\left(\frac{d\lambda}{dt} - \frac{dF}{dA}\right) = \mu^2 H$$

Passons aux équations dérivées de (6 bis). Comme (6 a) et (6 b) sont satisfaites, il vient

$$\frac{dS}{dw_k} = C_k + \mu^2 H$$

De même, (6 a') est satisfaite, mais (6 b') ne l'est qu'à une fonction près des w'; et en effet nous avons déduit l'équation (D) de l'équation (C) équivalente (6 b') en en retranchant une autre équation dont les deux membres sont des fonctions inconnues des w'; je puis donc écrire

$$\frac{dS}{dw'_q} = C'_q + \mu^2 H + \mu K,$$

K étant indépendant des w.

On déduira de là

$$\frac{dC_k}{dw'_q} - \frac{dC'_q}{dw_k} = \mu^2 H,$$

$$\frac{dC_k}{dw_q} - \frac{dC_q}{dw_k} = \mu^2 H,$$

$$\frac{dC'_k}{dw'_q} - \frac{dC'_q}{dw_k} = \mu H,$$

ou, puisque n'_q est divisible par μ,

$$n'_q\left(\frac{dC'_k}{dw'_q} - \frac{dC'_q}{dw_k}\right) = \mu^2 H,$$

ou enfin

$$(\gamma'') \qquad\qquad C = \mu^2 H,$$

C étant le premier membre de (γ) ou bien encore ce premier membre où w_h est remplacé par w'_k.

Les équations $(7\,a)$, $(8\,a)$ et (D) nous donnent

$$\frac{d\tau_l}{dt} + \frac{dF}{d\tau_l} = \mu^2 H.$$

La combinaison de toutes nos équations nous donne alors

$$\sum \frac{d\lambda}{dw_k}\left(\frac{d\Lambda}{dt} - \frac{dF}{d\lambda}\right) + \frac{d\tau_l}{dw_k}\left(\frac{d\tau_l}{dt} - \frac{dF}{d\tau_l}\right) = \mu^2 H,$$

équations linéaires d'où nous tirerons, comme plus haut,

$$\frac{d\tau_l}{dt} - \frac{dF}{d\tau_l} = \mu^2 H. \qquad\qquad \text{c. q. f. d.}$$

166. Après cette longue digression, je reprends le problème du n° 162 au point où je l'avais laissé. Il s'agissait de la détermination de $[\sigma_i^1]$ et $[\tau_i^1]$ à l'aide de $(4\,e)$, $(8\,e)$ et $(6\,c')$.

Pour cela nous allons supposer les deux termes de nos équations développées suivant les puissances de α_i et égaler dans les deux membres les termes de même degré.

L'équation $(4\,e)$ commencera par des termes du premier degré et, égalant les termes du premier degré, on obtiendra

$$(4\,b) \qquad \Sigma\, 2\Lambda_l(\sigma_i^{0\cdot1}[\tau_i^{1\cdot0}] + \tau_i^{0\cdot1}[\tau_i^{1\cdot0}]) = \Phi + \text{const.}$$

Le second membre de $(6\,c')$ commençant par des termes du premier degré, nous trouverons d'abord

$$[S_{1\cdot0}] = \text{const.}$$

Il viendra ensuite, en égalant les termes du premier degré,

$$\frac{d[S_{1\cdot1}]}{dw'_k} = \Sigma\left[[\tau_i^{1\cdot0}]\frac{d\tau_i^{0\cdot1}}{dw'_k} + \sigma_i^{0\cdot1}\frac{d[\tau_i^{1\cdot0}]}{dw'_k} - \frac{d(\sigma_i^{0\cdot1}[\tau_i^{1\cdot0}])}{dw'_k}\right]$$

ou bien

$$
(6f) \quad
\begin{cases}
\dfrac{d[S_{1,1}]}{dw'_k} = \Sigma \left([\tau_i^{1,0}] \dfrac{d\tau_i^{0,1}}{dw'_k} - [\tau_i^{1,0}] \dfrac{d\sigma_i^{0,1}}{dw'_k} \right) \\[2ex]
= [\sigma_k^{1,0}] \dfrac{d\tau_k^{0,1}}{dw'_k} - [\tau_k^{1,0}] \dfrac{d\sigma_k^{0,1}}{dw'_k} \\[2ex]
= -\sigma_k^{0,1} [\tau_k^{1,0}] - \tau_k^{0,1} [\tau_k^{1,0}] = -x_k^{0,1} [x_k^{1,0}].
\end{cases}
$$

De sorte que l'équation $4f$ devient

$$
\Sigma 2 \mathrm{A}_i \frac{d[S_{1,1}]}{dw'_i} = \Phi + \text{const.},
$$

ce qui nous donne $[S_{1,1}]$ et par conséquent les $[x_k^{1,0}]$.

Il reste à déterminer les $[v_k^{1,0}]$ et à satisfaire à l'équation $(8f)$ obtenue en égalant dans $(8e)$ les termes de degré zéro par rapport aux z_i. A la rigueur, l'équation $(4f)$ peut suffire pour cela, si nous nous rappelons que les $[\sigma_k^{1,0}]$ et les $[\tau_k^{1,0}]$ doivent être des constantes parce que les σ_k et les τ_k étant développables suivant les puissances des $z_i \cos w'_i$ et des $z_i \sin w'_i$, les termes de degré zéro par rapport aux z_i doivent être indépendants des w'_i.

Qu'est-ce maintenant que la fonction Φ du second membre de $(4f)$? Pour obtenir cette fonction, il faut évidemment : prendre la fonction $-F_2$; y remplacer les Λ, les λ, les σ_i, les τ_i par les Λ_0, les ϖ, les σ_i^0, les τ_i^0; en prendre la valeur moyenne; considérer dans cette valeur moyenne les termes du premier degré par rapport aux σ_i^0 et aux τ_i^0; y remplacer les σ_i^0 et les τ_i^0 par les $\sigma_i^{0,1}$ et les $\tau_i^{0,1}$. Φ sera donc de la forme

$$
\Sigma \mathrm{B}_i \sigma_i^{0,1} + \Sigma \mathrm{C}_i \tau_i^{0,1},
$$

les B_i et les C_i étant des constantes. L'équation $(4f)$ s'écrit alors

$$
\Sigma 2 \mathrm{A}_i (\sigma_i^{0,1} [\sigma_i^{1,0}] - \tau_i^{0,1} [\tau_i^{1,0}]) = \Sigma \mathrm{B}_i \sigma_i^{0,1} + \Sigma \mathrm{C}_i \tau_i^{0,1} + \text{const.}
$$

Si les $[\sigma_i^{1,0}]$ et les $[\tau_i^{1,0}]$ doivent être des constantes, on ne pourra y satisfaire qu'en annulant la constante et en faisant

$$
[\sigma_i^{1,0}] = \frac{\mathrm{B}_i}{2 \mathrm{A}_i}, \qquad [\tau_i^{1,0}] = \frac{\mathrm{C}_i}{2 \mathrm{A}_i}.
$$

Je dis de plus qu'on satisfera de la sorte à $(8f)$, car on satisfait ainsi aux équations (23) du n° 155 (p. 149) dont $(8f)$ n'est qu'une combinaison simple qui s'obtient en les ajoutant après les avoir multipliées par $+\sin w'_i$ et $-\cos w'_i$.

Égalons maintenant les termes du second degré dans $(4e)$, il viendra

$$(4g) \qquad \Sigma 2 A_i (\tau_i^{0,1}[\tau_i^{1,1}] - z_i^{0,1}[z_i^{1,1}]) = \Phi + \text{const.}$$

Égalons de même les termes du second degré dans $(6c')$, il viendra

$$(6g) \quad \Phi + \frac{d[S_{1,2}]}{dw'_k} = -(\tau_k^{0,1}[\tau_k^{1,1}] - z_k^{0,1}[z_k^{1,1}]) = -x_k^{0,1}[x_k^{1,1}].$$

L'équation $(4g)$ devient alors

$$\Sigma 2 A_i \frac{d[S_{1,2}]}{dw'_i} = \Phi + \text{const.},$$

ce qui nous donne $[S_{1,2}]$ et par conséquent les $[x_k^{1,1}]$.

Considérons maintenant l'équation $(8g)$ que l'on obtient en égalant dans $(8e)$ les termes du premier degré. On pourra également l'obtenir en faisant $q = 1$ dans les équations (25) du n° 155 (p. 149), multipliant la première par $\sin w'_i$, la seconde par $-\cos w'_i$ et ajoutant. Faisons cette opération, en nous rappelant que la constante que nous désignions par $x_i^{1,0}$ dans le n° 155 est maintenant représentée par α_i; il viendra

$$(8g) \qquad 8 n_i^{1,0} \frac{d[y_i^{1,1}]}{dw'_i} = \Delta''[y_i^{1,1}] = \Phi - n_i^{1,0}[x_i^{1,1}] + n_i'^{2,1}\alpha_i.$$

Nous connaissons maintenant $[x_i^{1,1}]$; l'équation se réduit donc à

$$\Delta''[y_i^{1,1}] = \Phi + n_i'^{2,1}\alpha_i.$$

On déterminera $n_i'^{2,1}$ de façon que la valeur moyenne du second membre soit nulle et l'équation déterminera ensuite aisément $[y_i^{1,1}]$ et par conséquent les $[\tau_i^{1,1}]$ et les $[z_i^{1,1}]$.

Poursuivant de la sorte, on déterminerait de même les $n_i'^{2,q-1}$, les $[\tau_i^{1,q}]$, les $[z_i^{1,q}]$.

Les n_i^2, les $[\tau_i^1]$ et les $[z_i^1]$ étant ainsi déterminés, on calculerait les autres quantités par les méthodes du n° 162. Chaque quantité devrait être déterminée par le même procédé que celle qui n'en diffère que parce que son indice (relatif au degré en μ) est moins élevé d'une unité.

Il faudrait, bien entendu, avoir soin d'observer le même ordre qu'au n° 162.

Les méthodes du Chapitre XV permettent donc d'atteindre le même but que celles du Chapitre XIV. Quelques calculs sont un peu simplifiés. De plus, ces méthodes nouvelles ont un avantage qu'il importe de signaler et que ne possédaient pas celles du Chapitre précédent : c'est qu'elles portent en elles-mêmes la démonstration de leur propre possibilité. Elles pourraient donc être exposées sans que l'on ait à passer par l'intermédiaire des Chapitres IX à XIII, ni à parler des nombreux changements des variables que nous avons dû faire dans ces Chapitres et qui ne sont utiles que pour la démonstration, mais non pour les calculs.

CHAPITRE XVI.

MÉTHODES DE M. GYLDÉN.

167. Les méthodes dont je vais maintenant parler présentent
un grand caractère d'originalité; la plupart se rattachent, malgré
les apparences contraires, aux méthodes qui ont été exposées dans
les Chapitres précédents, mais quelques-unes les dépassent et
permettent d'aborder des problèmes auxquels les procédés des
Chapitres IX et XV ne sont plus applicables; elles ont ainsi plus
de parenté avec les méthodes dont il sera question plus loin.

Bien entendu, le mode d'exposition que j'emploierai sera très
différent de celui de M. Gyldén.

Les méthodes de M. Gyldén sont, en effet, un composé de plusieurs artifices qui n'ont les uns avec les autres aucun lien nécessaire et qu'il vaut mieux étudier séparément, quitte à en faire
ensuite la synthèse, ce que le lecteur pourra faire sans aucune
peine.

Le premier de ces artifices est l'emploi d'une variable indépendante particulière.

Supposons d'abord que les trois corps se meuvent dans un
même plan. Considérons dans ce plan le mouvement de l'une des
planètes qui sera soumise à l'action d'un corps central dont nous
prendrons la position pour origine et à l'action perturbatrice
d'une autre planète.

Soient r et φ les coordonnées polaires de la planète considérée,
μ la masse du corps central, Ω la fonction perturbatrice. Les
équations du mouvement seront

$$(1) \qquad \frac{d\left(r^2 \dfrac{d\varphi}{dt}\right)}{dt} = \frac{d\Omega}{d\varphi}, \qquad \frac{d^2 r}{dt^2} - r\left(\frac{d\varphi}{dt}\right)^2 + \frac{\mu}{r^2} = \frac{d\Omega}{dr}.$$

Dans le cas où $\Omega = 0$, le mouvement devient képlérien; la première des équations (1) s'intègre immédiatement et donne (c étant une constante)

$$(2) \qquad r^2 \frac{dv}{dt} = \sqrt{c}.$$

Si ensuite on prend v pour variable indépendante et qu'on pose $r = -\dfrac{1}{u}$, la seconde équation (1) devient

$$(3) \qquad \frac{d^2u}{dv^2} + u + \frac{\mu}{c} = 0,$$

ce qui met immédiatement en évidence la forme elliptique de la trajectoire.

Revenons au cas général où Ω n'est pas nul. M. Gyldén s'est proposé alors d'adopter une variable indépendante telle que les équations du mouvement prennent une forme analogue à celle des équations (2) et (3).

Pour cela posons

$$(4) \qquad \frac{dv_0}{dt} = \frac{\sqrt{c_0}}{r^2},$$

c_0 étant une nouvelle constante.

Si nous prenons v_0 pour variable indépendante, la première équation (1) deviendra

$$(5) \qquad \frac{d^2r}{dv_0^2} = \frac{r^3}{c_0}\frac{d\Omega}{dv}$$

et la seconde équation (1) deviendra, en posant encore $r = -\dfrac{1}{u}$,

$$\frac{d^2u}{dv_0^2} + u\left(\frac{dv}{dv_0}\right)^2 + \frac{\mu}{c_0} = \frac{r^2}{c_0}\frac{d\Omega}{dr}.$$

L'analogie avec l'équation (3) sera encore plus évidente si l'on observe que, dans les calculs qui vont suivre, v différera très peu de v_0 et si, faisant passer dans le second membre un terme très petit qui sera du même ordre de grandeur que Ω, on écrit

$$(6) \qquad \frac{d^2u}{dv_0^2} + u + \frac{\mu}{c_0} = \frac{r^2}{c_0}\frac{d\Omega}{dr} + u\left[1 - \left(\frac{dv}{dv_0}\right)^2\right].$$

Le choix de la variable v_0, tout en présentant des avantages évidents, n'est pas non plus sans inconvénient.

En effet, le Problème des trois Corps se présente sous deux formes bien différentes suivant que l'on a affaire à deux planètes dont les masses sont comparables, ou, au contraire, si l'une des deux est beaucoup plus petite que l'autre.

Dans le premier cas, il faudrait rapporter l'une des planètes à la variable indépendante v_0 et l'autre à la variable indépendante v_0', analogue mais différente et définie par l'équation

$$\frac{dv_0'}{dt} = \frac{\sqrt{c_0'}}{r'^2},$$

r' étant le rayon vecteur de la seconde planète.

Ce serait là une source de complications; aussi la méthode de M. Gyldén sous sa forme primitive est-elle plutôt faite pour le second cas, par exemple, pour l'étude des perturbations des petites planètes par Jupiter.

Mais ici encore il y a des difficultés.

Le mouvement de Jupiter est connu, mais il l'est en fonction de t et non pas de v_0; pour passer de l'expression en fonction de t à l'expression en fonction de v_0, il faut y remplacer t par sa valeur en fonction de v_0 tirée de l'équation (4). Cette expression de t en fonction de v_0 variera à chaque approximation; il faudra donc à chaque fois corriger les coordonnées de Jupiter. Ces inconvénients sont en partie compensés par des avantages importants. Un autre inconvénient, c'est que nos équations ont perdu la forme des équations de Lagrange; mais nous ne tarderons pas à la retrouver.

168. Voici maintenant sous quelle forme se présentent les équations du mouvement.

Les coordonnées u et v de la première planète sont exprimées en fonctions de v_0 par les équations (5) et (6), dont les premiers membres ont la forme simple

$$\frac{d^2v}{dv_0^2} \quad \text{et} \quad \frac{d^2u}{dv_0^2} + u + \frac{\mu}{c_0},$$

et dont les seconds membres dépendent non seulement de u et de v, mais des coordonnées correspondantes u' et v' de la planète troublante.

La variable v_0 sera liée à t par l'équation (4).

Les coordonnées u' et v' de la deuxième planète seront de même exprimées en fonctions d'une variable nouvelle v'_0, par des équations (5') et (6') analogues à (5) et à (6).

La variable v'_0 sera de son côté définie en fonction de t, par une équation (4') analogue à (4).

Supposons maintenant que l'on veuille appliquer à ces équations des procédés analogues à ceux des anciennes méthodes de la Mécanique céleste, voici ce que l'on ferait : Imaginons que l'on connaisse des valeurs approchées de u et de v, de u' et de v' tant en fonctions de v_0 qu'en fonctions de v'_0.

Dans le second membre de (5) ou de (6), substituons à la place de u, v, u' et v' leurs valeurs approchées en fonctions de v_0; les seconds membres deviennent des fonctions connues de v_0, et nos équations sont faciles à intégrer par quadrature.

Nous posséderons ainsi des valeurs plus approchées de u et de v en fonctions de v_0.

Opérons de même sur (5') et (6'), nous obtiendrons des valeurs plus approchées de u' et de v' en fonctions de v'_0.

L'équation (4) nous donnera ensuite par quadrature t en fonction de v_0, et l'équation (4') nous donnera t en fonction de v'_0; et, par conséquent, en rapprochant ces deux résultats l'un de l'autre, on aura v_0 en fonction de v'_0 et inversement.

Nous pourrons alors exprimer d'une manière plus approchée u et v en fonctions de v'_0, ou u' et v' en fonctions de v_0. Possédant maintenant des valeurs plus approchées de u, v, u', v' tant en fonctions de v_0 qu'en fonctions de v'_0, nous pourrons opérer avec cette seconde approximation comme nous avons opéré avec la première, et ainsi de suite.

Il reste à choisir la première approximation; or nous cherchons pour le moment à nous rendre compte de ce qu'auraient fait des calculateurs pénétrés de l'esprit des anciennes méthodes, afin de mieux comprendre les perfectionnements qu'y a cru devoir introduire M. Gyldén. Il est clair alors que le choix le plus conforme à cet esprit, c'est celui qui consiste à prendre pour première approximation le mouvement képlérien.

H. P. — II.

On trouve ainsi

$$v = v_0, \qquad u = -\frac{\mu}{c_0} + \alpha \cos v_0 + \beta \sin v_0,$$

$$v' = v'_0, \qquad u' = -\frac{\mu'}{c'_0} + \alpha' \cos v'_0 + \beta' \sin v'_0,$$

α, β, α' et β' étant des constantes d'intégration.

Quant à la relation entre c_0 et v'_0, elle a une forme compliquée. Il vient

$$\frac{dv_0}{u^2 \sqrt{c_0}} = \frac{dv'_0}{u'^2 \sqrt{c'_0}},$$

équation que l'on peut intégrer par quadratures. On en tirera ensuite v'_0 en fonction de c_0; si l'on développe v'_0 suivant les puissances croissantes des constantes α, β, α' et β', qui sont généralement très petites, le premier terme du développement, celui qui est indépendant de ces quatre constantes, se réduit à une fonction linéaire de v_0.

La relation entre v'_0 et v_0 est donc compliquée dès la première approximation. C'est là une difficulté un peu artificielle et d'un genre tout nouveau; elle tient d'ailleurs au choix des variables indépendantes et elle ne disparaîtra pas quand je quitterai les procédés inspirés des méthodes anciennes, pour les méthodes proprement dites de M. Gyldén.

Nous n'avons rien rencontré de pareil dans l'étude des méthodes de M. Newcomb; mais il ne faut toutefois pas s'exagérer l'importance de ce fait. Le développement de la fonction perturbatrice exigera toujours de longs calculs; cependant, on l'obtiendra plus vite en fonction des anomalies vraies qu'en fonction des anomalies moyennes. Dans la méthode de M. Newcomb, nous avons supposé la fonction perturbatrice exprimée à l'aide des éléments osculateurs des deux planètes et de leurs anomalies moyennes. Pour l'obtenir ainsi, il aurait fallu de longs efforts, mais dès qu'on la possède tous les obstacles sont aplanis. Ici, au contraire, nous avons exprimé Ω en fonction de u, v, u' et v', ce qui est incomparablement plus facile. Mais la difficulté que nous avions ainsi écartée pour un moment devait forcément reparaître. La relation compliquée qui lie v_0 à v'_0 est la première forme sous laquelle nous la rencontrons. L'ennui est de recommencer à chaque approximation et de s'y reprendre à plusieurs fois.

Voyons maintenant quel est l'écueil que l'on a à redouter quand on emploie ces procédés imités des méthodes anciennes, et quels sont les artifices qu'a employés M. Gyldén pour l'éviter.

Les équations (5) et (6), quand on y a remplacé dans les seconds membres u, v, u' et v' en fonctions de v_0, deviennent des équations linéaires à second membre et sont faciles à intégrer.

A la première approximation, ces seconds membres se présenteront sous la forme de séries trigonométriques dont les termes dépendront des sinus et des cosinus de

$$(n + mk)v_0,$$

où n et m sont des entiers et k le rapport des moyens mouvements. Si le second membre de (5) ne contenait pas de terme connu, ou si celui de (6) ne contenait pas de terme en $\sin v_0$ ou en $\cos v_0$, les valeurs de u et de v tirées de (5) et de (6) seraient encore de même forme. Mais les seconds membres de (5) et de (6) contiennent précisément des termes tout connus, des termes en $\sin v_0$ et $\cos v_0$, et il résultera dans l'expression de v un terme en

$$v_0^2$$

et dans celle de u des termes en

$$v_0 \cos v_0 \quad \text{et} \quad v_0 \sin v_0,$$

où la variable indépendante v_0 sortira des signes trigonométriques.

Aux approximations suivantes, il est clair qu'on trouverait en dehors de ces signes des puissances plus élevées encore de v_0. Ainsi, comme il était aisé de le prévoir, l'emploi de la variable v_0 n'a rien changé au caractère essentiel des anciennes méthodes, et c'est à un autre artifice qu'il faut avoir recours si l'on veut éviter que la variable sorte des signes trigonométriques.

Le seul avantage du choix de v_0, à côté des inconvénients que nous avons signalés, est donc d'avoir donné aux équations la forme linéaire.

169. Pour éviter les termes séculaires, c'est-à-dire ceux où v_0

n'est pas sous un signe sinus ou cosinus. M. Gyldén a donc dû
imaginer un artifice nouveau.

Considérons l'une des équations (5) ou (6); faisons passer dans
le premier membre celui ou ceux des termes du second membre
dont l'influence paraît devoir être la plus grande. Remplaçons dans
le second membre u, v, u' et v' par leurs valeurs approchées de
telle façon que les quantités inconnues u, v, u' et v' ne figurent
plus que dans le premier membre; nous obtiendrons ainsi de nouvelles équations que des artifices nouveaux nous permettront d'intégrer.

Cela comporte évidemment un assez grand degré d'arbitraire;
on peut, en effet, suivant les cas, porter son attention sur tel ou
tel terme et le faire passer dans le premier membre. De là, la
souplesse de la méthode. Bien qu'on puisse, pour ainsi dire, la
varier à l'infini, je vais énumérer ici les formes d'équations que
M. Gyldén a le plus envisagées.

Soient u_1, v_1, u'_1, v'_1 des valeurs approchées de u, v, u' et v';
posons

$$u = u_1 + \rho, \qquad v = v_1 + \chi, \qquad u' = u'_1 + \rho', \qquad v' = v'_1 + \chi'.$$

La quantité ρ sera celle que M. Gyldén appelle l'*évection*, et la
quantité χ s'appellera la *variation*; on se contente ordinairement
de prendre

$$v_1 = v_0; \qquad v = v_0 + \chi.$$

Avec ces nouvelles inconnues, les équations (5) et (6) prennent
la forme suivante

$$(5\ bis) \qquad\qquad \frac{d^2\chi}{dv_0^2} = A.$$

$$(6\ bis) \qquad\qquad \frac{d^2\rho}{dv_0^2} + \rho = B.$$

A et B étant des fonctions développées suivant les puissances
croissantes de ρ, ρ', χ et χ' et, en outre, du moins en ce qui concerne B, suivant celles de $\frac{d\chi}{dv_0}$; les coefficients des développements
seront des fonctions connues de v_0. Nous ferons ensuite passer
dans le premier membre quelques-uns des termes de A et de B,

et, conservant les inconnues ρ et χ dans le premier membre, nous remplacerons au contraire dans le second membre et pour une première approximation ces quantités par zéro.

La fonction B contiendra, entre autres termes remarquables, des termes de la forme

$$C\rho^r, \quad C\rho \sin(\lambda v_0 + k).$$

C, λ et k étant des constantes.

1° Si nous faisons passer dans le premier membre de (6 bis) le second de ces termes, nous trouvons

$$(6\ a) \qquad \frac{d^2\rho}{dv_0^2} + \rho[1 - C\sin(\lambda v_0 + k)] = B'.$$

B' étant ce que devient B quand on en retranche le terme qu'on a fait ainsi passer dans le premier membre.

Dans B', nous ferons ensuite

$$\rho = \chi = \rho' = \chi' = 0.$$

L'équation $(6\ a)$ sera encore une équation linéaire à second membre; mais ce ne sera plus une équation à cœfficients constants.

Il est clair maintenant que nous pouvons tout aussi bien écrire, α et β étant deux quantités très petites quelconques,

$$(6\ b) \qquad \frac{d^2\rho}{dv_0^2} + \rho[(1 + \alpha) - C(1 + \beta)\sin(\lambda v_0 + k)] = B'',$$

où

$$B'' = B' + \alpha\rho + C\beta\rho \sin(\lambda v_0 + k)$$

et où, d'ailleurs, on aura finalement, en première approximation,

$$B'' = B' = B,$$

puisque l'on convient d'annuler ρ, ρ', χ et χ' dans le second membre.

On pourra ensuite profiter de diverses manières de l'indétermination de α et de β.

2° On peut aussi faire passer dans le premier membre un terme en ρ^3 et écrire

$$\frac{d^2\rho}{dv_0^2} + \rho - C\rho^3 = B - C\rho^3$$

ou

$$(6\,c) \qquad \frac{d^2\rho}{dv_0^2} + \rho(1 + z) - C\rho^3 = B + z\rho - C\rho^3,$$

et faire ensuite

$$\rho = \chi = 0$$

dans le second membre.

3° Il est clair que A sera une fonction développable suivant les sinus et cosinus des multiples de v et de v'. Soit alors

$$C\sin(mv + nv' + k)$$

un terme de A; m et n sont des entiers et k une constante. Remplaçons-y v par $v_1 + \chi$ et v' par sa valeur approchée v'_1, exprimée en fonction de v_0, nous aurons évidemment

$$v_1 = v_0 + \varphi,$$
$$v'_1 = \mu v_0 + \varphi',$$

φ et φ' étant des séries développées suivant les sinus et cosinus des multiples de v_0 et de μv_0 et μ étant le rapport des moyens mouvements. Les termes complémentaires φ et φ' seront d'ailleurs beaucoup plus petits que les termes principaux v_0 et μv_0.

Alors l'expression

$$C\sin(mv_1 + nv'_1 + k)$$

pourra également se développer en une série ordonnée suivant les lignes trigonométriques des multiples de v_0 et de μv_0, et le terme principal du développement sera

$$C\sin(mv_0 + n\mu v_0 + k).$$

De même, si dans l'expression

$$C\sin(mv + nv'_1 + k),$$

nous remplaçons v et v'_1 par

$$v_0 + \chi + \varphi \quad \text{et} \quad \mu v_0 + \varphi',$$

cette expression sera développable suivant les lignes trigonométriques des multiples de

$$v_0, \quad v_0 + \chi \quad \text{et} \quad \mu v_0$$

et le terme principal du développement sera

$$C \sin(m v_0 + n \mu v_0 + m \chi + k).$$

C'est ce terme que nous ferons passer dans le premier membre
de l'équation (5), qui s'écrira alors

$$(5\,a) \qquad \frac{d^2 \chi}{d v_0^2} - C \sin(m v_0 + n \mu v_0 + m \chi + k) = \Lambda'$$

où

$$\Lambda' = \Lambda - C \sin(m v_0 + n \mu v_0 + m \chi + k).$$

Dans Λ' on fera ensuite

$$\rho = \chi = \rho' = \chi' = 0,$$

de telle façon que Λ' puisse être regardé comme une fonction
connue de v_0.

Le plus souvent on se contentera de prendre

$$v_1 = v_0, \qquad v_1' = \mu v_0$$

et l'exposition du procédé précédent s'en trouvera un peu sim-
plifiée.

Les équations $(6\,b)$, $(6\,c)$ et $(5\,a)$ sont celles dont M. Gyldén
fait le plus souvent usage.

Observons qu'elles sont toutes de la forme suivante

$$(\alpha) \qquad \frac{d^2 \rho}{d v_0^2} = f(\rho, v_0)$$

ou

$$(\beta) \qquad \frac{d^2 \chi}{d v_0^2} = f(\chi, v_0).$$

Elles sont donc susceptibles d'être ramenées à la forme canonique
d'après ce qu'on a vu au Tome I, page 12 [équation (3) du n° 2].

Nous avons supposé que dans les seconds membres de nos

équations nous faisions

$$\rho = \chi = \rho' = \chi' = 0.$$

C'est en effet ce que l'on fait à la première approximation. Mais à la seconde approximation il faut, dans ces seconds membres, remplacer ces quantités ρ, χ, ρ' et χ' par leurs valeurs déduites de la première approximation et ainsi de suite.

Ces seconds membres seront donc ainsi toujours des fonctions connues de v_0 et les équations conserveront la même forme.

Réduction des équations.

170. Les équations $(5\,a)$, $(6\,b)$, $(6\,c)$ sont du deuxième ordre ; cela tient à ce que nous avons eu soin de ne faire passer dans le premier membre de (5) que des termes dépendant seulement de χ et dans le premier membre de (6) que des termes dépendant seulement de ρ.

Quand on a fait ensuite dans le second membre

$$\rho = \chi = \rho' = \chi' = 0,$$

l'équation (5) ne contient plus qu'une seule inconnue χ et l'équation (6) n'en contient non plus qu'une seule qui est ρ.

Mais cela peut ne pas être toujours légitime. Il peut arriver que dans le second membre de (5), par exemple, certains termes dépendant de ρ soient aussi importants que les termes les plus influents dépendant de χ et qu'il faille également le faire passer dans le premier membre.

De même pour l'équation (6). Quand alors on aura annulé les ρ et les χ dans les seconds membres, les deux équations (5) et (6) contiendront encore les deux inconnues ρ et χ et, après l'élimination de l'une d'entre elles, l'équation résultante sera non plus du deuxième, mais du quatrième ordre.

L'ordre serait même encore plus élevé si l'on avait été forcé de faire passer dans le premier membre des termes dépendant de ρ' et de χ'.

Dans ces cas, M. Gyldén emploie, pour ramener les équations

au deuxième ordre, un procédé dont je voudrais faire comprendre l'esprit.

Considérons d'abord une équation du quatrième ordre, par exemple, et de la forme suivante

$$(1)\qquad \frac{d^2\rho}{dv^2} + \rho = \alpha\left(A + B_4 \frac{d^4\rho}{dv^4} + B_3 \frac{d^3\rho}{dv^3} + B_2 \frac{d^2\rho}{dv^2} + B_1 \frac{d\rho}{dv} + B_0\rho\right),$$

A et B étant des fonctions connues de v que je supposerai finies et α un coefficient très petit.

L'équation nous montre d'abord que, si les valeurs initiales de ρ et de $\frac{d\rho}{dv}$ sont de l'ordre de α, ce que nous supposerons, ρ restera de l'ordre de α.

Si nous négligions donc les termes de l'ordre de α^2, nous pourrions écrire

$$\frac{d^2\rho}{dv^2} + \rho = \alpha A$$

et l'équation serait ramenée au second ordre.

Mais nous voulons tenir compte des termes de l'ordre de α^2, en négligeant ceux de l'ordre de α^3. Il vient, avec ce degré d'approximation,

$$(2)\qquad
\begin{cases}
\alpha \dfrac{d^4\rho}{dv^4} = -\alpha \dfrac{d^2\rho}{dv^2} + \alpha^2 \dfrac{d^2A}{dv^2}, \\[2mm]
\alpha \dfrac{d^3\rho}{dv^3} = -\alpha \dfrac{d\rho}{dv} + \alpha^2 \dfrac{dA}{dv}, \\[2mm]
\alpha \dfrac{d^2\rho}{dv^2} = -\alpha\rho + \alpha^2 A.
\end{cases}$$

J'arrive à ce résultat, en multipliant l'équation (1) par α et y négligeant les termes qui sont devenus de l'ordre de α^3 par cette multiplication.

L'équation (1) devient alors

$$(3)\qquad \frac{d^2\rho}{dv^2} + \rho = \alpha C + \alpha D \frac{d\rho}{dv} + \alpha E\rho,$$

où

$$C = A + B_4\left(\frac{d^2A}{dv^2} - A\right) + B_3 \frac{dA}{dv} + B_2 A,$$
$$D = B_1 - B_3,$$
$$E = B_0 - B_2 + B_4.$$

L'équation est redevenue du second ordre.

L'équation (3) est vraie aux quantités près du troisième ordre, je veux dire de l'ordre de α^3. On aura donc, aux quantités près du quatrième ordre,

$$(4) \qquad \alpha \frac{d^{2i+1}\rho}{dv^{2i+1}} = -\alpha \frac{d^i\rho}{dv^i} + \alpha^2 \frac{d^i}{dv^i}\left(C + D \frac{d\rho}{dv} + E \frac{d^2\rho}{dv^2}\right).$$

Si alors on remplace dans le second membre de (1)

$$\alpha \frac{d^4\rho}{dv^4}, \quad \alpha \frac{d^3\rho}{dv^3}, \quad \alpha \frac{d^2\rho}{dv^2}$$

par leurs valeurs (4), on obtiendra une équation qui sera vraie aux quantités près du quatrième ordre, et qui sera du second ordre.

Et ainsi de suite.

Il est clair que la même méthode est applicable à toute équation de la forme

$$(5) \qquad \frac{d^2\rho}{dv^2} + f_1 = \alpha f_2.$$

α étant un coefficient très petit; f_1 étant développable suivant les puissances de ρ et de $\dfrac{d\rho}{dv}$, et f_2 suivant les puissances de

$$\rho, \quad \frac{d\rho}{dv}, \quad \dots \quad \frac{d^{n-1}\rho}{dv^{n-1}}, \quad \frac{d^n\rho}{dv^n}.$$

L'équation (5) n'est donc plus linéaire; mais la seule différence qui peut en résulter, c'est qu'il y aura des termes qui seront de degré supérieur par rapport à ρ et à ses dérivées, et qu'il n'y aura lieu d'en tenir compte qu'à partir de la seconde et de la troisième approximation.

171. Considérons maintenant l'équation suivante

$$(6) \qquad \frac{d^2\rho}{dv^2} + \rho = \alpha\left(A + B \int \rho\, C\, dv\right),$$

α étant encore un très petit nombre, A, B et C des fonctions connues de v. Cette équation, si on la différentiait pour faire dispa-

raître le signe $\int$, deviendrait du troisième ordre. Mais M. Gyldén
la réduit au second ordre, en profitant de la petitesse du nombre α
et en employant un procédé analogue dans son esprit à celui que
nous venons d'appliquer à des exemples plus simples.

En effet, ρ et α sont du premier ordre, de sorte que le terme

$$\alpha B \int \rho C \, dv$$

peut être regardé comme du second ordre. On aura alors, en négligeant les quantités du troisième ordre,

$$\alpha \frac{d^2 \rho}{dv^2} + \alpha \rho = \alpha^2 A,$$

d'où

$$(7) \qquad \alpha B \int \rho C \, dv = \alpha^2 B \int A C \, dv - \alpha B \int \frac{d^2 \rho}{dv^2} C \, dv,$$

et en intégrant par parties et appelant C' et C'' les dérivées de C
par rapport à v

$$\int \frac{d^2 \rho}{dv^2} C \, dv = C \frac{d\rho}{dv} - C' \rho + \int \rho C'' \, dv.$$

En général, la quadrature $\int A C \, dv$ pourra s'effectuer aisément,
de sorte que

$$B \int A C \, dv = D$$

pourra être regardé comme une fonction connue de v et que l'in-
tégrale $\int \rho C \, dv$ sera ramenée à l'intégrale $\int \rho C'' \, dv$ qui est de même
forme.

En général, dans les exemples que M. Gyldén a eu à traiter,
C est de la forme

$$C = \beta \sin(\lambda v + \mu),$$

β, λ et μ étant des constantes. Il en résulte que

$$C'' = -\lambda^2 C,$$

d'où

$$\alpha B \int \rho C \, dv = \alpha^2 D - \alpha B C \frac{d\rho}{dv} + \alpha B C' \rho + \lambda^2 \alpha B \int \rho C \, dv.$$

d'où

$$(8) \qquad \alpha B \int \rho C \, dv = \frac{\alpha^2 D}{1 - \lambda^2} - \frac{\alpha BC}{1 - \lambda^2} \frac{d\rho}{dv} + \frac{\alpha BC'}{1 - \lambda^2} \rho.$$

Si dans l'équation (6) nous remplaçons

$$\alpha B \int \rho C \, dv$$

par sa valeur (8), ce qui peut se faire en négligeant les quantités du troisième ordre, l'équation est ramenée au deuxième ordre.

Si C est une somme de termes de la forme

$$\beta \sin(\lambda v + \mu),$$

l'expression

$$\alpha B \int \rho C \, dv$$

sera une somme de termes de la forme

$$\alpha \beta B \int \rho \sin(\lambda v + \mu) \, dv,$$

et chacun de ces termes pourra être transformé par une formule analogue à (8). L'équation (6) sera ainsi encore ramenée au deuxième ordre.

L'équation (7) n'est vraie qu'aux quantités près du troisième ordre. Si l'on ne veut pas négliger ces quantités, il faut écrire

$$\alpha B \int \rho C \, dv = \alpha^2 D - \alpha B \int \frac{d^2 \rho}{dv^2} C \, dv + \alpha^2 \sigma,$$

en posant, pour abréger,

$$\sigma = B \int dv \left(CB \int \rho C \, dv \right).$$

On en déduit, en supposant de nouveau que C se réduit à un seul terme,

$$C = \beta \sin(\lambda v + \mu),$$

on en déduit, dis-je,

$$\alpha B \int \rho C \, dv = \frac{\alpha^2 D}{1 - \lambda^2} - \frac{\alpha BC}{1 - \lambda^2} \frac{d\rho}{dv} + \frac{\alpha BC'}{1 - \lambda^2} \rho + \frac{\alpha^2 \sigma}{1 - \lambda^2},$$

de sorte que l'équation (6) deviendra, en faisant passer certains termes dans le premier membre,

$$\frac{d^2\rho}{dv^2} + \rho\left(1 - \frac{\alpha BC}{1 - \lambda^2}\right) + \frac{d\rho}{dv}\frac{\alpha BC}{1 - \lambda^2} = \alpha A + \frac{\alpha^2 D}{1 - \lambda^2} + \frac{\alpha^2 \tau}{1 - \lambda^2}.$$

On ne conservera pas, en général, dans le premier membre tous les termes que nous y avons fait passer, mais seulement les plus importants d'entre eux. Si nous faisons repasser les autres dans le deuxième membre, nous obtiendrons une équation de la forme

$$(9) \qquad \frac{d^2\rho}{dv^2} + E\frac{d\rho}{dv} + F\rho = G + H\rho + K\frac{d\rho}{dv} + L\tau,$$

E, F, G, H, K, L étant des fonctions connues de v.

Cela nous permettra d'opérer comme il suit. Faisons d'abord dans le deuxième membre $\rho = \tau = 0$; nous aurons alors une équation linéaire à deuxième membre que nous intégrerons et qui nous donnera une première valeur approchée de ρ et, par conséquent, de τ; nous substituerons ces valeurs dans le deuxième membre et nous obtiendrons une nouvelle équation linéaire à deuxième membre qui nous donnera une deuxième approximation pour ρ et τ, et ainsi de suite.

Il est clair que nous pourrions opérer encore de même si l'équation (6) n'était pas linéaire et contenait, par exemple, des puissances supérieures de ρ; il en résulterait seulement que le deuxième membre de (9) contiendrait des termes de la forme

$$B\rho^n \quad \text{et} \quad B\int C\rho^n dv,$$

B et C étant des fonctions connues de v $(n > 1)$. Dans ces termes, qui sont d'ordre $n + 1$ au moins par rapport à α, on peut, sans inconvénient, comme dans les autres termes du deuxième membre de (9), remplacer ρ par 0 d'abord, puis par sa première valeur approchée, puis par la seconde et ainsi de suite.

Pour qu'il y ait intérêt à appliquer cette méthode, il faut que λ soit très voisin de 1, de telle sorte que l'expression

$$\frac{\alpha}{1 - \lambda^2}$$

soit petite sans doute, mais beaucoup moins que z. On conçoit alors que les divers termes du deuxième membre de (8) soient assez grands pour n'être pas négligés même dans la première approximation.

Autrement il serait plus simple de laisser le terme

$$zB \int \rho C \, dv$$

dans le second membre et d'y donner à ρ d'abord la valeur zéro, puis ses diverses valeurs approchées.

On n'aura donc le plus souvent à faire passer dans le premier membre qu'un petit nombre de termes (et même le plus souvent un seul terme) de la forme

$$zB \int \rho\beta \sin(\lambda v + \mu) \, dv.$$

La méthode de réduction au deuxième ordre que je viens d'exposer n'est avantageuse que si A ne contient aucun terme en $\sin \lambda v$ ou $\cos \lambda v$. Sans cela l'intégrale

$$\int AC \, dv$$

contiendrait un terme en v et dans l'expression de D la variable v sortirait des signes trigonométriques.

Cette circonstance ne s'est pas présentée dans les applications que M. Gyldén a faites de sa méthode; mais il y a toujours moyen de l'éviter.

Écrivons en effet l'équation (6) sous la forme

$$(6 \ bis) \qquad \frac{d^2\rho}{dv^2} - \rho - zB \int \rho C \, dv = zA.$$

Nous avons jusqu'ici regardé A comme une fonction connue de v; mais je puis aussi supposer que A dépend non seulement de v, mais encore de ρ et cela d'une manière quelconque, linéairement ou non, directement ou par l'intermédiaire de ses dérivées ou d'intégrales de la forme $\int \rho D \, dv$. Seulement les termes de A qui dépendent de ρ seront supposés plus petits que le terme

$$2\,\mathrm{B} \int \rho\,\mathrm{C}\,dv$$

que l'on a fait passer dans le premier membre.

Alors dans A on substituera à la place de ρ d'abord zéro, puis des valeurs approchées successives. Ainsi, à chaque approximation, A pourra être considérée comme une fonction connue de v.

Dans ces conditions, l'équation (6 *bis*) est une équation linéaire à second membre. Si nous posons en effet

$$\int \rho\,\mathrm{C}\,dv = \tau,$$

ρ et $\dfrac{d^2\rho}{dv^2}$ s'exprimeront linéairement à l'aide des dérivées de τ.

Pour intégrer l'équation à second membre, il suffira de savoir intégrer l'équation sans second membre

$$\frac{d^2\rho}{dv^2} + \rho - 2\,\mathrm{B} \int \rho\,\mathrm{C}\,dv = 0.$$

Cette équation est de même forme que (6) et on peut lui appliquer la même méthode de réduction. Seulement, comme A est nul, la difficulté dont je viens de parler n'est plus à craindre.

172. En résumé, voici ce que nous venons de faire. Supposons qu'un terme contenant une intégrale simple

$$\int \rho\,\mathrm{C}\,dv$$

soit assez important pour qu'on ait été obligé de le faire passer dans le premier membre. Grâce à la transformation que je viens d'exposer plus haut, on peut le remplacer par une somme de termes ne dépendant que de ρ et de $\dfrac{d\rho}{dv}$, *à des termes près qui sont assez petits pour que l'on puisse les faire repasser dans le second membre.*

Supposons maintenant que l'on ait été obligé de faire passer dans le premier membre un terme contenant une intégrale double, je veux dire un terme de la forme

$$M = 2A \int dv\, B \left(\int \rho\, C\, dv \right) = A \int dv \left(2B \int \rho\, C\, dv \right),$$

A, B et C étant des fonctions connues de v. Nous aurons alors, à
des termes près que nous pourrons faire repasser dans le second
membre,

$$2B \int \rho\, C\, dv = D\rho + E \frac{d\rho}{dv},$$

D et E étant des fonctions connues de v, d'où

$$M = A \int \rho\, D\, dv - A \int \frac{d\rho}{dv} E\, dv = A E \rho + A \int \rho \left(D - \frac{dE}{dv} \right) dv.$$

M est ainsi ramené à des termes ne dépendant que d'une intégrale
simple et que l'on pourra traiter comme nous l'avons fait dans le
numéro précédent.

Il me reste à expliquer comment ces termes, contenant des intégrales simples ou doubles, peuvent s'introduire dans nos équations.

Ces équations peuvent s'écrire

$$\frac{d^2\chi}{dv_0^2} = A + B\chi + C\rho + D,$$

$$\frac{d^2\rho}{dv_0^2} + \rho = E + F\rho + G \frac{d\chi}{dv_0} + H\chi + K.$$

A, B, C, E, F, G et H représentant des fonctions connues de v_0,
D et K dépendant de ρ' et de χ' ou des puissances supérieures
de ρ, de χ et de $\frac{d\chi}{dv_0}$.

On tire de là

$$\frac{d^2\rho}{dv_0^2} + \rho = E' + F\rho + G \int B\chi\, dv_0 + G \int C\rho\, dv_0$$
$$+ H \int\!\int B\chi\, dv_0\, dv_0 + H \int\!\int C\rho\, dv_0\, dv_0 + K',$$

E' étant une nouvelle fonction connue de v_0 facile à former et

$$K' = K - G \int D\, dv_0 + H \int\!\int D\, dv_0\, dv_0$$

dépendant de ρ', de χ' et des puissances supérieures de ρ, χ, ...

On voit que l'on a introduit ainsi des termes de la forme

$$G \int G_2 \, dv_0, \quad H \int \int G_2 \, dv_0 \, dv_0,$$

que l'on peut être amené à faire passer dans le premier membre
et à transformer comme nous venons de le dire.

173. Nous avons ramené notre équation à la forme

$$\frac{d^2 z}{dv_0^2} + A \frac{dz}{dv_0} + B z = C,$$

A et B étant des fonctions connues de v_0; C contient les fonctions
inconnues et en particulier ρ; mais nous sommes convenu d'y
remplacer ces quantités d'abord par o, puis par leurs valeurs
approchées successives, de sorte que C peut aussi être regardée
comme une fonction connue de v_0.

C'est une équation linéaire à second membre, mais on peut
encore la simplifier en faisant disparaître le terme en $\dfrac{dz}{dv_0}$. Pour
cela, il suffit, comme on sait, de poser

$$z = \tau e^{-\int \frac{A}{2} dv},$$

l'équation devient

$$\frac{d^2 \tau}{dv_0^2} + B' \tau = C';$$

B' et C' étant de nouvelles fonctions connues de v_0.

En général, il suffira de conserver un seul terme dans B', les
autres passant dans le second membre, de sorte que l'équation
sera ramenée à la forme de l'équation $(6\,a)$ du n° 169.

174. Nous avons supposé jusqu'ici que le mouvement des trois
corps se passe dans un plan. Il y aurait peu de chose à changer
dans le cas où l'on voudrait tenir compte des inclinaisons des
orbites.

Soient alors r, v et θ, le rayon vecteur, la longitude et la lati-
tude de la première planète, les équations du mouvement seront,

en reprenant d'ailleurs les notations du n° 167,

$$\frac{d}{dt}\left(r^2\cos^2\theta\,\frac{dv}{dt}\right)=\frac{d\Omega}{dt},$$

$$\frac{d^2r}{dt^2}-r\cos^2\theta\,\frac{dv^2}{dt^2}-r\,\frac{d\theta^2}{dt^2}+\frac{\mu}{r^2}=\frac{d\Omega}{dr},$$

$$\frac{d}{dt}\left(r^2\,\frac{d\theta}{dt}\right)+r^2\sin\theta\cos\theta\,\frac{dv^2}{dt^2}=\frac{d\Omega}{d\theta}.$$

Posons alors

$$u=\frac{1}{r\cos\theta},\qquad s=\tang\theta$$

et introduisons d'autre part, comme au n° 167, une variable auxiliaire v_0 définie par l'équation

$$\frac{dv_0}{dt}=u^2\sqrt{c_0}.$$

On en déduit d'abord

$$(1)\qquad\qquad\frac{d^2v}{dv_0^2}=\frac{1}{c_0\,u^2}\,\frac{d\Omega}{dv},$$

équation analogue à l'équation (5) du n° 167, et l'on trouverait de même

$$(2)\qquad\qquad\frac{d^2u}{dv_0^2}+u=\mathrm{A}-\frac{\mu}{c_0}\cos^3\theta,$$

$$(3)\qquad\qquad\frac{d^2s}{dv_0^2}+s=\mathrm{B},$$

A et B étant des combinaisons des dérivées de la fonction perturbatrice.

On pourra alors dans B, A et $\dfrac{d\Omega}{dv}$ remplacer les coordonnées des planètes par leurs valeurs approchées. Les seconds membres de nos équations (1) et (3) sont alors connus et nous pouvons calculer v et s; si nous connaissons s et par conséquent θ, le second membre de (2) sera connu à son tour et nous pourrons calculer u.

Opérer ainsi, ce serait rester dans l'esprit des anciennes méthodes; mais M. Gyldén ferait, au contraire, passer, comme nous l'avons vu, dans le premier membre de (1), (2) et (3) quelques-uns des termes les plus importants du second membre et, appliquant au besoin les procédés de réduction des n°s 170 à 173, obtiendrait ainsi des équations de même forme que les équations du n° 169.

Orbite intermédiaire.

175. Nous avons posé plus haut

$$u = u_1 + \rho, \qquad v = v_1 + \chi,$$

u_1 et v_1 étant des valeurs approchées de u et de v.

Le choix de ces valeurs approchées qui reste arbitraire dans une certaine mesure a évidemment une grande importance. Pour rester dans l'esprit des anciennes méthodes, il faudrait prendre pour u_1 et v_1 les valeurs qui correspondent au mouvement képlérien.

M. Gyldén préfère se rapprocher davantage de l'orbite réelle dès la première approximation; il est clair, en effet, que les approximations suivantes en seront plus rapides et, d'autre part, nous avons vu au n° 133 que le cas où le mouvement est képlérien en première approximation présente une difficulté spéciale qu'on peut chercher à éviter.

Voici donc ce que fait M. Gyldén.

Il suppose d'abord $v_1 = v_0$ et u_1 est déterminé en fonction de v_0 de la manière suivante; nous avons l'équation

$$\frac{d^2 u}{dv_0^2} + u\left(\frac{dv}{dv_0}\right)^2 + \frac{\mu}{c_0} = \frac{r^2}{c_0}\frac{d\Omega}{dr}.$$

Remplaçons d'abord $\dfrac{d\Omega}{dr}$ par une fonction $c_0 u^2 \varphi(u)$, dépendant seulement de u et peu différente de la moyenne des valeurs que prend $\dfrac{d\Omega}{dr}$ quand, laissant u constant, on fait varier v de 0 à 2π et que, d'autre part, on fait varier u' et v' de façon que la seconde planète (dont les coordonnées sont u' et v') prenne toutes les positions possibles sur son orbite képlérienne. Remplaçons ensuite u et v par u_1 et v_1, de sorte que $\dfrac{dv}{dv_0}$ se réduit à

$$\frac{dv_1}{dv_0} = \frac{dv_0}{dv_0} = 1.$$

Notre équation devient ainsi

$$(1) \qquad \frac{d^2 u_1}{dv_0^2} + u_1 + \frac{\mu}{c_0} = \varphi(u_1).$$

Cette équation s'intègre aisément par quadratures. L'interprétation de cette solution approchée est d'ailleurs facile.

Adjoignons à l'équation (1) l'équation

$$(2) \qquad \frac{dv_0}{d\tau} = u_1^2 \sqrt{c_0}.$$

Il est clair que, si l'on considère un astre fictif qui, à l'époque τ, a pour rayon vecteur $-\dfrac{1}{u_1}$ et pour longitude v_0, cet astre aura le même mouvement que s'il était attiré par une masse fixe située à l'origine, suivant une certaine loi différente de celle de Newton. Cette attraction, néanmoins, ne dépend que de la distance, car elle est manifestement égale à

$$\mu u_1^2 - c_0 u_1^2 \varphi(u_1),$$

et $\dfrac{1}{u_1}$ représente précisément la distance de notre astre fictif à l'origine, c'est-à-dire à la masse attirante fictive.

Les variables t et τ, correspondant à une même valeur de v_0, sont liées entre elles par la relation

$$\frac{dt}{d\tau} = \frac{u_1^2}{u^2}.$$

La variable τ, qui ne sert guère d'ailleurs qu'à cette interprétation, a reçu le nom de *temps réduit*.

Quant à l'orbite parcourue par notre astre fictif, elle a reçu le nom d'*orbite intermédiaire*, parce qu'elle tient, pour ainsi dire, le milieu entre l'orbite réelle et l'orbite képlérienne.

Pour

$$\varphi(u) = hu^{-3} \quad \text{ou} \quad hu^2,$$

h étant une constante, l'intégration de (1) peut se faire par les fonctions elliptiques.

Orbite absolue.

176. Pour peu que l'on réfléchisse à l'esprit des théories de M. Gyldén, on comprendra que le choix de la variable v_0 n'y joue aucun rôle essentiel, et qu'on arriverait à des résultats tout à fait analogues en prenant une variable indépendante.

Le plus simple, et, dans la plupart des cas, le plus avantageux, serait de prendre le temps t. C'est ce qu'a fait M. Gyldén lui-même dans son Mémoire du Tome IX des *Acta mathematica*.

Mais on peut faire beaucoup d'autres choix encore. M. Gyldén a employé, entre autres, dans certaines recherches, une variable dont la définition est beaucoup plus compliquée et qu'il appelle aussi v_0. Je vais en dire ici quelques mots.

Le célèbre astronome se propose de déterminer une orbite qui s'écarte très peu de l'orbite réelle et qu'il appelle *orbite absolue*. Elle tient à son tour, pour ainsi dire, le milieu entre l'orbite inter-médiaire et l'orbite réelle.

Reprenons les équations (1) du n° **167**.

Considérons, dans le second membre de ces équations, les termes les plus importants: soient Q l'ensemble des termes les plus importants de $r^2 \dfrac{d\Omega}{dv}$ et P l'ensemble des termes les plus impor-tants de $r^2 \dfrac{d\Omega}{dr}$, de telle façon que nous puissions négliger dans une première approximation les différences

$$r^2 \frac{d\Omega}{dv} - Q, \quad r^2 \frac{d\Omega}{dr} - P.$$

Soit Q_0 ce que devient Q quand on y remplace u, u' et v' par leurs valeurs approchées en fonction de v, puis qu'on remplace ensuite v par v_0.

Introduisons une fonction auxiliaire c_1 en posant

$$(2) \qquad\qquad r^2 \frac{d\sqrt{c_1}}{dt} = Q_0$$

et posons ensuite

$$(3) \qquad\qquad r^2 \frac{dv_0}{dt} = \sqrt{c_1}.$$

La fonction v_0 ainsi définie sera notre nouvelle variable indépendante; elle différera peu de v puisqu'elle satisfera à l'équation

$$\frac{d\left(r^2\frac{dv_0}{dt}\right)}{dt} = \frac{Q_0}{r^2},$$

tandis que v satisfait à l'équation

$$\frac{d\left(r^2\frac{dv}{dt}\right)}{dt} = \frac{d\Omega}{dv}$$

qui n'en diffère que par l'addition de certains termes que nous avons supposés très petits. Nous poserons donc

$$v = v_0 + \chi.$$

Des équations (2) et (3) on tire

$$(4) \qquad \sqrt{c_1}\, d\sqrt{c_1} = \frac{dc_1}{2} = Q_0\, dv_0.$$

Or, nous avons supposé que pour obtenir Q_0 on remplaçait dans Q les coordonnées u, u' et v par leurs valeurs approchées en fonction de v, puis v par v_0.

Il en résulte que Q_0 est fonction de v_0 seulement, et que l'équation (4) s'intégrera aisément par quadratures.

La seconde équation (1) devient alors

$$\frac{d^2u}{dv_0^2} + \frac{1}{2}\frac{d\log c_1}{dv_0}\frac{du}{dv_0} + u\left(\frac{dv}{dv_0}\right)^2 + \frac{u}{c_1} = \frac{r^3}{c_1}\frac{d\Omega}{dr}.$$

Il est clair que, χ étant très petit, $\dfrac{dv}{dv_0}$ est très voisin de 1; on peut donc remplacer le coefficient $\left(\dfrac{dv}{dv_0}\right)^2$ par 1, dans une première approximation; si donc u_1 est la valeur approchée de u et que nous posions

$$u = u_1 + \rho,$$

nous pourrons définir u_1 par l'équation

$$\frac{d^2u_1}{dv_0^2} + \frac{1}{2}\frac{d\log c_1}{dv_0}\frac{du_1}{dv_0} + u_1 + \frac{u}{c_1} = \frac{P_0}{c_1},$$

où P_0 est ce que devient P quand on y remplace v par v_0, u par u_1, u' et v' par leurs valeurs approchées en fonctions de v_0.

P_0 ne dépendant que de u_1 et de v_0, et c_1 étant une fonction de v_0 connue par l'équation (4), nous avons une équation différentielle du second ordre entre u_1 et v_0.

En la transformant par le procédé du n° **173**, c'est-à-dire en posant

$$u_1 = \tau(c_1)^{\frac{1}{2}},$$

on trouve

$$\frac{d^2\tau}{dv_0^2} = F(v_0, \tau),$$

ce qui est une équation de même forme que les équations (2) et (3) du n° **169**.

Ayant ainsi déterminé les coordonnées $\frac{1}{u_1}$ et v_0 de l'astre fictif qui décrit l'orbite absolue, on calculera les corrections ρ et χ par des procédés analogues et l'on possédera ainsi les coordonnées de la planète réelle.

CHAPITRE XVII.

CAS DES ÉQUATIONS LINÉAIRES.

177. Il nous reste maintenant :

1º A intégrer les équations $(6\,a)$, $(6\,b)$, $(6\,c)$, $(5\,a)$, (α) et (β) du nº 169.

2º A voir comment on pourra, dans la formation de ces équations, discerner les termes qui doivent passer dans le premier membre de ceux qui doivent rester dans le second.

Je m'occuperai d'abord de l'intégration des équations $(6\,a)$ et $(6\,b)$ et j'y consacrerai le présent Chapitre.

L'équation $(6\,b)$, qui est la plus générale, s'écrit

$$\frac{d^2\rho}{dc_0^2} + \rho[(1+\alpha) - C_1(1+\beta)\sin(\lambda v_0 + k)] = B'',$$

B'' étant regardée comme une fonction connue de c_0; c'est une équation linéaire à second membre, dont l'intégration se ramène à celle de l'équation sans second membre

$$\frac{d^2\rho}{dc_0^2} + \rho[(1+\alpha) - C_1(1+\beta)\sin(\lambda v_0 + k)] = 0.$$

Si nous transformons cette équation en changeant les notations et en posant

$$\rho = x, \qquad \lambda v_0 + k = 2t + \frac{\pi}{2},$$

$$\frac{4}{\lambda^2}(1+\alpha) = q^2, \qquad \frac{4}{\lambda^2}C_1(1+\beta) = q_1,$$

elle devient

$$\frac{d^2x}{dt^2} = x(-q^2 + q_1\cos 2t).$$

Étude de l'équation de Gyldén.

178. Envisageons donc l'équation suivante

$$(1) \qquad \frac{d^2x}{dt^2} = x(-q^2 + q_1\cos 2t).$$

Nous venons de voir que M. Gyldén, dans le cours de ses recherches, avait été conduit à envisager l'équation suivante (*Cf.* n° 169, équations 2 et 3)

$$(2) \qquad \frac{d^2x}{dt^2} = f(x, t),$$

$f(x, t)$ étant une fonction développable suivant les puissances de x et périodique par rapport à t.

Or il arrive, dans les applications que M. Gyldén a faites de cette équation, que les termes les plus importants de $f(x, t)$ sont de la forme

$$\varphi(t) + x(-q^2 + q_1\cos 2t),$$

$\varphi(t)$ étant une fonction périodique de t seulement, et que tous les autres termes peuvent être négligés dans une première approximation.

L'équation (2) peut alors être remplacée par la suivante

$$(3) \qquad \frac{d^2x}{dt^2} = \varphi(t) + x(-q^2 + q_1\cos 2t).$$

C'est une équation linéaire à second membre, dont l'intégration se ramène aisément, comme l'on sait, à celle de l'équation sans second membre correspondante, qui n'est autre que cette équation (1).

Étudions donc cette équation (1) et rappelons d'abord ce que les résultats généraux, démontrés dans le premier Volume au sujet des équations linéaires (Chap. II, n° 29, et Chap. IV, *passim*) vont nous permettre d'en dire.

Ils nous apprennent d'abord que cette équation (1) admet deux intégrales particulières de la forme

$$x = e^{iht}\varphi_1(t), \qquad x = e^{-iht}\varphi_2(t),$$

φ_1 et φ_2 étant deux fonctions périodiques de t, de période π et les deux *exposants caractéristiques* $h\sqrt{-1}$ et $-h\sqrt{-1}$ étant égaux et de signe contraire.

Pour aller plus loin, nous allons faire usage d'un théorème général que j'ai démontré dans mon Mémoire sur les groupes des équations linéaires (*Acta mathematica*, t. IV, p. 212).

Soit une équation linéaire de la forme suivante

$$(4) \quad \left\{ \begin{aligned} \frac{d^p y}{dx^p} &= \varphi_{p-1}(x)\frac{d^{p-1}y}{dx^{p-1}} \\ &\quad + \varphi_{p-2}(x)\frac{d^{p-2}y}{dx^{p-2}} + \ldots + \varphi_1(x)\frac{dy}{dx} + \varphi_0(x)y. \end{aligned} \right.$$

Les coefficients $\varphi_i(x)$ sont des fonctions, non seulement de x, mais d'un certain nombre de paramètres dont elles dépendent linéairement.

Supposons, par exemple, qu'il y ait trois paramètres et appelons-les A, B et C. Alors la fonction $\varphi_i(x)$ sera de la forme

$$\varphi_i(x) = A\varphi'_i(x) + B\varphi''_i(x) + C\varphi'''_i(x).$$

Les fonctions $\varphi'_i(x)$, $\varphi''_i(x)$ et $\varphi'''_i(x)$ seront continues, ainsi que toutes leurs dérivées, dans l'intérieur d'un domaine d'où nous ne ferons pas sortir x.

Cela posé, donnons-nous les valeurs initiales de y et de ses $p-1$ premières dérivées au point $x = 0$ et faisons varier x depuis o, jusqu'à une certaine valeur x_1, en suivant un chemin déterminé. Soit y_1 la valeur que prendra y quand x arrivera au point x_1. Il est clair que y_1 dépendra :

1° Des valeurs initiales de y et de ses dérivées (il en dépendra d'ailleurs linéairement);

2° Des paramètres A, B, C.

Eh bien, le théorème en question, c'est que y_1 peut être développé en une série procédant suivant les puissances croissantes de A, B et C et que cette série convergera, quelles que soient les valeurs de ces trois quantités; ou, en d'autres termes, que y_1 sera une *fonction entière* de A, B et C.

Appliquons ce théorème à l'équation (1).

Soit F(t) une intégrale particulière de cette équation telle que

$$F(0) = 1, \quad F'(0) = 0;$$

[je désigne pour abréger $\dfrac{dF}{dt}$ par $F'(t)$].

Soit de même $f(t)$ une seconde intégrale particulière telle que

$$f(0) = 0, \quad f'(0) = 1.$$

Alors si x_0 et x'_0 sont les valeurs initiales de x et de $\dfrac{dx}{dt}$ pour $t = 0$, on aura

$$x = x_0 F(t) + x'_0 f(t).$$

Notre théorème, c'est alors que $F(t)$ *et* $f(t)$ *seront des fonctions entières de* q^2 *et de* q_1. Il en est de même de $F'(t)$ et $f'(t)$.

Supposons, en particulier, que

$$x = e^{iht} \varphi_1(t),$$

il viendra

$$\varphi_1(0) = x_0, \quad \varphi'_1(0) + ih\varphi_1(0) = x'_0,$$

et

$$e^{ih\pi}\varphi_1(\pi) = x_0 F(\pi) + x'_0 f(\pi),$$
$$e^{ih\pi}[\varphi'_1(\pi) + ih\varphi_1(\pi)] = x_0 F'(\pi) + x'_0 f'(\pi).$$

Mais la fonction φ_1 est périodique, de sorte qu'on a

$$\varphi_1(0) = \varphi_1(\pi), \quad \varphi'_1(0) = \varphi'_1(\pi),$$

d'où

$$e^{ih\pi} x_0 = x_0 F(\pi) + x'_0 f(\pi),$$
$$e^{ih\pi} x'_0 = x_0 F'(\pi) + x'_0 f'(\pi).$$

D'où

$$[F(\pi) - e^{ih\pi}][f'(\pi) - e^{ih\pi}] - f(\pi)F'(\pi) = 0.$$

Ainsi $e^{ih\pi}$ est une racine de l'équation en S,

$$[F(\pi) - S][f'(\pi) - S] - f(\pi)F'(\pi) = 0.$$

On verrait de la même manière que l'autre racine est $e^{-ih\pi}$. Donc la somme des racines est égale à $2\cos h\pi$, de sorte qu'on a

$$2\cos h\pi = F(\pi) + f'(\pi).$$

Il en résulte que $\cos h\pi$ *est une fonction entière de* q^2 *et de* q_1, c'est-à-dire que $\cos h\pi$ peut être développé suivant les puissances entières de q^2 et de q_1, et que le développement est toujours convergent.

Je dis maintenant que ce développement ne contient que des puissances paires de q_1.

Si, en effet, on change t en $t+\dfrac{\pi}{2}$, les solutions

$$x = e^{ht}\varphi_1(t), \qquad x = e^{-ht}\varphi_2(t)$$

deviennent

$$x = e^{ht}\psi_1(t), \qquad x = e^{-ht}\psi_2(t)$$

où

$$\psi_1(t) = e^{\frac{h\pi}{2}}\varphi_1\left(t+\frac{\pi}{2}\right), \qquad \psi_2(t) = e^{-\frac{h\pi}{2}}\varphi_2\left(t+\frac{\pi}{2}\right)$$

sont des fonctions périodiques en t. Par conséquent, les exposants caractéristiques ne changent pas.

En même temps, comme

$$\cos 2\left(t+\frac{\pi}{2}\right) = -\cos 2t,$$

l'équation (1) devient

$$\frac{d^2x}{dt^2} = x(-q^2-q_1\cos 2t),$$

ce qui veut dire que les exposants caractéristiques et, par conséquent $\cos h\pi$, ne changent pas quand on change q_1 en $-q_1$. Or cela ne peut avoir lieu que si le développement de $\cos h\pi$ ne contient que des puissances paires de q_1.

Observons maintenant que l'équation (1) ne change pas quand on change t en $-t$; il résulte de là que $F(t)$ est une fonction paire de t et $f(t)$ une fonction impaire, c'est-à-dire que

$$F(t) = F(-t), \qquad f(t) = -f(-t),$$

Or les solutions de l'équation (1) sont développables suivant les cosinus et les sinus de $(h+2m)t$, m étant un entier positif et négatif. Il résulte de là que F ne contiendra que des cosinus pendant que f ne contiendra que des sinus. On aura

$$F(t) = \Sigma A_m \cos(h+2m)t,$$
$$f(t) = \Sigma B_m \sin(h+2m)t,$$

m variant de $-\infty$ à $+\infty$. Il vient alors

$$F(0) = \Sigma A_m = 1,$$
$$F(\pi) = \Sigma A_m \cos(h\pi+2m\pi) = \Sigma A_m \cos h\pi = \cos h\pi,$$
$$f'(t) = \Sigma B_m(h+2m)\cos(h+2m)t,$$
$$f'(0) = \Sigma B_m(h+2m) = 1,$$
$$f'(\pi) = \Sigma B_m(h+2m)\cos h\pi = \cos h\pi.$$

On a donc

$$F(\pi) = f'(\pi) = \cos h\pi.$$

179. Voyons maintenant comment on peut obtenir le développement de $F(\pi)$ suivant les puissances croissantes de q_1.

Supposons que l'on cherche plus généralement le développement de $F(t)$ et posons

$$F(t) = F_0(t) + q_1 F_1(t) + q_1^2 F_2(t) + \ldots;$$

nous aurons, pour déterminer $F_0, F_1, F_2, \ldots$, la série d'équations suivantes

$$(5)\quad \begin{cases} \dfrac{d^2F_0}{dt^2} + q^2F_0 = 0, \\ \dfrac{d^2F_1}{dt^2} + q^2F_1 = F_0\cos 2t, \\ \dfrac{d^2F_2}{dt^2} + q^2F_2 = F_1\cos 2t, \\ \ldots\ldots\ldots\ldots\ldots\ldots \end{cases}$$

De plus les fonctions F_i doivent être paires; F_0 doit se réduire à 1 et les autres fonctions F_i à 0 pour $t = 0$.

On en conclut d'abord que

$$F_0(t) = \cos qt,$$

$$\frac{d^2F_1}{dt^2} + q^2F_1 = \frac{\cos(q+2)t}{2} + \frac{\cos(q-2)t}{2}$$

et

$$F_1(t) = -\frac{\cos(q+2)t - \cos qt}{8(q+1)} + \frac{\cos(q-2)t - \cos qt}{8(q-1)}.$$

Il vient ensuite

$$\frac{d^2F_2}{dt^2} + q^2F_2 = \alpha_0\cos(q+4)t + \alpha_1\cos(q+2)t + \alpha_2\cos qt + \alpha_3\cos(q-2)t + \alpha_4\cos(q-4)t,$$

$\alpha_0, \alpha_1, \alpha_2, \alpha_3, \alpha_4$ étant des coefficients faciles à calcu'er, et l'on en déduit

$$F_2 = -\frac{\alpha_0\cos(q+4)t}{8(q+2)} - \frac{\alpha_1\cos(q+2)t}{4(q+1)} + \frac{\alpha_3\cos(q-2)t}{4(q-1)} + \frac{\alpha_4\cos(q-4)t}{8(q-2)}$$
$$+ \frac{\alpha_0\cos qt}{8(q+2)} + \frac{\alpha_1\cos qt}{4(q+1)} - \frac{\alpha_3\cos qt}{4(q-1)} - \frac{\alpha_4\cos qt}{8(q-2)} + \frac{\alpha_2 t\sin qt}{2q}.$$

On voit d'ailleurs que z_2 est égal à $\dfrac{1}{8(q^2-1)}$. La loi est manifeste, on a

$$F_i(t) = \Sigma \beta_{i,n}^0 [\cos(q+2n)t - \cos qt] + t\,\Sigma \beta_{i,n}^1 \sin(q+2n)t$$
$$+ t^2 \Sigma \beta_{i,n}^2 \cos(q+2n)t - \ldots + t^k \Sigma \beta_{i,n}^k \frac{\sin}{\cos}(q+2n)t.$$

La fonction $F_i(t)$ devant être paire, le coefficient de t^k

$$\Sigma \beta_{i,n}^k \frac{\sin}{\cos}(q+2n)t$$

ne contiendra que des sinus si k est impair et des cosinus si k est pair.

Quelles sont maintenant les valeurs que peut prendre l'entier n ?

Dans le premier terme

$$\Sigma \beta_{i,n}^0 [\cos(q+2n)t - \cos qt],$$

n variera de $-2i$ à $+2i$; dans le coefficient de t, n pourra varier de $-2(i-2)$ à $+2(i-2)$; dans le coefficient de t^2, n pourra varier de $-2(i-4)$ à $+2(i-4)$; et ainsi de suite, de sorte que k ne pourra surpasser $\dfrac{i}{2}$.

On peut trouver à l'aide des équations (5) des relations de récurrence entre les coefficients $\beta_{i,n}^k$; je ne m'y arrêterai pas pour le moment.

Lorsqu'on fera $t = \pi$, on aura

$$\cos(q+2n)\pi - \cos q\pi = 0$$

et le premier terme de $F_i(t)$ disparaîtra; de sorte que

$$F_i(\pi) = \pi \Sigma \beta_{i,n}^1 \sin q\pi + \pi^2 \Sigma \beta_{i,n}^2 \cos q\pi + \ldots.$$

Nous savons d'ailleurs que $F_i(\pi)$ sera nul si i est impair, puisque nous savons d'avance que le développement de $F(\pi)$ ne doit contenir que des puissances paires de q_1.

C'est ainsi que M. Tisserand calcule $F(\pi)$ et, par conséquent, $\cos h\pi$. Il trouve ainsi

$$\cos h\pi = \cos q\pi \left[1 - \frac{\pi^2}{512\,q^2(1-q^2)^2}\, q_1^4 + \ldots \right]$$
$$+ \sin q\pi \left[-\frac{\pi}{16\,q(1-q^2)}\, q_1^2 + \frac{(15q^4 - 35q^2 + 8)\pi}{1024\,q^4(1-q^2)^3(2^2-q^2)}\, q_1^4 + \ldots \right].$$

ce que j'écrirai

$$\cos h\pi = \varphi(q, q_1)\cos q\pi + \varphi_1(q, q_1)\sin q\pi,$$

$\varphi(q, q_1)$ et $\varphi_1(q, q_1)$ seront des séries développées suivant les puissances croissantes de q_1^2 dont les coefficients seront rationnels en q.

La première question à résoudre est de savoir si h est réel ou imaginaire. Si

$$|\cos h\pi| = |F(\pi)| < 1,$$

h est réel, la solution de notre équation différentielle est alors stable et $F(t)$, de même que $f(t)$, reste compris entre des limites finies. Si au contraire

$$|F(\pi)| > 1,$$

h est imaginaire; et les deux fonctions $F(t)$ et $f(t)$ sont de la forme suivante

$$F(t) = e^{\alpha t}\psi(t) + e^{-\alpha t}\psi(-t)$$
$$f(t) = A e^{\alpha t}\psi(t) - A e^{-\alpha t}\psi(-t)$$

A et α étant des constantes réelles et $\psi(t)$ une fonction périodique de t de période π. Il en résulte que $F(t)$ et $f(t)$ peuvent croître au delà de toute limite et que la solution de notre équation différentielle est instable.

Si l'on considère un instant q et q_1 comme les coordonnées d'un point dans un plan, ce plan va se trouver partagé ainsi en deux régions, l'une où $|F(\pi)|$ sera plus petit que 1 et h réel, l'autre où $|F(\pi)|$ sera plus grand que 1 et h imaginaire. Ces deux régions sont séparées l'une de l'autre par les diverses branches des deux courbes

$$\cos h\pi = +1, \qquad \cos h\pi = -1.$$

Il y a donc intérêt à construire ces deux courbes au moins dans la partie du plan qui correspond aux petites valeurs de q_1.

Pour $q_1 = 0$, on a

$$\cos h\pi = \cos q\pi.$$

Donc la courbe $\cos h\pi = +1$, que j'appellerai la courbe C, coupe l'axe des q en des points dont les abscisses sont des entiers pairs, et la courbe $\cos h\pi = -1$ que j'appellerai la courbe C' coupe l'axe des q aux points dont les abcisses sont des entiers impairs.

Tous les autres points de l'axe des q appartiennent à la première région, celle où h est réel.

Reprenons alors l'équation

$$\cos h\pi - \cos q\pi = q_1^2 F_2(\pi) - q_1^4 F_4(\pi) - \ldots = 0,$$

qui lie h à q et à q_1; le premier membre s'annule pour $h=q$, $q_1=0$; il est développable suivant les puissances croissantes de $h-q$ et de q_1^2; enfin sa dérivée par rapport à h se réduit à $-\pi\sin q\pi$ pour $h=q$, $q_1=0$, et par conséquent ne s'annule pas à moins que q ne soit entier. Si donc nous supposons que q n'est pas entier, le théorème du n° 30 nous apprend que h est développable suivant les puissances croissantes de q_1^2 et que la série est convergente pourvu que q_1 soit assez petit.

Voyons maintenant ce qui se passe quand q est entier. M. Tisserand, en appliquant sa formule, a trouvé : pour $|q|=3$,

$$\cos h\pi = (-1)^q\left[1 - \frac{\pi^2}{512\,q^2(1-q^2)^2}\,q_1^2 - \ldots\right].$$

pour $|q|=2$

$$\cos h\pi = 1 - \frac{5\,\pi^4 q_1^2}{2^3\cdot 7\,\pi^8} - \ldots$$

pour $|q|=1$

$$\cos h\pi = -1 - \frac{\pi^2 q_1^2}{36} - \ldots,$$

et enfin pour $|q|=0$

$$\cos h\pi = 1 - \frac{\pi^2 q_1^2}{16} - \ldots$$

En effet, quand q est entier, $\cos q\pi$ devient égal à ± 1, et $\sin q\pi$ s'annule; mais il arrive en même temps que $\varphi_1(q, q_1)$ devient infini; de sorte que le produit

$$\sin q\pi\,\varphi_1(q, q_1)$$

tend vers une valeur finie quand q tend vers un nombre entier. Considérons alors la limite

$$L = \lim \sin q\pi\,\varphi_1(q, q_1),$$

quand q tend vers une valeur entière.

Cette limite sera développable suivant les puissances de q_1^2; mais,

dans le développement de $\varphi_1(q, q_1)$, le coefficient de q_1^2 devient
infini pour $|q| = 0$ ou 1, celui de q_1^3 pour $|q| = 0$, 1 ou 2, celui
de q_1^4 pour $|q| = 0$, 1, 2 ou 3; il en résulte que, si q tend vers un
entier n, le développement de L commencera par un terme en q_1^{2n};
d'autre part, le développement de $\varphi(q, q_1) - 1$ commence par
un terme en q_1^2. C'est pour cette raison que dans les développements de

$$\cos h\pi - (-1)^q,$$

trouvés par M. Tisserand, le premier terme est en q_1^2 pour $|q| = 0$
ou 1 et en q_1^3 pour $|q| > 1$.

Considérons donc l'équation de la courbe C, qui peut s'écrire

$$1 - \cos q\pi - q_1^2 F_2(\pi) - q_1^3 F_3(\pi) - \ldots = 0.$$

La courbe passant par le point

$$q = 2n, \qquad q_1 = 0 \qquad (n \text{ entier}),$$

le premier membre s'annule pour $q = 2n$, $q_1 = 0$; il est d'ailleurs
développable suivant les puissances croissantes de $q - 2n$ et de q_1.
Il est aisé de voir que ce développement ne contient ni terme de
degré 0 ni terme de degré 1, mais qu'il commence par des termes
du second degré

$$\frac{\pi^2}{2}(q - 2n)^2 + A q_1^2,$$

A étant égal à

$$\frac{\pi^2}{16} \quad \text{pour} \quad n = 0,$$

et à 0 pour $n \gtrless 0$.

Il en résulte que le point $q = 2n$, $q_1 = 0$ est pour la courbe C
un point double; mais deux cas sont à distinguer :

$1°$ Si $n = 0$, les termes du second degré se réduisent à la somme
de deux carrés, les deux branches de courbe qui passent par le
point double sont imaginaires; l'origine est donc pour la courbe C
un point isolé.

$2°$ Si $n \gtrless 0$, A est nul; les deux branches de courbe qui passent
par le point double sont tangentes l'une à l'autre et coupent
l'axe des q à angle droit. Pour reconnaître si ces deux branches
sont réelles ou imaginaires, il faut tenir compte des termes en
$(q - 2n)q_1^2$ et en q_1^3.

H. P. — II. 16

Le coefficient de q_1^2 est, comme nous l'avons vu,

$$\frac{+\pi^2}{512.q^3(1-q^2)^2} \quad \text{ou} \quad \frac{-5\pi^2}{73728},$$

selon que $|n| > 1$ ou $= 1$.

Le coefficient de $(q-2n)q_1^2$ s'obtiendra en prenant les dérivées de

$$\frac{\pi \sin q\pi}{16q(1-q^2)},$$

par rapport à q et en y faisant $q = 2n$. On trouve ainsi

$$\frac{\pi^3}{16q(1-q^2)}.$$

Pour que les branches de courbe soient réelles (en supposant $|n| > 1$), il faut et il suffit que la forme quadratique

$$\frac{x^2}{2} + \frac{xy}{16q(1-q^2)} + \frac{y^2}{512.q^3(1-q^2)^2}$$

soit indéfinie. Il ne peut y avoir doute que si cette forme se réduit à un carré parfait ; or c'est précisément ce qui arrive ; nous voyons ainsi que nos deux branches de courbe sont non seulement tangentes, mais osculatrices l'une à l'autre ; mais nous serions obligés, pour reconnaître si elles sont réelles, de calculer les termes d'ordre supérieur, si nous n'avions heureusement un moyen indirect de décider la question, moyen que j'exposerai plus loin.

Dans le cas de $|n| = 1$, $|q| = 2$, notre forme quadratique devient

$$\frac{x^2}{2} - \frac{xy}{96} - \frac{5q^2}{73728}$$

et est indéfinie ; les deux branches de courbe sont certainement réelles.

Construisons maintenant la courbe C' dont l'équation est

$$-1 - \cos q\pi - q[F_2(\pi)\ldots] = 0.$$

Le premier membre s'annule pour

$$q = n, \qquad q_1 = 0 \qquad (n \text{ entier impair}),$$

et son développement suivant les puissances de $q - n$ et de q_1 commence par des termes du second degré

$$A(q - n)^2 + Bq_1^2.$$

Si $|n| = 1$, A et B sont de signe différent et les deux branches de courbe qui passent par le point double sont réelles.

Si $|n| > 1$, B est nul, les deux branches de courbe sont tangentes (et probablement osculatrices) l'une à l'autre ; pour décider si elles sont réelles, il faut employer le procédé indirect dont j'ai parlé plus haut.

Voici en quoi il consiste.

On peut se demander ce qui se passe quand on a

$$F(\pi) = \cos h\pi = \pm 1.$$

Alors, d'après ce que nous avons vu au n° 29, la solution la plus générale de l'équation (1) est de la forme

$$\psi(t) + t\psi_1(t),$$

$\psi(t)$ et $\psi_1(t)$ étant des fonctions périodiques de t, de période π si $F(\pi) = +1$, et de période 2π si $F(\pi) = -1$ (elles changent alors de signe quand t se change en $t + \pi$). On a donc

$$F(t) = \psi(t) + t\psi_1(t).$$

Si $\psi_1(t)$ n'est pas nul, c'est une solution de l'équation (1) ; or, $F(t)$ est une fonction paire ; donc $\psi(t)$ est paire et $\psi_1(t)$ impaire ; donc $\psi_1(t)$ se réduit à un facteur constant près à $f(t)$; alors $f(t)$ est périodique.

Si $\psi_1(t)$ est identiquement nul, $F(t)$ est périodique.

Trois cas peuvent donc se présenter :

1° Ou bien $F(t)$ est périodique, et alors

$$F(\pi) = 0.$$

2° Ou bien $f(t)$ est périodique, et alors

$$f(\pi) = 0.$$

3° Ou bien ces deux fonctions sont périodiques toutes deux, et alors

$$F(\pi) = f(\pi) = 0.$$

On peut arriver au même résultat de la façon suivante; on a identiquement

$$F(t)f'(t) - F'(t)f(t) = 1.$$

Si alors

$$F(\pi) = f(\pi) = \pm 1,$$

il viendra

$$F'(\pi)f'(\pi) = 0.$$

Donc l'une au moins des deux quantités $F'(\pi)$ et $f'(\pi)$ est nulle.

De même, si

$$F(\pi) = 0 \qquad \text{ou} \qquad f(\pi) = 0,$$

on aura

$$F'(\pi)f'(\pi) = 1,$$

et puisque

$$F'(\pi) = f'(\pi) = \cosh \pi,$$

il viendra

$$\cosh \pi = \pm 1.$$

Les différents points des deux courbes C et C' appartiennent donc aux deux courbes

$$F'(\pi) = 0, \qquad f'(\pi) = 0,$$

et réciproquement.

Remarquons d'abord que $F'(\pi)$ et $f'(\pi)$ sont des fonctions entières de q et de q_1. Pour $q_1 = 0$, ces fonctions se réduisent à

$$F'(\pi) = -q \sin q\pi, \qquad f'(\pi) = \frac{\sin q\pi}{q}.$$

Donc, si q passe par une valeur entière différente de 0, $F'(\pi)$ et $f'(\pi)$ s'annulent en changeant de signe, et ces valeurs de q sont pour ces deux fonctions des zéros simples. Il en résulte que les points

$$q = n, \qquad q_1 = 0 \qquad (n \text{ entier}, \ n \gtrless 0),$$

qui sont des points doubles, tantôt pour C, tantôt pour C', sont des points simples pour chacune des deux courbes

$$F'(\pi) = 0, \qquad f'(\pi) = 0.$$

Si q passe par 0, $F'(\pi)$ s'annule sans changer de signe (zéro double) et $f'(\pi)$ ne s'annule pas; l'origine est donc un point double pour $F'(\pi) = 0$, mais $f'(\pi)$ ne s'annule pas à l'origine.

Il y a donc quatre courbes analytiquement distinctes :

$$(\alpha) \qquad F(\pi)=1, \qquad F'(\pi)=0; \qquad F(t-\pi)=F(t).$$

$$(\beta) \qquad F(\pi)=1, \qquad f(\pi)=0; \qquad f(t+\pi)=f(t).$$

$$(\gamma) \qquad F(\pi)=-1, \qquad F'(\pi)=0, \qquad F(t+\pi)=-F(t),$$

$$(\delta) \qquad F(\pi)=-1, \qquad f(\pi)=0; \qquad f(t+\pi)=-f(t).$$

La courbe C est alors formée de l'ensemble des deux courbes (α) et (β); chacune d'elles a un point simple en

$$q=2n, \qquad q_1=0,$$

et c'est pour cette raison que ce point est un point double de C; *mais les deux branches de C qui passent en ce point, appartenant ainsi à deux courbes analytiquement distinctes, ne peuvent être que réelles.*

Il y a exception pour l'origine

$$q=0, \qquad q_1=0;$$

ce point est un point double de α, mais n'appartient pas à β; d'après ce que nous venons de dire, le raisonnement qui précède ne s'applique donc pas et nous avons vu d'ailleurs que les deux branches de courbe sont alors imaginaires.

De même, la courbe C' est formée de l'ensemble des deux courbes (α) et (β); chacune d'elles a un point simple en

$$q=2n+1, \qquad q_1=0.$$

Les deux branches de C' qui passent par ce point appartiennent à deux courbes analytiquement distinctes et sont par conséquent réelles.

Nous avons vu plus haut que changer q_1 en $-q_1$, c'est la même chose que de changer t en $t+\dfrac{\pi}{2}$.

Considérons d'abord la courbe (α)

$$F(t+\pi)=F(t).$$

On a

$$F(t)=F(-t),$$

d'où

$$F\left(t + \frac{\pi}{2}\right) = F\left(-t - \frac{\pi}{2}\right) = F\left(\frac{\pi}{2} - t\right).$$

La fonction $F\left(t + \frac{\pi}{2}\right)$ est donc paire et périodique de période π. Si donc on change q_1 en $-q_1$, $F(t)$ se change en $F\left(t + \frac{\pi}{2}\right)$ qui est encore paire et périodique. Si donc le point (q, q_1) appartient à la courbe (α), il en est de même du point $(q, -q_1)$. La courbe (α) est donc symétrique par rapport à l'axe des q.

La courbe C étant symétrique dans son ensemble et se composant de (α) et de (β), nous devons conclure (ce qu'il serait d'ailleurs aisé de vérifier) que la courbe (β) est également symétrique par rapport à l'axe des q.

On doit conclure que les deux courbes (α) et (β) ne peuvent avoir au point

$$q = 2n, \qquad q_1 = 0$$

qu'un contact d'ordre impair.

Considérons maintenant la courbe (γ)

$$F(t + \pi) = -F(t).$$

Il vient

$$F\left(t + \frac{\pi}{2}\right) = F\left(-\frac{\pi}{2} - t\right) = -F\left(\frac{\pi}{2} - t\right).$$

La fonction $F\left(t + \frac{\pi}{2}\right)$ est donc *impaire* et périodique. Si donc le point (q, q_1) appartient à (γ), le point $(q, -q_1)$ appartiendra à (δ). Les deux courbes (γ) et (δ) sont donc symétriques l'une de l'autre par rapport à l'axe des q.

Il en résulte que ces deux courbes ne peuvent avoir en

$$q = 2n + 1, \qquad q_1 = 0$$

qu'un contact d'ordre pair.

Ainsi le contact des deux branches de courbes en $q = n$, $q_1 = 0$, est d'ordre 0 pour $n = 1$, d'ordre 1 pour $n = 2$; d'ordre 2 (au moins) pour $n = 3$; d'ordre 3 (au moins) pour $n = 4$; il est ensuite alternativement d'ordre pair et d'ordre impair et toujours au moins d'ordre 2.

Cela peut donner à penser que ce contact est toujours d'ordre $n-1$; mais je ne l'ai pas vérifié.

La figure suivante, contenue dans le rectangle

$$ q = 0, \qquad q_1 = 0, \qquad q_1 = 1, \qquad q = 4 + 1, $$

peut résumer la discussion qui précède. La région couverte de hachures est celle où h est imaginaire.

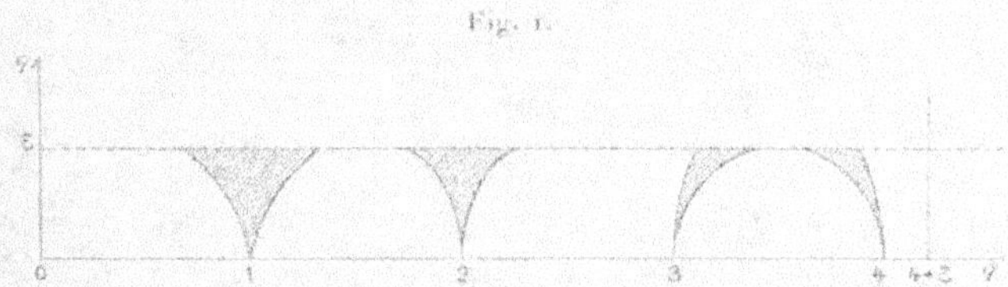

Fig. 1.

On peut tirer de l'équation qui donne $\cos h\pi$, en fonction de q et de q_1, divers développements, dont la convergence est plus ou moins rapide et qui donnent h, ordonné suivant les puissances de q_1. Mais je crois qu'il est préférable de calculer $\cos h\pi$ à l'aide des formules précédentes et d'en déduire h par les Tables trigonométriques.

180. Une fois h déterminé, il s'agit de trouver les coefficients A_n du développement

$$ F(t) = \Sigma A_n \cos(h + 2n)t. $$

D'après la définition même de $F(t)$, on doit avoir

$$ \Sigma A_q = 1. $$

Il vient, d'autre part,

$$ F(t) = \Sigma A_n \frac{e^{i(h+2n)t}}{2} + \Sigma A_q \frac{e^{-i(h+2n)t}}{2}. $$

Mais, d'après ce que nous avons vu au n° 29, notre équation (1) doit admettre deux solutions de la forme

$$ \Sigma B_q \frac{e^{i(h-2n)t}}{1}, \qquad \Sigma C_q \frac{e^{-i(h+2n)t}}{2}, $$

et $F(t)$ doit en être une combinaison linéaire; cela ne peut avoir lieu que si

$$A_n = B_n = C_n.$$

Il en résulte que

$$\Sigma A_n \sin(h + 2n)t = \Sigma \frac{A_n}{2i} e^{i(h+2n)t} - \Sigma \frac{A_n}{2i} e^{-i(h+2n)t}$$

satisfera également à l'équation (1) et, par conséquent, que

$$f(t) = \frac{\Sigma A_n \sin(h + 2n)t}{\Sigma A_n(h + 2n)}.$$

Il est clair que A_n est une fonction de q et de q_1, mais ce n'est plus une fonction entière de ces deux variables comme l'était $\cos h\pi$. Ce n'est même pas une fonction uniforme. Il est évident que les seuls points singuliers de cette fonction sont les points des courbes

$$\cos h\pi = \pm 1,$$

pour lesquels les fonctions $F(t)$ et $f(t)$ cessent de pouvoir être mises sous la forme que nous venons de leur donner.

Comment se comporte la fonction A_n dans le voisinage d'un de ces points singuliers?

Supposons que le point (q, q_1) se rapproche indéfiniment d'un point M appartenant à la courbe

$$F(\pi) = 0,$$

et que h tende vers une valeur entière p; alors, à la limite, $F(t)$ est encore périodique. Posons, pour abréger,

$$B = \Sigma A_n(h + 2n).$$

il viendra, en réunissant dans $F(t)$ et $f(t)$ les termes en $(h + 2n)t$ et en $(h - 2n - 2p)t$,

$$F(t) = \Sigma[A_n \cos(h + 2n)t + A_{-n-p} \cos(h - 2n - 2p)t],$$
$$Bf(t) = \Sigma[A_n \sin(h + 2n)t + A_{-n-p} \sin(h - 2n - 2p)t].$$

Si nous faisons alors

$$A_n + A_{-n-p} = C, \qquad A_n - A_{-n-p} = D;$$

il viendra

$$F(t) = \Sigma[C \cos(h - p)t \cos(2n + p)t - D \sin(h - p)t \sin(2n - p)t].$$
$$Bf(t) = \Sigma[C \sin(h - p)t \cos(2n + p)t + D \cos(h - p)t \sin(2n + p)t].$$

Quand h tend vers p, $\cos(h - p)t$ tend vers 1 et $\sin(h - p)t$ vers zéro ; mais, si D tend vers l'infini, de telle façon que $D(h - p)$ tende vers une limite finie, le produit $D \sin(h - p)t$ tendra vers $D_0 t$, D_0 étant une constante.

Si alors le point M appartient à la courbe $F(\pi) = 0$, le développement de $F(t)$ doit contenir seulement des termes en

$$\cos(2n + p)t$$

et celui de $f(t)$ des termes en $\sin(2n + p)t$ et en $t \cos(2n + p)t$.

Il faut donc que C tende vers une limite finie, D et B vers zéro. Donc A_n et A_{-n-p} tendront vers des limites finies, égales entre elles. Si p est pair, A_p devra tendre vers zéro. Il est aisé de vérifier que, si

$$\lim A_n = \lim A_{-n-p},$$

on aura, comme il convient,

$$\lim B = \lim \Sigma A_n (h - 2n) = 0.$$

Si, au contraire, le point M appartient à la courbe $f(\pi) = 0$, le développement de $F(t)$ devra contenir des termes en

$$\cos(2n + p)t \quad \text{et} \quad t \sin(2n + p)t,$$

et celui de $f(t)$, des termes en $\sin(2n + p)t$.

Il faut donc que C tende vers une limite finie, D et B vers l'infini.

Donc, A_n et A_{-n-p} tendront vers l'infini, mais leur somme algébrique restera finie.

Mais, que le point M appartienne à la courbe $F(\pi) = 0$ ou à la courbe $f(\pi) = 0$, ce n'en est pas moins un point singulier pour la fonction A_n. En effet, quand le point (q, q_1) tourne autour de M, la fonction A_n s'échange avec la fonction A_{-n-p}, comme le font deux déterminations d'une même fonction algébrique.

Il résulte de là que, si q n'est pas entier, A_n pourra se développer suivant les puissances croissantes de q_1, et que le rayon de convergence de ce développement sera le module du point singulier le plus rapproché, et les points singuliers seront les points des courbes C et C' qui correspondent à la valeur de q considérée.

Il reste à trouver les coefficients du développement. Supposons le problème résolu et soit

$$F(t) = \Sigma A_n \cos(h + 2n)t = \Sigma A_n \cos(q + 2n + h - q)t,$$

ou en développant suivant les puissances de $(h - q)$, il viendra

$$F(t) = \Sigma A_n \cos(q + 2n)t - t\Sigma A_n(h - q)\sin(q + 2n)t$$
$$- \frac{t^2}{1.2}\Sigma A_n(h - q)^2 \cos(q + 2n)t + \dots$$

Ce développement, qui contient les lignes trigonométriques de $(q + 2n)t$ multipliées par des puissances de t, doit être identique à celui que nous avons trouvé plus haut

$$F(t) = \Sigma q_1^i F_i(t),$$

$$F_i(t) = \Sigma \mathfrak{B}_{i,n}^0 [\cos(q + 2n)t - \cos qt] + t\Sigma \mathfrak{B}_{i,n}^1 \sin(q + 2n)t + \dots$$

Observons, en effet, que A_n, $A_n(h - q)$, $A_n(h - q)^2$ sont développables suivant les puissances croissantes de q_1.

En identifiant les deux développements, il vient alors

$$A_n = \Sigma q_1^i \mathfrak{B}_{i,n}^0$$

et

$$A_0 = 1 - \Sigma_i q_1^i (\Sigma_n \mathfrak{B}_{i,n}^0).$$

Nous avons donc le moyen de calculer les coefficients du développement. La convergence est généralement suffisante quand q n'est pas voisin d'un nombre entier. Si q est voisin d'un entier p, on peut augmenter la convergence de la manière suivante :

Comme A_n et A_{-n-p} s'échangent quand on tourne autour du point singulier le plus rapproché, les deux fonctions

$$(A_n + A_{-n-p}) \quad \text{et} \quad (A_n - A_{-n-p})^2$$

restent uniformes dans le voisinage de ce point singulier, mais la première de ces deux fonctions restera finie et la seconde pourra devenir infinie du premier ordre, si ce point singulier appartient à

$f(\pi) = 0$. Mais alors

$$(A_n - A_{-n-p})^2 f(\pi)$$

restera fini. Les développements de

$$A_n - A_{-n-p} \quad \text{et} \quad (A_n - A_{-n-p})^2 f(\pi)$$

seront donc beaucoup plus convergents que ceux de A_n et A_{-n-p}. On aura donc avantage à s'en servir et à en tirer ensuite A_n et A_{-n-p} par une équation du second degré.

Observons, en terminant, que la discussion de la forme des courbes C et C' dans le voisinage des points

$$q = n, \quad q_1 = 0$$

sera singulièrement facilitée si l'on se sert du développement de $F'(\pi)$ et de $f(\pi)$ au lieu de celui de $F(\pi)$.

Ce qui précède constitue la théorie complète de notre équation (1). Je dois toutefois parler des diverses méthodes qui ont été proposées pour l'intégrer et qui sont celle qui est fondée sur l'application des théorèmes de Jacobi, et celles de MM. Gyldén, Bruns, Hill et Lindstedt.

<h3 style="text-align:center">Méthode de Jacobi.</h3>

181. On peut appliquer à l'équation (1) la méthode exposée en détail au Chapitre IX avec cette différence que les séries seraient certainement convergentes. L'équation (1) rentre en effet comme cas particulier dans l'équation (3) du n° 2. Or nous avons vu que cette équation du n° 2 pouvait être ramenée à la forme canonique des équations de Jacobi.

Si donc nous posons

$$x = \sqrt{\frac{2x_1}{q}}\,\sin y_1, \qquad \frac{dx}{dt} = \sqrt{2qx_1}\cos y_1, \qquad y_2 = t, \qquad q = \mu q_1$$

et

$$F = -qx_1 - x_2 - \mu x_1 \sin^2 y_1 \cos 2 y_2,$$

l'équation

$$(1) \qquad \frac{d^2 x}{dt^2} + q^2 x = q_1 x \cos 2 t$$

peut être remplacée par les équations canoniques

$$\frac{dy_2}{dt} = -\frac{dF}{dx_2} = t, \qquad \frac{dx_2}{dt} = \frac{dF}{dy^2}, \qquad \frac{dx_1}{dt} = \frac{dF}{dy_1} = \mu \sin 2 y_1 \cos 2 y_2$$

$$\frac{dy_1}{dt} = -\frac{dF}{dx_1} = q - \mu \sin^2 y_1 \cos 2 y_2.$$

Le problème est alors ramené à l'intégration de l'équation aux dérivées partielles

$$(2) \qquad q\,\frac{dS}{dy_1} + \frac{dS}{dy_2} = 2\,\frac{dS}{dy_1}\sin^2 y_1 \cos 2 y_2,$$

à laquelle la méthode d'approximations successives du n° 125 est directement applicable.

Mais il n'y aurait pas grand avantage à l'employer, à moins que l'équation (1) ne soit qu'une expression approximative du problème qu'on se propose et qu'après avoir intégré cette équation on ne veuille pousser plus loin l'approximation en employant la méthode de la variation des constantes ou qu'on ne veuille s'en servir comme vérification.

Observons en passant que l'intégration de l'équation (2) se ramène à celle d'une équation différentielle du premier ordre,

$$\frac{dy_2}{dy_1} = q - \mu \sin^2 y_1 \cos 2 y_2.$$

Quoi qu'il en soit, cherchons quelle relation il peut y avoir entre la fonction S définie par l'équation (2) et les fonctions $F(t)$ et $f(t)$ définies dans les numéros précédents.

Nous trouverons pour la solution générale des équations canoniques dérivées de l'équation (1) par le changement de variables qui précède l'expression qui va suivre : je rappelle que nous avons posé

$$F(t) = \Sigma A_n \cos(h + 2 n) t;$$

notre expression sera, en désignant par x_1^0, x_2^0, y_1^0, y_2^0 des constantes d'intégration,

$$\sqrt{\frac{2 x_1}{q}}\,\sin y_1 = x_1^0 \Sigma A_n \cos(ht + hy_1^0 + 2 nt + 2 n y_2^0)$$

$$\sqrt{2 q x_1}\,\cos y_1 = -x_1^0 \Sigma A_n (h + 2 n)\sin(ht + h y_1^0 + 2 nt + 2 n y_2^0)$$

$$y_2 = t + y_2^0; \qquad x_2 = x_2^0 + \int \frac{dF}{dy_2}\,dt.$$

Si l'on élimine entre ces équations les deux constantes y_1^0 et y_2^0 et que l'on résolve par rapport à x_1 et à x_2, on aura x_1 et x_2 en fonctions de y_1, y_2, x_1^0 et x_2^0; et d'autre part

$$x_1\,dy_1 + x_2\,dy_2 = dS$$

sera une différentielle exacte (*Cf.* n° 19, *in fine*).

Posons alors, pour abréger,

$$ht + hy_1^0 = \varphi,$$

il viendra

$$\sqrt{\frac{2x_1}{q}}\sin y_1 = \quad x_1^0 \Sigma A_n \cos(\varphi + 2ny_2),$$

$$\sqrt{2qx_1}\cos y_1 = - x_1^0 \Sigma A_n(h + 2n)\sin(\varphi + 2ny_2)$$

et il s'agira d'éliminer φ entre ces deux équations.

Pour effectuer cette élimination, observons que ces deux équations peuvent s'écrire

$$\sqrt{\frac{2x_1}{q}}\,\frac{\sin y_1}{x_1^0} = \theta_1(y_2)\cos\varphi + \theta_2(y_2)\sin\varphi,$$

$$\sqrt{2qx_1}\,\frac{\cos y_1}{x_1^0} = \theta_3(y_2)\cos\varphi + \theta_4(y_2)\sin\varphi,$$

les θ étant des fonctions périodiques de y_2 de période π et qui s'expriment aisément à l'aide de $F(t)$ et $f(t)$. En résolvant ces équations par rapport à $\cos\varphi$ et $\sin\varphi$, il vient

$$\frac{x_1^0}{\sqrt{x_1}}\cos\varphi = \chi_1(y_2)\cos y_1 + \chi_2(y_2)\sin y_1,$$

$$\frac{x_1^0}{\sqrt{x_1}}\sin\varphi = \chi_3(y_2)\cos y_1 + \chi_4(y_2)\sin y_1,$$

les quatre fonctions $\chi_i(y_2)$ étant périodiques de période π et s'exprimant aisément à l'aide des θ et, par conséquent, à l'aide de $F(t)$ et $f(t)$. En faisant la somme des carrés, il vient alors, si l'on observe que x_1 doit être une fonction paire en y_1,

$$\frac{(x_1^0)^2}{x_1} = \zeta_0(y_2) + \zeta_1(y_2)\cos 2y_1 + \ldots,$$

les deux fonctions ζ étant encore périodiques de période π et s'exprimant aisément à l'aide de $F(t)$ et $f(t)$.

Or nous aurons

$$r_1 = \frac{dS}{dy_1},$$

d'où cette conclusion :

$\dfrac{dS}{dy_1}$ est une fonction périodique de période π tant par rapport à y_1 que par rapport à y_2 et son développement contient, comme on le verra en appliquant la méthode du n° 125, des termes en $\cos(2m y_1 + 2n y_2)$, où m et n peuvent prendre toutes les valeurs entières possibles. Mais la fonction inverse

$$\frac{1}{\left(\dfrac{dS}{dy_1}\right)}$$

qui est aussi périodique en y_1 et y_2, ne pourra contenir que des termes en

$$\cos 2n y_2 \quad \text{ou} \quad \cos(2y_1 + 2n y_2),$$

$\dfrac{dS}{dy_1}$ étant évidemment une fonction paire tant par rapport à y_1 que par rapport à y_2.

Si nous posons

$$u = \frac{1}{\left(\dfrac{dS}{dy_1}\right)},$$

l'équation (2) nous donne

$$q \frac{du}{dy_1} + \frac{du}{dy_2} = \mu \left(\frac{du}{dy_1} \sin^2 y_1 \cos 2 y_2 - 2u \sin y_1 \cos y_1 \cos 2 y_2 \right).$$

Les procédés du n° 125 sont applicables à cette équation bien qu'elle ne contienne pas seulement les dérivées de u, mais la fonction u elle-même.

On trouve

$$u = u_0 + \mu u_1 + \mu^2 u_2 + \ldots;$$

u_0 est une constante, et il est aisé de vérifier que u_1, u_2, … sont bien de la forme indiquée, c'est-à-dire que

$$u_i = \Sigma A_n^i \cos 2n y_2 + \Sigma B_n^i \cos(2y_1 + 2n y_2).$$

Il est aisé de former des relations de récurrence qui permettent de déterminer les constantes

$$A_n^{i+1} \quad \text{et} \quad B_n^{i+1},$$

quand on connaît les A_n^i et les B_n^i.

Méthode de M. Gyldén.

182. M. Picard a démontré le théorème suivant :

Si une équation linéaire a pour coefficients des fonctions doublement périodiques et si son intégrale générale n'a d'autre singularité que des pôles, cette intégrale s'exprime à l'aide des « fonctions doublement périodiques de deuxième espèce », c'est-à-dire des fonctions qui se reproduisent multipliées par un facteur constant quand la variable augmente d'une période.

L'importance de ce théorème provient des deux circonstances suivantes :

1° Il est toujours facile de reconnaître sur l'équation même si l'intégrale générale n'a d'autre singularité que des pôles ;

2° Toute fonction doublement périodique de deuxième espèce s'exprime simplement à l'aide des fonctions θ de Jacobi ou des fonctions σ de M. Weierstrass.

M. Gyldén a eu l'idée ingénieuse d'appliquer ce théorème à l'intégration de l'équation (1). Mais il serait injuste de présenter les choses sous cette forme sans citer le nom de M. Hermite. Ce que M. Gyldén a appliqué en réalité, c'est un théorème de M. Hermite sur l'équation de Lamé, qui n'est à la vérité qu'un cas particulier de celui de M. Picard, mais qui lui est notablement antérieur.

Notre équation (1) peut s'écrire

$$(2) \qquad \frac{d^2x}{dt^2} = (a + b\cos^2 t)x.$$

en posant

$$a = -q^2 + \frac{q_1}{2}, \qquad b = \frac{q_1}{2}.$$

Considérons la fonction

$$\cos am\, t = cn\, t \qquad (\operatorname{mod} k).$$

Il est clair, d'après la définition même de cette fonction, que cnt tendra vers $\cos t$ quand k tendra vers zéro. On peut donc, si k est très petit, remplacer l'équation (2) par la suivante

$$(3) \qquad \frac{d^2x}{dt^2} = x(a - b\,cn^2 t)$$

et l'approximation sera d'autant plus grande que k sera plus petit.

Cela posé, voyons quelles sont les conditions pour que l'intégrale générale de (3) n'ait d'autre singularité que des pôles. Le seul point singulier de l'équation (3) est le point

$$\frac{\omega' i}{2},$$

en appelant ω et $\omega' i$ les périodes de $cn^2 t$. En effet, pour

$$t = \frac{\omega' i}{2},$$

cnt devient infini. On sait que le résidu de cnt est $\dfrac{\sqrt{-1}}{k}$; de sorte que nous aurons, en développant $cn^2 t$ suivant les puissances de

$$t - \frac{\omega' i}{2} = u,$$

une série de la forme suivante

$$-\frac{1}{k^2 u^2} + \alpha_0 + \alpha_1 u^2 + \ldots$$

ne contenant que des puissances paires de u.

La condition pour que le développement de x suivant les puissances croissantes de u commence par un terme en u^{-n}, s'obtient aisément en égalant dans les deux membres de (3) les termes en u^{-n-2}, qui sont alors les termes de degré le moins élevé; elle s'écrit

$$n(n+1) = -\frac{b}{k^2},$$

d'où

$$(4) \qquad k^2 = -\frac{q_1}{2.n(n+1)}.$$

Si elle est remplie et si n est entier, l'équation (3) admet une intégrale particulière qui aura un pôle pour $t = \dfrac{\omega' i}{2}$.

Comment se comportera l'autre intégrale? La théorie des équations linéaires nous apprend qu'elle ne pourra non plus avoir d'autre singularité qu'un pôle en $t = \dfrac{\omega' i}{2}$ ou un point logarithmique; mais l'étude du développement de x suivant les puissances de u montre aisément que du moment que $a + b\,\mathrm{cn}^2 t$ est une fonction paire de u, on n'a pas à craindre que le développement des intégrales contienne un logarithme; je renvoie pour plus de détails aux travaux bien connus de M. Fuchs, sur les équations linéaires dans le tome 66 du *Journal de Crelle* et à la thèse de M. Tannery (Paris, Gauthier-Villars, 1875) où ces travaux sont résumés. Ainsi, si la condition (4) est remplie, l'équation (3) admettra deux intégrales particulières de la forme

$$x = \frac{\theta(t - a_1)\,\theta(t - a_2)\ldots\theta(t - a_n)}{\theta^n(t)},$$

en désignant par θ celle des quatre fonctions θ qui s'annule pour $t = \dfrac{\omega' i}{2}$.

Les n quantités $a_1, a_2, \ldots, a_n$ peuvent être facilement déterminées, ainsi que l'ont fait voir les recherches de M. Hermite sur l'équation de Lamé qui ont épuisé complètement la question.

Maintenant nous pouvons choisir un entier n assez grand, pour que la valeur de k qui satisfait à la condition (4) soit aussi petite que nous voudrons, et, par conséquent, pour que les équations (2) et (3) diffèrent aussi peu l'une de l'autre qu'on le voudra.

Mais, comme q_1 est généralement très petit, M. Gyldén estime que, dans les applications, on pourra se contenter de la première approximation et faire $n = 1$.

Méthode de M. Bruns.

183. Reprenons l'équation

$$(1) \qquad \frac{d^2 x}{dt^2} + q^2 x = q_1 x \cos 2t$$

et faisons-y

$$x = e^{\int z\,dt}.$$

L'équation deviendra

$$(2) \qquad \frac{dz}{dt} + z^2 - q^2 = q_1 \cos 2t.$$

Supposons maintenant que l'on développe z suivant les puissances croissantes de q_1 et qu'on ait

$$z = z_0 + q_1 z_1 + q_1^2 z_2 + \dots.$$

Nous déterminerons successivement

$$z_0, \quad z_1, \quad z_2, \quad z_3, \quad \dots$$

par la suite d'équations

$$z_0 = \pm iq,$$

$$(3) \qquad
\begin{cases}
\dfrac{dz_1}{dt} - 2 z_0 z_1 = \cos 2t, \\[2mm]
\dfrac{dz_2}{dt} - 2 z_0 z_2 = - z_1^2, \\[2mm]
\dfrac{dz_3}{dt} - 2 z_0 z_3 = - 2 z_1 z_2, \\[2mm]
\dfrac{dz_4}{dt} - 2 z_0 z_4 = - 2 z_1 z_3 - z_2^2, \\[2mm]
\dfrac{dz_5}{dt} - 2 z_0 z_5 = - 2 z_1 z_4 - 2 z_2 z_3.
\end{cases}$$

$$\dots\dots\dots\dots\dots\dots\dots\dots\dots\dots\dots\dots$$

Les équations (3) permettent de calculer les z_k par récurrence; si, en effet, on a intégré les k premières de ces équations, et si l'on connaît par conséquent

$$z_0, \quad z_1, \quad z_2, \quad \dots, \quad z_{k-1},$$

la $(k+1^{ième})$ s'écrira (en prenant $z_0 = +iq$, par exemple)

$$\frac{dz_k}{dt} + 2iq z_k = U_k,$$

U_k étant une fonction connue de t.

Si $z_0, z_1, z_2, \dots, z_{k-1}$ sont des fonctions périodiques de t, de période π, il en sera de même de U_k et nous pourrons écrire

$$U_k = \Sigma a_n e^{2nti},$$

d'où

$$z_k = \sum \frac{a_n e^{2nit}}{2i(n+q)}.$$

Nous pourrons donc, à moins que q ne soit entier, égaler z_k à une fonction périodique de t.

Alors z est une fonction périodique de t, que nous pourrons écrire

$$z = ih + \frac{du}{dt},$$

ih étant la valeur moyenne de cette fonction périodique z et u une autre fonction périodique. On en déduit pour une intégrale particulière de (1)

$$x = e^{iht + u},$$

Ce que nous avons appelé $F(t)$ dans le n° **178** est alors la partie réelle de

$$e^{iht + u}.$$

Cette méthode est la plus simple quand on veut le développement de h suivant les puissances de q_1.

Méthode de M. Lindstedt.

184. Considérons l'équation

$$(1) \qquad \frac{d^2 x}{dt^2} + q^2 x - q_1 x \cos 2t = 0$$

et sa solution paire

$$x = F(t) = \Sigma A_n \cos(h + 2n)t.$$

Il est clair que nous aurons

$$(2) \qquad A_n [q^2 - (h + 2n)^2] = \frac{q_1}{2} (A_{n-1} + A_{n+1}).$$

Le problème consiste à déterminer h et les A_n, de façon que les équations (2) soient satisfaites et la série $F(t)$ convergente. Nous pouvons considérer également l'équation à second membre

$$(3) \qquad \frac{d^2x}{dt^2} + q^2 x - q_1 x \cos 2t = \beta \cos \lambda t;$$

cette équation admet une solution de la forme

$$x = \Sigma B_n \cos(\lambda + 2n)t.$$

Il serait aisé d'ailleurs (par la méthode ordinaire d'intégration des équations linéaires à second membre) de calculer les coefficients B_n une fois qu'on connaîtrait h et les A_n; mais, si l'on veut les calculer directement, on est conduit aux équations suivantes analogues aux équations (2)

$$(4) \qquad B_n[q^2 - (\lambda + 2n)^2] = \frac{q_1}{2}(B_{n-1} + B_{n+1}).$$

Pour $n = 0$, cette équation devrait être remplacée par la suivante

$$(4\,bis) \qquad B_0(q^2 - \lambda^2) = \frac{q_1}{2}(B_{-1} + B_1) + \beta,$$

qui se réduit encore aux équations (2), quand on y fait $\lambda = h$, $\beta = 0$. Posons alors

$$\frac{q_1}{2[q^2 - (\lambda + 2n)^2]} = M_n.$$

M_n sera une fonction de λ.

Posons pour $n > 0$

$$z_n = \frac{B_n}{B_{n-1}}$$

et, au contraire, pour $n < 0$,

$$z_n = \frac{B_n}{B_{n+1}},$$

de telle façon que

$$z_1 = \frac{B_1}{B_0}, \qquad z_2 = \frac{B_2}{B_1}, \qquad \ldots, \qquad z_{-1} = \frac{B_{-1}}{B_0}, \qquad z_{-2} = \frac{B_{-2}}{B_{-1}}, \qquad \ldots;$$

les équations (4) deviendront, en supposant $n > 0$,

$$\frac{1}{M_n} = z_{n+1} + \frac{1}{z_n},$$

d'où

$$z_n = \frac{M_n}{1 - M_n z_{n+1}} = \frac{M_n}{1 - \dfrac{M_n M_{n+1}}{1 - M_{n+1} z_{n+2}}} = \ldots$$

Nous sommes donc conduit à exprimer z_1 par la fraction continue

$$\cfrac{M_1}{1 - \cfrac{M_1 M_2}{1 - \cfrac{M_2 M_3}{1 - \cfrac{M_3 M_4}{1 - \ldots}}}}$$

Cette fraction continue est-elle convergente? Soit $\dfrac{P_n}{Q_n}$ sa $n^{\text{ième}}$ réduite, nous aurons

$$(5) \qquad P_n = P_{n-1} - P_{n-2} M_n M_{n-1}, \qquad Q_n = Q_{n-1} - Q_{n-2} M_n M_{n-1}$$

et, d'autre part,

$$P_n Q_{n-1} - P_{n-1} Q_n = M_1^1 M_2^2 M_3^3 \ldots M_{n-1}^2 M_n.$$

Je remarque d'abord que, quand n croît indéfiniment, M_n tend vers o et que la série

$$(6) \qquad\qquad M_1 + M_1 M_2 + M_2 M_3 + M_3 M_4 + \ldots$$

est absolument convergente (sauf dans le cas où l'une des quantités M_n est infinie, c'est-à-dire où λ est égal à $\pm q$ à un entier près; ce cas doit être exclu de la discussion qui va suivre). D'ailleurs, à partir d'un certain rang, tous les termes de cette série seront positifs.

Je dis maintenant que P_n va tendre vers une limite finie et qu'il en sera de même de Q_n.

En effet, P_n et Q_n sont définis par les équations de récurrence (5). Déterminons par les mêmes équations deux quantités R_n et R'_n, de telle sorte que

$$R_n = R_{n-1} - R_{n-2} M_n M_{n-1},$$
$$R'_n = R'_{n-1} - R'_{n-2} M_n M_{n-1}.$$

Nous pourrons nous donner arbitrairement deux quelconques des quantités R_n et aussi deux quelconques des quantités R'_n.

Considérons dans la série (6) les p premiers termes qui suivent le $n^{\text{ième}}$

$$M_n M_{n+1} + M_{n+1} M_{n+2} + \ldots + M_{n+p-1} M_{n+p}.$$

Soit $S_{n,p}$ la somme de ces p termes, nous pourrons toujours prendre n assez grand pour que $S_{n,p}$ soit positif et plus petit que 1.

Considérons alors l'équation de récurrence

$$R_{n+p} = R_{n+p-1} - R_{n+p-2} M_{n+p-1} M_{n+p}.$$

Cette équation montre que, si l'on a

$$1 > R_{n+p-1} > (1 - S_{n,p-1}),$$
$$1 > R_{n+p-2} > (1 - S_{n,p-2}) > 0,$$

on aura également

$$(7) \qquad\qquad 1 > R_{n+p} > (1 - S_{n,p}).$$

Il suffit donc que l'on choisisse R_{n+1} et R_{n+2} de façon à satisfaire à l'inégalité (7) pour que tous les termes R_{n+p} y satisfassent. R_{n+p} est donc toujours plus grand que $1 - S_{n,p}$, et, par conséquent, positif. De plus, l'équation de récurrence montre que R_{n+p} va constamment en décroissant quand l'indice $n+p$ croît. Donc R_{n+p} tend vers une limite finie et déterminée. Choisissons donc R_{n+1} et R_{n+2}, R'_{n+1} et R'_{n+2} de façon à satisfaire aux inégalités (7) et de façon que le déterminant

$$R_{n+1} R'_{n+2} - R_{n+2} R'_{n+1}$$

ne soit pas nul.

Alors R_{n+p} et R'_{n+p} tendront vers deux limites finies, déterminées et différentes de o, R et R'.

Comme P_n et Q_n satisfont aux mêmes relations de récurrence que R_n et R'_n et que ces relations sont linéaires, nous aurons

$$P_n = \mu R_n + \mu' R'_n,$$
$$Q_n = \mu_1 R_n + \mu'_1 R'_n,$$

μ, μ', μ_1, μ'_1 étant des coefficients constants et la limite de notre fraction continue sera

$$\frac{\mu R + \mu' R'}{\mu_1 R + \mu'_1 R'}.$$

Pour certaines valeurs de q_1, q et λ et, par conséquent, pour certaines valeurs des coefficients μ, il peut arriver que cette fraction soit nulle ou infinie; mais elle ne se présentera jamais sous la forme indéterminée $\frac{0}{0}$.

Dans le cas où $q = \pm(\lambda + 2n)$, et où, par conséquent, $M_n = \infty$, il n'y a presque rien à changer à ce qui précède. Si, par exemple, on avait $M_2 = \infty$, notre fraction continue deviendrait

$$\cfrac{M_1}{1 + \cfrac{M_1}{\cfrac{M_1}{1 - \cfrac{M_3 M_1}{1 - \ldots}}}}$$

La limite de notre fraction continue étant une fonction de λ, nous pouvons l'appeler $\psi(\lambda)$ et écrire

$$z_1 = \psi(\lambda).$$

On trouverait de même

$$z_{-1} = \psi(-\lambda), \quad z_2 = \psi(\lambda + 2), \quad z_3 = \psi(\lambda + 4), \quad z_n = \psi(\lambda + 2n - 2),$$

$$z_{-2} = \psi(2 - \lambda), \quad z_{-n} = \psi(2n - 2 - \lambda),$$

ce qui met en évidence la propriété caractéristique de la fonction $\psi(\lambda)$, à savoir que

$$\psi(\lambda) + \frac{1}{\psi(\lambda - 2)} = \frac{\lambda(q^2 - \lambda^2)}{q_1}.$$

Quand on a calculé $\psi(\lambda)$ et $\psi(-\lambda)$, il est facile de calculer tous les rapports z_n et z_{-n}. Si alors on avait la valeur de B_0, on en déduirait facilement celle de tous les coefficients B_n. Or il est évident que B_0 satisfera à l'équation

$$B_0(q^2 - \lambda^2) = \frac{B_0 q_1}{\lambda}[\psi(\lambda) - \psi(-\lambda)] - \beta,$$

ce qui détermine B_0.

Pour $\lambda = h$, B_n doit se réduire à A_n et β à 0; d'où l'équation suivante qui détermine h

$$q^2 - h^2 = \frac{q_1}{2}\left[\psi(h) + \psi(-h)\right].$$

Une fois h déterminé (et cela se fera en général plus aisément par l'une des méthodes exposées plus haut), on calculerait comme nous venons de l'expliquer les z_n et les $\mathrm{A}_n = \mathrm{B}_n$.

Méthode de M. Hill.

185. Reprenons les équations (1), (2), (3), (4) et (4 *bis*) du numéro précédent; ces équations sont linéaires et, bien qu'elles soient en nombre infini, M. Hill a eu la hardiesse de les traiter par les procédés ordinaires de résolution des équations linéaires en nombre fini, c'est-à-dire par les déterminants.

Cette hardiesse est-elle justifiée? C'est ce que j'ai essayé de faire voir dans une discussion que j'ai publiée dans le Tome XIV du *Bulletin de la Société mathématique de France* et dont je vais rappeler ici les principaux résultats.

Considérons un Tableau à double entrée, indéfini,

$$(5)\quad
\begin{cases}
1 & a_{21} & a_{31} & a_{41} & \ldots & a_{n1} & \ldots \\
a_{12} & 1 & a_{32} & a_{42} & \ldots & a_{n2} & \ldots \\
a_{13} & a_{23} & 1 & a_{43} & \ldots & a_{n3} & \ldots \\
\ldots & \ldots & & \ldots & & \ldots & \\
a_{1n} & a_{2n} & . & \ldots & a_{n-1,n} & 1 & a_{n+1,n} \\
\ldots & \ldots & & \ldots & & . & \ldots
\end{cases}$$

Dans ce Tableau les termes de la diagonale principale sont tous égaux à 1.

Soit Δ_n le déterminant formé en prenant les n premières lignes et les n premières colonnes du Tableau (5). Je dirai que le Tableau (5) est un déterminant d'ordre infini et que ce déterminant converge si Δ_n tend vers une limite finie et déterminée Δ quand n croît indéfiniment.

Pour nous rendre compte des conditions de convergence d'un déterminant, appuyons-nous sur le mode suivant de génération.

qui n'est autre que celui qui est connu sous le nom de *clefs algébriques*.

Soit à développer le déterminant

$$D = \begin{vmatrix} a_{11} & a_{12} & \ldots & a_{1n} \\ a_{21} & a_{22} & \ldots & a_{2n} \\ \ldots & \ldots & \ldots & \ldots \\ a_{n1} & a_{n2} & \ldots & a_{nn} \end{vmatrix}.$$

Développons le produit

$$\Pi_p(\Sigma_n a_{pn}),$$

puis affectons chacun des termes du produit développé, suivant les cas, de l'un des coefficients $+1$, -1 ou 0; nous obtiendrons ainsi D.

Il est aisé d'en déduire l'inégalité suivante; formons le produit

$$\Pi = \Pi_p(\Sigma_n |a_{pn}|),$$

on aura

$$(6) \qquad |D| < \Pi.$$

Supposons maintenant qu'on remplace dans le déterminant D un certain nombre d'éléments par zéro, le déterminant D deviendra D′ et Π deviendra Π'; un certain nombre de termes s'annuleront dans le développement de Π, et les termes correspondants s'annuleront aussi dans le développement de D. On aura alors

$$(7) \qquad |D - D'| < \Pi - \Pi'.$$

Telles sont les deux inégalités très simples qui vont nous servir de point de départ.

Pour que le déterminant Δ d'ordre infini converge, il suffit que le produit Π correspondant, qui s'écrit

$$(8) \quad \begin{cases} (1 + |a_{21}| + |a_{31}| + \ldots + |a_{n1}| + \ldots)(1 + |a_{12}| + |a_{32}| + \ldots + |a_{n2}| + \ldots) \\ (1 + |a_{13}| + |a_{23}| + \ldots) \ldots, \end{cases}$$

converge lui-même ou, d'après un théorème bien connu, que la série

$$|a_{21}| + |a_{31}| + |a_{41}| + \ldots + |a_{n1}| + \ldots + |a_{12}| + |a_{32}| + \ldots + |a_{13}| + \ldots$$

converge elle-même.

En effet, soient Δ_n et Δ_{n+p} les déterminants obtenus en prenant dans le Tableau (5) les n premières, puis les $n+p$ premières lignes et colonnes. Soient Π_n et Π_{n+p} les valeurs correspondantes du produit Π défini plus haut.

Comme dans le Tableau (5) les termes de la diagonale principale sont égaux à 1, on passera de Δ_{n+p} à Δ_n en annulant un certain nombre des éléments de ce déterminant Δ_{n+p} : on aura donc

$$|\Delta_{n+p} - \Delta_n| < \Pi_{n+p} - \Pi_n.$$

Mais, si le produit (8) converge, le second membre de cette inégalité tend vers zéro quand n et p croissent indéfiniment. Il en est donc de même du premier membre, ce qui prouve que Δ_n tend vers une limite finie et déterminée.   C. Q. F. D.

Donc, pour que le déterminant Δ converge, il suffit que la série obtenue en prenant dans ce déterminant tous les éléments qui n'appartiennent pas à la diagonale principale converge absolu- -ment.

Je vais faire voir maintenant que le déterminant converge abso- lument, c'est-à-dire qu'on peut modifier l'ordre des colonnes ou des lignes sans changer la valeur limite du déterminant.

Soient en effet deux Tableaux analogues à (5) et ne différant que par l'ordre des colonnes et des lignes. Je supposerai toutefois que, dans l'un comme dans l'autre Tableau, les éléments égaux à 1 occupent la diagonale principale. Soit Δ_n le déterminant obtenu en prenant les n premières lignes et colonnes du premier Tableau. Soit Δ'_p le déterminant obtenu en prenant les p premières lignes et colonnes du second Tableau, p étant assez grand pour que tous les éléments de Δ_n se retrouvent dans Δ'_p. Soient Π_n et Π'_p les produits Π correspondant à Δ_n et Δ'_p. On passera de Δ'_p à Δ_n en annulant dans Δ'_p un certain nombre d'éléments. Je puis donc écrire

$$|\Delta'_p - \Delta_n| < \Pi'_p - \Pi_n.$$

Mais, le produit (8) étant absolument convergent, on aura

$$\lim \Pi'_p = \lim \Pi_n. \qquad (n, p = \infty)$$

On aura donc aussi

$$\lim \Delta'_p = \lim \Delta_n. \qquad \text{C. Q. F. D.}$$

Imaginons maintenant que le Tableau (5) soit indéfini dans les deux sens, de sorte que les colonnes et les lignes soient numérotées depuis $-\infty$ jusqu'à $+\infty$.

Le terme qui appartiendra à la fois à la ligne numérotée n et à la colonne numérotée p s'appellera a_{np}. D'ailleurs n et p pourront prendre toutes les valeurs entières positives ou négatives, y compris la valeur zéro.

Nous appellerons Δ_n le déterminant formé en prenant les $2n+1$ lignes numérotées $-n, -n+1, -n+2, \ldots, -1, 0, 1, 2, \ldots, n-1, n$ et les $2n+1$ colonnes portant les mêmes numéros. Le déterminant d'ordre infini convergera si Δ_n tend vers une limite finie et déterminée.

Nous supposerons toujours que les termes de la diagonale principale sont égaux à 1, c'est-à-dire que $a_{nn} = 1$.

Alors, en raisonnant tout à fait comme plus haut, on trouverait que le déterminant converge absolument pourvu que la série

$$\Sigma |a_{np}| \qquad (n \gtrless p; n, p \text{ variant de } -\infty \text{ à } +\infty)$$

soit convergente.

Supposons maintenant que dans notre Tableau à double entrée, c'est-à-dire d'après la définition qui précède, dans notre déterminant d'ordre infini, on remplace tous les éléments d'une certaine ligne par une suite de quantités

$$\ldots, x_{-n}, \ldots, x_{-1}, x_0, x_1, x_2, \ldots, x_n, \ldots$$

qui soient toutes plus petites en valeur absolue qu'un certain nombre positif k. Je dis que le déterminant restera convergent si la série

$$\Sigma |a_{np}| \qquad (n \gtrless p)$$

converge.

En effet, prenons, comme il a été dit plus haut, $2n+1$ lignes et $2n+1$ colonnes dans le Tableau à double entrée, de façon à former le déterminant Δ_n. Supposons que l'on fasse la somme des valeurs absolues des éléments de chaque ligne, en exceptant la ligne dont les éléments ont été remplacés par des quantités x. Faisons ensuite le produit Π_n des $2n$ sommes ainsi obtenues. Un terme quelconque du déterminant Δ_n sera un terme du produit Π_n

multiplié par une des quantités x ou par cette quantité changée de signe. Donc, d'après l'hypothèse

$$|x_i| < k,$$

on devra avoir

$$|\Delta_n| < k\Pi_n.$$

Si l'on annule quelques-uns des éléments de Δ_n ce déterminant devient Δ'_n et le produit Π_n devient Π'_n. Quelques-uns des termes du produit Π_n s'annulent et les termes correspondants de Δ_n s'annulent également. On a donc

$$|\Delta'_n - \Delta_n| < k(\Pi_n - \Pi'_n).$$

Observons maintenant que, pour passer du déterminant Δ_{n+p} au déterminant Δ_n, il suffit d'y annuler certains éléments; nous trouverons

$$|\Delta_{n+p} - \Delta_n| < k(\Pi_{n+p} - \Pi_n)$$

et nous en déduirons, comme précédemment, que Δ_n tend vers une limite finie et déterminée, pourvu qu'il en soit ainsi de Π_n, et c'est précisément ce qui arrive quand la série

$$\Sigma|a_{np}| \qquad\qquad (n \gtrless p)$$

converge.

186. Appliquons ces principes au cas particulier qui a été traité par M. Hill dans son Mémoire sur le mouvement du périgée de la Lune (*Acta math.*, t. VIII).

Reprenons les équations (2) du n° 184

$$(2) \qquad A_n[q^2 - (h + 2n)^2] = \frac{q_1}{2}(A_{n-1} - A_{n+1}).$$

Nous avons une infinité d'équations linéaires à une infinité d'inconnues. Pour avoir le droit de les traiter d'après les règles ordinaires du calcul et de calculer leur déterminant je veux d'abord que la diagonale principale ait tous ses éléments égaux à 1 et j'écris, par conséquent, cette équation sous la forme

$$(2\ bis) \qquad A_n - \frac{q_1}{2[q^2 - (h + 2n)^2]}(A_{n-1} + A_{n+1}) = 0.$$

On aura donc, en appelant encore $a_{n,p}$ l'élément du déterminant qui appartient à la ligne numérotée n et à la colonne numérotée p

$$a_{nn} = 1; \qquad a_{n,n-1} = a_{n,n+1} = -\frac{q_1}{2[q^2 - (h + 2n)^2]};$$

$$a_{n,p} = 0 \quad \left(\begin{matrix} p < n - 1 \\ \text{ou } p > n + 1 \end{matrix} \right).$$

Pour que le déterminant converge, il suffit donc que la série

$$\sum_{n=-\infty}^{n=+\infty} \left| \frac{q_1}{q^2 - (h + 2n)^2} \right|$$

converge, condition qui est évidemment remplie.

Ce déterminant est évidemment une fonction de h que j'appellerai avec M. Hill $\square(h)$.

Alors h sera déterminé par l'équation

$$(3) \qquad\qquad \square(h) = 0$$

sur laquelle nous allons revenir.

Supposons ensuite que dans ce déterminant nous remplacions
les éléments de la ligne numérotée zéro par des indéterminées x,
que nous remplacions par conséquent

$$\ldots, \quad a_{0,-p} = 0, \quad \ldots, \quad a_{0,-1} = \frac{-q_1}{2(q^2 - h^2)}, \quad a_{0,0} = 1,$$

$$a_{0,1} = \frac{-q_1}{2(q^2 - h^2)}, \quad \ldots, \quad a_{0,p} = 0, \quad \ldots$$

respectivement par

$$\ldots, \quad x_{-p}, \quad \ldots, \quad x_{-1}, \ x_0, \ x_1, \ \ldots, \ x_p, \ \ldots$$

D'après ce qui précède, le déterminant Δ ainsi obtenu conver-
gera encore pourvu que les quantités $|x|$ soient plus petites qu'un
nombre donné k. Il sera une fonction linéaire des x et pourra
s'écrire

$$\Delta = \ldots + A_{-p} x_{-p} + \ldots + A_0 x_0 + \ldots + A_p x_p + \ldots$$

On obtiendra d'ailleurs évidemment A_p en donnant à x_p la
valeur 1 et aux autres indéterminées x la valeur zéro.

Je dis que les quantités A_n, ainsi définies, satisfont aux équations (2). Si nous donnons, en effet, à x_p la valeur $a_{n,p}$, c'est-à-dire la valeur

$$0, \quad \frac{-q_1}{2[q^2 - (h - 2n)^2]} \quad \text{ou } 1,$$

selon que

$$|n - p| > 1, \qquad |n - p| = 1 \qquad \text{ou que} \qquad n = p,$$

notre déterminant deviendra

$$A_n - \frac{q_1}{2[q^2 - (h - 2n)^2]}(A_{n-1} + A_{n+1})$$

et il devra être nul, car il y a deux lignes identiques; l'équation (2 *bis*) sera donc satisfaite.

Il y a exception pour $n = 0$; car le déterminant n'a plus alors deux lignes identiques; mais il est encore nul, parce qu'il se réduit alors à $\square(h)$ qui est nul en vertu de l'équation (3).

Enfin la série

$$\Sigma A_p e^{(2p+h)it}$$

converge; car on l'obtient en faisant dans Δ

$$x_p = e^{(2p+h)it},$$

et la valeur absolue de x_p est alors limitée, ce qui est, comme nous l'avons vu, une condition suffisante de la convergence de Δ.

Application du théorème de M. Hadamard.

187. Il nous reste à étudier l'équation

$$(1) \qquad\qquad \square(h) = 0.$$

Pour cela, il nous faut d'abord définir le déterminant que M. Hill appelle $\nabla(h)$.

Pour cela, reprenons notre déterminant $\square(h)$ et multiplions la ligne numérotée zéro par

$$q^2 - h^2,$$

et la ligne numérotée $n\,(n \gtrless o)$ par

$$\frac{q^2 - (h + 2n)^2}{4\,n^2}.$$

Je dis que le déterminant $\nabla(h)$, ainsi obtenu, sera encore convergent; et, en effet, si nous nous rappelons la définition donnée plus haut de la limite d'un déterminant indéfini dans les deux sens, nous verrons que

$$\nabla(h) = \square(h)(q^2 - h^2)\,\Pi,$$

Π étant la limite vers laquelle tend le produit des $2\,m$ facteurs

$$\frac{q^2 - (h + 2n)^2}{4\,n^2},$$

où $n = \pm\, 1,\ \pm\, 2,\ \ldots,\ \pm\, m$ quand m croît indéfiniment : Π est donc la limite du produit infini

$$\prod_{n=1}^{\infty}\left[1 + \frac{h^2 - q^2}{2\,n^2} - \frac{h^2}{n^2} - \frac{(h^2 - q^2)^2}{16\,n^4} \right],$$

lequel est évidemment convergent. Donc $\nabla(h)$ converge.

Appelons $b_{n,p}$ celui des éléments de ce déterminant qui appartient à la ligne numérotée n et à la colonne numérotée p. Nous aurons

$$b_{0,0} = q^2 - h^2, \qquad b_{n,n} = \frac{q^2 - (h + 2n)^2}{4\,n^2} \quad (n \gtrless o),$$

$$b_{0,1} = b_{0,-1} = -\frac{q_1}{2}, \qquad b_{n,n+1} = b_{n,n-1} = -\frac{q_1}{8\,n^2} \quad (n \gtrless o),$$

$$b_{n,p} = o, \qquad (\,|n - p| > 1).$$

Nous allons remplacer dans $\nabla(h)$ h par x et étudier les propriétés de la fonction $\nabla(x)$ ainsi définie.

Je dis d'abord que c'est une fonction entière.

En effet, on aura évidemment, en remplaçant h par x,

$$|b_{0,0}| < q^2 - x^2, \qquad |b_{n,n}| < \frac{q^2 - (x + 2n)^2}{4\,n^2}.$$

Par conséquent, d'après l'inégalité (6) du n° 185, on aura

$$(4) \qquad \nabla(x) < (q^2 + x^2 + |q_1|) \Pi \left[\frac{q^2 + |q_1| + (x + 2n)^2}{4n^2} \right].$$

Or, en posant, pour abréger, $q^2 + |q_1| = \lambda$, et associant les facteurs du produit qui correspondent à des valeurs de n égales et de signe contraire, ce produit infini peut s'écrire

$$\Pi \left[1 + \frac{x^2 - \lambda^2}{2n^2} - \frac{x^2}{n^2} + \frac{(x^2 - \lambda^2)^2}{16n^4} \right],$$

et il est évidemment convergent et toujours fini. Donc il en est de même de $\nabla(x)$.

Dans cette démonstration j'ai supposé x réel; mais, si x était imaginaire, il n'y aurait rien d'essentiel à y changer; il suffirait d'écrire

$$|q^2| + |q_1| + |x + 2n|^2,$$

au lieu de

$$q^2 + |q_1| + (x + 2n)^2.$$

Donc $\nabla(x)$ est encore fini quelle que soit la valeur imaginaire de x; c'est donc une fonction entière.

Si l'on voulait démontrer par le menu que $\nabla(x)$ jouit des autres caractères d'une fonction entière, c'est-à-dire qu'elle est continue et a une dérivée, il suffirait d'observer que le déterminant dont la limite est $\nabla(x)$ converge *uniformément*.

Appelons, en effet, $\nabla_n(x)$ le déterminant formé en prenant dans $\nabla(x)$ les $2n + 1$ lignes et les $2n + 1$ colonnes numérotées de $-n$ à $+n$. On aura

$$\nabla(x) = \lim \nabla_n(x).$$

Soit alors dans le plan des x un contour fermé C quelconque; soit z un point de ce contour et x un point intérieur à ce contour. Comme $\nabla_n(x)$ est un polynôme entier, on aura évidemment

$$2i\pi \nabla_n(x) = \int \frac{\nabla_n(z)\, dz}{z - x},$$

l'intégrale étant prise bien entendu le long du contour C. La fonction

$$2i\pi\varphi(x) = \int \frac{\nabla(z)\,dz}{z-x}$$

sera évidemment une fonction holomorphe de x; je dis que $\varphi(x)$ est égal à $\nabla(x)$.

En effet, comme il résulte des démonstrations précédentes que la convergence de $\nabla(x)$ est uniforme, nous pourrons prendre n assez grand pour que l'on ait au point x et sur tout le contour C

$$|\nabla(x) - \nabla_n(x)| < \varepsilon, \qquad |\nabla(z) - \nabla_n(z)| < \varepsilon$$

et, par conséquent,

$$2i\pi|\varphi(x) - \nabla_n(x)| < \varepsilon l,$$

l étant la longueur du contour C divisée par le minimum de $|z-x|$.

Ainsi les différences $|\varphi(x) - \nabla_n(x)|$ et $|\nabla(x) - \nabla_n(x)|$ peuvent être rendues aussi petites qu'on le veut, ce qui ne peut avoir lieu que si $\nabla(x) = \varphi(x)$.

Donc $\nabla(x)$ est holomorphe. $\qquad\qquad$ C. Q. F. D.

Je dis maintenant que $\nabla(x)$ est périodique.

Désignons, en effet, par $E_n(x)$ le déterminant fini obtenu en prenant dans $\nabla(x)$ les $2n+1$ lignes et les $2n+1$ colonnes numérotées de $-n+1$ à $n+1$, et par $E'_n(x)$ le déterminant obtenu en prenant dans $\square(x)$ les lignes et les colonnes correspondantes.

La démonstration de la convergence d'un déterminant indéfini dans les deux sens a été donnée au n° 183, quand la diagonale principale a tous ses éléments égaux à 1. Elle ne suppose pas que l'on s'astreigne à prendre autant de lignes dont les numéros sont négatifs que de lignes dont les numéros sont positifs. On aura donc

$$\lim E'_n(x) = \square(x) \qquad \text{pour} \qquad n = \infty.$$

D'autre part, il est clair que

$$E_n(x) = E'_n(x)(q^2 - x^2)\Pi,$$

où Π est le produit des facteurs

$$(5) \qquad\qquad q^2 - \frac{(x+2m)^2}{4m^2},$$

où m prend les valeurs $\pm 1, \pm 2, \ldots, \pm(n-1), n$ et $n+1$.

H. P. — II. $\qquad\qquad\qquad\qquad$ 18

On aura d'ailleurs, ce qui se voit immédiatement en comparant les déterminants.

$$\nabla_n(x+2) = \left(\frac{n+1}{n}\right)^2 E_n(x).$$

Nous allons faire tendre n vers l'infini, le premier membre tendra vers $\nabla(x+2)$; quant au second membre, il tendra vers

$$\square(x)(q^2 - x^2)\lim \Pi'.$$

Nous avons trouvé plus haut

$$\nabla(x) = \square(x)(q^2 - x^2)\lim \Pi,$$

Π étant le produit des facteurs (5) où l'on donne à m les valeurs ± 1, ± 2, ..., $\pm n$.

On aura donc

$$\frac{\Pi'}{\Pi} = \frac{q^2 - \dfrac{(x+2n+2)^2}{4(n+1)^2}}{q^2 - \dfrac{(x-2n)^2}{4n^2}},$$

d'où

$$\lim \frac{\Pi'}{\Pi} = 1,$$

d'où enfin

$$\nabla(x+2) = \nabla(x). \qquad\qquad \text{C. Q. F. D.}$$

De plus, on a

$$\nabla_n(-x) = \nabla_n(x)$$

et, par conséquent,

$$\nabla(x) = \nabla(-x).$$

Poursuivant l'étude de la fonction entière $\nabla(x)$, je me propose de démontrer qu'elle est de genre zéro, *quand on la regarde comme fonction de x*. On sait qu'une fonction entière est dite *de genre zéro* quand elle peut se développer en un produit infini de la forme

$$A\left(1 - \frac{x}{b_1}\right)\left(1 - \frac{x}{b_2}\right)\cdots\left(1 - \frac{x}{b_n}\right)\cdots$$

Plus généralement on dit qu'une fonction entière est de genre p lorsqu'elle est développable en un produit d'un nombre infini de facteurs primaires de la forme

$$A\left(1 - \frac{x}{b}\right)e^{P},$$

P étant un polynôme d'ordre p en x.

Pour démontrer ce point capital, je dois faire usage de certaines inégalités que je vais d'abord établir.

Cherchons une limite supérieure de

$$|\nabla(y + ix)|.$$

Comme la fonction ∇ est périodique de période 2, je pourrai toujours supposer que y est compris entre -1 et $+1$. On aura alors

$$|q^2 - q_1 + (y + ix - 2n)^2| < q^2 + |q_1| + x^2 + (y - 2n)^2$$

et, par conséquent, en posant comme plus haut,

$$\lambda = q^2 + |q_1|,$$

il viendra en faisant usage de notre inégalité fondamentale

$$(\alpha) \qquad |\nabla(y + ix)| < (\lambda + y^2 + x^2)\Pi\left[\frac{\lambda + x^2 + (y - 2n)^2}{4n^2}\right].$$

Le second membre de cette inégalité est une fonction de x^2 que je désignerai par $F(x^2)$.

Posons pour un instant $x^2 = t^3$ et considérons la fonction $F(t^3)$. Il est aisé de voir qu'elle est de genre 1.

En effet, la fonction $F(x)$ est de genre 0 et peut se mettre sous la forme

$$F(x) = A\Pi\left(1 - \frac{x}{b_n^3}\right).$$

Je représente par b_n^3 les racines de l'équation $F(x) = 0$; d'où

$$F(t^3) = A\Pi\left(1 - \frac{t}{b_n}\right)\left(1 - \frac{\alpha t}{b_n}\right)\left(1 - \frac{\alpha^2 t}{b_n}\right)$$

ou

$$F(t^3) = A\Pi\left(1 - \frac{t}{b_n}\right)e^{\frac{t}{b_n}}\Pi\left(1 - \frac{\alpha t}{b_n}\right)e^{\frac{\alpha t}{b_n}}\Pi\left(1 - \frac{\alpha^2 t}{b_n}\right)e^{\frac{\alpha^2 t}{b_n}}.$$

On vérifierait sans peine que les trois produits du second membre sont absolument convergents.

J'ai démontré dans le *Bulletin de la Société mathématique de France* que, si une fonction $\varphi(x)$ est de genre 1, on aura

$$\lim \varphi(x) e^{-\alpha x^2} = 0,$$

si x tend vers l'infini avec un argument déterminé et de telle sorte que $e^{-\alpha x^2}$ tende vers zéro.

Si donc α et t sont réels positifs, on aura

$$\lim \mathrm{F}(t^2) e^{-\alpha t^4} = 0.$$

Quand on fera varier y de -1 à $+1$, le premier membre tendra vers sa limite *uniformément*, d'où cette conséquence; on pourra trouver deux nombres positifs α et K tels que

$$|\nabla(y - ix)| < Ke^{\alpha|x^4|},$$

en faisant $y - ix = z$ et remarquant que

$$|x| < |z|,$$

il viendra

$$|\nabla(z)| < Ke^{\alpha|z^4|}.$$

Considérons maintenant le développement de $\nabla(z)$

$$\nabla(z) = \Sigma C_n z^n,$$

il viendra

$$2i\pi C_n = \int \frac{\nabla(z)\,dz}{z^{n+1}},$$

l'intégrale étant prise le long d'un cercle de rayon quelconque ayant pour centre l'origine.

On en conclut

$$|C_n| < \frac{Ke^{\alpha|z^4|}}{|z^n|},$$

et cela quel que soit $|z|$. Or le minimum de

$$e^{\alpha z^4} z^{-n}$$

est

$$e^{\frac{3n}{4}} \left(\frac{3n}{4\alpha}\right)^{-\frac{3n}{4}},$$

d'où

$$|C_n| < \frac{K e^{\frac{3\eta}{2}}}{\left(\dfrac{3n}{4\alpha}\right)^{n}}.$$

Nous observerons que, la fonction $\nabla(z)$ étant paire, les coefficients C_{2n+1} sont nuls.

Je me propose de démontrer que ∇, considéré comme fonction de z^2, est de genre zéro. En vertu d'un théorème de M. Hadamard (Cf. *Comptes rendus*, t. CXV, p. 1121), il suffit pour cela d'établir que

$$|C_{2n}| < KT(n+1)^{-\mu},$$

μ étant plus grand que 1.

Or il vient

$$|C_{2n}|\,\Gamma(n+1)^{+\mu} < K e^{\frac{3\eta}{2}}\left(\frac{3n}{2\alpha}\right)^{-\frac{3n}{2}}\Gamma(n+1)^{+\mu}.$$

Si l'on remplace $\Gamma(n+1)$ par sa valeur approchée, le second membre devient

$$K e^{\frac{3n}{2}-n\mu}\left(\frac{3}{2\alpha}\right)^{\frac{3n}{2}} n^{n\mu-\frac{3n}{2}}(2\pi n)^{\frac{\mu}{2}}.$$

Il s'agit de démontrer que, pour une valeur de $\mu > 1$, cette expression reste limitée. Or, si

$$\mu < \frac{3}{2},$$

elle tend vers zéro, quand n croît indéfiniment.

Il suffira donc de prendre

$$1 < \mu < \frac{3}{2}.$$

Il résulte de là que la fonction $\nabla(z)$ peut se développer en un produit de la forme

$$(5) \qquad \nabla(z) = A\,\Pi\left(1-\frac{z^2}{b_n}\right).$$

Il reste donc à connaître les zéros de la fonction $\nabla(x)$; d'après la nature même de la question, ces zéros seront

$$x = \pm(h + 2n),$$

n étant un entier. En effet, c'est pour ces valeurs, et pour elles seulement, que les équations (2) et (2 *bis*) du n° 186 et par conséquent l'équation (3) du n° 185 pourront être satisfaites.

Les zéros de $\nabla(x)$ sont donc les mêmes que ceux de

$$\cos \pi x - \cos \pi h;$$

comme ces deux fonctions sont toutes deux développables en produits infinis de la forme (5) et que les facteurs de ces deux produits, sauf la constante A, sont les mêmes, les deux fonctions ne pourront différer que par un facteur constant et l'on aura

$$(6) \qquad \nabla(x) = A(\cos \pi x - \cos \pi h).$$

Mais $\nabla(x)$ n'est pas seulement fonction de x, c'est une fonction entière de q^2 et de q_1, et l'on démontrerait absolument de la même manière que c'est une fonction de genre zéro tant par rapport à q^2 que par rapport à q_1.

Il y a plus; soit, par exemple,

$$\nabla(x) = \Sigma D_n q_1^n,$$
$$A = \Sigma D'_n q_1^n,$$
$$A \cos \pi h = \Sigma D''_n q_1^n;$$

on aura

$$D_n = D'_n \cos \pi x - D''_n.$$

On peut démontrer, absolument de la même manière que plus haut, que

$$|D_n| < K \Gamma(n)^{-\mu},$$

si μ est compris entre 1 et $\frac{3}{4}$. Comme cette inégalité doit avoir lieu quel que soit x, D'_n devra satisfaire à une inégalité de même forme, de sorte que A sera une fonction de genre zéro par rapport à q_1 et l'on verrait de la même façon que c'est une fonction de genre zéro par rapport à q^2.

Mais A ne peut jamais s'annuler; car $\nabla(x)$ ne s'annule jamais identiquement (je veux dire quel que soit x). Or une fonction de genre zéro qui ne s'annule pas se réduit à une constante.

Donc A est indépendant à la fois de q^2 et de q_1.

Écrivons l'égalité (6) pour mettre en évidence la valeur de q_1 sous la forme

$$\nabla(x, q_1) = A(\cos \pi x - \cos \pi h).$$

Pour $q_1 = 0$, h est égal à q; il vient donc

$$\nabla(x, 0) = A(\cos \pi x - \cos \pi q),$$

d'où, en divisant et faisant $x = 0$,

$$\frac{1 - \cos \pi h}{1 - \cos \pi q} = \frac{\nabla(0, q_1)}{\nabla(0, 0)} = \frac{\square(0, q_1)}{\square(0, 0)}$$

ou enfin

$$(7) \qquad 1 - \cos \pi h = \square(0, q_1)(1 - \cos \pi q),$$

car

$$\square(0, 0) = 1;$$

c'est de l'égalité (7) que M. Hill a tiré la valeur de h.

Grâce aux considérations qui précèdent, la légitimité de sa méthode est désormais rigoureusement établie.

Remarques diverses.

188. Dans le cas particulier que nous traitons, on pourrait arriver à quelques-uns de ces résultats sans avoir recours au théorème de M. Hadamard.

En effet, observons d'abord que, quand même q^2 et q_1 sont imaginaires, l'égalité fondamentale (z) subsiste encore, pourvu que

$$\lambda = |q^2| + |q_1|.$$

Si nous nous rappelons alors le développement connu

$$\sin \pi x = \pi x \prod \left(1 - \frac{x}{n}\right),$$

nous en déduirons

$$\cos \pi x - \cos \pi y = \frac{\pi^2}{4}(y^2 - x^2)\prod \left[\frac{(y - 2n)^2 - x^2}{4 n^2}\right],$$

d'où

$$F(x^2) = \frac{2}{\pi^2}\left[\cos\pi\sqrt{-x^2-\lambda} - \cos\pi y\right].$$

L'inégalité (α) est vraie quels que soient q^2 et q_1, pourvu que x et y soient réels.

Nous savons maintenant que le rapport

$$\frac{\cos ix}{e^{(x)}}$$

tend vers $\frac{1}{2}$ quand x croît indéfiniment par valeurs réelles. Il résulte de là qu'on peut trouver une constante numérique B telle que

$$F(x^2) < B\,e^{\pi\sqrt{x^2+\lambda}};$$

on en déduit

$$|\nabla(y+ix)| < B\,e^{\pi\sqrt{x^2+\lambda}},$$

d'où

$$|\nabla(z)| < B\,e^{\pi\sqrt{|z|^2+\lambda}} < B\,e^{\pi\sqrt{\lambda}}\,e^{\pi|z|}.$$

Considérons maintenant le rapport

$$\frac{\nabla(z)}{\cos\pi z - \cos\pi h}.$$

Le numérateur s'annule toutes les fois que le dénominateur s'annule, et il en résulte que ce rapport est une fonction entière, tant en z qu'en q^2 et en q_1.

Comme ce rapport est une fonction périodique de z, nous pouvons toujours supposer que la partie réelle de z reste comprise entre -1 et $+1$; faisons donc tendre la partie imaginaire vers l'infini et voyons comment se comporte notre rapport

$$\frac{\nabla(z)}{\cos\pi z - \cos\pi h} = \frac{\nabla(z)}{e^{\pi|z|}} : \frac{\cos\pi z - \cos\pi h}{e^{\pi|z|}}.$$

Le premier facteur du second membre reste inférieur en valeur absolue à $B\,e^{\pi\sqrt{\lambda}}$; le second facteur tend vers $\frac{1}{2}$: notre rapport reste donc fini. C'est donc une fonction entière de z qui reste constamment inférieure à une certaine limite; cette fonction doit donc d'après un théorème connu se réduire à une constante indépendante de z.

Il faut toujours avoir recours au théorème de M. Hadamard pour démontrer qu'elle est en outre indépendante de q^2 et de q_1.

Extension des résultats précédents.

189. Toutes ces méthodes, sauf celle de M. Gyldén, s'appliquent à toute équation de la forme

$$(1) \qquad \frac{d^2x}{dt^2} + x\varphi(t) = 0,$$

où $\varphi(t)$ est une fonction périodique de t, développable par conséquent en série trigonométrique.

Il n'y aurait à faire que des changements de détail que le lecteur pourra faire sans peine s'il veut traiter de cette manière une équation de la forme (1). La plupart des résultats sont encore vrais; quelques-uns cependant ne le sont que si la fonction φ est paire.

M. Gyldén, voulant rendre son procédé applicable à l'équation (1), a imaginé une méthode ingénieuse de tâtonnement sur laquelle je ne juge pas utile d'insister, car il n'a eu que rarement l'occasion d'en faire usage.

Supposons maintenant que la fonction $\varphi(t)$ ne soit pas périodique, mais soit de la forme

$$\varphi(t) = 1 + \mu\psi(t),$$

μ étant un coefficient numérique très petit, et $\psi(t)$ étant la somme de n termes de la forme

$$A_i \sin(z_i t + \beta_i),$$

de sorte que

$$\psi(t) = \sum_{i=1}^{i=n} A_i \sin(z_i t + \beta_i).$$

Les A_i, les z_i et les β_i sont des constantes; mais *les z_i ne sont pas commensurables entre eux*, sans quoi la fonction φ serait périodique.

Dans ce cas, les procédés précédents sont encore applicables, mais les séries auxquelles on parvient ainsi, et qu'on peut ordonner suivant les puissances de μ, *ne sont plus convergentes*, de sorte que ces procédés n'ont plus d'autre valeur que celle que peut posséder, d'après le Chapitre VIII, toute méthode de calcul formel.

Nous pourrons donc satisfaire formellement à l'équation (1), en faisant

$$(2) \qquad x = \Sigma \, \mathrm{B}_m \cos(h + \gamma_m)t - \Sigma \, \mathrm{C}_m \sin(h + \gamma_m)t.$$

Dans cette formule, h, B_m et C_m sont des séries ordonnées suivant les puissances de μ et dont les coefficients sont des constantes. Les γ_m sont des combinaisons linéaires à coefficients entiers des α_i, de sorte que

$$\gamma_m = \mathrm{N}_1 \alpha_1 + \mathrm{N}_2 \alpha_2 + \ldots + \mathrm{N}_n \alpha_n$$

et les sommations doivent être étendues à toutes les combinaisons des valeurs entières des N_1, N_2, $\ldots$, N_n.

La divergence de la série (2) pourra causer quelque étonnement. Supposons, en effet, que les α_i sont de la forme

$$\alpha_i = m_i \lambda + m'_i,$$

les m_i et les m'_i étant des entiers et λ une constante qui est la même pour tous les α_i.

Faisons varier λ, en conservant à μ, aux A_i, aux β_i, aux m_i et aux m'_i des valeurs invariables.

Pour toutes les valeurs commensurables de λ, les α_i seront commensurables entre eux et la fonction φ sera périodique. Nous savons alors, par le n° 29, que l'équation (1) admet une solution de la forme (2) et de plus que cette solution n'est pas purement formelle et que les séries sont convergentes.

Comme, dans tout intervalle, il y a une infinité de nombres commensurables, on s'étonnera que les séries auxquelles on parvient, quand λ varie dans un intervalle si petit qu'il soit, puissent être ainsi une infinité de fois convergentes et une infinité de fois divergentes.

On comprendra mieux ce fait paradoxal si l'on étudie l'exemple simple qui va suivre.

Soit l'équation du premier ordre

$$\text{(3)} \qquad \frac{dx}{dt} = x\varphi.$$

Je supposerai que φ est une série de la forme

$$\varphi = \Sigma A_{m,n}\, \mu^{|m|+|n|} \cos(m\lambda - n)t.$$

Les m et les n prennent toutes les valeurs entières possibles, λ est une constante, les $A_{m,n}$ sont des coefficients constants, et μ est un paramètre très petit, par rapport aux puissances duquel nous développerons.

L'intégration donne alors

$$\text{(4)} \qquad \log x = A_{0,0}\, t + \sum \frac{A_{m,n}\, \mu^{|m|+|n|}}{m\lambda - n} \sin(m\lambda - n)t,$$

Cette solution doit être modifiée quand λ est commensurable; soit en effet $\lambda = \dfrac{p}{q}$, p et q étant premiers entre eux, $m\lambda - n$ sera nul quand on aura

$$m = hq, \qquad n = hp,$$

h étant entier.

Il viendra alors

$$\text{(5)} \qquad \log x = B\,t + \sum \frac{A_{m,n}\, \mu^{|m|+|n|}}{m\lambda - n} \sin(m\lambda - n)t,$$

où sous le signe Σ on ne donne à m et à n que les valeurs qui n'annulent pas $m\lambda - n$ et où

$$B = \sum_{h=-\infty}^{h=+\infty} A_{hq,hp}\, \mu^{|hq|+|hp|}.$$

Si dans les formules (4) et (5) on passe des logarithmes aux nombres, on trouvera dans un cas comme dans l'autre

$$x = e^{Ct}\psi(t).$$

$\psi(t)$ étant une série ordonnée suivant les puissances de μ et dont les coefficients sont formés d'un nombre fini de termes en

$$\sin(m\lambda - n)t$$

ou

$$\cos(m\lambda - n)t.$$

Seulement il y a entre les deux cas deux différences :

1° Si λ est commensurable, la série $\psi(t)$ est convergente ; si au contraire λ est incommensurable, la série $\psi(t)$ pourra être divergente et la solution deviendra purement formelle.

2° La valeur de l'exposant C n'est pas la même dans les deux cas. Si λ est incommensurable, C est égal à $A_{0,0}$, si λ est commensurable, C est égal à B. Donc C *n'est pas une fonction continue de* λ.

Il doit en être de même de h dans le cas de l'équation (1) et c'est ce qui nous explique pourquoi dans ce genre de questions il n'est pas permis de raisonner par continuité.

CHAPITRE XVIII.

CAS DES ÉQUATIONS NON LINÉAIRES.

Équations à second membre.

190. Nous avons vu au n° 177 que l'équation (6 *b*) du n° 169 pouvait, par un changement convenable de variables, être ramenée à la forme

$$(1) \qquad \frac{d^2 x}{dt^2} + x(q^2 - q_1 \cos 2t) = \varphi(t).$$

Dans cette expression, $\varphi(t)$ est une fonction connue de t et cette expression est une somme de termes de la forme

$$\beta \cos \lambda t \qquad \text{ou} \qquad \beta \sin \lambda t.$$

Dans le Chapitre précédent, nous avons appris à intégrer l'équation sans second membre, c'est-à-dire l'équation (1) où l'on a fait $\varphi(t) = 0$, et nous savons, d'autre part, que l'intégration d'une équation linéaire à second membre peut toujours se ramener à celle de l'équation privée de second membre.

La question est donc résolue; nous avons même au n° 184 envisagé l'équation (1) en y faisant

$$\varphi(t) = \beta \cos \lambda t,$$

et nous avons vu qu'on y pouvait satisfaire en y faisant

$$(2) \qquad x = \Sigma B_n \cos(\lambda - 2n)t,$$

et que les B_n étaient définis par les relations (4) et (4 *bis*) du n° 184.

De même, si nous faisons

$$\varphi(t) = \beta \sin \lambda t.$$

on satisfera à l'équation (1) en faisant

$$(2\ bis) \qquad\qquad x = \Sigma\, \mathrm{B}_n \sin(\lambda + 2n)t,$$

pourvu que les B_n soient encore définis par les relations (4) et (4 bis).

Il est clair alors que, si $\varphi(t)$ est une somme de termes de la forme $\beta \cos \lambda t$ et $\beta \sin \lambda t$, on aura une solution particulière de l'équation (1) qui sera une somme de termes de la forme

$$\mathrm{B}_n \cos(\lambda + 2n)t \quad \text{ou} \quad \mathrm{B}_n \sin(\lambda + 2n)t,$$

et l'on obtiendra la solution générale en ajoutant à cette solution particulière la solution générale de l'équation sans second membre.

Il y aurait exception dans le cas où l'un des coefficients B_n, définis par les équations (4) et (4 bis) du n° 184, serait infini; c'est ce qui arrive, comme il est aisé de le voir, si λ est égal à $h + 2n$, n étant un entier.

Dans ce cas, on peut toujours intégrer l'équation (1), mais le temps t sort des signes sinus et cosinus, de sorte que la solution ne conserve pas sa forme purement trigonométrique.

Si l'on suppose, par exemple,

$$\varphi(t) = \beta \cos ht,$$

la solution générale sera de la forme

$$\begin{aligned}
x = {} & t\,\Sigma\,\mathrm{A}_n \sin(h + 2n)t + \Sigma\,(\mathrm{B}_n + \mathrm{C}_1 \mathrm{A}_n)\cos(h + 2n)t \\
& + \mathrm{C}_2 \Sigma\,\mathrm{A}_n \sin(h + 2n)t.
\end{aligned}$$

Ainsi la condition nécessaire et suffisante pour que la solution conserve sa forme trigonométrique, c'est qu'aucun des λ correspondant aux divers termes de $\varphi(t)$ ne soit égal à $h + 2n$.

Si maintenant λ, sans être rigoureusement égal à $h + 2n$, était très voisin de $h + 2n$, l'un des B_n, sans être infini, deviendrait très grand.

Cela n'aurait pas d'inconvénient si l'équation (1), c'est-à-dire l'équation (6 b) du n° 169, était rigoureusement exacte; mais il n'en est pas ainsi : elle n'est qu'approchée, ainsi que nous l'avons vu au Chapitre XVI, et, pour qu'elle soit suffisamment approchée, il faut que ρ, que nous appelons ici x, reste toujours très petit.

Si donc l'un des coefficients B_μ était très grand, x ne resterait pas très petit ; les termes négligés pourraient devenir assez grands pour que la méthode d'approximation devînt illusoire.

On doit donc éviter qu'à aucun moment, dans la suite des approximations, on ne voie apparaître dans le second membre de (1) des termes dont l'argument λt soit très peu différent de $(h + 2n)t$.

Considérons d'une manière plus générale l'équation

$$(5) \qquad \frac{d^2 x}{dt^2} + x f(t) = \varphi(t),$$

où $f(t)$ et $\varphi(t)$ sont des fonctions de t développables en séries trigonométriques.

Soit $\beta \cos \lambda t$ ou $\beta \sin \lambda t$ un terme de $\varphi(t)$, soit $\alpha \cos \mu t$ ou $\alpha \sin \mu t$ un terme de $f(t)$.

Considérons l'équation sans second membre

$$\frac{d^2 x}{dt^2} + x f(t) = 0.$$

Soient x_1 et x_2 deux solutions indépendantes de cette équation, x_1' et x_2' leurs dérivées par rapport à t ; on aura

$$x_1 x_2' - x_2 x_1' = C,$$

C étant une constante que nous pourrons toujours supposer égale à 1.

La solution générale de l'équation à second membre sera alors

$$(6) \qquad x = - x_1 \int x_2 \varphi(t)\, dt + x_2 \int x_1 \varphi(t)\, dt.$$

D'après le n° 188, x_1 et x_2 sont une somme de termes de la forme

$$A \, {\textstyle \sin \atop \cos} \, (h + \gamma) t,$$

h étant une constante, qui est la même pour tous les termes, et γ

étant une combinaison linéaire à coefficients entiers des coefficients μ.

Quelle est maintenant la condition pour que l'expression (6) conserve sa forme trigonométrique? Il suffit que, $x_1 \varphi(t)$ et $x_2 \varphi(t)$ supposés développés en séries trigonométriques, il n'y ait pas de terme tout connu;

Ou bien encore que le développement de x_1 ou de x_2 ne contienne pas de terme ayant même argument que l'un des termes de $\varphi(t)$;

Ou enfin que λt étant l'un quelconque des arguments des termes de $\varphi(t)$, $\lambda - h$ ne soit pas une combinaison linéaire des μ à coefficients entiers.

Si, en particulier, la fonction $f(t)$ est périodique de façon que

$$\mu = n\alpha,$$

n étant entier, le rapport $\dfrac{\lambda - h}{\alpha}$ ne devra pas être entier.

Si $f(t)$ est une fonction périodique de deux arguments αt et βt, de telle façon que

$$\mu = m\alpha + n\beta,$$

m et n étant entiers, on ne devra pas avoir de relations de la forme

$$\lambda - h = m\alpha + n\beta.$$

Ces conditions sont suffisantes, mais elles ne sont pas nécessaires; si, en effet, un terme de x_1 et un terme de $\varphi(t)$ ont même argument, leur produit donnera dans le développement de $x_1 \varphi(t)$ un terme tout connu. Nous obtiendrons donc ainsi autant de termes tout connus dans le produit $x_1 \varphi(t)$ qu'il y a dans les deux facteurs de couples de termes ayant même argument. Mais *il peut se faire que ces termes se détruisent mutuellement.*

La condition nécessaire et suffisante est donc que le terme tout connu de $x_1 \varphi(t)$ et celui de $x_2 \varphi(t)$ soient nuls.

Équation de l'évection.

191. Appliquons les considérations qui précèdent à l'intégration par approximations successives de l'équation

$$(1) \qquad \frac{d^2 x}{dt^2} + x(q^2 - q_1 \cos 2t) = \alpha \varphi(x, t).$$

α est un coefficient très petit, $\varphi(x, t)$ est une fonction connue de x et de t dont les termes sont tous de la forme

$$A x^p \cos \lambda t + \mu,$$

p est un entier, A, λ et μ sont des constantes quelconques.

Je vais écrire cette équation sous la forme

$$(2) \qquad \frac{d^2 x}{dt^2} + x[q^2 + \beta + (-q_1 + \gamma)\cos 2t] = \beta x + \gamma x \cos 2t + \alpha \varphi.$$

β et γ étant des constantes très petites dont je me réserve de déterminer plus loin la valeur en la modifiant à chaque approximation.

Comme première approximation je ferai

$$\beta = \gamma = 0, \qquad \varphi = \varphi(0, t).$$

J'obtiendrai ainsi une équation de même forme que l'équation (1) du numéro précédent et elle me donnera une première valeur approchée de x que j'appellerai ξ_1; je désignerai par h_1 la valeur correspondante du nombre h.

La fonction ξ_1 conservera sa forme trigonométrique et ne contiendra pas de terme séculaire, parce qu'en général aucune des différences $\dfrac{\lambda - h_1}{2}$ ne sera entière.

Pour la seconde approximation il faut faire

$$\varphi = \varphi(\xi_1, t).$$

Mais si l'on conservait à β et à γ la valeur zéro, les développements de $x_1 \varphi$ et de $x_2 \varphi$ contiendraient des termes tout connus et le temps sortirait, d'après ce que nous avons vu plus haut, des signes trigonométriques.

H. P. — II.   19

Il convient donc d'attribuer à β et à γ de nouvelles valeurs β_2 et γ_2 que nous choisirons de telle sorte que l'intégrale générale de l'équation

$$(2\ bis)\quad \frac{d^2x}{dt^2} + x[q^2 + (-q_1 +) \cos 2t] = \beta_2 \xi_1 + \gamma_2 \xi_1 \cos 2t + x\varphi(\xi_1, t) = \psi_1$$

ne contienne pas de termes séculaires. Nous savons quelle est la condition nécessaire et suffisante pour qu'il en soit ainsi. Soient $x_1^{(1)}$ et $x_2^{(1)}$ deux intégrales indépendantes de l'équation

$$\frac{d^2x}{dt^2} - x(q^2 - q_1 \cos 2t) = 0.$$

Il faut que les développements de $x_1^{(1)}\psi_1$ et de $x_2^{(1)}\psi_1$ ne contienne pas de terme tout connu. Il est clair que l'on peut toujours disposer de β_2 et de γ_2 pour qu'il en soit ainsi.

Cela posé, envisageons l'équation

$$\frac{d^2x}{dt^2} + x[q^2 + \beta_2 + (-q_1 + \gamma_2) \cos 2t] = 0.$$

Soient $x_1^{(2)}$ et $x_2^{(2)}$ deux intégrales de cette équation et h_2 la valeur correspondante du nombre h; $x_1^{(2)}$ et $x_2^{(2)}$ seront alors développés suivant les cosinus et les sinus de $(h_2 + 2n)t$, n étant un entier.

Observons maintenant que ξ_1 contient des termes de deux sortes. Ceux de la première sorte dépendent des sinus et des cosinus de

$$h_1 + 2n)t;$$

ceux de la seconde sorte dépendent des sinus et des cosinus de

$$(\lambda + 2n)t.$$

λt étant un des arguments dont dépend φ.

Soit alors ξ_1' ce que devient ξ_1 quand on y remplace h_1 par h_2 dans les termes de la première sorte; et soit ψ_1' ce que devient ψ_1 quand on y remplace ξ_1 par ξ_1'.

Au lieu de l'équation

$$\frac{d^2x}{dt^2} + x[q^2 + \beta_2 + (-q_1 + \gamma_2) \cos 2t] = \psi_1,$$

qu'il pourrait paraître naturel d'envisager, puisqu'elle s'obtient en faisant dans les deux membres de (2)

$$\beta = \beta_2, \qquad \gamma = \gamma_2,$$

et dans le second membre

$$x = \xi_1,$$

au lieu de cette équation, dis-je, nous envisagerons la suivante

$$(3) \qquad \frac{d^2 x}{dt^2} + x [q^2 + \beta_2 + (- q_1 - \gamma_2) \cos 2t] = \psi'_1.$$

En effet h_2 diffère très peu de h_1, de sorte que la différence $\psi_1 - \psi'_1$ est bien de l'ordre des termes que nous négligeons. Considérons une solution quelconque de cette équation (3). Comme $x_1^{(2)}$ et $x_2^{(2)}$ diffèrent peu de $x_1^{(1)}$ et $x_2^{(1)}$ et ψ'_1 de ψ_1, les termes tout connus de

$$x_1^{(2)} \psi'_1 \quad \text{et} \quad x_2^{(2)} \psi'_1$$

différeront peu de ceux de

$$x_1^{(1)} \psi_1 \quad \text{et} \quad x_2^{(1)} \psi_1,$$

qui sont nuls; ils seront donc très petits; donc, dans la solution envisagée de l'équation (3), les termes séculaires seront très petits et nous pourrons les négliger; j'appellerai alors ξ_2, non pas la solution de l'équation (3) elle-même, mais ce que devient cette solution quand on en a retranché ces termes séculaires.

Soit alors

$$\psi_2 = \beta_3 \xi_2 - \gamma_3 \xi_2 \cos 2t + x \varphi (\xi_2, t).$$

Nous déterminerons β_3 et γ_3 de telle façon que les termes tout connus de

$$x_1^{(2)} \psi_2 \quad \text{et} \quad x_2^{(2)} \psi_2$$

soient nuls.

Formons maintenant l'équation

$$\frac{d^2 x}{dt^2} + x [q^2 + \beta_3 + (- q_1 - \gamma_3) \cos 2t] = 0.$$

Soient $x_1^{(3)}$ et $x_2^{(3)}$ deux solutions de cette équation et h_3 la valeur correspondante de h.

Soit ξ'_2 ce que devient ξ_2 quand on y remplace h_2 par h_3, c'est-à-dire que ξ'_2 est déduit de ξ_2 comme ξ'_1 de ξ_1. Soit ψ'_2 ce que devient ψ_2 quand on y remplace ξ_2 par ξ'_2.

Envisageons l'équation

$$(4) \qquad \frac{d^2x}{dt^2} + x[q^2 - \beta_2 + (-q_1 + \gamma_3)\cos 2t] = \psi'_2$$

et soit ξ_3 ce que devient une des solutions de cette équation quand on en retranche les termes séculaires, de telle sorte que ξ_3 se déduise d'une solution de (4) par la même loi que ξ_2 d'une solution de (3).

Il est aisé de voir en effet que ces termes séculaires sont du même ordre que ceux que nous avons négligés dans cette troisième approximation.

Ayant ainsi défini ξ_3, on procéderait d'après la même règle aux approximations suivantes.

Il me reste quelques observations à faire.

Pour former l'équation (3), nous avons remplacé plus haut dans ξ_1 et dans ψ_1 le coefficient h_1 par h_2, c'est-à-dire que nous avons remplacé ξ_1 et ψ_1 par ξ'_1 et ψ'_1; et de même aux approximations suivantes.

Si nous ne l'avions pas fait, nous aurions introduit un beaucoup plus grand nombre d'arguments qu'il n'est nécessaire, ce qui aurait été un très grave inconvénient.

Mais en revanche il semble d'abord que nous aurions ainsi évité complètement les termes séculaires; en effet, ψ_1 contiendrait des termes d'argument $(h_1 + 2n)t$, $x_1^{(2)}$ et $x_2^{(2)}$ des termes d'argument $(h_2 + 2n)t$, de sorte que les produits $x_1^{(2)}\psi_1$, $x_2^{(2)}\psi_1$ ne contiendraient plus de termes tous connus, mais seulement des termes en

$$\cos(h_1 - h_2)t, \quad \sin(h_1 - h_2)t.$$

Mais ce serait là une illusion; car, la différence $h_1 - h_2$ étant très petite, ces termes sont à très longue période; l'intégration introduirait de très petits diviseurs et la convergence des approximations deviendrait illusoire.

D'autre part, il semble que le succès de la méthode tient à la circonstance suivante. À chaque approximation nous avons deux conditions à remplir, puisque nous devons annuler les termes tout connus de

$$x_1^{(i+1)} \phi_i', \quad x_2^{(i+1)} \phi_i';$$

et nous disposons précisément de deux arbitraires β_{i+1} et γ_{i+1}.

On pourrait être tenté de croire que c'est pour cela que M. Gyldén a fait passer dans le premier membre le terme

$$q_1 x \cos 2 t,$$

malgré la petitesse du coefficient q_1, et qu'il a simplement voulu avoir deux termes dans le premier membre afin de disposer de deux coefficients indéterminés.

Ce serait là une erreur.

Les principes du Chapitre IX nous montrent en effet que, quand même q_1 et γ seraient nuls, on pourrait poursuivre les approximations sans introduire de termes séculaires; nous aurions, il est vrai, deux conditions à remplir, mais quand nous aurions disposé du seul coefficient arbitraire qui nous reste de façon à satisfaire à la première de ces conditions, la seconde, ainsi que nous l'avons vu au n° 127, serait remplie d'elle-même.

On le comprendra mieux d'ailleurs, quand j'aurai modifié la méthode d'approximations successives du présent numéro de façon à lui donner la forme suivante.

192. Soit ξ_i la valeur de x obtenue dans la $i^{\text{ème}}$ approximation par la méthode du numéro précédent; ce sera une somme de termes dépendant du sinus ou du cosinus d'angles tels que le suivant

$$\varphi = (m_1 h_i + 2 m_2 + m_3 \lambda_3 + m_4 \lambda_4 + \ldots + m_n \lambda_n) t.$$

$m_1, m_2, \ldots, m_n$ sont des entiers; h_i est la $i^{\text{ème}}$ valeur approchée du nombre h; $\lambda_3 t, \lambda_4 t, \lambda_n t$ sont les arguments des divers termes de $\varphi(x, t)$.

Posons $h_i t = w_i$, il viendra

$$\varphi = m_1 w_i + (2 m_2 + m_3 \lambda_3 + \ldots + m_n \lambda_n) t.$$

Alors ξ_i pourra être considérée comme une fonction de deux variables w_i et t; de plus, cette fonction sera développable suivant les puissances du petit paramètre α qui entre dans le second membre de (1); de même, h_i sera développable suivant les puissances de α.

Ainsi le problème dont nous nous sommes occupés au numéro précédent peut s'énoncer comme il suit. Nous avons cherché à satisfaire formellement à l'équation (1) en y remplaçant x par une série développable suivant les puissances de α et suivant les cosinus et les sinus des multiples de

$$w, \quad 2t, \quad \lambda_3 t, \quad \lambda_4 t, \quad \dots, \quad \lambda_n t.$$

La variable auxiliaire w doit elle-même être égale à ht, le nombre h étant développable suivant les puissances de α.

On peut donner la solution de ce problème sous une forme plus satisfaisante pour l'esprit en dirigeant les approximations comme je vais le faire.

Si nous mettons en évidence ce fait que x dépend de t de deux manières, d'abord directement, puis parce que x est aussi fonction de w et w fonction de t, l'équation (1) s'écrira

$$(5) \qquad h^2 \frac{d^2x}{dw^2} + 2h \frac{d^2x}{dw\,dt} + \frac{d^2x}{dt^2} + x(q^2 - q_1\cos 2t) = \alpha\,\varphi(x, t).$$

Comme x doit être développé suivant les puissances de α, nous écrirons

$$(6) \qquad x = x_0 + \alpha x_1 + \alpha^2 x_2 + \dots$$

et de même pour h

$$(7) \qquad h = h_0 + \alpha h_1 + \alpha^2 h_2 + \dots$$

(h_i n'a donc plus le même sens que dans le numéro précédent).

Substituons les développements (6) et (7) dans l'équation aux dérivées partielles (5). Les deux membres de cette équation sont alors développés suivant les puissances de α. Égalons dans les deux membres de (5) les termes indépendants de α, puis les coefficients de α, puis ceux de α^2, ..., nous obtiendrons une série d'équations que j'appellerai E_0, E_1, E_2, ..., de telle façon que l'équation E_i s'obtienne en égalant les coefficients de α^i.

L'équation E_0 devra servir à déterminer h_0 et x_0, l'équation E_1

à déterminer h_1 et x_1, ..., et enfin l'équation E_i à déterminer h_i et x_i.

Pour écrire plus facilement nos équations, nous conviendrons, comme dans le Chapitre XV, de représenter par Φ toute fonction connue.

Alors E_0 s'écrit

$$h_0^2 \frac{d^2 x_0}{dw^2} + 2 h_0 \frac{d^2 x_0}{dw\,dt} + \frac{d^2 x_0}{dt^2} + x_0 (q^2 - q_1 \cos 2t) = 0.$$

De même, E_1 s'écrit (en se souvenant que h_0 et x_0 sont supposés avoir été préalablement déterminés à l'aide de E_0)

$$2 h_0 h_1 \frac{d^2 x_0}{dw^2} + 2 h_1 \frac{d^2 x_0}{dw\,dt} + h_0^2 \frac{d^2 x_1}{dw^2}$$
$$+ 2 h_0 \frac{d^2 x_1}{dw\,dt} + \frac{d^2 x_1}{dt^2} + x_1 (q^2 - q_1 \cos 2t) = \Phi,$$

et, en général, E_i s'écrira

$$2 h_0 h_i \frac{d^2 x_0}{dw^2} + 2 h_i \frac{d^2 x_0}{dw\,dt} + h_0^2 \frac{d^2 x_i}{dw^2}$$
$$+ 2 h_0 \frac{d^2 x_i}{dw\,dt} + \frac{d^2 x_i}{dt^2} + x_i (q^2 - q_1 \cos 2t) = \Phi.$$

L'équation E_0 est facile à intégrer; elle se ramène en effet à l'équation (1) du n° 190 qui a fait l'objet du Chapitre précédent. Nous aurons une intégrale en faisant

$$x_0 = \Sigma A_n \cos(w + 2nt),$$

les coefficients A_n étant les mêmes que dans le n° 178 et h_0 étant égal au nombre que nous avons appelé h dans le Chapitre XVII.

Nous en aurons une encore en faisant

$$x_0 = \Sigma A_n \sin(w + 2nt).$$

Si donc nous posons

$$\xi = \Sigma A_n \cos(w + 2nt), \qquad \eta = \Sigma A_n \sin(w + 2nt)$$

et si β et si γ sont des constantes arbitraires, nous aurons encore une intégrale en faisant

$$x_0 = \beta \xi + \gamma \eta.$$

C'est la seule d'ailleurs qui soit périodique en w et en t.

Passons à l'équation E_1; si h_1 était connu, on pourrait l'écrire

$$(8) \qquad h_0^2 \frac{d^2 x_1}{dw^2} + 2 h_0 \frac{d^2 x_1}{dw\,dt} + \frac{d^2 x_1}{dt^2} + x_1(q^2 - q_1 \cos 2 t) = \Phi.$$

Comment intégrerions-nous alors l'équation (8)?

Posons

$$\xi' = h_0 \frac{d\xi}{dw} + \frac{d\xi}{dt} = -\Sigma \Lambda_n (h_0 + 2n) \sin(w + 2nt),$$

$$\eta' = h_0 \frac{d\eta}{dw} + \frac{d\eta}{dt} = +\Sigma \Lambda_n (h_0 + 2n) \cos(w + 2nt).$$

Le déterminant $\xi\eta' - \xi'\eta$ sera une constante que nous pourrons toujours supposer égale à 1, puisque les rapports des coefficients Λ_n sont seuls déterminés et que l'on peut choisir arbitrairement Λ_0.

Appliquons maintenant la méthode de la variation des constantes. Si nous désignons par β et γ, non plus deux constantes, mais deux fonctions de w et de t, nous pourrons définir ces deux fonctions par les équations

$$x_1 = \beta \xi + \gamma \eta,$$

$$h_0 \frac{dx_1}{dw} + \frac{dx_1}{dt} = \beta \xi' + \gamma \eta'.$$

Si nous posons, pour abréger,

$$\beta' = h_0 \frac{d\beta}{dw} + \frac{d\beta}{dt},$$

$$\gamma' = h_0 \frac{d\gamma}{dw} + \frac{d\gamma}{dt},$$

l'équation (8) pourra alors être remplacée par les deux suivantes

$$\beta' \xi + \gamma' \eta = 0$$

$$\beta' \xi' + \gamma' \eta' = \Phi.$$

d'où

$$(9) \qquad \begin{cases} \beta' = -\Phi\eta, \\ \gamma' = \Phi\xi. \end{cases}$$

Ces équations (9) sont faciles à intégrer.

Prenons, par exemple, la deuxième de ces équations (9); $\Phi\xi$ sera développable en une série de la forme

$$(10) \qquad \Phi\xi = B_0 + \Sigma B \cos(mw + \mu t + k);$$

les B et les k sont des constantes, m est un entier; μ est une combinaison linéaire à coefficients entiers de 2 et des λ_i; j'ai mis en évidence le terme tout connu B_0.

L'équation

$$h_0 \frac{d\gamma}{dw} + \frac{d\gamma}{dt} = \Phi\xi$$

nous donne alors

$$\gamma = B_0 t + \sum \frac{B \sin(mw + \mu t + k)}{mh_0 + \mu} + \psi(w - h_0 t),$$

ψ étant une fonction arbitraire de $w - h_0 t$.

Si nous voulons que γ soit développable en série trigonométrique, de même forme que la série (10), il faut :

1° Que cette fonction ψ soit nulle (car je ne suppose pas que l'on ait de relation de la forme $mh_0 + \mu = 0$). Nous prendrons donc $\psi = 0$;

2° Que B soit nul.

Pour que nous puissions résoudre le problème que nous nous sommes proposé, il faut donc remplir deux conditions :

Le terme tout connu de $\Phi\xi$, de même que celui de $\Phi\eta$, devra être nul.

Nous choisirons h_1 de façon à satisfaire à l'une de ces conditions et l'autre devra être remplie *d'elle-même*, à moins que le problème proposé ne soit impossible.

On se servirait de même de l'équation E_i pour déterminer x_i et h_i; pour que x_i conserve la forme trigonométrique, il faut deux conditions; on satisfera à l'une en choisissant convenablement h_i et la seconde devra être remplie d'elle-même.

Ainsi :

Ou bien le problème proposé est impossible;

Ou bien nos conditions doivent être remplies d'elles-mêmes.

193. Pour démontrer que ces conditions sont effectivement remplies d'elles-mêmes, il me reste à établir la possibilité du problème. C'est ainsi que la méthode du n° 127 n'aurait pas été légitime si je n'avais démontré préalablement au n° 125 la possibilité du développement.

Considérons un système d'équations canoniques

$$(1) \qquad \frac{dx_i}{dt} = \frac{dF}{dy_i}, \qquad \frac{dy_i}{dt} = -\frac{dF}{dx_i} \qquad (i = 1, 2, \ldots, n).$$

Je suppose que F est développable suivant les puissances d'un paramètre μ, sous la forme

$$F = F_0 + \mu F_1 + \mu^2 F_2 + \ldots;$$

mais je ne suppose plus, comme au n° 125, que F_0 soit indépendant des y_i.

Je suppose que F soit périodique de période 2π par rapport aux y_i.

Je suppose, enfin, que l'on ait su intégrer les équations

$$(2) \qquad \frac{dx_i}{dt} = \frac{dF_0}{dy_i}, \qquad \frac{dy_i}{dt} = -\frac{dF_0}{dx_i}$$

et que la solution satisfasse aux conditions suivantes :

1° Les variables x_i et y_i seront des fonctions de n constantes d'intégration

$$x'_1, \quad x'_2, \quad \ldots, \quad x'_n,$$

et de n arguments

$$y'_1, \quad y'_2, \quad \ldots, \quad y'_n.$$

2° Ces n arguments seront eux-mêmes des fonctions du temps, de sorte que l'on aura

$$y'_i = \lambda_i t + \varpi_i;$$

les λ_i seront des constantes qui dépendront des n premières constantes d'intégration x'_i; les ϖ_i seront n nouvelles constantes d'intégration.

3° Les x_i et les $y_i - y'_i$ seront des fonctions périodiques des y'_i de période 2π.

$4°$ L'expression

$$\Sigma x_i \, dy_i - \Sigma x'_i \, dy'_i$$

sera une différentielle exacte.

On aura évidemment

$$(3) \qquad \qquad F_0(x_i, y_i) = \text{const.},$$

c'est-à-dire que F_0 ne dépendra que des constantes d'intégration x'_i.

On se rappelle le théorème du n° 4, qui pourrait d'ailleurs s'énoncer ainsi.

Quand on fait un changement de variables, en passant d'un système de variables conjuguées (x_i, y_i) à un autre système de variables conjuguées (x'_i, y'_i), la condition pour que la forme canonique ne soit pas altérée, c'est que l'expression

$$\Sigma x'_i \, dy'_i - \Sigma x_i \, dy_i$$

soit une différentielle exacte.

Il en résulte que, si dans le cas qui nous occupe, nous prenons pour variables nouvelles x'_i et y'_i, les équations (1) conserveront leur forme canonique et deviendront

$$(5) \qquad \frac{dx'_i}{dt} = \frac{dF}{dy'_i}, \qquad \frac{dy'_i}{dt} = - \frac{dF}{dx'_i}.$$

Il est évident :

$1°$ Que F sera périodique par rapport aux y'_i ;

$2°$ Que F_0 ne dépendra que des x'_i, à cause de l'équation (3). Les équations (5) satisfont donc aux conditions des n°^{os} 125 et 127 et il en résulte qu'on pourra y satisfaire formellement de la manière suivante :

Les x'_i et les y'_i seront développables suivant les puissances de μ, sous la forme

$$x'_i = x'^0_i + \mu x'^1_i + \mu^2 x'^2_i + \dots,$$
$$y'_i = y'^0_i + \mu y'^1_i + \mu^2 y'^2_i + \dots.$$

Les x'^k_i et les y'^k_i seront des fonctions de n constantes d'intégrations et de n arguments

$$w_i = n_i t + \varpi'_i.$$

les n_i étant des constantes développables suivant les puissances de μ et les ϖ'_i des constantes arbitraires.

Les x'^k_i et les y'^k_i seront périodiques par rapport aux w_i, à l'exception de y'^0_i qui se réduira à w_i; j'ajoute que x'^0_i est une constante.

Nous n'avons plus qu'à substituer ces valeurs de x'_i et y'_i dans les équations qui donnent les variables anciennes en fonctions de ces variables nouvelles x'_i et y'_i, et nous verrons ainsi qu'on peut satisfaire formellement aux équations (5) de la façon suivante :

Les x_i et les y_i seront développables suivant les puissances de μ, sous la forme

$$x_i = x^0_i + \mu x^1_i + \ldots,$$
$$y_i = y^0_i + \mu y^1_i + \ldots.$$

Les x^k_i et les y^k_i seront périodiques par rapport aux w_i, à l'exception de y^0_i; mais $y^0_i - w_i$ sera périodique; il n'arrivera pas toutefois que x^0_i se réduira à une constante et y^0_i à w_i.

194. Appliquons ces principes à l'équation (1) du n° 191, que j'écrirai ainsi en lui donnant un nouveau numéro

$$(6) \qquad \frac{d^2 x}{dt^2} + x(q^2 - q_1 \cos 2t) = z \varphi(x, t).$$

Cherchons à la ramener à la forme canonique.

Soit ψ une fonction de x et de t telle que

$$\varphi(x, t) = \frac{d\psi}{dx}.$$

φ sera, comme ψ, développable suivant les puissances de x et suivant les sinus et les cosinus des multiples de

$$2t, \quad \lambda_3 t, \quad \lambda_4 t, \quad \ldots, \quad \lambda_n t.$$

Posons pour plus de symétrie

$$2 = \lambda_2.$$

Posons ensuite

$$y = \frac{dx}{dt}, \qquad y_i = \lambda_i t \qquad (i = 2, 3, \ldots, n),$$

et supposons que dans φ, dans ψ et dans le terme $q_1 \cos 2 t$ on ait remplacé partout $\lambda_i t$ par y_i de telle façon que les deux membres de (6) deviennent des fonctions de x, de $\frac{d^2 x}{dt^2}$ et des y_i, périodiques de période 2π par rapport aux y_i.

Introduisons $n - 1$ variables auxiliaires

$$x_2, \quad x_3, \quad \ldots, \quad x_n,$$

et posons

$$F = \frac{y^2}{2} - x_1^2 + \frac{x^2}{2}(q^2 - q \cos y_2) - \Sigma \lambda_i x_i.$$

Nous pourrons remplacer l'équation (6) par le système d'équations canoniques

$$(7) \quad \begin{cases} \dfrac{dx}{dt} = \dfrac{dF}{dy}, & \dfrac{dy}{dt} = -\dfrac{dF}{dx}, \\[2mm] \dfrac{dx_i}{dt} = \dfrac{dF}{dy_i}, & \dfrac{dy_i}{dt} = -\dfrac{dF}{dx_i} \end{cases} \quad (i = 2, 3, \ldots, n).$$

Si nous posons ensuite (*Cf.* n° 181)

$$x = \frac{1}{q} \sqrt{2 x_1} \cos y_1, \qquad y = q \sqrt{2 x_1} \sin y_1,$$

l'expression

$$x \, dy - x_1 \, dy_1$$

sera une différentielle exacte; la forme canonique des équations ne sera donc pas altérée si nous prenons pour variables x_i, y_i $(i = 1, 2, \ldots, n)$.

F sera d'ailleurs périodique par rapport à $y_1, y_2, \ldots, y_n$, et il viendra

$$q^2 x^2 + y^2 = 2 q x_1.$$

C'est le petit paramètre α qui joue ici le rôle de μ et l'on voit que F est développé suivant les puissances de α.

Si nous faisons $\alpha = 0$, F se réduira à

$$F_0 = q x_1 - \frac{q_1}{q_2} x_1 \cos^2 y_1 \cos y_2 - \Sigma \lambda_i x_i.$$

Nous pourrons trouver une fonction S dépendant de n constantes arbitraires $x'_1, x'_2, \ldots, x'_n$ qui satisfasse à l'équation

$$(8) \qquad \frac{dS}{dy_1}\left(q - \frac{q_1}{q_2}\cos^2 y_1 \cos y_2\right) - \Sigma \lambda_i \frac{dS}{dy_i} = \text{const.}$$

C'est, avec quelques différences de notations, l'équation du n° 181 ; nous avons vu, dans ce n° 181, qu'en regardant q_1 comme un coefficient très petit analogue au paramètre μ du n° 125, on peut appliquer à cette équation les méthodes de ce n° 125. La fonction $S - x'_1 y_1 - x'_2 y_2 - \ldots - x'_n y_n$ est une fonction de x'_1, y_1 et y_2 seulement périodique en y_1 et y_2 ($Cf.$ n° 181) ; on n'a pour s'en convaincre qu'à appliquer à l'équation (8) la méthode du n° 125 en faisant jouer à q_1 le rôle de μ.

Il résulte de là que l'on peut satisfaire aux équations

$$(9) \qquad \frac{dx_i}{dt} = \frac{dF_0}{dy_i}, \qquad \frac{dy_i}{dt} = -\frac{dF_0}{dx_i},$$

en faisant, comme au n° 3,

$$x_i = \frac{dS}{dy_i}, \qquad y'_i = \frac{dS}{dx_i},$$

et, d'autre part,

$$y_i = \lambda_i t + \varpi_i,$$

λ_i et ϖ_i sont des constantes, la seconde arbitraire.

Nous aurons simplement

$$x_i = x'_i \qquad \text{et} \qquad y_i = y'_i$$

pour $i > 2$.

Nous aurons également $y'_2 = y_2$.

Quant à y'_1, il sera égal à

$$- ht - \varpi_1,$$

de sorte que le coefficient λ_1 ne sera autre chose que le nombre h changé de signe.

Il est aisé de trouver la fonction S, ou bien encore l'expression des x_i et des y_i en fonctions des x'_i, y'_i ; on les trouvera sans peine, en effet, quand on connaîtra le nombre h et les coefficients A_n déterminés au Chapitre précédent.

J'observerai seulement que, d'après la définition même des

variables nouvelles x'_i et y'_i, l'expression

$$dS = \Sigma x_i \, dy_i + \Sigma y'_i \, dx'_i$$

et par conséquent la suivante

$$\Sigma(x_i \, dy_i - x'_i \, dy'_i)$$

seront des différentielles exactes.

D'autre part, les x'_i et les $y_i - y'_i$ seront des fonctions périodiques des y'_i.

Enfin il viendra

$$F_0 = + h x'_1 - \lambda^2 x'_2 - \lambda_3 x'_3 - \ldots - \lambda_n x'_n.$$

Si donc nous prenons pour variables nouvelles les x'_i et les y'_i, la forme canonique des équations (7) ne sera pas altérée et elles pourront s'écrire

$$(19) \qquad \frac{dx'_i}{dt} = \frac{dF}{dy'_i}, \qquad \frac{dy'_i}{dt} = -\frac{dF}{dx'_i}.$$

D'ailleurs F sera périodique par rapport aux y'_i et, pour $\alpha = 0$, $F = F_0$ ne dépendra que des x'_i.

Nous serons donc dans les conditions des n°^{s} 125 et 127 et nous pourrons conclure que les x'_i et les y'_i et par conséquent les x_i et les y_i pourront s'exprimer formellement en fonctions de α, de n constantes arbitraires et de n variables w_k, de telle façon que les fonctions x'_i, $y'_i - w_i$, x_i, $y_i - w_i$ soient développables suivant les puissances de α et périodiques par rapport aux w_k; ils seront de la forme

$$w_k = n_k t + \varpi_k,$$

les ϖ_k étant de nouvelles constantes d'intégration, et les n_k des constantes développables suivant les puissances de α.

Il est d'ailleurs aisé de voir que, dans le cas particulier qui nous occupe, on a pour $k > 1$

$$y_k = y'_k = w_k, \qquad n_k = \lambda_k.$$

Pour satisfaire non seulement aux équations (7), mais à l'équation (6) d'où nous les avons déduites, il faut prendre

$$\varpi_k = 0, \qquad w_k = \lambda_k t.$$

Il résulte de tout cela que le problème que nous nous sommes proposé au numéro précédent est possible, et par conséquent que les conditions dont nous avons parlé à la fin de ce numéro doivent être remplies d'elles-mêmes.

195. Comme cela doit avoir lieu quel que soit q, et même pour $q_1 = 0$, et que ce fait n'a pu échapper à M. Gyldén, ce n'est pas pour éviter les termes séculaires que cet astronome a fait passer dans ce premier membre le terme en $q_1 x \cos 2t$, bien que ce coefficient q_1 soit très petit : c'est pour une autre raison dont je vais chercher à rendre compte.

Si l'on se reporte au Chapitre précédent, on verra que les coefficients A_h deviennent infinis quand le nombre h est entier; ils sont donc très grands quand le nombre h est voisin d'un entier ou encore, puisque h diffère peu de q, quand le nombre q est voisin d'un entier.

Si donc, écrivant l'équation du Chapitre précédent sous la forme

$$\frac{d^2 x}{dt^2} + q^2 x = + q_1 x \cos 2t,$$

on eût appliqué les procédés du n° 127 en faisant jouer à q_1 le rôle de μ, la convergence aurait été très lente dans le cas où q serait voisin d'un entier.

Considérons maintenant l'équation

$$(1) \qquad \frac{d^2 x}{dt^2} + q^2 x = \alpha \varphi(x, t).$$

Soit

$$A x^m \cos \lambda t \quad \text{ou} \quad A x^m \sin \lambda t$$

un terme quelconque de $\varphi(x, t)$; m sera un entier positif ou nul. Si $m = 0$, ce terme sera indépendant de x et pourra rester sans inconvénient dans le second membre; si $m > 1$, le terme contiendra en facteur x^2 qui sera généralement très petit et ne pourra avoir beaucoup d'influence.

Reste le cas où $m = 1$.

D'après ce que nous venons de voir, on peut appliquer les procédés du n° **127** à l'équation

$$\frac{d^2x}{dt^2} + q^2 x = \alpha A x \cos \lambda t,$$

et, si l'on fait jouer à x le rôle de y, la convergence sera lente ou rapide suivant que $\frac{2q}{\lambda}$ sera ou ne sera pas voisin d'un entier. Elle sera lente surtout si $\frac{2q}{\lambda}$ est voisin de 1; et, en effet, d'après ce que nous avons vu au n° **179**, l'expression de $F_1(t)$ contient en dénominateur $q^2 - 1$.

Il en résulte que la fonction $F(t)$, développée comme dans ce n° **179** suivant les puissances de q_1, contient des termes en

$$\frac{q_1}{q^2 - 1}.$$

La fonction $F(t)$ qui satisfait à l'équation

$$\frac{d^2x}{dt^2} + q^2 x = q_1 x \cos 2t$$

est donc très grande si q est voisin de 1. Or l'équation (2) se ramène à l'équation (3) en y changeant t en $\frac{2t}{\lambda}$, q en $\frac{2q}{\lambda}$, αA en $\frac{\lambda^2 q_1}{4}$.

L'intégrale de (2) pourra donc devenir grande et sa convergence sera lente si $\frac{2q}{\lambda}$ est voisin de 1, ainsi que je viens de l'énoncer.

Si donc, dans le second membre de (1), il y a un terme tel que x y entre en facteur à la première puissance, et si son argument λt est tel que $\frac{2q}{\lambda}$ est voisin de 1, on augmentera beaucoup la rapidité de la convergence en faisant passer ce terme dans le premier membre.

Voyons si ce cas se présente dans l'application de la méthode de M. Gyldén au Problème des trois Corps.

H. P. — II.   20

Reprenons l'équation (6 *bis*) du n° **168**

$$\frac{d^2 \rho}{dv_0^2} + \rho = \mathrm{B}. \tag{6 bis}$$

Les termes de B sont de l'ordre de grandeur des forces perturbatrices; ils dépendent de $v_0 + \chi$, $v'_0 + \chi'$, ρ et ρ'; nous pouvons supposer qu'on en ait fait disparaître χ, χ' et ρ' par les procédés des nos **170** à **172** ou par des procédés analogues, qu'on ait remplacé v'_0 en fonction de v_0.

Alors B ne dépendra plus que de ρ et de v_0 et ses termes seront de la forme

$$\mathrm{A}\rho^m \frac{\cos}{\sin} \lambda v_0.$$

Quant à λ, il sera égal à

$$m + \mu n,$$

m et n étant des entiers et μ le rapport des moyens mouvements des deux planètes.

Distinguons dans B les deux termes suivants

$$\alpha\rho \quad \text{et} \quad \beta\rho \cos 2v_0,$$

et posons

$$\mathrm{B} = \alpha\rho + \beta\rho \cos 2v_0 + \mathrm{B}'.$$

Nous pourrons faire passer $\alpha\rho$ dans le premier membre et écrire

$$\frac{d^2 \rho}{dv_0^2} + \rho(1 - \alpha) = \mathrm{B}' + \beta\rho \cos 2v_0.$$

Cette équation est de même forme que l'équation (1). Pour savoir s'il convient de faire passer dans le premier membre le terme $\beta\rho \cos 2v_0$, il faut voir si la quantité qui correspond à $\frac{2q}{\lambda}$ est voisine de 1. Or cette quantité est égale à

$$\sqrt{1 - \alpha},$$

et α est de l'ordre de la fonction perturbatrice. On augmentera donc beaucoup la rapidité de la convergence en faisant passer ce terme dans le premier membre et il n'y a pas les mêmes raisons pour y faire passer les autres termes de B'.

Mais voyons maintenant la chose d'un peu plus près. La difficulté provient de ce que le coefficient de ρ est voisin de 1; ou bien encore de ce que ce coefficient de ρ se réduit à 1 quand les masses perturbatrices sont nulles.

Quand les masses perturbatrices sont nulles en effet, le mouvement devient képlérien et les équations du mouvement se réduisent à

$$v = v_0, \qquad \frac{d^2 u}{dv_0^2} + u = 0.$$

Si les masses perturbatrices restant nulles, les deux planètes eussent été attirées par un astre central, mais *suivant toute autre loi que celle de Newton*, ces équations seraient devenues

$$v = v_0, \qquad \frac{d^2 u}{dv_0^2} + \varphi(u) = 0,$$

$\varphi(u)$ étant une fonction de u dépendant de la loi d'attraction.

Posons ensuite, comme au n° 169,

$$u = u_1 + \rho,$$

u_1 étant une fonction connue de v_0 peu différente de u, et négligeons les puissances supérieures de ρ, l'équation deviendra

$$\frac{d^2 \rho}{dv_0^2} + \varphi'(u_1)\rho = A,$$

φ' étant la dérivée de φ et A une fonction connue de v_0, ainsi que $\varphi'(u_1)$.

Si, par exemple, u_1 était une constante, ou si $\varphi(u)$ était une fonction linéaire, $\varphi'(u_1)$ est une constante généralement différente de 1, de sorte que la difficulté que nous venons de rencontrer ne se présenterait pas.

Ainsi la difficulté qui nous a obligé à faire passer le terme en q_1 dans le premier membre n'existe pas avec toute autre loi que celle de Newton.

Cela tient à ce que, si l'on adopte la loi de Newton et si les masses perturbatrices sont toujours supposées nulles, les périhélies sont fixes, ce qui n'est plus vrai avec toute autre loi d'attraction.

C'est ce que j'ai déjà fait observer au début du Chapitre XI.

Ainsi la difficulté dont M. Gyldén se tire en faisant passer le terme en q_1 dans le premier membre est précisément la même dont nous avons triomphé plus haut par les procédés du Chapitre XI.

Equation de la variation.

196. L'équation $(5\,a)$ du n° 169, dite équation de la variation, s'écrit

$$(1) \qquad \frac{d^2\chi}{dv_0^2} - C\sin(mv_0 - n\,\mu v_0 + m\chi + k) = A,$$

C étant une constante et A une suite de termes très petits que nous supposerons dépendre seulement de χ.

Posons alors

$$mv_0 - n\,\mu v_0 + m\chi + k = V,$$

l'équation deviendra

$$\frac{d^2V}{dv_0^2} - \frac{C}{m}\sin V = \frac{A}{m},$$

A étant une fonction très petite de V et de v_0; comme A est très petit, je puis écrire

$$A = \alpha m \varphi(V, v_0),$$

α étant un coefficient très petit, et me proposer de développer suivant les puissances croissantes de α.

On a donc

$$\frac{d^2V}{dv_0^2} - \frac{C}{m}\sin V = \alpha\,\varphi(V, v_0).$$

Sous cette forme on voit que l'équation (1) rentre comme cas particulier dans la suivante

$$(2) \qquad \frac{d^2x}{dt^2} + f(x) = \alpha\,\varphi(x, t),$$

f et φ étant des fonctions quelconques et α un coefficient très petit.

Il en est de même de l'équation $(6\,c)$ du n° 169 qui peut s'écrire

$$\frac{d^2\varphi}{dv_0^2} - \varphi(1 + x) - C\varphi^3 = B,$$

B étant une somme de termes très petits, que l'on peut transformer par les procédés des n°s 170 à 172, de sorte que nous pouvons supposer qu'ils ne contiennent que ρ et v_0.

C'est donc cette équation (2) que nous allons étudier.

Une remarque est nécessaire avant d'aller plus loin.

Considérons l'équation (1) du n° 191; nous nous sommes efforcé de développer la solution de cette équation suivant les puissances de z; dans le Chapitre XVI nous n'avions pas posé le problème tout à fait de la même manière; nous avions dit qu'il fallait dans le second membre de cette équation remplacer x d'abord par o, puis par sa première valeur approchée et ainsi de suite.

Mais il est aisé de voir que ces deux modes d'approximation reviennent au même; si en effet nous faisons dans cette équation $z = 0$, elle se réduit à

$$\frac{d^2 x}{dt^2} + x(q^2 - q_1 \cos 2t) = 0$$

et elle admet alors pour solution particulière $x = 0$, ce qui est bien la valeur de x que nous avions admise en première approximation; de même avec l'équation (6 c) du n° 169 que l'on peut écrire

$$\frac{d^2 \rho}{dv_0^2} + A\rho - C\rho^2 = z f(\rho, v_0).$$

Si l'on fait $z = 0$, l'équation admet comme solution particulière $\rho = 0$; or au Chapitre XVI nous avons précisément admis comme première approximation $\rho = 0$.

Les deux modes d'approximation sont donc encore équivalents.

Il n'en est plus tout à fait de même en ce qui concerne l'équation (1) du présent numéro que nous avons écrite

$$\frac{d^2 V}{dv_0^2} + \frac{C}{m} \sin V = z \varphi(V, v_0).$$

Si l'on fait $z = 0$, elle se réduit à

$$(3) \qquad \frac{d^2 V}{dv_0^2} + \frac{C}{m} \sin V = 0$$

et elle admet évidemment comme solution particulière $V = 0$.

Mais ce que nous avions admis au Chapitre XVI, comme première approximation, ce n'était pas

$$V = o,$$

mais

$$\chi = o,$$

d'où

$$V = mv_0 + n\mu v_0 + k,$$

ce qui n'est évidemment pas une solution de l'équation (3).

Les deux modes d'approximation ne sont pas absolument équivalents; mais, à cause de la petitesse du coefficient C, on peut prendre comme première approximation une solution de l'équation (3) au lieu de faire $\chi = o$, sans que la rapidité de la convergence s'en trouve sensiblement ralentie. C'est d'ailleurs ainsi qu'a opéré M. Gyldén.

Reprenons donc l'équation

$$(2) \qquad \frac{d^2 x}{dt^2} + f(x) = \alpha \varphi(x, t),$$

Comme au n° 191, je supposerai que $\varphi(x, t)$ soit une fonction périodique de période 2π par rapport aux arguments

$$\lambda_2 t, \quad \lambda_3 t, \quad \ldots \quad \lambda_n t,$$

et je poserai

$$y = \frac{dx}{dt}, \qquad y_i = \lambda_i t, \qquad \varphi = \frac{d\psi}{dx}.$$

Je poserai de même

$$f = \frac{d\theta}{dx}.$$

Si alors je pose

$$F = \frac{y^2}{2} + \theta - \alpha\psi - \Sigma \lambda_i x_i,$$

l'équation (2) peut être remplacée par les équations canoniques

$$(4) \qquad \begin{cases} \dfrac{dx}{dt} = \dfrac{dF}{dy}, & \dfrac{dy}{dt} = -\dfrac{dF}{dx}, \\[2mm] \dfrac{dx_i}{dt} = \dfrac{dF}{dy_i}, & \dfrac{dy_i}{dt} = -\dfrac{dF}{dx_i}. \end{cases}$$

Nous nous proposons d'intégrer formellement ces équations sous
la forme suivante ; nos variables devront être développées suivant
les puissances de α et les coefficients seront des fonctions périodiques de période 2π de n paramètres

$$w_1, \quad w_2, \quad w_3, \quad \ldots, \quad w_n,$$

avec

$$w = ht + \varpi_1, \qquad w_i = h_i t + \varpi_i.$$

Il faudra d'ailleurs évidemment, comme au n° 194, faire

$$h_i = \lambda_i, \qquad \varpi_i = 0, \qquad y_i = w_i.$$

Quant au nombre h, il sera développable suivant les puissances
de α.

Les résultats du n° 193 peuvent se résumer comme il suit. Si
un pareil problème est possible pour $\alpha = 0$, il sera encore possible
quand on ne supposera plus α nul.

Or, si nous faisons $\alpha = 0$, notre équation se réduit à

$$(5) \qquad \frac{d^2 x}{dt^2} + f(x) = 0.$$

Elle s'intègre très aisément par quadratures, et l'on trouve

$$x = \omega(w), \qquad y = h\omega'(w), \qquad w = ht + \varpi_1,$$

$$y_i = w_i = \lambda_i t.$$

ω et ω' sont des fonctions de w et d'une constante d'intégration β ;
elles sont périodiques de période 2π par rapport à w ; le nombre h
est une fonction de β, et ϖ_1 est une nouvelle constante d'intégration.

Le problème que nous nous sommes proposé, étant possible
pour $\alpha = 0$, le sera encore pour $\alpha \gtrless 0$.

Il reste à le résoudre effectivement.

Pour cela je récris l'équation (2), en mettant en évidence ce fait
que x dépend de t d'abord directement et en outre par l'intermédiaire de w. Je suis ainsi une méthode tout à fait pareille à
celle du n° 192.

Je trouve ainsi

$$(6) \qquad h^2 \frac{d^2 x}{dw^2} + 2h \frac{d^2 x}{dw\,dt} + \frac{d^2 x}{dt^2} + f(x) = \alpha \varphi(x, t).$$

Je substitue à la place de x et de h leurs développements suivant les puissances de α

$$x = x_0 + \alpha x_1 + \alpha^2 x_2 + \ldots,$$
$$h = h_0 + \alpha h_1 + \alpha^2 h_2 + \ldots,$$

et j'égale les coefficients des puissances semblables de α. J'obtiens ainsi les équations suivantes

$$(7) \qquad h_0^2 \frac{d^2 x_0}{dw^2} + 2h_0 \frac{d^2 x_0}{dw\,dt} + \frac{d^2 x_0}{dt^2} + f(x_0) = 0,$$

$$(8) \quad \left\{ \begin{aligned} & 2h_0 h_1 \frac{d^2 x_0}{dw^2} + 2h_1 \frac{d^2 x_0}{dw\,dt} + h_0^2 \frac{d^2 x_1}{dw^2} \\ & \qquad + 2h_0 \frac{d^2 x_1}{dw\,dt} + \frac{d^2 x_1}{dt^2} + f'(x_0) x_1 = \Phi, \end{aligned} \right.$$

$$(9) \quad \left\{ \begin{aligned} & 2h_0 h_2 \frac{d^2 x_0}{dw^2} + 2h_2 \frac{d^2 x_0}{dw\,dt} + h_0^2 \frac{d^2 x_2}{dw^2} \\ & \qquad + 2h_0 \frac{d^2 x_2}{dw\,dt} + \frac{d^2 x_2}{dt^2} + f'(x_0) x_2 = \Phi. \end{aligned} \right.$$

$$\ldots\ldots\ldots\ldots\ldots\ldots\ldots\ldots\ldots\ldots$$

Je désigne par Φ toute fonction connue de t et de w; le second membre de (8) est connu parce que h_0 et x_0 ont été déterminés à l'aide de l'équation (7); le second membre de (9) est connu parce que h_0, h_1, x_0, x_1 ont été déterminés à l'aide de (7) et de (8), et ainsi de suite.

L'équation (7) se ramène à l'équation (5); on aura donc

$$x_0 = \omega(w, \beta),$$

ω étant une fonction de w et de la constante β, périodique par rapport à w.

Considérons maintenant l'équation (8); si h_1 était connu, elle s'écrirait

$$(8\ bis) \qquad h_0^2 \frac{d^2 x_1}{dw^2} + 2h_0 \frac{d^2 x_1}{dw\,dt} + \frac{d^2 x_1}{dt^2} + f'(x_0) x_1 = \Phi.$$

C'est là une équation linéaire à second membre. Nous sommes donc conduit à envisager l'équation sans second membre

$$h_0^2 \frac{d^2 z}{dw^2} + 2 h_0 \frac{d^2 z}{dw\, dt} + \frac{d^2 z}{dt^2} + f'(x_0) z = 0.$$

Cette équation admet évidemment comme solution particulière

$$z = z_1 = \frac{dw}{d\beta}, \qquad z = z_2 = \frac{dw}{dw}.$$

Posons, comme au n° **192**,

$$z'_1 = h_0 \frac{dz_1}{dw} + \frac{dz_1}{dt}, \qquad z'_2 = h_0 \frac{dz_2}{dw} + \frac{dz_2}{dt}.$$

Le déterminant $z_1 z'_2 - z_2 z'_1$ sera une constante que j'appellerai k. Observons en passant que j'ai écrit les équations comme si x_0, z_1, z_2, z'_1, z'_2 dépendaient à la fois de w et de t, tandis que ces fonctions ne dépendent en réalité que de w et que par conséquent beaucoup des termes de ces équations sont nuls.

Soient alors γ et δ deux quantités définies par les équations

$$x_1 = \gamma z_1 + \delta z_2,$$
$$h_0 \frac{dx_1}{dw} + \frac{dx_1}{dt} = \gamma z'_1 + \delta z'_2.$$

Posons, pour abréger,

$$\gamma' = h_0 \frac{d\gamma}{dw} + \frac{d\gamma}{dt},$$
$$\delta' = h_0 \frac{d\delta}{dw} + \frac{d\delta}{dt}.$$

L'équation (8 *bis*) pourra alors être remplacée par les deux suivantes

$$\gamma' z_1 + \delta' z_2 = 0,$$
$$\gamma' z'_1 + \delta' z'_2 = \Phi,$$

d'où

$$\gamma' = -\Phi z_2,$$
$$\delta' = \Phi z_1.$$

Ces équations pourront s'intégrer par le même procédé que les équations analogues du n° **192** et l'on ne rencontrera pas de difficulté, pourvu que les valeurs moyennes de Φz_1 et Φz_2 soient nulles.

On disposera alors de h_1 de façon à annuler l'une de ces valeurs moyennes et l'autre s'annulera *d'elle-même*, puisque nous savons d'avance que le problème est possible.

L'équation (9) et les équations suivantes se traiteraient de la même manière.

Dans certains cas particuliers, l'intégration de l'équation (5) se ramène aux fonctions elliptiques; c'est ce qui arrive par exemple quand $f(x)$ est un polynôme du troisième degré en x ou quand $f(x)$ se réduit à un facteur constant multiplié par $\sin x$, c'est-à-dire dans le cas des équations $(6\,c)$ et $(5\,a)$ du n° 169.

Résumé.

197. Dans les pages qui précèdent j'ai plutôt cherché à faire comprendre l'esprit des méthodes de M. Gyldén qu'à respecter scrupuleusement son mode d'exposition. Il me reste à dire ce qu'à mon sens on doit penser de ces méthodes.

Toutes les fois que le rapport des moyens mouvements n'est pas très près d'être commensurable, les méthodes de M. Newcomb, que j'ai exposées dans les Chapitres IX à XV, paraîtront, surtout avec les perfectionnements que j'y ai introduits, plus simples et plus satisfaisantes pour l'esprit que celles de M. Gyldén.

Cependant l'étude de ces dernières n'en conserve pas moins toute son utilité. En effet, il y a bien des cas où le rapport des moyens mouvements est trop près d'être commensurable pour que les méthodes des Chapitres IX à XV soient encore applicables; M. Gyldén a employé pour les traiter des procédés analogues à ceux qui lui avaient réussi dans des cas plus simples et il a obtenu le même succès.

Il importe donc de se pénétrer de l'esprit de ces méthodes, soit qu'on veuille les employer directement, soit qu'on veuille seulement s'en servir comme de moyens de découverte susceptibles de nous conduire à l'invention de théories nouvelles, qui pourront être plus satisfaisantes pour une raison ou pour une autre.

Cet esprit, d'ailleurs, peut se résumer d'un mot. Si un terme quelconque devient très grand et rend la convergence lente, on en tient compte dès la première approximation.

Généralisation des solutions périodiques.

198. A la théorie des équations que nous avons étudiées dans ce Chapitre se rattache une proposition dont M. Gyldén, sans l'énoncer expressément, a fait quelquefois usage. Je ne puis la passer sous silence.

Considérons l'équation suivante

$$(1) \qquad \frac{d^2x}{dt^2} - zx = \mu f(x, t, \mu).$$

z est une constante quelconque; μ est un paramètre très petit, f est une fonction de x, t et μ développable suivant les puissances de x et de μ et suivant les sinus et les cosinus des multiples de n arguments

$$\lambda_1 t, \quad \lambda_2 t, \quad \dots, \quad \lambda_n t.$$

S'il n'y avait qu'un seul argument $\lambda_1 t$, la fonction f serait une fonction périodique de t de période $\dfrac{2\pi}{\lambda_1}$. L'équation (1) admettrait alors une solution périodique de même période. Et en effet, pour $\mu = 0$, cette équation, quelle que soit la constante z, admettra évidemment une solution périodique qui sera

$$x = 0.$$

Donc, en vertu des principes du Chapitre III, elle en admettra encore une pour les petites valeurs de μ.

Ce résultat peut-il se généraliser pour le cas où f contient n arguments différents

$$\lambda_1 t, \quad \lambda_2 t, \quad \dots, \quad \lambda_n t ?$$

L'équation (1) admet-elle alors une solution de la forme suivante

$$(2) \qquad x = x_1\mu + x_2\mu^2 + x_3\mu^3 + \dots,$$

où x_1, x_2, x_3, ... sont développables suivant les sinus et le cosinus des multiples des $\lambda_i t$?

Pour nous en rendre compte, nous allons employer une méthode qui rappellera celle du n° 45 et qui, quoique plus générale, sera plus simple, parce que, dans ce n° 45, j'avais introduit à dessein, en supposant $z = 0$, une difficulté qui ne se présente pas dans le cas général.

Supposons le problème résolu et substituons, à la place de x dans f, le développement (2); après cette substitution, f sera développable suivant les puissances de μ, d'abord parce que cette fonction était déjà développable suivant les puissances de cette variable avant la substitution et, ensuite, parce que la valeur de x donnée par l'équation (2) est elle-même développée suivant les puissances de μ. Nous aurons donc

$$f = \varphi_0 + \mu \varphi_1 + \mu^2 \varphi_2 + \dots$$

φ_0 ne dépendra que de t; φ_1 de t et de x_1; φ_2 de t, de x_1 et de x_2; et ainsi de suite.

L'équation (1) nous donnera alors, en égalant les coefficients des diverses puissances de μ.

$$(3) \quad \begin{cases} \dfrac{d^2 x_1}{dt^2} - z x_1 = \varphi_0. \\[2ex] \dfrac{d^2 x_2}{dt^2} - z x_2 = \varphi_1. \\[2ex] \dfrac{d^2 x_3}{dt^2} - z x_3 = \varphi_2. \\[1ex] \dots\dots\dots\dots\dots \end{cases}$$

ce qui nous permettra de déterminer par récurrence les diverses fonctions x_1, x_2, x_3, ...

Les équations (3) sont de la forme

$$\frac{d^2 x_i}{dt^2} - z x_i = \varphi_{i-1}.$$

Si φ_{i-1} est développable suivant les sinus et cosinus des multiples des λt et s'écrit

$$\varphi_{i-1} = \Sigma \, A \cos[(m_1 \lambda_1 + m_2 \lambda_2 + \dots + m_n \lambda_n) t + k].$$

les m_i étant des entiers et k et A des constantes quelconques, nous pourrons prendre

$$(4) \qquad x_i = -\sum \frac{A\cos[(m_1\lambda_1 + m_2\lambda_2 + \ldots + m_n\lambda_n)t + k]}{z + (m_1\lambda_1 + m_2\lambda_2 + \ldots + m_n\lambda_n)^2}$$

et x_i sera de la forme voulue.

Il reste à reconnaître si le développement (2) est convergent. C'est ce qui arrive *toutes les fois que z est positif.*

Supposons, en effet, z positif; nous aurons alors

$$\frac{1}{z} > \frac{1}{z + (m_1\lambda_1 + m_2\lambda_2 + \ldots + m_n\lambda_n)^2}.$$

Reprenons la notation du Chapitre II et introduisons une nouvelle fonction de t de même forme que φ_{i-1} et que nous appellerons φ'_{i-1}; supposons qu'elle soit telle que

$$\varphi_{i-1} \ll \varphi'_{i-1} \qquad (\arg e^{\pm\lambda_1 t},\ e^{\pm\lambda_2 t},\ \ldots,\ e^{\pm\lambda_n t}).$$

Définissons ensuite x'_i par l'équation

$$z x'_i = \varphi'_{i-1}$$

et x_i par l'équation (4), nous aurons évidemment

$$x_i \ll x'_i.$$

Soit alors une fonction $f'(x, t, \mu)$ de même forme que $f(x, t, \mu)$ et telle que

$$f \ll f' \qquad (\arg x,\ \mu,\ e^{\pm\lambda_1 t},\ e^{\pm\lambda_2 t},\ \ldots,\ e^{\pm\lambda_n t}).$$

Envisageons l'équation (5) qui définira une nouvelle fonction x'

$$(5) \qquad\qquad z x' = \mu f'(x', t, \mu).$$

On peut tirer de cette équation x', en une série convergente ordonnée suivant les puissances de μ,

$$x' = x'_1 \mu + x'_2 \mu^2 + x'_3 \mu^3 + \ldots;$$

les coefficients en sont ordonnés suivant les sinus et cosinus des multiples des $\lambda_i t$.

Si nous substituons ce développement à la place de x' dans f', il vient

$$f' = \varphi'_0 + \mu\varphi'_1 + \mu^2\varphi'_2 + \ldots,$$

φ'_0 dépendant seulement de t, φ'_1 de t et de x'_1, φ'_2 de t, de x'_1 et de x'_2, ...

Nous aurons d'ailleurs

$$\varphi_k(x_1, x_2, \ldots, x_k, t) \ll \varphi'_k(x_1, x_2, \ldots, x_k, t),$$

$$\arg(x_1, x_2, \ldots, x_k, e^{\pm i\Omega t}).$$

J'écris, pour abréger, $e^{\pm i\Omega t}$ pour les n arguments $e^{\pm i\Omega_1 t}$, $e^{\pm i\Omega_2 t}$, ..., $e^{\pm i\Omega_n t}$.

L'équation (5) nous donnera

$$\alpha x'_1 = \varphi'_0, \quad \alpha x'_2 = \varphi'_1, \quad \ldots,$$

et l'on trouvera successivement

$$\varphi_0 \ll \varphi'_0 \quad (\arg e^{\pm i\Omega t}),$$
$$x_1 \ll x'_1 \quad (\arg e^{\pm i\Omega t}),$$
$$\varphi_1(x_1, t) \ll \varphi'_1(x_1, t) \quad (\arg x_1, e^{\pm i\Omega t}),$$
$$\varphi_1(x_1, t) \ll \varphi'_1(x'_1, t) \quad (\arg e^{\pm i\Omega t}),$$
$$x_2 \ll x'_2 \quad (\arg e^{\pm i\Omega t}),$$
$$\varphi_2(x_1, x_2, t) \ll \varphi'_2(x_1, x_2, t) \quad (\arg x_1, x_2, e^{\pm i\Omega t}),$$
$$\varphi_2(x_1, x_2, t) \ll \varphi'_2(x'_1, x'_2, t) \quad (\arg e^{\pm i\Omega t}),$$
$$x_3 \ll x'_3 \quad (\arg e^{\pm i\Omega t}),$$
....

et enfin

$$x \ll x' \quad (\arg \alpha, e^{\pm i\Omega t}),$$

ce qui montre que le développement (2) est bien convergent.

Ainsi ce développement converge dans deux cas :

1° Quel que soit α, quand il n'y a qu'un seul argument $\lambda_1 t$;

2° Quel que soit le nombre des arguments, quand α est positif.

CHAPITRE XIX.

Méthode de Delaunay.

199. Reprenons les hypothèses et les notations du n° 125. Nous avons vu que dans l'application de la méthode du n° 125 il s'introduisait des diviseurs de la forme

$$n_1^0 m_1 + n_2^0 m_2 + \ldots + n_n^0 m_n,$$

les m_i étant des entiers.

Il en résulte que cette méthode devient illusoire quand l'un de ces diviseurs devient très petit.

Parmi les méthodes qui ont été imaginées pour triompher de cette difficulté, celle de Delaunay est la première en date et son exposition facilitera l'intelligence de toutes les autres.

Considérons d'abord un système d'équations canoniques

$$(1) \qquad \frac{dx_i}{dt} = \frac{dF}{dy_i}, \qquad \frac{dy_i}{dt} = -\frac{dF}{dx_i},$$

et supposons que F soit seulement fonction de $x_1, x_2, \ldots, x_n$ et de

$$m_1 y_1 + m_2 y_2 + \ldots + m_n y_n,$$

périodique de période 2π par rapport à cette dernière quantité. Je suppose que les m_i sont des entiers.

L'intégration du système (1) se ramène alors à celle de l'équation aux dérivées partielles

$$F\left(\frac{dS}{dy_1}, \frac{dS}{dy_2}, \ldots, \frac{dS}{dy_n}, m_1 y_1 + m_2 y_2 + \ldots + m_n y_n\right) = C,$$

C étant une constante arbitraire. Or cette intégration est aisée.

Posons, en effet,

$$S = x_1^0 y_1 + x_2^0 y_2 + \ldots + x_n^0 y_n + \varphi(m_1 y_1 + m_2 y_2 + \ldots + m_n y_n),$$

l'équation deviendra

$$F(x_1^0 + m_1 \varphi', \ x_2^0 + m_2 \varphi', \ \ldots \ x_n^0 + m_n \varphi', \ m_1 y_1 + \ldots + m_n y_n) = C.$$

Résolvons cette équation par rapport à φ', il viendra

$$\varphi' = \text{fonction de } \Sigma m_i y_i, \text{ de } x_1^0, x_2^0, \ldots, x_n^0 \text{ et de C}.$$

On intégrera cette expression par rapport à $\Sigma m_i y_i$ en regardant C et les x_h^0 comme des constantes, et l'on aura φ et par conséquent S en fonction de $\Sigma m_i y_i$, des x_h^0 et de C.

Il est nécessaire d'entrer dans plus de détails et pour cela je vais considérer un cas particulier simple en faisant

$$m_1 = 1, \qquad m_2 = m_3 = \ldots = m_n = 0.$$

$$F = x_1^2 + \mu \cos y_1.$$

μ étant très petit.

Notre équation devient

$$\left(\frac{dS}{dy_1} \right)^2 + \mu \cos y_1 = C,$$

d'où

$$\frac{dS}{dy_1} = \sqrt{C - \mu \cos y_1}$$

Plusieurs cas sont à considérer :

1° On a

$$C > |\mu|.$$

Dans ce cas le radical $\sqrt{C - \mu \cos y_1}$ est toujours réel et ne s'annule jamais. Il est susceptible de deux déterminations l'une positive pour toutes les valeurs de y_1, l'autre négative pour toutes les valeurs de y_1. Prenons par exemple la première, elle sera développable suivant les cosinus des multiples de y_1; de sorte qu'on aura

$$\frac{dS}{dy_1} = x_1^0 + \Sigma B_n \cos n y_1.$$

Je mets en évidence le terme tout connu que j'appelle x_1^0; il est clair que x_1^0 est fonction de C et par conséquent C de x_1^0; d'autre part, les B_n seront fonctions de C et par conséquent de x_1^0.

Il vient alors

$$S = x_1^0 y_1 + \Sigma \frac{B_n}{n} \sin n y_1,$$

ce qui nous donne S en fonction de y_1 et de la constante arbitraire x_1^0.

2°

$$-|\mu| < C < |\mu|.$$

Dans ce cas la quantité sous le radical

$$C - \mu \cos y_1$$

n'est pas toujours positive, et, par conséquent, on ne peut pas donner à y_1 toutes les valeurs possibles, mais seulement celles pour lesquelles le radical est réel.

On peut introduire une variable auxiliaire z en posant, par exemple,

$$\mu \cos y_1 = C \cos z,$$

d'où

$$\frac{dS}{dy_1} = \sqrt{C} \sin z,$$

ou

$$\frac{dS}{dz} = \sqrt{\frac{\mu^2 - C^2 \cos^2 z}{C}}.$$

Comme C^2 est plus petit que μ^2, le radical du second membre est toujours réel et pourra être développé en série trigonométrique sous la forme

$$\frac{dS}{dz} = B_0 + \Sigma B_n \cos n z,$$

d'où

$$S = B_0 z + \sum \frac{B_n}{n} \sin n z,$$

ce qui nous donne S en fonction de la variable auxiliaire z et de la constante C.

3°

$$C = |\mu|.$$

Soit, par exemple,

$$\mu > 0, \quad C = \mu.$$

Il vient alors

$$\frac{dS}{dy_1} = \sqrt{\mu}\sqrt{1 - \cos y_1} = \sqrt{\frac{\mu}{2}}\sin\frac{y_1}{2}$$

ou

$$S = -\sqrt{2\mu}\,\cos\frac{y_1}{2}.$$

S est exprimée en fonction de y_1, et c'est encore une fonction périodique de y_1, mais la période n'est plus 2π, mais 4π.

J'ajoute que si $C < |-\mu|$ le radical est toujours imaginaire et que, si $C = |-\mu|$, il ne cesse de l'être que pour $y_1 = 0$. On peut éclaircir ce qui précède de deux manières :

1° D'abord par la considération des fonctions elliptiques.

Nous voyons en effet que

$$S = \int \sqrt{C - \mu\cos y_1}\, dy_1$$

est une intégrale elliptique et que si nous posons

$$u = \int \frac{dy_1}{\sqrt{C - \mu\cos y_1}},$$

les expressions

$$\sin y_1, \quad \cos y_1, \quad \sqrt{C - \mu\cos y_1}$$

seront des fonctions doublement périodiques de u.

Les divers cas que nous avons examinés plus haut correspondent alors aux diverses hypothèses que l'on peut faire au sujet du discriminant des fonctions elliptiques.

2° Par la Géométrie.

Nous pouvons construire en effet des courbes en adoptant les coordonnées polaires et en prenant pour rayon vecteur $A + \dfrac{dS}{dy_1}$, A étant une constante quelconque et pour angle polaire y_1. Nous obtenons ainsi une figure telle que celle-ci.

Les courbes en trait plein correspondent à l'hypothèse $C > |\mu|$, la courbe en trait pointillé à l'hypothèse

$$-|\mu| < C < |\mu|,$$

la courbe en trait mixte —..—.. qui a un point double en B au cas de $C = |\mu|$; enfin la courbe correspondant à $C = -|\mu|$, correspond à un seul point A.

Si l'on avait voulu appliquer au problème que nous venons de

Fig. 2.

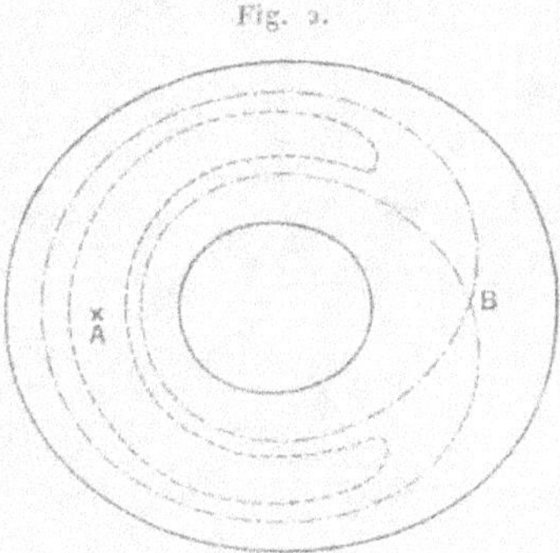

traiter les méthodes du n° 125, on aurait été conduit à développer S suivant les puissances de μ. Et, en effet, le radical

$$\sqrt{C - \mu \cos y_1}$$

est effectivement développable suivant les puissances de μ et, par conséquent, il en est de même de S. Seulement le développement n'est convergent que si

$$C < |\mu|.$$

Si cette condition n'est pas remplie, les procédés du n° 125 deviennent illusoires et il faut avoir recours à la méthode de Delaunay, c'est-à-dire à celle que nous venons d'exposer. On peut même y avoir recours avec avantage dès que C est du même ordre de grandeur que μ, parce que la convergence du développement du n° 125 est alors très lente.

Observons que le développement du radical est de la forme

$$\Sigma \sqrt{C} \left(\frac{\mu}{C} \right)^n \varphi_n(y_1)$$

et l'on voit que, si C est petit, la convergence devient très lente et peut même cesser tout à fait.

Si l'on fait $C = C_1 \mu$, le développement devient

$$\Sigma \sqrt{C_1}\sqrt{\mu}\, \varphi_n(y_1)\, \frac{1}{C_1^{\frac{1}{2}}},$$

et tous ses termes sont de même degré en μ; on voit d'ailleurs que

$$\sqrt{C - \mu \cos y_1} = \sqrt{\mu}\sqrt{C_1 - \cos y_1}.$$

200. Passons maintenant à un cas un peu plus général et supposons que F soit fonction seulement de $x_1 = \dfrac{dS}{dy_1}$ et de y_1, périodique en y_1.

L'équation aux dérivées partielles devient

$$F\left(\frac{dS}{dy_1}, y_1\right) = C$$

et elle doit être d'abord résolue par rapport à C.

Supposons que l'on ait

$$F = F_0 + F_1 \mu + F_2 \mu^2 + \ldots$$

et que F_0 ne dépende que de $\dfrac{dS}{dy_1} = x_1$.

Alors plusieurs cas peuvent se présenter.

Supposons que F, qui est déjà développable suivant les puissances de μ, soit aussi holomorphe en x_1, ce qui d'ailleurs arrivera dans toutes les applications.

Alors par les procédés des n°s 30 et suivants, l'équation

$$(2) \qquad\qquad F(x_1, y_1) = C$$

pourra être résolue par rapport à x_1.

Pour $\mu = 0$, l'équation s'écrira

$$(3) \qquad\qquad F_0(x_1) = C,$$

soit x_1^0 une valeur satisfaisant à cette équation (3). Alors, si l'on désigne par F_0' la dérivée de F_0 et si

$$F_0'(x_1^0) \gtrless 0,$$

on tirera de l'équation (2) x_1 sous la forme d'une série ordonnée suivant les puissances de μ, les coefficients étant des fonctions de y_1.

Si, au contraire,

$$F'_0(x_1^0) = 0, \qquad F''_0(x_1^0) \gtrless 0,$$

on aura encore x_1 sous la forme d'une série, mais cette série sera développée non pas suivant les puissances de μ, mais suivant celles de $\sqrt{\mu}$.

Examinons successivement ces deux cas.

Soit d'abord $F''_0(x_1^0) \gtrless 0$.

Nous poserons alors, puisque x_1 et par conséquent S sont développables suivant les puissances de μ

$$S = S_0 + \mu S_1 + \mu^2 S_2 + \ldots$$

et nous supposerons d'ailleurs que $\dfrac{dS_0}{dy_1}$ se réduit à la constante x_1^0; on calculera ensuite, par récurrence, les autres fonctions $S_1, S_2, \ldots$ et le calcul sera de tout point pareil à celui du n° 125.

Passons à la seconde hypothèse où $F'_0(x_1^0) = 0$.

Alors S est développable suivant les puissances de $\sqrt{\mu}$ et je puis écrire

$$S = S_0 + \sqrt{\mu}\, S_1 + \mu S_2 + \ldots.$$

Je suppose toujours

$$\frac{dS_0}{dy_1} = x_1^0, \qquad S_0 = x_1^0 y_1.$$

J'ai alors

$$F_0\left(\frac{dS}{dy_1}\right) = F_0 + \frac{F''_0}{2}\left(\sqrt{\mu}\,\frac{dS_1}{dy_1} + \mu\,\frac{dS_2}{dy_1} + \ldots\right)^2$$
$$+ \frac{F'''_0}{6}\left(\sqrt{\mu}\,\frac{dS_1}{dy_1} + \ldots\right)^3 + \ldots.$$

Dans le second membre je suppose que dans $F_0, F''_0, F'''_0, \ldots$ on a remplacé x_1 par x_1^0.

Posons de même

$$C = C_0 + C_1\sqrt{\mu} + C_2\mu + \ldots,$$

en mettant ainsi en évidence que la constante du second membre
peut dépendre de μ.

Alors, en égalant dans les deux membres de

$$F = C$$

les coefficients des puissances semblables de μ, il viendra

$$(4) \quad \left|
\begin{aligned}
&F_0 = C_0, \\
&0 = C_1, \\
&\tfrac{1}{2} F_0'' \left(\frac{dS_1}{dy_1} \right)^2 = - F_1(x_1^0, y_1) + C_2, \\
&F_0'' \frac{dS_1}{dy_1} \frac{dS_2}{dy_1} = \Phi + C_3, \\
&F_0'' \frac{dS_1}{dy_1} \frac{dS_3}{dy_1} = \Phi + C_4, \\
&\quad\ldots\ldots\ldots\ldots\ldots\ldots
\end{aligned}
\right.$$

Dans la troisième équation (4), je suppose S_0 connu ; dans la
quatrième, je suppose S_1 connu ; dans la cinquième, je suppose
connus S_0, S_1, S_2 et ainsi de suite.

Je désigne toujours par Φ toute fonction connue.

La troisième équation (4) va nous permettre de calculer $\frac{dS_1}{dy_1}$,
car F_0'' étant une constante, il vient

$$\frac{dS_1}{dy_1} = \sqrt{ \frac{2}{F_0''} \left[C_2 - F_1(x_1^0, y_1) \right] }.$$

Plusieurs circonstances peuvent se présenter correspondant
aux divers cas traités dans l'exemple plus simple dont nous nous
sommes occupés plus haut.

Il peut arriver que C_2 reste plus grand que F_1 quelle que soit
la valeur attribuée à y_1 ; alors $\frac{dS_1}{dy_1}$ est une fonction périodique
de y_1 dont la période est 2π.

Ou bien il peut arriver que la condition

$$C_2 > F_1$$

ne soit remplie que pour certaines valeurs de y_1. Alors la fonction
S_1 n'est non plus réelle que pour certaines valeurs de y_1.

Une fois S_1 déterminé la quatrième équation (4) nous fera connaître S_2, la cinquième S_3 et ainsi de suite.

La solution est entièrement satisfaisante dans le premier cas, celui où S_1 est toujours réel. Mais, dans le cas contraire, il importe de faire attention à une chose.

Les valeurs de y_1 pour lesquelles les diverses fonctions S_1, S_2, S_3, ... passent du réel à l'imaginaire sont données par l'équation

$$C_2 = F_1(x_1^0,\ y_1).$$

On pourrait croire alors que c'est pour ces mêmes valeurs que S passe du réel à l'imaginaire. Cela n'est pas exact; les valeurs pour lesquelles S passe du réel à l'imaginaire sont données par les équations

$$F = C_0 + C_2\mu + C_3\mu\sqrt{\mu} + \dots, \qquad \frac{dF}{dx_1} = 0.$$

Elles sont à la vérité fort voisines des premières si μ est très petit, mais elles ne leur sont pas identiques.

Pour tourner cette difficulté, il y a plusieurs moyens. On peut, par exemple, puisque C_2, C_3, ... sont arbitraires, faire $C_3 = 0$ ainsi que tous les autres C d'indice impair.

Nous calculerons ensuite successivement

$$S_1, \quad S_2, \quad S_3, \quad \dots.$$

et nous aurons

$$\frac{dS}{dy_1} = \frac{dS_0}{dy_1} + \frac{dS_1}{dy_1}\sqrt{\mu} + \frac{dS_2}{dy_1}\mu + \frac{dS_3}{dy_1}\mu\sqrt{\mu} + \dots.$$

Comme rien ne distingue $\sqrt{\mu}$ de $-\sqrt{\mu}$, nous aurons encore une solution en faisant

$$\frac{dS}{dy_1} = \frac{dS_0}{dy_1} - \frac{dS_1}{dy_1}\sqrt{\mu} + \frac{dS_2}{dy_1}\mu - \frac{dS_3}{dy_1}\mu\sqrt{\mu} + \dots;$$

ces deux solutions sont ou toutes deux réelles ou imaginaires conjuguées. Il en résulte que

$$S_0, \quad S_2, \quad S_4, \quad \dots$$

sont toujours réels.

De plus, l'expression

$$(5) \qquad \frac{dS_1}{dy_1} + \mu \frac{dS_3}{dy_1} + \mu^2 \frac{dS_5}{dy_1} + \dots$$

est toujours réelle ou purement imaginaire et il en résulte que, pour obtenir l'équation qui donne les valeurs de y_1 pour lesquelles S passe du réel à l'imaginaire, il suffit d'égaler à zéro l'expression (5).

Comment maintenant se fait le passage du cas où S est toujours réel au cas où S est tantôt réel et tantôt imaginaire?

On s'en rendra mieux compte en construisant la figure suivante analogue à la *fig.* 2.

Nous prenons pour rayon vecteur $\dfrac{dS}{dy_1}$ et pour angle polaire y_1 et nous construisons les courbes

$$F\left(\frac{dS}{dy_1}, y_1\right) = C,$$

ou du moins celles d'entre elles pour lesquelles $\dfrac{dS}{dy_1}$ diffère peu de x_1^0.

Ces courbes différeront très peu de celles où le rayon vecteur est égal à

$$x_1^0 + \sqrt{2}\, \frac{dS_1}{dy_1},$$

et où $\dfrac{dS_1}{dy_1}$ est donné par la formule

$$\sqrt{\frac{2}{F_0^2}(C_2 - F_1)}.$$

Pour construire ces courbes, il faut faire une hypothèse sur la façon dont varie la fonction F_1 quand y_1 varie de o à 2π. Supposons par exemple que F_1 passe par un maximum, puis par un minimum, puis par un maximum plus grand que le premier, puis par un minimum plus petit que le premier; nous obtiendrons une figure telle que celle-ci :

On voit que, quand C_2 diminue, on obtient successivement :

Si C_2 est plus grand que le plus grand maximum, deux courbes concentriques représentées sur la figure en trait pointillé - - - -

Si C_2 égale le grand maximum, une courbe à point double représentée en trait plein.

Fig. 3.

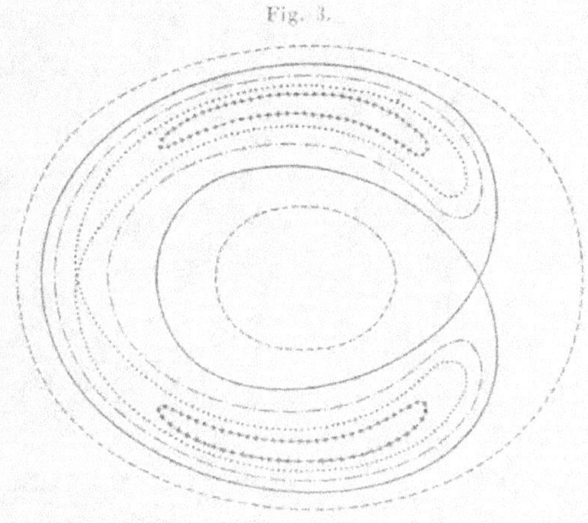

Si C_2 est compris entre les deux maxima, une courbe analogue à celle qui est représentée en trait mixte — .. — ..

Si C_2 égale le petit maximum, une courbe à point double représentée en trait ponctué . . . . . .

Quand C_2 devient plus petit que le plus petit maximum, cette courbe se décompose en deux autres qui sont représentées par le trait + + + +; l'une de ces courbes se réduit à un point, puis disparaît quand C_2 devient égal au plus grand minimum; l'autre se réduit à un point et disparaît à son tour quand C_2 devient égal au plus petit minimum.

On voit que le passage d'un cas à l'autre se fait par une courbe à point double, ce qui conduit à étudier ces courbes et plus particulièrement la première, celle qui est représentée en trait plein.

Si nous supposons un mobile parcourant cette courbe d'un mouvement continu, il partira par exemple du point double, fera le tour d'une des boucles de la courbe, reviendra au point double, parcourra la seconde boucle et reviendra enfin à son point de départ; on voit que son mouvement est encore périodique, mais que la période est doublée; de sorte que $\dfrac{dS}{dy_1}$ est une fonction

périodique de y_1, mais que la période est devenue 4π et n'est
plus 2π.

Revenons alors aux équations (4).

Nous trouvons alors que si l'on donne à C_2 la valeur qui correspond au maximum de F_1, le radical

$$\sqrt{\frac{2}{F_0''}(C_2 - F_1)},$$

qui est égal à $\dfrac{dS_1}{dy_1}$, est une fonction périodique de y_1 de période 4π
et est par conséquent développable suivant les sinus et les cosinus
des multiples de $\dfrac{y_1}{2}$.

Quand y_1 augmente de 2π, le radical change de signe, de sorte
que le développement ne doit contenir que des multiples impairs
de $\dfrac{y_1}{2}$. La fonction s'annule deux fois.

Si en effet y_1^0 est la valeur de y_1 qui correspond au maximum
de F_1, la fonction $\dfrac{dS_1}{dy_1}$ s'annulera pour $y_1 = y_1^0$ et pour $y_1 = y_1^0 + 2\pi$.
Alors, quelles que soient les constantes C_3, C_4, ..., les équa-
tions (4) nous montrent que

$$\frac{dS_2}{dy_1}, \quad \frac{dS_3}{dy_1}, \quad \ldots$$

seront des fonctions périodiques de y_1 de période 2π; seulement
ces fonctions pourront devenir infinies pour

$$y_1 = y_1^0 \qquad \text{ou} \qquad y_1 = y_1^0 + 2\pi.$$

Nous savons toutefois que nous pouvons choisir les constantes
C_3, ... de façon que cette circonstance ne se produise pas; l'existence de la courbe en trait plein de la *fig.* 3 le prouve suffisamment; voyons maintenant comment doit se faire ce choix.

Si nous supposons que les constantes d'indice impair

$$C_3, \; C_5, \; \ldots$$

sont nulles, les équations (4) ne changeront pas quand on changera $\sqrt{\mu}$ en $\sqrt{-\mu}$.

Il en résulte que si la fonction

$$\frac{dS_0}{dy_1} - \sqrt{\mu}\,\frac{dS_1}{dy_1} + \mu\,\frac{dS_2}{dy_1} + \mu\sqrt{\mu}\,\frac{dS_3}{dy_1} + \dots$$

satisfait à notre équation, il en sera de même de la fonction

$$\frac{dS_0}{dy_1} - \sqrt{\mu}\,\frac{dS_1}{dy_1} + \mu\,\frac{dS_2}{dy_1} - \mu\sqrt{\mu}\,\frac{dS_3}{dy_1} + \dots$$

Ce sont là les deux solutions des équations (4) et on voit que l'on passe de l'une à l'autre en changeant $\sqrt{\mu}$ en $-\sqrt{\mu}$. Mais les équations (4) ne changent pas non plus quand on change y_1 en $y_1 + 2\pi$. On passera donc aussi d'une solution à l'autre en changeant y_1 en $y_1 + 2\pi$.

D'où cette conséquence :

Quand on change y_1 en $y_1 + 2\pi$, les fonctions d'indice pair $\dfrac{dS_{2n}}{dy_1}$ ne changent pas et les fonctions d'indice impair $\dfrac{dS_{2n+1}}{dy_2}$ changent de signe.

Seulement comme $\dfrac{dS_1}{dy_1}$ s'annule pour $y_1 = y_1''$ et pour

$$y_1 = y_1^0 + 2\pi$$

et comme cette dérivée entre en facteur dans le premier membre des équations (4), il pourrait se faire que

$$\frac{dS_2}{dy_1}, \quad \frac{dS_4}{dy_1}, \quad \dots$$

devinssent infinis pour $y_1 = y_1'' + 2k\pi$, et c'est ce qui arriverait en effet si les constantes C_i, ... n'étaient pas convenablement choisies.

Mais il est possible de faire ce choix de telle façon que les fonctions $\dfrac{dS_p}{dy_1}$ restent toujours finies.

Pour le démontrer considérons l'équation

$$F\left(\frac{dS}{dy_1}, y_3\right) = C,$$

que je puis écrire

$$F(x_1, y_1) = C.$$

Cette équation, en regardant x_1 et y_1 comme les coordonnées d'un point, représente une courbe. Écrivons que cette courbe a un point double; il viendra

$$\frac{dF}{dx_1} = \frac{dF}{dy_1} = 0,$$

ce que je puis écrire encore

$$(5) \quad \begin{cases} \dfrac{dF_0}{dx_1} + \mu\,\dfrac{dF_1}{dx_1} + \mu^2\,\dfrac{dF_2}{dx_1} + \ldots = 0. \\[2mm] \dfrac{dF_1}{dy_1} + \mu\,\dfrac{dF_2}{dy_1} + \mu^2\,\dfrac{dF_3}{dy_1} + \ldots = 0, \end{cases}$$

puisque F_0 ne dépend pas de y_1.

Résolvons ces équations (5) par rapport à x_1 et à y_1. Pour $\mu = 0$ on trouvera

$$x_1 = x_1^0, \qquad y_1 = y_1^0$$

Le déterminant fonctionnel des équations (5) pour $\mu = 0$, $x_1 = x_1^0$, $y_1 = y_1^0$ s'écrit

$$\frac{d^2 F_0}{dx_1^2}\ \frac{d^2 F_1}{dy_1^2}$$

et, en général, il n'est pas nul. On pourra donc résoudre les équations (5) et l'on trouvera que x_1 et y_1 sont développables suivant les puissances de μ. Soient alors

$$x_1 = \alpha, \qquad y_1 = \beta,$$

les développements ainsi obtenus; l'expression

$$F(\alpha, \beta)$$

est évidemment développable suivant les puissances de μ. Soit alors

$$(6) \qquad F(\alpha, \beta) = C_0 + C_2 \mu + C_4 \mu^2 + \ldots$$

ce développement. Je dis que, si l'on donne dans les équations (4) aux constantes C_{2p} les valeurs tirées du développement (6), les fonctions $\dfrac{dS_p}{dy_1}$ resteront finies.

Pour nous en rendre compte, posons

$$x_1 = \alpha + x', \qquad y_1 = \beta + y.$$

$$F(x_1, y_1) = F(\alpha, \beta) + F'$$

et envisageons l'équation

$$F'(x', y') = 0;$$

elle est de même forme que l'équation (2); nous pouvons donc la traiter de la même manière, c'est-à-dire poser

$$x' = \frac{dS'_0}{dy'} - \sqrt{\mu}\, \frac{dS'_1}{dy'} + \ldots$$

et déterminer les fonctions $\frac{dS'_p}{dy'}$ par des équations ($4\ bis$) analogues aux équations (4), et qui n'en différeront que parce que les lettres seront accentuées; seulement les constantes C_p seront toutes nulles, et pour

$$x' = y' = 0$$

on aura

$$F' = \frac{dF'}{dx'} = \frac{dF'}{dy'} = 0.$$

Donc, si l'on regarde F' comme développé suivant les puissances de x' et y', le développement commencera par des termes du second degré en x' et y', et cela quel que soit μ. Le développement de F'_0, F'_1, ... commencera donc aussi par des termes du second degré. Il résulte de là que, si l'on considère les fonctions Φ qui figurent dans le second membre des équations ($4\ bis$) comme développées dans le voisinage de $y' = 0$, suivant les puissances de y' et des $\frac{dS'_p}{dy'}$, le développement commencera toujours par des termes du second degré.

On voit d'abord que $\frac{dS'_1}{dy'}$ s'annule pour $y' = 0$; on pourrait donc craindre que $\frac{dS'_0}{dy'}$ ne devienne infini pour $y' = 0$; mais, loin de là, je dis que, pour cette valeur de y', $\frac{dS'_p}{dy'}$ est nul.

En effet, supposons que cela soit vrai pour

$$\frac{dS'_1}{dy'}, \quad \frac{dS'_2}{dy'}, \quad \ldots, \quad \frac{dS'_{p-1}}{dy'}$$

je dis que cela sera vrai également pour $\dfrac{dS'_p}{dy'}$.

Considérons l'équation

$$F''_0 \frac{dS'_1}{dy'} \frac{dS'_p}{dy'} = \Phi,$$

où F''_0 désigne la dérivée seconde de F'_0. Φ est développé suivant les puissances de y', de $\dfrac{dS'_1}{dy'}, \ldots, \dfrac{dS'_{p-1}}{dy'}$; comme $y' = 0$ est un zéro simple pour ces diverses quantités, et que le développement de Φ commence par des termes du second degré, $y' = 0$ sera un zéro double pour Φ.

Ce sera un zéro simple pour $\dfrac{dS'_1}{dy'}$.

Ce sera donc un zéro simple pour $\dfrac{dS'_p}{dy'}$.

C. Q. F. D.

Nous trouvons ainsi

$$x' = \frac{dS'}{dy'},$$

$$S' = S'_0 + \sqrt{\mu}\,S'_1 + \mu S'_2 + \ldots, \quad S'_0 = 0.$$

Nous en déduisons

$$(7) \qquad\qquad x_1 = x + \frac{dS(\gamma_1 - \beta)}{dy_1}.$$

$S'(\gamma_1 - \beta)$ représente la fonction S', où l'argument y' a été remplacé par l'argument $\gamma_1 - \beta$. Soient

$$x = x_0 + \mu x_1 + \mu_2 x_2 + \ldots,$$
$$\beta = \beta_0 + \mu \beta_1 + \mu^2 \beta^2 + \ldots$$

$$x_1 = \frac{dS_0}{dy_1} + \sqrt{\mu}\,\frac{dS_1}{dy_1} + \ldots$$

les développements de α, β et x_1, il viendra en identifiant les deux membres de (7)

$$(8) \quad \begin{cases} \dfrac{dS_0}{dy_1} = \alpha_0, \quad \dfrac{dS_1}{dy_1} = \dfrac{dS_1'(y_1 - \beta_0)}{dy_1}, \quad \dfrac{dS_2}{dy_1} = \alpha_1 + \dfrac{dS_2'}{dy_1}, \\[2ex] \dfrac{dS_3}{dy_1} = \dfrac{dS_3'}{dy_1} - \beta_1 \dfrac{d^2 S_1'}{dy_1^2}, \quad \dfrac{dS_4}{dy_1} = \alpha_2 + \dfrac{dS_4'}{dy_1} - \beta_1 \dfrac{d^2 S_2'}{dy_1^2}, \quad \dots \end{cases}$$

Dans les dérivées des S_p', y' doit être remplacé par l'argument $y_1 - \beta^0$.

On voit que les $\dfrac{dS_p}{dy_1}$ restent finis.

Une fois qu'on a démontré la possibilité de déterminer les constantes C_p de façon à éviter que les $\dfrac{dS_p}{dy_1}$ deviennent infinis, on peut faire effectivement cette détermination sans avoir besoin de chercher les développements de α et de β.

Il suffit de se servir des équations (4).

Considérons l'une de ces équations;

$$F_0'' \frac{dS_1}{dy_1} \frac{dS_{p-1}}{dy_1} = \Phi + C_p.$$

Si p est pair, on prendra

$$C_p = - \Phi(y_1^0),$$

et, comme Φ est une fonction périodique de période 2π, on aura également

$$C_p = - \Phi(y_1^0 + 2\pi),$$

de sorte que $\dfrac{dS_{p-1}}{dy_1}$ ne deviendra infini ni pour $y_1 = y_1^0$ ni pour $y_1 = y_1^0 + 2\pi$.

Si p est impair, il faut faire $C_p = 0$, et la condition

$$\Phi(y_1^0) = 0$$

[qui entraîne la suivante

$$\Phi(y_1^0 + 2\pi) = 0$$

puisque Φ change de signe quand y_1 augmente de 2π] sera remplie d'elle-même.

Il en résultera encore que $\dfrac{dS_{p-1}}{dy_1}$ ne devient jamais infini.

Il en résulte enfin que $\dfrac{dS_p}{dy_1}$ est développable suivant les sinus et cosinus des multiples de y_1 si p est pair et suivant les sinus et cosinus des multiples impairs de $\dfrac{y_1}{2}$ si p est impair.

J'ai beaucoup insisté sur des choses presque évidentes, parce que j'aurai plus loin à traiter un problème analogue, mais beaucoup plus difficile, et que je tenais à faire ressortir les analogies.

201. Voyons maintenant comment se fait le passage du premier cas, celui où

$$F'_0(x_1^0) \gtrless 0$$

et où les procédés du n° 125 sont applicables au second cas où

$$F'_0(x_1^0) = 0$$

et que nous venons d'étudier en détail.

Observons d'abord que $F'_0(x_1^0)$ est ce que nous avons appelé $- n_1^2$ au n° 125 et dans d'autres parties de cet Ouvrage. Alors, en posant

$$\frac{dS}{dy_1} = \frac{dS_0}{dy_1} + \mu \frac{dS_1}{dy_1} + \mu^2 \frac{dS_2}{dy_1} + \ldots$$

on trouve une série d'équations de la forme

$$(1) \qquad n_1^2 \frac{dS_p}{dy_1} = \Phi + C_p.$$

On peut, comme je l'ai expliqué au n° 125, déterminer C_p arbitrairement; je supposerai qu'on le fasse de telle sorte que la valeur moyenne de $\Phi + C_p$ soit nulle, et par conséquent que S_p soit une fonction périodique de y_1.

On voit que dans le développement de $\dfrac{dS_p}{dy_1}$ différentes puissances de n_1^2 entreront au dénominateur, de sorte que, si n_1^0 est petit, certains termes de $\dfrac{dS_p}{dy_1}$ pourront devenir sensibles. Il importe avant tout de se rendre compte de l'exposant maximum que peut avoir n_1^0 dans le dénominateur des divers termes de $\dfrac{dS_p}{dy_1}$.

Je dis que cet exposant maximum est égal à $2p - 1$.

En effet, S est une fonction de y_1 d'une part, et d'autre part du paramètre μ et de la constante d'intégration x_1^0; je ne parle pas des constantes C_p qui sont entièrement déterminées par les conditions

$$F_0(x_1^0) = C_0,$$

valeur moyenne de

$$(\Phi + C_p) = 0.$$

Au lieu de x_1^0 nous pouvons prendre pour constante d'intégration n_1^0; alors S sera fonction de y_1, de μ et de n_1^0; développons-la suivant les puissances de μ et de n_1^0; le développement contiendra des puissances négatives de n_1^0.

L'équation

$$n_1^0 \frac{dS_1}{dy_1} = \Phi + C_1$$

nous montre que le développement de $\dfrac{dS_1}{dy_1}$ suivant les puissances croissantes de n_1^0 commencera par un terme en $\dfrac{1}{n_1^0}$.

Passons à l'équation suivante

$$n_1^0 \frac{dS_2}{dy_1} = \Phi + C_2;$$

Φ dépendra de $\dfrac{dS_1}{dy_1}$; mais, comme Φ s'obtient en remplaçant dans F la variable $x_1 = \dfrac{dS}{dy_1}$ par le développement

$$\frac{dS_0}{dy_1} + \mu \frac{dS_1}{dy_1} + \dots$$

et en retenant dans le développement les termes en μ^2, on voit que Φ ne peut contenir $\dfrac{dS_1}{dy_1}$ qu'à la deuxième puissance au plus; car le cube de $\dfrac{dS_1}{dy_1}$ devrait être accompagné du facteur μ^3 et ne pourrait par conséquent donner de terme en μ^2.

Ainsi le développement de Φ, et par conséquent celui de C_2, commencera par un terme en

$$\left(\frac{1}{n_1^0} \right)^2$$

et enfin celui de $\dfrac{dS_2}{dy_1}$ par un terme en

$$\left(\frac{1}{n_1^q}\right)^3.$$

La loi est manifeste; le développement de $\dfrac{dS_p}{dy_1}$ commence par un terme en

$$\left(\frac{1}{n_1^q}\right)^{2p-1}.$$

Et, en effet, supposons qu'elle soit vraie pour

$$\frac{dS_1}{dy_1}, \quad \frac{dS_2}{dy_1}, \quad \ldots, \quad \frac{dS_{p-1}}{dy_1},$$

je dis qu'elle est encore vraie pour $\dfrac{dS_p}{dy_1}$.

Considérons l'équation

$$n_1^q \frac{dS_p}{dy_1} = \Phi + C_p.$$

Φ est un polynôme entier en

$$\frac{dS_1}{dy_1}, \quad \frac{dS_2}{dy_1}, \quad \ldots \quad \frac{dS_{p-1}}{dy_1}.$$

Considérons un terme quelconque u de ce polynôme et cherchons à évaluer la somme des indices q des divers facteurs de la forme $\dfrac{dS_q}{dy_1}$ qui entrent dans u.

Ce terme u provenant d'un terme en μ^p dans le développement de

$$F\left(\frac{dS_0}{dy_1} + \mu \frac{dS_1}{dy_1} + \ldots\right),$$

cette somme est au plus égale à p. De plus, si cette somme est égale à p, comme aucun des indices q n'est égal à p, le terme considéré u contiendra au moins deux facteurs.

Le développement de u suivant les puissances de n_1^q commencera par un terme en

$$\left(\frac{1}{n_1^q}\right)^{\Sigma 2q-1}.$$

Or

$$\Sigma q \leqq p.$$

Si
$$\Sigma q < p,$$
$$\Sigma(2q-1) \leq 2p - 2;$$
si
$$\Sigma q = p,$$
on aura encore
$$\Sigma(2q-1) \leq 2p - 2,$$

parce qu'il y aura au moins deux facteurs.

Donc le développement de Φ, et par conséquent celui de C_p, commencera par un terme en

$$\left(\frac{1}{n_1^0}\right)^{2p-2}$$

et celui de $\dfrac{dS_p}{dy_1}$ commencera par un terme en

$$\left(\frac{1}{n_1^0}\right)^{2p-1}. \qquad\qquad \text{C. Q. F. D.}$$

Mais, n_1^0 étant une constante arbitraire, remplaçons-la par un développement quelconque

$$n_1^0 = z_0 + \mu z_1 + \mu^2 z_2 + \ldots.$$

Alors S sera développé suivant les puissances positives de μ, et les puissances positives et négatives de

$$z_0 + \mu z_1 + \mu^2 z_2 + \ldots.$$

Si z_0 n'est pas nul, ces puissances positives et négatives peuvent elles-mêmes se développer suivant les puissances positives de μ, de sorte que finalement S se trouvera développé suivant les puissances positives de μ.

Ces développements sont, d'après ce que nous avons vu au n° 125, les mêmes que ceux qu'on obtiendrait en partant des équations (1), mais en attribuant aux constantes C_p d'autres valeurs que celles que nous leur avons données plus haut.

Maintenant, au lieu de cela, supposons n_1^0 très petit et remplaçons n_1^0 par un développement de la forme

$$(2) \qquad\qquad n_1^0 = z_1\sqrt{\mu} + z_2\mu + z_3\mu\sqrt{\mu} + \ldots.$$

Cette fois les puissances négatives de

$$\alpha_1 \sqrt{\mu} + \alpha_2 \mu + \ldots$$

ne sont plus développables suivant les puissances positives de $\sqrt{\mu}$, mais

$$\frac{\mu^p}{(n_1^0)^{2p-1}}$$

sera développable suivant les puissances positives de $\sqrt{\mu}$ et le développement commencera par un terme en $\sqrt{\mu}$.

Si nous observons maintenant que, d'après ce que nous venons de voir, S est développable suivant les puissances de

$$\frac{\mu}{n_1^0}, \quad \frac{\mu^2}{(n_1^0)^3}, \quad \frac{\mu^p}{(n_1^0)^{2p-1}}, \quad \mu, \quad n_1^0,$$

nous conclurons que S est développable suivant les puissances positives de $\sqrt{\mu}$.

Les développements ainsi obtenus ne diffèrent pas de ceux auxquels nous sommes arrivés dans le numéro précédent à l'aide des équations (4) et en attribuant diverses valeurs aux constantes C_p.

Pour éviter toute confusion je représenterai par

$$(3) \qquad\qquad S = S_0 + \mu S_1 + \mu^2 S_2 + \ldots$$

le développement obtenu en partant des équations (1) où l'on a déterminé les C_p, comme je l'ai dit plus haut, de telle façon que la valeur moyenne de $\Phi + C_p$ soit nulle.

Je représenterai pour un instant par

$$(4) \qquad\qquad S = T_0 + \sqrt{\mu}\, T_1 + \mu T_2 + \mu \sqrt{\mu}\, T_3 + \ldots$$

celui que l'on obtient en remplaçant dans (3) n_1^0 par son développement (2) et en ordonnant suivant les puissances de $\sqrt{\mu}$.

Que représentent alors T_0, T_1, etc.?

On obtiendra T_0 en remplaçant dans S_0 la constante n_1^0 par o.

On obtiendra T_1 de la façon suivante. Mettons en évidence ce fait que S_0 dépend de n_1^0 en écrivant $S_0(n_1^0)$; nous avons trouvé

$$S_0(n_1^0) = x_1^0 y_0,$$
$$S_0(o) = T_0.$$

Il vient

$$S_0(n_1^0) = S_0(z_1\sqrt{\mu} + z_2\mu + \ldots) = T_0 + \frac{dS_0}{dn_1^0}\sqrt{\mu}\,z_1 + \ldots$$

ou

$$S_0(n_1^0) = T_0 + z_1\frac{dx_1^0}{dn_1^0}y_1\sqrt{\mu} + \ldots = T_0 - \frac{z_1\sqrt{\mu}}{F_0^0}y_1 + \ldots,$$

F_0^0 ayant la même signification que dans les équations (4) du numéro précédent.

D'autre part, nous aurons dans T_1 des termes provenant de S_1, S_2, ...; on les obtiendra comme il suit.

Dans le développement (3) nous prendrons tous les termes en

$$\frac{\mu^p}{(n_1^0)^{2p-1}}.$$

Soit

$$(5) \qquad S_1'\frac{\mu}{n_1^0} + S_2'\frac{\mu^2}{(n_1^0)^3} + S_3'\frac{\mu^3}{(n_1^0)^5} + \ldots$$

l'ensemble de ces termes.

On aura alors

$$T_1 = -\frac{z_1 y_1}{F_0^0} + \frac{S_1'}{z_1} + \frac{S_2'}{z_1^2} + \frac{S_3'}{z_1^3} + \ldots$$

Il en résulte que, si l'on groupe dans le développement (3) tous les termes en $\dfrac{\mu^p}{(n_1^0)^{2p-1}}$, c'est-à-dire tous ceux qui appartiennent au développement (5) et qu'on forme le carré de

$$\frac{dT_1}{dy_1} = -\frac{z_1}{F_0^0} + \frac{1}{z_1}\frac{dS_1'}{dy_1} + \frac{1}{z_1^2}\frac{dS_2'}{dy_1} + \ldots,$$

ce carré se réduira à deux termes

$$\left(\frac{dT_1}{dy_1}\right)^2 = \frac{z_1^2}{F_0^{02}} - \frac{2}{F_0^0}\frac{dS_1'}{dy_1}.$$

C'est là un fait d'autant plus remarquable qu'il peut s'étendre, comme nous le verrons bientôt, à toutes les équations de la Dynamique.

Pour obtenir T_2 il faudra tenir compte non seulement de S_0 et des termes en

$$\frac{\mu^p}{(n_1^0)^{2p-1}},$$

mais des termes en

$$\frac{\mu^p}{(n_1^0)^{2p-2}}, \quad \ldots$$

En résumé, le passage du cas où les méthodes du n° 125 sont applicables à celui où elles cessent de l'être se fait de la façon suivante : quand n_1^0 est très petit, l'ordre de grandeur d'un terme ne dépend plus seulement de l'exposant de μ, mais de celui de n_1^0 ; si l'on suppose que n_1^0 est du même ordre que $\sqrt{\mu}$, on réunira ensemble les termes qui deviennent ainsi du même ordre et on les sommera.

202. Tous ces résultats s'étendent immédiatement au cas plus général que nous avons considéré au début du n° 199.

Supposons d'abord que F dépende de x_1, x_2, ..., x_n et de y_1 ; nous aurons alors à envisager l'équation

$$(1) \qquad F\left(\frac{dS}{dy_1}, \frac{dS}{dy_2}, \ldots, \frac{dS}{dy_n}, y_1\right) = \text{const.}$$

Pour l'intégrer nous donnerons à

$$\frac{dS}{dy_2}, \quad \ldots, \quad \frac{dS}{dy_n}$$

des valeurs constantes quelconques,

$$x_2^0, \ldots, x_n^0,$$

et nous aurons ainsi une équation

$$F\left(\frac{dS}{dy_1}, x_2^0, \ldots, x_n^0, y_1\right) = C,$$

de même forme que celle dont nous nous sommes occupé dans les deux numéros précédents.

Seulement la solution S, au lieu de contenir seulement une constante arbitraire x_1^0, en contiendra n qui seront $x_1^0, x_2^0, \ldots, x_n^0$.

Si maintenant l'équation fondamentale s'écrit

$$(2) \qquad \mathrm{F}\left(\frac{dS}{dy_1}, \frac{dS}{dy_2}, \ldots, \frac{dS}{dy_n}, m_1 y_1 + m_2 y_2 + \ldots + m_n y_n\right) = C,$$

il est facile de la ramener à la forme (1). Posons en effet

$$(3) \qquad \begin{cases} m_1 y_1 + m_2 y_2 + \ldots + m_n y_n = y'_1, \\ m_1^2 y_1 + m_2^2 y_2 + \ldots + m_n^2 y_n = y'_2, \\ \ldots\ldots\ldots\ldots\ldots\ldots\ldots\ldots\ldots \\ m_1^n y_1 + m_2^n y_2 + \ldots + m_n^n y_n = y'_n, \end{cases}$$

les m_i^k étant des entiers choisis de telle sorte que le déterminant des coefficients des équations (3) soit égal à 1. Cela est toujours possible, pourvu que $m_1, m_2, \ldots, m_n$ soient premiers entre eux, ce qu'il est toujours permis de supposer.

L'équation aux dérivées partielles (2) devient alors

$$\mathrm{F}\left(\frac{dS}{dy'_1}, \frac{dS}{dy'_2}, \ldots, \frac{dS}{dy'_n}, y'_1\right) = C,$$

et elle est ainsi ramenée à la forme (1).

Tout ce que nous avons dit des équations de la forme (1) s'étend donc aux équations de la forme (2).

Nous pouvons trouver des solutions de l'équation (2) qui seront développables comme celles de (1), tantôt suivant les puissances de μ, tantôt suivant celles de $\sqrt{\mu}$.

Pour $\mu = 0$, S se réduira à

$$S_0 = x_1^0 y_1 + x_2^0 y_2 + \ldots + x_n^0 y_n.$$

La solution *complète* de l'équation aux dérivées partielles (2) doit contenir n constantes arbitraires. Nous pourrions prendre comme constantes arbitraires $x_1^0, x_2^0, \ldots, x_n^0$; ou bien encore $n_1^0, n_2^0, \ldots, n_n^0$ en posant

$$n_i^0 = -\frac{dF_0}{dx_i^0}.$$

Mais il est plus commode d'introduire un nombre infini de constantes arbitraires, parmi lesquelles il n'y en aura d'ailleurs que n qui soient distinctes. Ces constantes seront

$$n_1^0, \quad n_2^0, \quad \ldots, \quad n_n^0, \quad C_0, \quad C_1, \quad C_2, \quad \ldots, \quad C_p, \quad \ldots,$$

en égalant le second membre de (2) à

$$C = C_0 + C_1 \mu + C_2 \mu^2 + \ldots$$

Si

$$m_1 n_1^0 + m_2 n_2^0 + \ldots + m_n n_n^0 \gtrless 0,$$

S est développable suivant les puissances de μ et si, au contraire,

$$m_1 n_1^0 + m_2 n_2^0 + \ldots + m_n n_n^0 = 0,$$

S est développable suivant les puissances de $\sqrt{\mu}$.

Supposons en particulier que, donnant à n_1^0, n_2^0, ..., n_n^0 des valeurs quelconques, on choisisse les constantes C_p de telle façon que

$$S - n_1^0 y_1 - n_2^0 y_2 - \ldots - n_n^0 y_n$$

soit une fonction périodique des y; on retombera sur un développement qui correspondra à celui que nous avons au début du numéro précédent déduit des équations (1) de ce numéro.

Dans ce développement, diverses puissances de

$$m_1 n_1^0 + m_2 n_2^0 + \ldots + m_n n_n^0$$

entreront au dénominateur.

Remplaçons ensuite les constantes d'intégration n_i^0 par divers développements procédant suivant les puissances de $\sqrt{\mu}$.

Soit, par exemple,

$$n_i^0 = \alpha_i^0 + \sqrt{\mu} \alpha_i^1 + \mu \alpha_i^2 + \ldots$$

Je suppose que

$$m_1 \alpha_1^0 + m_2 \alpha_2^0 + \ldots + m_n \alpha_n^0 = 0$$

Il en résultera que le développement de

$$m_1 n_1^0 + m_2 n_2^0 + \ldots + m_n n_n^0$$

commencera par un terme en $\sqrt{\mu}$.

Si nous ordonnons ensuite les termes de S suivant les puissances positives et croissantes de $\sqrt{\mu}$, on obtiendra divers développements analogues à ceux que nous avons étudiés en détail dans le n° 201.

203. Il est aisé maintenant de comprendre l'esprit de la méthode de Delaunay.

Reprenons le cas général des équations de la Dynamique ; et supposons par conséquent que notre fonction

$$F = F_0 + \mu F_1 + \mu^2 F_2 + \dots$$

dépend non plus seulement de $m_1 y_1 + m_2 y_2 + \dots + m_n y_n$, mais des n arguments $y_1, y_2, \dots, y_n$ et qu'elle est d'ailleurs périodique par rapport à ces arguments.

Si aucune des combinaisons linéaires à coefficients entiers

$$m_1 n_1^0 + m_2 n_2^0 + \dots + m_n n_n^0$$

n'est très petite, les méthodes du n° 125 pourront s'appliquer sans difficulté ; mais, si l'une de ces combinaisons est très petite, on distinguera dans F les termes qui dépendent de l'argument

$$m_1 y_1 + m_2 y_2 + \dots + m_n y_n.$$

F est supposé développé en série trigonométrique, c'est-à-dire en une suite de termes dont chacun est le produit de

$$\cos(p_1 y_1 + p_2 y_2 + \dots + p_n y_n)$$

ou de

$$\sin(p_1 y_1 + p_2 y_2 + \dots + p_n y_n)$$

(les p étant des entiers), par un coefficient qui est une fonction de $x_1, x_2, \dots, x_n$.

Considérons l'ensemble de ces termes qui sont tels que

$$\frac{p_1}{m_1} = \frac{p_2}{m_2} = \dots = \frac{p_n}{m_n},$$

et soit

$$F = F_0' + \mu F_1' + \dots$$

l'ensemble de ces termes.

Ils comprendront en particulier tous les termes de F qui sont indépendants de $y_1, y_2, \dots, y_n$ et par exemple tous ceux de F_0, de sorte qu'on aura

$$F_0' = F_0.$$

Considérons maintenant l'équation

$$F\left(\frac{dS}{dy_1}, \frac{dS}{dy_2}, \ldots, \frac{dS}{dy_n}; m_1 y_1 + m_2 y_2 + \ldots + m_n y_n\right) = C.$$

Nous pourrons l'intégrer facilement par les procédés exposés dans les premiers numéros de ce Chapitre.

Soit

$$S = x'_1 y_1 + x'_2 y_2 + \ldots + x'_n y_n + S'$$

une des solutions de cette équation. Les coefficients $x'_1, x'_2, \ldots, x'_n$ sont les constantes d'intégration que j'appelais jusqu'ici x_i^0, mais que j'appelle maintenant x'_i parce que je vais bientôt les prendre pour variables indépendantes nouvelles.

Quant à S'. c'est une fonction périodique de

$$m_1 y_1 + m_2 y_2 + \ldots + m_n y_n$$

dépendant en outre de $x'_1, x'_2, \ldots, x'_n$; de sorte que la valeur moyenne de $\frac{dS}{dy_i}$ n'est autre chose que x'_i et que l'expression considérée de S ne diffère pas de celle à laquelle conduisent les équations (1) du n° **202**.

Posons maintenant

$$x_i = \frac{dS}{dy_i}, \qquad y'_i = \frac{dS}{dx'_i}.$$

Prenons pour variables nouvelles les x'_i et les y'_i; la forme canonique des équations ne sera pas altérée; la fonction F exprimée en fonctions des x'_i et des y'_i conservera la même forme; seulement les coefficients des termes en

$$m_1 y'_1 + m_2 y'_2 + \ldots + m_n y'_n$$

seront beaucoup plus petits que ceux des termes correspondants en

$$m_1 y_1 + m_2 y_2 + \ldots + m_n y_n.$$

Les inégalités à longue période auront disparu parce qu'en somme on en aura tenu compte dès la première approximation.

Méthode de M. Bohlin.

204. L'inconvénient de la méthode de Delaunay, c'est d'exiger de nombreux changements de variables. Cet inconvénient peut être évité grâce à un procédé découvert par M. Bohlin et que j'ai proposé de mon côté, mais quelques jours après lui.

Reprenons nos équations générales

$$(1) \qquad \frac{dx_i}{dt} = \frac{dF}{dy_i}, \qquad \frac{dy_i}{dt} = - \frac{dF}{dx_i}$$

et supposons que l'expression

$$m_1 n_1^0 + m_2 n_2^0 + \ldots + m_n n_n^0$$

soit très petite.

Il s'agit d'intégrer l'équation

$$(2) \qquad F\left(\frac{dS}{dy_1}, \frac{dS}{dy_2}, \ldots, \frac{dS}{dy_n}, y_1, y_2, \ldots, y_n \right) = C.$$

Posons

$$S = S_0 + S_1 \sqrt{\mu} + S_2 \mu + S_3 \mu \sqrt{\mu} + \ldots,$$
$$C = C_0 + C_2 \mu + C_4 \mu^2 + \ldots.$$

Substituons ces valeurs dans l'équation (2), ordonnons suivant les puissances de $\sqrt{\mu}$, et égalons les coefficients des puissances semblables de $\sqrt{\mu}$; il viendra

$$(3) \quad \left\{ \begin{aligned} & F_0\left(\frac{dS_0}{dy_1}, \frac{dS_0}{dy_2}, \ldots, \frac{dS_0}{dy_n} \right) = C_0. \\[2ex] & \sum \frac{dF_0}{dx_i} \frac{dS_1}{dy_i} = 0, \\[2ex] & \sum \frac{dF_0}{dx_i} \frac{dS_2}{dy_i} + \frac{1}{2} \sum \frac{d^2 F_0}{dx_i dx_k} \frac{dS_1}{dy_i} \frac{dS_1}{dy_k} = \Phi + C_2, \\[2ex] & \sum \frac{dF_0}{dx_i} \frac{dS_3}{dy_i} + \frac{1}{2} \sum \frac{d^2 F_0}{dx_i dx_k} \frac{dS_1}{dy_i} \frac{dS_2}{dy_k} = \Phi, \\[2ex] & \sum \frac{dF_0}{dx_i} \frac{dS_4}{dy_i} + \frac{1}{2} \sum \frac{d^2 F_0}{dx_i dx_k} \frac{dS_1}{dy_i} \frac{dS_3}{dy_k} = \Phi + C_4, \end{aligned} \right.$$

....

Voici la signification de ces équations :

Je désigne encore par Φ toute fonction connue, et je suppose

Dans la troisième équation (3) que S_0 est connu,
Dans la quatrième équation (3) que S_0 et S_1 sont connus,
Dans la cinquième équation (3) que S_0, S_1 et S_2 sont connus.

Le second membre contient tantôt Φ, tantôt $\Phi + C_{2p}$ parce que j'ai supposé que les constantes C d'indice impair, c'est-à-dire les coefficients des puissances impaires de $\sqrt{\mu}$ dans le développement de C sont nulles.

Il faut encore préciser le sens du signe Σ dans le second terme du premier membre des diverses équations (3). Ce signe porte sur les deux indices i et k; il faut convenir que dans la troisième équation (3), la combinaison (i, k) apparaît deux fois si $i \gtrless k$ et une fois si $i = k$, et que dans les autres équations (3) cette combinaison apparaît deux fois dans tous les cas.

Je suppose comme plus haut

$$\frac{dS_0}{dy_i} = x_i^0,$$

les x_i^0 étant des constantes. Dans les dérivées de F_0 qui figurent dans les équations (3), je suppose que les x_i ont été remplacés par les x_i^0 de telle sorte que

$$\frac{dF_0}{dx_i} = -n_i^0.$$

Je suppose de plus que les x_i^0 aient été choisis de telle sorte que

$$(4) \qquad \Sigma m_i n_i^0 = 0.$$

et qu'il n'y ait entre les n_i^0 aucune autre combinaison linéaire à coefficients entiers.

Proposons-nous de déterminer S de telle façon que les

$$\frac{dS_p}{dy_i}$$

soient des fonctions périodiques des y_i.

La première équation (3) détermine tout simplement C_0; la seconde s'écrit

$$(5) \qquad \Sigma\, n_i^0 \frac{dS_1}{dy_i} = 0.$$

et elle ne peut être satisfaite que si les $\dfrac{dS_1}{dy_i}$ sont fonctions seulement de $m_1 y_1 + m_2 y_2 + \ldots + m_n y_n$. Car si S_1 contenait, par exemple, un terme

$$A \cos(p_1 y_1 + \ldots + p_n y_n),$$

le premier membre de (5) contiendrait un terme

$$- A\,(p_1 n_1^0 + \ldots + p_n n_n^0)\sin(p_1 y_1 + \ldots + p_n y_n)$$

qui ne pourrait disparaître que si l'on avait

$$\frac{p_1}{m_1} = \frac{p_2}{m_2} = \ldots = \frac{p_n}{m_n}.$$

On aura donc

$$S_1 = \alpha_1 y_1 + \alpha_2 y_2 + \ldots + \alpha_n y_n + f(m_1 y_1 + m_2 y_2 + \ldots + m_n y_n),$$

la dérivée de f étant périodique.

Passons à la troisième équation (3), et égalons dans les deux membres de cette équation les termes qui dépendent des sinus et des cosinus des multiples de

$$m_1 y_1 + m_2 y_2 + \ldots + m_n y_n.$$

Le premier terme du premier membre, qui peut s'écrire

$$- \Sigma\, n_i^0 \frac{dS_2}{dy_i},$$

ne contiendra pas de pareils termes; car si S_2 contenait un terme

$$A \cos(p_1 y_1 + \ldots + p_n y_n),$$

où

$$\frac{p_1}{m_1} = \frac{p_2}{m_2} = \ldots = \frac{p_n}{m_n},$$

le terme correspondant de l'expression

$$- \Sigma\, n_i^0 \frac{dS_2}{dy_i}$$

s'écrirait

$$\Sigma A\,(p_1 n_1^0 + \ldots + p_n n_4^0)\sin(p_1 y_1 + \ldots + p_n y_n)$$

et s'annulerait en vertu de la relation (5).

Le second terme du premier membre ne dépend, au contraire, que de S_1, et est fonction seulement de $m_1 y_1 + \ldots + m_n y_n$. Tous ces termes ne contiennent donc que des sinus ou des cosinus des multiples de

$$m_1 y_1 + m_2 y_2 + \ldots + m_n y_n.$$

Introduisons une notation nouvelle :

Soit U une fonction quelconque dont les dérivées $\dfrac{dU}{dy_i}$ soient des fonctions périodiques de U ; on pourra la développer en une série dont tous les termes seront d'une des formes suivantes

$$\alpha_i y_i, \quad \alpha \cos(p_1 y_1 + p_2 y_2 + \ldots + p_n y_n),$$
$$\alpha \sin(p_1 y_1 + p_2 y_2 + \ldots + p_n y_n).$$

Supprimons dans cette série tous les termes trigonométriques, sauf ceux pour lesquels

$$\frac{p_1}{m_1} = \frac{p_2}{m_2} = \ldots = \frac{p_n}{m_n}.$$

L'ensemble des termes restant pourra être désigné par $[U]$ et s'appeler la valeur moyenne de U.

On aura alors

$$\left[\frac{dU}{dy_i}\right] = \frac{d[U]}{dy_i}\,; \quad \Sigma n_i^0\,\frac{d[U]}{dy_i} = \text{const.}$$

et, si V est une fonction périodique quelconque,

$$\left[[V]\frac{dU}{dy_i}\right] = [V]\left[\frac{dU}{dy_i}\right].$$

Il vient donc

$$(6)\quad\begin{cases} -\left[\Sigma n_i^0\,\dfrac{dS_2}{dy_i}\right] = \text{const.,}\\[2mm] \left[\dfrac{dS_1}{dy_i}\dfrac{dS_1}{dy_k}\right] = \dfrac{dS_1}{dy_i}\dfrac{dS_1}{dy_k},\\[2mm] [\Phi] = -[F_1]. \end{cases}$$

Dans F_1, je suppose que les x_i ont été remplacés par les x_i''; la fonction Φ qui entre dans la troisième équation (6) est celle de la troisième équation (3).

La constante du second membre de la première équation (6) peut être désignée par $C_2 - C_2'$.

On trouvera alors, en égalant les valeurs moyennes des deux membres de la troisième équation (3)

$$(7) \qquad \frac{1}{2} \sum \frac{d^2 F_0}{dx_i\, dx_k} \frac{dS_1}{dy_i} \frac{dS_1}{dy_k} = C_2 - [F_1].$$

Cette équation est de même forme que celles que nous avons étudiées aux n°^s 199 à 202, et en particulier de même forme que la seconde équation (4) du n° 200.

Nous retrouverons donc, comme pour cette seconde équation (4), trois cas différents.

Rappelons-nous que S_1 est de la forme

$$S_1 = z_1 y_1 + z_2 y_2 + \ldots + z_n y_n + f(m_1 y_1 + m_2 y_2 + \ldots + m_n y_n),$$

d'où

$$\frac{dS_1}{dy_i} = z_i + m_i f'.$$

Substituons cette valeur de $\dfrac{dS_1}{dy_i}$ dans (7); cette équation deviendra une équation du second degré par rapport à f' et nous pourrons l'écrire

$$(8) \qquad A f'^2 + 2 B f' + D = C_2 - [F_1],$$

où A, B et D sont des constantes dépendant des constantes z_i; ces dernières constantes z peuvent d'ailleurs être choisies arbitrairement.

Pour que f', et par conséquent $\dfrac{dS_1}{dy_i}$, soit une fonction périodique de $m_1 y_1 + m_2 y_2 + \ldots + m_n y_n$, il faut et il suffit que l'équation (8) ait toujours ses racines réelles, c'est-à-dire que l'inégalité

$$B^2 - AD + AC_2 - A[F_1] > 0,$$

soit satisfaite pour toutes les valeurs de

$$m_1 y_1 + m_2 y_2 + \ldots + m_n y_n.$$

H. P. — II.   23

Comme les constantes z_i sont arbitraires, nous prendrons

$$(9) \qquad z_1 = z_2 = \ldots = z_n = 0.$$

Nous ne restreignons pas ainsi la généralité, comme nous le verrons bientôt.

Cela reviendrait d'ailleurs au même de supposer

$$\frac{z_1}{m_1} = \frac{z_2}{m_2} = \ldots = \frac{z_n}{m_n},$$

puisque, si cette condition est remplie, l'expression

$$z_1 y_1 + z_2 y_2 + \ldots + z_n y_n$$

devient une fonction de $m_1 y_1 + \ldots + m_n y_n$ seulement, que l'on peut faire rentrer dans f.

Quoi qu'il en soit, si l'on suppose les conditions (9) remplies, l'équation (8) se simplifie et s'écrit

$$(8\,bis) \qquad A f'^2 = C_2' - [F_1].$$

Supposons alors que l'on construise pour diverses valeurs de la constante C_2' des courbes en prenant pour rayon vecteur f' + une constante quelconque et pour angle polaire

$$m_1 y_1 + m_2 y_2 + \ldots + m_n y_n,$$

on obtiendra une figure tout à fait pareille à la *fig.* 3.

Supposons pour fixer les idées que A soit positif. Alors, pour que f' soit périodique, il faut qu'il reste toujours réel, c'est-à-dire que C_2' soit plus grand que le maximum de $[F_1]$.

Dans ce cas f', et par conséquent $\frac{dS_1}{dy_i}$, est une fonction périodique de $m_1 y_1 + m_2 y_2 + \ldots + m_n y_n$ qui ne s'annule jamais.

Ayant ainsi déterminé S_1, il s'agit maintenant de déterminer S_2; cette fonction doit être de la forme

$$\alpha_1^2 y_1 + \alpha_2^2 y_2 + \ldots + \alpha_n^2 y_n + \varphi,$$

φ étant périodique, et en général S_p doit être de la forme

$$\alpha_1^p y_1 + \alpha_2^p y_2 + \ldots + \alpha_n^p y_n + \psi,$$

φ étant périodique; je supposerai pour simplifier

$$(10) \qquad \frac{z_1^p}{m_1} = \frac{z_2^p}{m_2} = \ldots = \frac{z_n^p}{m_n},$$

ce qui n'est pas, comme nous le verrons bientôt, restreindre la
généralité.

Nous avons

$$-\left[\Sigma\, n_i^0 \frac{dS_p}{dy_i} \right] = C_p' - C_p,$$

équation analogue à la première des équations (6). Si les conditions (10) sont remplies, on aura $C_p' = C_p$ et en particulier $C_2' = C_2$.

Cela posé, revenons à la troisième équation (3) qui peut s'écrire,
maintenant que nous nous sommes donné C_2 et que S_1 est entièrement déterminée,

$$(11) \qquad \Sigma\, n_i^0 \frac{dS_2}{dy_i} = \Phi.$$

La fonction connue Φ est périodique en $y_1, y_2, \ldots, y_n$.

Soit donc

$$\Phi = \Sigma\, A \cos(p_1 y_1 + p_2 y_2 + \ldots + p_n y_n + \beta),$$

l'équation (11) donnera

$$S_2 = \Sigma\, \frac{A \sin(p_1 y_1 + p_2 y_2 + \ldots + p_n y_n + \beta)}{p_1 n_1^0 + p_2 n_2^0 + \ldots + p_n n_n^0}$$
$$+ \psi(m_1 y_1 + m_2 y_2 + \ldots + m_n y_n),$$

ψ étant une fonction arbitraire de $m_1 y_1 + m_2 y_2 + \ldots + m_n y_n$.
Cette solution deviendrait illusoire si, pour un terme quelconque
de Φ, on avait

$$p_1 n_1^0 + p_2 n_2^0 + \ldots + p_n n_n^0 = 0,$$

c'est-à-dire

$$\frac{p_1}{m_1} = \frac{p_2}{m_2} = \ldots = \frac{p_n}{m_n}.$$

Mais cela ne peut arriver parce que

$$[\Phi] = 0.$$

En effet, nous venons précisément de déterminer S_1 de telle

façon que les valeurs moyennes des deux membres de la troisième équation (3) soient égales. Il doit donc en être de même
des deux membres de l'équation (11), qui ne diffère de la troisième équation (3) que parce que certains termes ont passé d'un
membre dans l'autre.

Or

$$\left[\Sigma n_i^0 \frac{dS_2}{dy_i} \right] = o,$$

puisque

$$C_2' = C_2.$$

Donc

$$[\Phi] = o. \qquad\qquad\qquad \text{C. Q. F. D.}$$

Pour achever de connaître S_2, il reste à déterminer la fonction
arbitraire

$$\psi = [S_2].$$

À cet effet, égalons les valeurs moyennes des deux membres de
la quatrième équation (3). Il vient, en vertu des relations (10),

$$\left[\Sigma n_i^0 \frac{dS_3}{dy_i} \right] = o,$$

et de plus

$$\left[\frac{d^2 F_0}{dx_i dx_k} \frac{dS_1}{dy_i} \frac{dS_2}{dy_k} \right] = \frac{d^2 F_0}{dx_i dx_k} \frac{dS_1}{dy_i} \frac{d[S_2]}{dy_k},$$

puisque S_1 ne dépend que de $m_1 y_1 + m_2 y_2 + \ldots + m_n y_n$. Nous
obtenons donc

$$\frac{1}{2} \sum \frac{d^2 F_1}{dx_i dx_k} \frac{dS_1}{dy_i} \frac{d[S_2]}{dy_k} = [\Phi].$$

Si nous désignons par $[S_2']$ la dérivée de $[S_2]$ par rapport à

$$m_1 y_1 + \ldots + m_n y_n,$$

il viendra

$$\frac{dS_1}{dy_i} = m_i f', \qquad \frac{d[S_2]}{dy_k} = m_k [S_2'],$$

et nous pourrons écrire

$$\frac{1}{2} \sum \frac{d^2 F_0}{dx_i dx_k} m_i m_k [S_2'] = \frac{[\Phi]}{f'}.$$

Comme f' ne s'annule pas, $[S_2']$ est une fonction périodique de

$m_1 y_1 + \ldots + m_n y_n$, qui ne devient pas infinie et $[S_2]$ est de la forme

$$a(m_1 y_1 + \ldots + m_n y_n) + \psi,$$

a étant un coefficient constant et ψ une série ordonnée suivant les sinus et cosinus des multiples de $m_1 y_1 + m_2 y_2 + \ldots + m_n y_n$.

S_2 étant ainsi entièrement déterminé, la quatrième équation (3) s'écrit

$$\Sigma n_i^0 \frac{dS_3}{dy_i} = \Phi,$$

elle prend une forme tout à fait analogue à celle de l'équation (11), et se traite de la même manière. Et ainsi de suite.

J'ai dit plus haut que les hypothèses (9) et (10) ne restreignaient pas la généralité.

Et en effet considérons une solution de notre équation fondamentale et conforme à ces hypothèses (9) et (10); soit S cette solution et soit

$$S = S_0 + \sqrt{\mu} S_1 + \mu S_2 + \ldots$$

Soit, d'autre part,

$$S_0 = x_1^0 y_1 + x_2^0 y_2 + \ldots + x_n^0 y_n,$$

et

$$S_p = x_1^p y_1 + x_2^p y_2 + \ldots + x_n^p y_n + \text{fonction périodique}.$$

Les x satisferont en vertu des hypothèses (9) et (10) à la condition

$$\frac{x_1^p}{m_1} = \frac{x_2^p}{m_2} = \ldots = \frac{x_n^p}{m_n}$$

et seront d'ailleurs des fonctions des constantes d'intégration x_i^0 et C_p.

Comme les x_i^0 sont des constantes arbitraires, je puis les remplacer par des développements quelconques

$$x_i^0 = \beta_i^0 + \sqrt{\mu}\,\beta_i^1 + \mu \beta_i^2 + \ldots$$

les β_i^p étant de nouvelles constantes arbitraires.

Si dans S nous remplaçons les x_i^0 par ces développements, puis que nous ordonnions de nouveau par rapport aux puissances de $\sqrt{\mu}$, il viendra

$$S = S_0 + \sqrt{\mu}\, S_1 + \mu S_2 + \ldots,$$

où

$$S_p = z_1'^p y_1 + z_2'^p y_2 + \ldots + z_n'^p y_n + \text{fonction périodique}.$$

et nous aurons pu choisir les β_i^p de telle façon que les constantes $z_i'^p$ soient *quelconques*.

Nos hypothèses n'ont donc apporté à la généralité aucune restriction essentielle.   C. Q. F. D.

Cas de la libration.

205. Qu'arrivera-t-il maintenant si C_2 n'est pas plus grand que le maximum de $[F_1]$ et si par conséquent S_1 n'est pas toujours réel? Dans ces cas où l'on dit qu'il y a *libration*, certaines difficultés se présentent que l'on peut vaincre par un artifice analogue à l'emploi que nous avons fait des fonctions elliptiques dans le n° 199. Pour simplifier un peu l'exposition je supposerai

$$m_1 = 1, \quad m_2 = m_3 = \ldots = m_n = 0.$$

J'en ai le droit, car, s'il n'en était pas ainsi, je pourrais faire un changement de variables analogue au changement de variables (3) du n° 202.

Nous ne pouvons plus nous arranger de manière que les $\dfrac{dS_p}{dy_i}$ soient des fonctions périodiques de $y_1, y_2, \ldots, y_n$; mais nous pouvons du moins chercher à trouver une fonction S telle que les $\dfrac{dS_p}{dy_i}$ soient des fonctions périodiques de

$$y_2, \quad y_3, \quad \ldots, \quad y_n.$$

Alors ce que nous avons appelé $[U]$ dans le numéro précédent n'est autre chose que la valeur moyenne de U considérée comme fonction périodique de $y_2, y_3, \ldots, y_n$.

On a donc

$$(12) \qquad \left[\Sigma\, n_i^0\, \frac{dS_p}{dy_i} \right] = \text{const.},$$

et en effet

$$\left[\frac{dS_p}{dy_2}\right], \quad \left[\frac{dS_p}{dy_3}\right], \quad \ldots, \quad \left[\frac{dS_p}{dy_n}\right]$$

se réduisent à des constantes et, d'autre part, la relation

$$\Sigma\, m_i\, n_i^2 = 0$$

se réduit ici à

$$n_0^1 = 0,$$

de sorte que le premier membre de (12) ne contient pas de terme en $\left[\dfrac{dS_p}{dy_1}\right]$.

Je pourrai supposer que non seulement les $\dfrac{dS_p}{dy_i}$, mais encore les S_p (du moins pour $p > 0$) sont des fonctions périodiques de $y_2, y_3, \ldots, y_n$; c'est là une hypothèse identique aux hypothèses (9) et (10) du numéro précédent qui, nous l'avons vu, ne restreignent pas la généralité. Si on l'admet, la constante du second membre de (12) est nulle.

Cela posé, reprenons les équations (3) du numéro précédent. La seconde nous apprend que S_1 ne dépend que de y_1, et la troisième, quand on égale les valeurs moyennes des deux membres, donne

$$(13) \qquad \frac{1}{2}\frac{d^2 F_0}{dx_1^2}\left(\frac{dS_1}{dy_1}\right)^2 = C_2 - [F_1].$$

ce qui détermine S_1.

En tenant compte de l'équation (13) la troisième équation (3) devient

$$(14) \qquad -\Sigma\, n_i^0\,\frac{dS_1}{dy_i} = [F_1] - F_1.$$

Comme le second membre est une fonction de $y_1, y_3, \ldots, y_n$ dont la valeur moyenne est nulle, l'application d'un procédé d'intégration dont nous avons déjà fait usage bien des fois nous donnera S_2 à une fonction arbitraire près de y_1, c'est-à-dire que l'équation (14) nous fera connaître

$$S_2 - [S_2]$$

Pour déterminer $[S_2]$ prenons la quatrième équation (3) et égalons les valeurs moyennes des deux membres, il viendra

$$(15) \qquad \frac{d^2 F_0}{d x_1^2} \frac{d[S_2]}{d y_1} \frac{d S_1}{d y_1} = [\Phi].$$

Nous tirerons de là la valeur de $[S_2]$.

Connaissant S_2 et tenant compte de (15), nous pourrons écrire la quatrième équation (3) sous la forme

$$- \Sigma n_i^0 \frac{d S_3}{d y_i} = \Phi.$$

La valeur moyenne de Φ étant nulle, cette équation, qui est de même forme que (14), se traitera de la même manière et nous donnera

$$S_3 - [S_3]$$

et ainsi de suite.

On voit que les fonctions $\dfrac{d S_p}{d y_i}$ ainsi déterminées sont des fonctions uniformes de y_1 et de $\sqrt{C_2 - [F_1]}$.

206. Pour étudier plus complètement nos fonctions, il faut faire un changement de variables. Pour cela introduisons une fonction auxiliaire T définie de la façon suivante; nous aurons

$$T = T_0 + T_1 \sqrt{\mu} + T_2 \mu$$

et

$$T_0 = x_1^0 y_1 + x_2^0 y_2 + \ldots + x_n^0 y_n,$$

où les x_i^0 seront des constantes qui satisferont aux conditions

$$F_0 = C_0, \qquad n_i^0 = a.$$

En d'autres termes, T_0 ne sera pas autre chose que ce que nous avons appelé S_0.

Pour définir T_1 nous partirons de la même équation qui a servi à définir S_1, c'est-à-dire de l'équation (7) du n° **204**, où nous remplacerons S_1 par T_1 et C_2' par C_2, ce qui nous donne

$$(7 \; bis) \qquad \frac{1}{2} \sum \frac{d^2 F_0}{d x_i^0 \, d x_k^0} \frac{d T_1}{d y_i} \frac{d T_1}{d y_k} = C_2 - [F_1].$$

J'y adjoindrai les suivantes (où les x_i' sont des constantes)

$$\frac{dT_1}{dy_i} = x_i' \quad (i = 2, 3, \ldots, n).$$

Il importe de remarquer qu'en faisant cette dernière hypothèse je définirai T_1 comme j'ai fait plus haut pour S_1, mais en m'écartant des hypothèses (9) qui exigeraient que les constantes x_i' fussent nulles.

Comme les coefficients $\dfrac{d^2 F_0}{dx_i^0\, dx_k^0}$ ne dépendent que des x_i'', ce sont des constantes; si donc je remplace les $\dfrac{dT_1}{dy_i}$ par les x_i', l'équation (7 *bis*) deviendra

$$(8 \; ter) \qquad A\left(\frac{dT_1}{dy_1}\right)^2 + 2B\,\frac{dT_1}{dy_1} + D = C_2 - [F_1].$$

où A est une constante, B et D deux polynômes homogènes par rapport aux x_i', le premier du premier degré, le second du second degré. Nous tirerons de là

$$\frac{dT_1}{dy_1} = -\frac{B}{A} \pm \sqrt{\frac{B^2}{A^2} - \frac{D}{A} + \frac{C_2}{A} - \frac{[F_1]}{A}}.$$

Je poserai

$$\frac{B^2}{A^2} - \frac{D}{A} + \frac{C_2}{A} = x_1',$$

et pour abréger l'écriture

$$[F_1] = A\,\psi,$$

d'où

$$T_1 = x_2' y_2 + x_3' y_3 + \ldots + x_n' y_n - \frac{B y_1}{A} + \int dy_1 \sqrt{x_1' - \psi}.$$

Nous déterminerons ensuite T_2 par l'équation

$$\Sigma n_i^0 \frac{dT_2}{dy_i} = F_1 - [F_1].$$

analogue à l'équation (11) du n° **204**.

Cette équation détermine T_2, comme nous l'avons vu, à une fonction arbitraire près de y_1; nous pourrions, sans inconvénient, faire un choix quelconque; nous supposerons par exemple

$$[T_2] = 0.$$

Je poserai

$$\Sigma n_i^0 x_i' = - C_1.$$

Il résulte de là :

$1°$ Que T_2 est une fonction périodique des y_i qui ne dépend pas des x_i'; car il en est ainsi de F_1 et de $[F_1]$ où nous avons supposé tout simplement que les x_i étaient remplacés par les constantes x_i^0.

$2°$ Que si dans le premier membre de l'équation (2) du n° **204** on remplace S par T, ce premier membre se réduit à

$$C_0 + C_1 \sqrt{\mu} + C_2 \mu,$$

à des termes près contenant $\mu \sqrt{\mu}$ en facteur; car les fonctions T_0, T_1 et T_2 satisfont aux trois premières équations (3), *sauf que dans la seconde de ces équations le zéro du second membre doit être remplacé par C_1.*

Posons maintenant

$$(16) \quad \begin{cases} x_1 = \dfrac{dT}{dy_1} = x_1^0 + \sqrt{\mu}\left(- \dfrac{B}{A} + \sqrt{x_1'^2 - \gamma} \right) + \mu \dfrac{dT_2}{dy_1}, \\[2ex] y_1' = \dfrac{dT}{dx_1'} = \dfrac{\sqrt{\mu}}{2} . \displaystyle\int \dfrac{dy_1}{\sqrt{x_1'^2 - \gamma}}, \\[2ex] x_i = \dfrac{dT}{dy_i} = x_i^0 + x_i \sqrt{\mu} + \mu \dfrac{dT_2}{dy_i}, \\[2ex] y_i' = \dfrac{dT}{dx_i'} = y_i \sqrt{\mu} - \dfrac{r_1 \sqrt{\mu}}{A} \dfrac{dB}{dx_i'} \quad (i = 2, 3, \ldots, u). \end{cases}$$

Si l'on prend comme variables nouvelles les x_i' et les y_i' à la place des x_i et des y_i, la forme canonique des équations ne sera pas altérée.

Étudions d'abord la troisième équation (16) où entrent y_1', y_1 et x_1'; si nous considérons x_1' comme une constante et si nous faisons varier seulement y_1', je dis que y_1 est une fonction périodique de y_1'.

C'est ici qu'éclate l'analogie avec l'emploi des fonctions elliptiques au n° **199**. Dans le cas particulier traité dans ce numéro, on avait

$$A = 1, \qquad [F_1] = \cos y_1,$$

de sorte que notre troisième équation (16) s'écrivait

$$y_1' = \frac{\sqrt{\mu}}{2} \int \frac{dy_1}{\sqrt{C_2 - \cos y_1}}.$$

L'intégrale du second membre est une intégrale elliptique et par conséquent $\cos y_1$ et $\sin y_1$ sont des fonctions doublement périodiques de y_1'. Mais deux cas sont à distinguer suivant que

$$C_2 > 1 \qquad \text{ou} \qquad C_2 < 1.$$

Si $C_2 > 1$ la période réelle est égale à

$$\frac{\sqrt{\mu}}{2} \int_0^{2\pi} \frac{dy_1}{\sqrt{C_2 - \cos y_1}},$$

et si

$$C_2 = \cos \alpha < 1$$

la période réelle est égale à

$$\sqrt{\mu} \int_{-\alpha}^{+\alpha} \frac{dy_1}{\sqrt{C_2 - \cos y_1}}.$$

Dans ce cas particulier d'ailleurs, y_1 est une fonction uniforme de y_1' pour les valeurs imaginaires aussi bien que pour les valeurs réelles de y_1'. Mais, dans le cas général, y_1 est fonction uniforme de y_1' pour les valeurs réelles seulement et, d'autre part, $\cos y_1$ et $\sin y_1$ admettent une période réelle qui est

$$\frac{\sqrt{\mu}}{2} \int_0^{2\pi} \frac{dy_1}{\sqrt{x_1' - \psi}}$$

si x_1' est supérieur au maximum de $\left[\dfrac{\psi}{} \right]$;

$$\sqrt{\mu} \int_\alpha^\beta \frac{dy_1}{\sqrt{x_1' - \psi}}$$

si x_1' est inférieur à ce maximum et si $x_1' - \psi$ s'annule pour $y_1 = \alpha$ et pour $y_1 = \beta$ et reste positif pour $\alpha < y_1 < \beta$. J'ajouterai que dans le premier cas y_1 augmente de 2π quand y'_1 augmente d'une période, tandis que dans le second cas, c'est-à-dire dans le cas de la libration, y_1 reprend sa valeur primitive quand y'_1 augmente d'une période.

Dans le cas particulier du n° 199, non seulement $\cos y_1$ et $\sin y_1$ sont fonctions doublement périodiques de y'_1, mais il en est de même de $\sqrt{C_2 - \cos y_1}$; quant à

$$S_1 = \int \sqrt{C_2 - \cos y_1}\, dy_1,$$

il augmente d'une quantité constante quand y'_1 augmente d'une période.

De même, dans le cas général,

$$\sqrt{x'_1 - \psi} \quad \left(\text{et par conséquent } \frac{dT_1}{dy'_1}\right)$$

est une fonction périodique de y'_1. Cette fonction, de même que y_1, dépend en outre de x'_1 qui joue un rôle analogue à celui du module dans le cas des fonctions elliptiques.

Observons avant d'aller plus loin que la période de ces diverses fonctions périodiques de y_1 est proportionnelle à $\sqrt{\mu}$.

Il résulte de là que, dans le cas de la libration, x_1, x_i, y_1 et $y_i - y'_i \sqrt{\mu}$ sont des fonctions périodiques de y'_1; en outre x_1 et x_i dépendent des y'_i, mais ce sont des fonctions périodiques de période 2π de ces $n-1$ variables.

Si donc nous exprimons les variables anciennes x_i et y_i en fonctions des nouvelles x'_i et y'_i, il est évident que les x_i, les $\cos y_i$ et les $\sin y_i$ sont des fonctions périodiques des y'_i; il en est donc de même de F qui est périodique de période 2π par rapport aux y_i.

La période sera égale à

$$\sqrt{\mu} \int_\alpha^\beta \frac{dy_1}{\sqrt{x'_1 - \psi}}$$

pour y'_1, et à $2\pi \sqrt{\mu}$ pour les y'_i; je poserai pour abréger la période relative à y'_1 égale à $P\sqrt{\mu}$; il est clair que P est une fonction de x'_1, de même que la période des fonctions elliptiques est une fonction du module.

Si nous posons

$$y'_1 = z_1 \sqrt{\mu},$$

d'où

$$(16\ bis) \qquad z_1 = \frac{1}{2} \int \frac{dy_1}{\sqrt{x'_1 - \psi}}, \qquad s_i = y_i - \frac{y_1}{\Lambda} \frac{dB}{dx'_i},$$

F sera une fonction périodique des z_i; la période sera P pour z_1 et 2π pour les autres z_i; F sera en outre fonction des x'_i; cette fonction sera développable suivant les puissances de $\sqrt{\mu}$; les trois premiers termes du développement

$$C_0 + C_1 \sqrt{\mu} + C_2 \mu$$

seront indépendants des z_i et fonctions seulement des x'_i. Le premier terme C_0 est une constante absolue; C_1 est, par définition, une fonction linéaire des x'_i indépendante de x'_1; enfin on a

$$C_2 = \Lambda x'_1 + D - \frac{B^2}{\Lambda},$$

d'où il résulte que C_2 est un polynôme de premier ordre par rapport aux autres x'_i.

Posons maintenant

$$F = C_0 + F^* \sqrt{\mu},$$

nos équations deviendront

$$(17) \qquad \frac{dx'_i}{dt} = \frac{dF^*}{dz_i}, \qquad \frac{dz_i}{dt} = -\frac{dF^*}{dx'_i}.$$

La fonction F^* est, comme la fonction F, au n° 125, périodique par rapport aux variables de la seconde série qui sont ici les z_i.

Toutefois deux obstacles empêchent que les procédés du n° 125 soient immédiatement applicables aux équations (17).

1° La fonction F^* est bien périodique par rapport aux z_i, mais, par rapport à z_1, la période n'est pas 2π, mais P.

Pour tourner cette première difficulté, il suffit d'un simple changement de variables. Si nous faisons

$$(18) \qquad u_1 = \int \frac{\mathrm{P}\,dx'_1}{2\pi}, \qquad v_1 = \frac{2\pi s_1}{\mathrm{P}}$$

les équations restent canoniques et s'écrivent

$$(19) \qquad \begin{cases} \dfrac{du_1}{dt} = \dfrac{d\mathrm{F}^*}{dv_1}, & \dfrac{dv_1}{dt} = -\dfrac{d\mathrm{F}^*}{du_1}, \\[2ex] \dfrac{dx_i}{dt} = \dfrac{d\mathrm{F}^*}{dz_i}, & \dfrac{dz_i}{dt} = -\dfrac{d\mathrm{F}^*}{dx'_i} \end{cases} \qquad (i = 2, 3, \ldots, n),$$

et cette fois F^* est périodique de période 2π par rapport à

$$v_1, \quad z_2, \quad z_3, \quad \ldots, \quad z_n.$$

2° Si l'on fait $\mu = 0$, F^* se réduit à C_1, et C_1 ne dépend pas de toutes les variables de la première série, mais seulement de

$$x'_2, \quad x'_3, \quad \ldots, \quad x'_n,$$

car n_1^0 est nul. Nous ne sommes donc pas dans les conditions du n° 125, mais dans celles du n° 134; nous allons voir que les conclusions de ce numéro sont applicables.

En effet, la fonction qui correspond à celle que nous avons appelée R dans ce n° 134, c'est ici C_2; et il est aisé de voir que C_2 dépend de x'_1 et par conséquent de u_1 et *ne dépend que des variables de la première série*.

Les conditions pour que le théorème du n° 134 soit vrai sont donc remplies et nous devons conclure qu'il existe n fonctions

$$u_1, \quad x'_2, \quad x'_3, \quad \ldots, \quad x'_n$$

qui dépendent de n variables

$$v_1, \quad z_2, \quad z_3, \quad \ldots, \quad z_n$$

et de n constantes arbitraires et qui satisfont aux conditions suivantes :

1° Quand on les substitue dans F^*, cette fonction se réduit à une constante.

2° L'expression

$$u_1 dv_1 + x'_2 dz_2 + x'_3 dz_3 + \ldots + x'_n dz_n = dV$$

est une différentielle exacte.

3° Ces n fonctions sont périodiques de période 2π par rapport à

$$v_1, \quad z_2, \quad z_3, \quad \ldots, \quad z_n.$$

Considérons donc u_1 et les x'_i comme fonctions de v_1 et des z_i, ce qui nous donne n relations entre ces $2n$ variables, puis revenons aux variables anciennes x_i et y_i à l'aide des équations (16), (16 *bis*) et (18); nous obtiendrons ainsi n relations entre les x_i et les y_i; en résolvant ces relations par rapport aux x_i, nous aurons les x_i en fonctions des y_i, et il est clair que :

1° Si l'on substitue dans F à la place des x_i leurs valeurs en fonctions des y_i, F se réduit à une constante.

2° L'expression

$$(20) \qquad \Sigma x_i dy_i = dS$$

est une différentielle exacte.

Car, d'après la forme des équations (16), (16 *bis*) et (18), la différence

$$dS - \sqrt{\mu}\, dV$$

est toujours une différentielle exacte.

3° Si l'on exprime les x_i en fonctions de v_1 et des z_i, les x_i sont des fonctions périodiques de ces variables; et, de même, si l'on exprime les x_i en fonctions des y_i, ces fonctions seront périodiques de période 2π par rapport à $y_2, y_3, \ldots, y_n$.

Il résulte de là que les fonctions S définies par l'équation (20) ne diffèrent pas de celles dont nous nous sommes occupés au numéro précédent, puisque nous n'avons fait intervenir dans leur définition que l'équation (2) du n° **204** et la condition que les $\dfrac{dS}{dy_i}$ soient périodiques par rapport à $y_2, y_3, \ldots, y_n$.

Ainsi les deux systèmes d'équations

$$(21) \quad \begin{cases} u_1 = \dfrac{dV}{dv_1}, \quad x'_i = \dfrac{dV}{dz_i}, \quad u_1 = \displaystyle\int \dfrac{P\, dx'_1}{2\pi}, \quad v_1 = \dfrac{2\pi z_1}{P}, \\[2mm] x_k = \dfrac{dT}{dy_k}, \quad z_k = \dfrac{dT_1}{dx'_k} \quad (i = 2, 3, \ldots, n), \quad (k = 1, 2, \ldots, n) \end{cases}$$

et

$$(22) \qquad x_k = \frac{dS}{dy_k}$$

sont identiques pourvu que V satisfasse à l'équation aux dérivées partielles

$$(23) \qquad F^\star\left(\frac{dV}{dv_1}, \frac{dV}{dz_i}, v_1, z_i\right) = \text{const.},$$

et à la condition que ses dérivées soient périodiques par rapport à v_1 et aux z_i, et que S soit définie comme au numéro précédent.

V est développable suivant les puissances de $\sqrt{\mu}$ et s'écrit

$$V = V_0 + \sqrt{\mu}\,V_1 + \mu V_2 + \ldots$$

Chacune des fonctions V_i peut s'écrire

$$V_i = \beta_i^1 v_1 + \beta_i^2 z_2 + \ldots + \beta_i^n z_n + V_i'.$$

V_i' étant périodique et les n constantes β_i^k analogues aux constantes $\alpha_{i,k}$ du n° **125** peuvent comme celles-ci être choisies arbitrairement. On a de même

$$S = S_0 + \sqrt{\mu}\,S_1 + \ldots$$

et nous avons vu que S_p dépend encore des constantes arbitraires que nous avons appelées plus haut z_i^p.

Pour que les deux systèmes (21) et (22) soient identiques, il faut, bien entendu, si l'on a donné aux constantes β_i^k des valeurs déterminées, que l'on donne aux constantes z_i^p des valeurs correspondantes et inversement.

A chaque fonction V correspond ainsi une fonction S et réciproquement.

Mais, dans les numéros précédents, nous avons imposé à nos constantes z_i^p et par conséquent à S certaines conditions qui sont les hypothèses (9) et (10). Si l'on veut y demeurer astreint, il faut donc que les constantes β_i^k satisfassent de leur côté à certaines conditions qu'il serait aisé de former. Je dirai seulement que les x_i doivent s'annuler avec $\sqrt{\mu}$.

Les équations (21) et (22) nous permettant d'exprimer toutes nos variables en fonctions de n quelconques d'entre elles, supposons que l'on exprime y_1 et les x_k en fonctions de

$$v_1, \quad y_2, \quad y_3, \quad \ldots, \quad y_n.$$

Soit donc

$$y_1 = \theta(v_1, y_2, y_3, \ldots, y_n),$$
$$x_k = \zeta_k(v_1, y_2, y_3, \ldots, y_n).$$

On voit sans peine que les fonctions θ et ζ_k sont périodiques de période 2π par rapport à chacune des n variables dont elles dépendent.

Si nous regardons un instant $y_2, y_3, \ldots, y_n$ comme des constantes et x_1 et y_1 comme les coordonnées d'un point dans un plan, nous pourrons envisager les équations

$$y_1 = \theta(v_1), \qquad x_1 = \frac{dS}{dy_1} = \zeta_1(v_1).$$

Quand nous ferons varier v_1, le point x_1, y_1 décrira une courbe fermée puisque les fonctions θ et ζ_1 reprennent leurs valeurs primitives quand v_1 augmente de 2π.

Ainsi, si $y_2, y_3, \ldots, y_n$ sont considérées comme des constantes, *l'équation*

$$x_1 = \frac{dS}{dy_1}$$

est celle d'une courbe fermée.

C'est là le résultat auquel je voulais parvenir; mais il importe d'en préciser la signification. Nous ne devons pas oublier, en effet, que tous les théorèmes qui précèdent sont vrais, *mais seulement au point de vue du calcul formel.*

Les fonctions θ et ζ_k sont développables suivant les puissances de $\sqrt{\mu}$, de sorte que nous pouvons écrire

$$(24) \qquad \begin{cases} y_1 = \theta_0(v_1) + \sqrt{\mu}\,\theta_1(v_1) + \mu\,\theta_2(v_1) + \ldots, \\ x_1 = \zeta_1^0(v_1) + \sqrt{\mu}\,\zeta_1^1(v_1) + \mu\,\zeta_1^2(v_1) + \ldots, \end{cases}$$

et toutes les fonctions $\theta_p(v_1)$ et $\zeta_1^p(v_1)$ sont périodiques de période 2π.

Les seconds membres des équations (24) sont des séries ordonnées suivant les puissances de $\sqrt{\mu}$, mais qui, en général, ne sont

H. P. — II. 24

pas convergentes. Les équations (24) ne sont donc vraies qu'au point de vue du calcul formel. Écrivons donc ces équations de nouveau, mais en nous arrêtant aux termes en $\mu^{\frac{p}{2}}$; il viendra

$$(24\ bis) \qquad \begin{cases} y_1 = \theta_0(v_1) + \mu^{\frac{1}{2}}\theta_1(v_1) + \ldots + \mu^{\frac{p}{2}}\theta_p(v_1), \\ x_1 = \zeta_1^0(v_1) + \mu^{\frac{1}{2}}\zeta_1^1(v_1) + \ldots + \mu^{\frac{p}{2}}\zeta_1^p(v_1). \end{cases}$$

Les équations (24 bis) définissent évidemment une courbe fermée. Supposons qu'éliminant v_1 entre ces deux équations on les résolve par rapport à x_1, il viendra

$$(25) \qquad x_1 = P_0 + \mu^{\frac{1}{2}}P_1 + \ldots + \mu^{\frac{q}{2}}P_q + \ldots$$

$P_0, P_1, \ldots, P_q, \ldots$ sont des fonctions de y_1; le second membre de (25) est une série indéfinie, mais convergente; et l'équation (25) est celle d'une courbe fermée.

En vertu des principes du calcul formel, la valeur de x_1 ainsi obtenue ne peut différer de $\dfrac{dS}{dy_1}$ que de quantités de l'ordre de $\mu^{\frac{p+1}{2}}$; nous aurons donc

$$P_0 = \frac{dS_0}{dy_1}, \qquad P_1 = \frac{dS_1}{dy_1}, \qquad \ldots \qquad P_p = \frac{dS_p}{dy_1},$$

mais nous n'aurons pas

$$P_{p+1} = \frac{dS_{p+1}}{dy_1}.$$

Maintenant la courbe

$$(26) \qquad x_1 = \frac{dS_0}{dy_1} + \mu^{\frac{1}{2}}\frac{dS_1}{dy_1} + \ldots + \mu^{\frac{p}{2}}\frac{dS_p}{dy_1}$$

est-elle une courbe fermée?

Reportons-nous à l'équation (15). Comme, dans le cas de la libration, $\dfrac{dS_1}{dy_1}$ s'annule pour deux valeurs différentes de y_1, on peut se demander si $\dfrac{d[S_2]}{dy_1}$ et par conséquent $\dfrac{dS_2}{dy_1}$ ne pourront pas devenir infinis. Il n'en est rien parce que $[\Phi]$ s'annule en même temps que $\dfrac{dS_1}{dy_1}$; mais poussons l'approximation plus loin.

Nous trouverons pour définir $\dfrac{d[S_2]}{dy_1}$ une équation analogue à (15)

$$\frac{d^2 F_0}{dx_1^2} \frac{d[S_2]}{dy_1} \frac{dS_1}{dy_1} = [\Phi] + C_2;$$

$\dfrac{d[S_2]}{dy_1}$ va-t-il cette fois devenir infini?

Nous pouvons, il est vrai, disposer de la constante C_2 de façon que $\dfrac{dS_2}{dy_1}$ ne devienne pas infini pour l'une des valeurs de y_1 qui annulent $\dfrac{dS_1}{dy_1}$; mais, en général, $[\Phi] + C_2$ ne s'annulera pas pour l'autre valeur de y_1 qui annule $\dfrac{dS_1}{dy_1}$; donc $\dfrac{dS_2}{dy_1}$ deviendra infini quelle que soit la constante C_2.

Ainsi l'équation (26) ne représentera pas une courbe fermée parce que le second membre deviendra infini.

Quand donc j'ai dit plus haut que la courbe

$$x_1 = \frac{dS}{dy_1}$$

est fermée, cette assertion ne pouvait avoir par elle-même aucun sens puisque la série S est divergente.

Voici ce qu'elle signifiait :

Elle signifiait qu'on peut toujours trouver une fonction Φ_p de y_1 et de μ développable suivant les puissances de $\sqrt{\mu}$ et telle que l'équation

$$x_1 = \frac{dS_0}{dy_1} + \mu^{\frac{1}{2}} \frac{dS_1}{dy_1} + \mu \frac{dS_2}{dy_1} + \ldots + \mu^{\frac{p}{2}} \frac{dS_p}{dy_1} + \mu^{\frac{p+1}{2}} \Phi_p$$

soit celle d'une courbe fermée.

Un exemple simple fera mieux comprendre ce qui précède.

Soit la courbe

$$x = \sqrt{1 - y^2 - \mu y^4}.$$

C'est une ellipse. Développons le second membre suivant les puissances de μ et arrêtons le développement, par exemple, aux termes en μ^2, il viendra

$$x = \sqrt{1-y^2} + \frac{\mu}{2}\frac{y^2}{\sqrt{1-y^2}} - \frac{\mu^2}{8}\frac{y^2}{(1-y^2)^{\frac{3}{2}}},$$

ce qui n'est pas l'équation d'une courbe fermée puisque le second membre devient infini pour $y = \pm 1$.

Toutes ces difficultés, purement artificielles, sont évitées par le changement de variables (16).

Cas limite.

207. Passons enfin au cas où C_2 est égal au maximum de $[F_1]$ et qui est intermédiaire entre le cas ordinaire et celui de la libration.

Reprenons les équations (3) du n° 204 et les équations (13), (14) et (15) du n° 205. Je suppose toujours $m_1 = 1$, $m_i = 0$ (pour $i > 1$) et par conséquent $n_1^0 = 0$. Dans ce cas le radical

$$\sqrt{C_2 - [F_1]}$$

(et par conséquent $\dfrac{dS_1}{dy_1}$) est, comme nous l'avons vu au n° 200, une fonction périodique de y_1, mais dont la période n'est plus 2π. mais 4π. Cette fonction change de signe quand on change y_1 en $y_1 + 2\pi$; elle s'annule pour une seule valeur de y_1 comprise entre 0 et 2π et qui est précisément celle qui fait atteindre à la fonction $[F_1]$ son maximum. On peut, sans restreindre la généralité, supposer que cette valeur est égale à zéro. Alors on aura

$$\frac{dS_1}{dy_1} = 0$$

pour

$$y_1 = 2k\pi$$

quel que soit l'entier k.

J'ai expliqué tout cela en détail au n° 200.

Considérons maintenant les équations (3) ainsi que les équations analogues à (13) et à (15) que l'on obtient en égalant les valeurs moyennes des deux membres des équations (3). Ces équations nous permettront, ainsi que nous l'avons vu, de déterminer par récurrence les fonctions S_p et elles nous montrent tout d'abord que les $\dfrac{dS_p}{dy_i}$ seront des fonctions périodiques des y, la période étant 2π par rapport à $y_2, y_3, \ldots, y_n$ et 4π par rapport à y_1.

Si les constantes C_p sont nulles, pour un indice p impair, ce que j'ai d'ailleurs supposé en écrivant les équations (3), ces équations (3) ne changeront pas quand on changera y_1 en $y_1 + 2\pi$, ni quand on changera $\sqrt{\mu}$ en $-\sqrt{\mu}$.

On en déduirait, par un raisonnement tout pareil à celui que j'ai fait au n° 200, que $\dfrac{dS_p}{dy_i}$ se change en

$$(-1)^p \frac{dS_p}{dy_i},$$

quand y_1 se change en $y_1 + 2\pi$.

Donc $\dfrac{dS_p}{dy_i}$ est une fonction périodique de période 2π par rapport à y_1 si p est pair.

Si p est impair, cette fonction change de signe quand y_1 augmente de 2π.

Maintenant voici la question qui se pose :

Les fonctions $\dfrac{dS_p}{dy_i}$ sont-elles finies ?

Nous avons pour déterminer $[S_2]$ l'équation (15)

$$\frac{d^2 F_0}{dx_1^2} \frac{d[S_2]}{dy_1} \frac{dS_1}{dy_1} = [\Phi],$$

et plus généralement pour déterminer $[S_p]$

$$(27) \qquad \frac{d^2 F_0}{dx_1^2} \frac{d[S_p]}{dy_1} \frac{dS_1}{dy_1} = [\Phi] + C_{p+1},$$

C_{p+1} étant nul quand $p + 1$ est impair.

La fonction $[\Phi]$ du second membre de (27) dépendant seulement de y_1, je la poserai égale à $\varphi_{p+1}(y_1)$.

On verrait aisément par récurrence que

$$\varphi_{p+1}(y_1 + 2\pi) = (-1)^{p+1}\varphi_{p+1}(y_1).$$

Il pourrait arriver que $\dfrac{d[S_p]}{dy_1}$ devînt infini; car $\dfrac{dS_1}{dy_1}$ peut s'annuler pour $y_1 = 2k\pi$ et il pourrait se faire que pour cette valeur de y_1 le second membre de (27) ne s'annulât pas.

Si nous voulons donc que les $\dfrac{d[S_p]}{dy_1}$ demeurent finies, il faut donc que

$$(28) \qquad \varphi_{p+1}(0) + C_{p+1} = \varphi_{p+1}(2\pi) + C_{p+1} = 0.$$

Si les conditions (28) sont remplies par toutes les valeurs de p, les $\dfrac{d[S_p]}{dy_1}$ et par conséquent aussi les $\dfrac{dS_p}{dy_1}$ resteront finis.

Si $p+1$ est pair, on satisfera facilement aux équations (28); la constante C_{p+1} est en effet arbitraire et il suffira de la prendre égale à

$$- \varphi_{p+1}(0) = - \varphi_{p+1}(2\pi).$$

Mais, si $p+1$ est impair, C_{p+1} est nul et nous devons satisfaire à la condition

$$(29) \qquad \varphi_{p+1}(0) = 0$$

qui entraîne d'ailleurs la suivante

$$\varphi_{p+1}(2\pi) = 0.$$

Comme nous ne disposons plus d'aucune arbitraire, cette condition (29) doit être remplie d'elle-même; c'est en effet ce qui arrive, mais cela exige une démonstration spéciale que je vais donner dans les numéros suivants.

208. Supposons d'abord qu'il n'y ait que deux degrés de liberté et par conséquent quatre variables seulement x_1, x_2, y_1 et y_2.

Reportons-nous aux n°s 42, 43 et 44; nous y avons vu qu'à chaque système de valeurs des moyens mouvements

$$n_1^0, \quad n_2^0, \quad \dots, \quad n_8^0$$

qui soient commensurables entre elles, correspond une fonction $[F_1]$ et qu'à chaque maximum ou à chaque minimum de cette fonction correspond une solution périodique.

Or, dans le cas qui nous occupe, les moyens mouvements sont au nombre de deux

$$n_1^0, \quad n_2^0.$$

et l'un d'eux n_1^0 est nul ; les valeurs des deux moyens mouvements sont donc commensurables entre elles. De plus la fonction $[F_1]$ admet un maximum absolu qu'elle atteint pour $y_1 = o$ et qui est égal à C_2. A ce maximum doit donc correspondre une solution périodique. Soit

$$(3o) \qquad x_1 = \psi_1(t), \qquad x_2 = \psi_2(t), \qquad y_1 = \psi_1'(t), \qquad y_2 = \psi_2'(t)$$

cette solution. Comme n_1^0 est nul, quand t augmente d'une période, ψ_1, ψ_2 et ψ_1' reprennent leurs valeurs primitives, tandis que y_2 augmente de 2π.

Si nous éliminons t entre les équations $(3o)$, il vient

$$(31) \qquad x_1 = \theta_1(y_2), \qquad x_2 = \theta_2(y_2), \qquad y_1 = \theta_3(y_2),$$

les fonctions θ étant périodiques de période 2π.

Les exposants caractéristiques sont au nombre de deux et d'après le Chapitre IV doivent être égaux et de signe contraire. De plus, comme la solution périodique correspond à un maximum et non à un minimum de $[F_1]$, ces exposants doivent être réels, en vertu du n° 79, et la solution périodique doit être instable.

Cela posé, nous allons faire un changement de variables analogue à celui du n° 145.

Soit
$$S^* = x_2' y_2 + \Theta + x_1' y_1 + y_1 \theta_1 - x_1' \theta_3,$$

où Θ est une fonction de y_2 définie par la condition

$$\frac{d\Theta}{dy_2} = \theta_2 - \theta_3 \frac{d\theta_1}{dy_2}.$$

La forme canonique des équations ne sera pas altérée si je prends pour variables nouvelles x_i' et y_i' en posant

$$x_i = \frac{dS^*}{dy_i}, \qquad y_i' = \frac{dS^*}{dy_i'}.$$

On trouve ainsi

$$(32) \qquad \begin{cases} x_1 = x_1' + \theta_1 ; & x_2 = x_2' + \dfrac{d\Theta}{dy_2} + y_1 \dfrac{d\theta_1}{dy_2} - x_1' \dfrac{d\theta_3}{dy_2} \\[2mm] y_1' = y_1 + \theta_3 ; & y_2' = y_2, \end{cases}$$

d'où

$$x_2 = x_2' + \theta_2 + y_1 \frac{d\theta_1}{dy_2} - x_1' \frac{d\theta_3}{dy_2}.$$

Quelle sera la forme de la fonction F exprimée à l'aide des nouvelles variables?

Observons d'abord que θ_1, θ_2 et θ_3 sont, en vertu des n°s 42 à 44, développables suivant les puissances croissantes de μ et que, pour $\mu = 0$, elles se réduisent à des constantes

$$x_1^0, \quad x_2^0 \quad \text{et} \quad 0.$$

On voit ainsi que x_1, y_1 et x_2 sont des fonctions de x_1', x_2', y_1 et y_2' et de μ, développables suivant les puissances de μ et périodiques par rapport à y_2'. Pour $\mu = 0$, elles se réduisent à

$$x_1 = x_1' + x_1^0, \quad x_2 = x_2' + x_2^0, \quad y_1 = y_1'.$$

Donc F conserve la même forme quand on l'exprime en fonction des variables nouvelles : je veux dire que F est développable suivant les puissances de μ, et périodique par rapport à y_2', mais F n'est pas périodique par rapport à y_1'.

Les nouvelles équations canoniques

$$\frac{dx_i'}{dt} = \frac{dF}{dy_i'}, \qquad \frac{dy_i'}{dt} = -\frac{dF}{dx_i'}$$

admettent évidemment pour solution

$$x_1' = 0, \quad x_2' = 0, \quad y_1' = 0,$$

puisque les anciennes admettaient

$$x_1 = \theta_1, \quad x_2 = \theta_2, \quad y_1 = \theta_3.$$

Nous en concluons que les trois dérivées

$$\frac{dF}{dy_1'}, \quad \frac{dF}{dy_2'}, \quad \frac{dF}{dx_1'}$$

s'annulent à la fois quand on y fait

$$x_1' = x_2' = y_1' = 0.$$

D'autre part, quand on fait $x_1' = x_2' = y_1' = 0$, F se réduit à une constante que j'appellerai A et qui est d'ailleurs développable suivant les puissances de μ.

Posons

$$F' = F - A;$$

F' sera développable suivant les puissances de x'_1, x'_2 et y'_1 pour les petites valeurs de ces variables; le développement ne contiendra pas de terme de degré 0, et il ne contiendra d'autre terme du premier degré qu'un terme en x'_2. Les coefficients du développement sont des fonctions de μ et de y'_2.

Considérons alors l'équation

$$F'\left(\frac{dS'}{dy'_1}, \frac{dS'}{dy'_2}, y'_1, y'_2\right) = 0;$$

cherchons à y satisfaire en faisant

$$(33) \qquad S' = S'_0 + \sqrt{\mu}\, S'_1 + \mu S'_2 + \dots$$

Nous déterminerons par récurrence les fonctions S'_q à l'aide d'équations tout à fait analogues aux équations (3) du n° **204** et qui n'en diffèrent que parce que les lettres y sont accentuées et que les constantes C_q sont toutes nulles.

Remplaçons dans F' la fonction S' par sa valeur (33) et développons ensuite F' suivant les puissances croissantes de $\sqrt{\mu}$.

Soit

$$F' = \psi_0 + \sqrt{\mu}\, \psi_1 + \mu \psi_2 + \dots$$

ce développement. Alors ψ_p va, pour les petites valeurs de y'_1, x'_1 et x'_2, être développable suivant les puissances de y'_1, des $\frac{dS'_q}{dy'_1}$, des $\frac{dS'_q}{dy'_2}$.

Les coefficients du développement seront des fonctions périodiques de y'_2; mais le point sur lequel je veux attirer l'attention, c'est que le développement ne contiendra pas de terme de degré 0 et que les seuls termes du premier degré seront des termes en

$$\frac{dS'_q}{dy'_2}.$$

Nous allons donc avoir à déterminer

$$S'_q - [S'_q]$$

par des équations

$$(34) \qquad n_2^0 \frac{dS'_q}{dy'_2} = \Phi$$

analogues à (14) et à déterminer $[S'_q]$ par des équations

$$(35) \qquad \frac{d^2F'_0}{dx_1'^2} \frac{d[S'_q]}{dy'_1} \frac{dS'_1}{dy'_1} = [\Phi']$$

analogues à (15), les constantes analogues aux C_p étant toutes nulles.

Les fonctions Φ et Φ' qui entrent dans les seconds membres de (34) et de (35) peuvent être développées suivant les puissances de y'_1, $\frac{dS'_i}{dy'_1}$, $\frac{dS'_i}{dy'_2}$ et les seuls termes du premier degré sont des termes en $\frac{dS'_i}{dy'_2}$.

Je dis que non seulement la valeur $y'_1 = 0$ n'est pas un infini pour les $\frac{dS'_i}{dy'_2}$ et les $\frac{dS'_i}{dy'_1}$, mais que c'est un zéro, à savoir un zéro simple pour les $\frac{dS'_i}{dy'_1}$ et un zéro double pour les $\frac{dS'_i}{dy'_2}$.

En effet, démontrons ce théorème par récurrence et supposons qu'il soit déjà vrai pour les fonctions déjà connues.

Alors la fonction Φ de l'équation (34) admettra la valeur $y'_1 = 0$ comme zéro double; et en effet cette valeur est un zéro simple pour chacun des facteurs des termes de degré plus grand que 1 du développement de Φ suivant les puissances de y'_1, des $\frac{dS'_i}{dy'_1}$ et des $\frac{dS'_i}{dy'_2}$; et d'autre part les termes du premier degré de ce développement dépendent des dérivées $\frac{dS'_i}{dy'_2}$ pour lesquelles $y'_1 = 0$ est un zéro double.

Il résulte de là et de l'équation (34) que $y'_1 = 0$ est un zéro double pour

$$\frac{dS'_q}{dy'_2},$$

et par conséquent pour

$$S'_q - [S'_q].$$

et un zéro simple pour

$$\frac{dS'_q}{dy'_1} - \frac{d[S'_q]}{dy'_1}.$$

On pourrait ensuite raisonner sur la fonction Φ' de l'équation (35) comme on vient de le faire sur la fonction Φ et l'on verrait ainsi que $y'_1 = 0$ est un zéro double pour Φ' et par conséquent pour $[\Phi']$.

Comme, d'autre part, c'est un zéro simple pour $\dfrac{dS_i}{dy'_1}$, ce sera également un zéro simple pour

$$\frac{d[S'_q]}{dy'_1}.$$

  C. Q. F. D.

Ainsi les fonctions définies par les équations (34) et (35) sont finies.

Quelle relation y a-t-il maintenant entre la fonction S définie au numéro précédent et la fonction S' que nous venons de déterminer?

Nous avons

$$dS = x_1\,dy_1 + x_2\,dy_2,$$
$$dS' = x'_1\,dy'_1 + x'_2\,dy'_2.$$

d'où, en tenant compte des équations (32),

$$dS' - dS = d\Theta - d(y_1\theta_1),$$

d'où

(36)
$$S' - S = \Theta - y_1\theta_1.$$

Comme S', Θ et θ_1 sont toujours finis ainsi que leurs dérivées, il en sera de même de S et de ses dérivées.

Il est aisé, en égalant dans (36) les coefficients des puissances semblables de $\sqrt{\mu}$, de calculer les fonctions S_p.

En effet, nous avons écrit plus haut

(33)
$$S' = S'_0 + \sqrt{\mu}\,S'_1 + \mu S'_2 + \ldots,$$

mais ce développement est obtenu en supposant que les S'_p sont exprimés en fonctions des variables nouvelles x'_i et y'_i; si l'on

revient aux variables anciennes x_1 et y_1, le développement change
de forme et s'écrit

$$S' = S_0^0 + \sqrt{\mu}\, S_1^0 + \mu S_2^0 + \ldots$$

[*cf.* les équations (8) du n° 200].

Soit de même

$$\Theta = \Sigma \mu^{\frac{p}{3}} \Theta_p, \qquad \theta_1 = \Sigma \mu^{\frac{p}{3}} \theta_1^p.$$

Nous aurons alors

$$(37) \qquad\qquad S_p = S_p^0 - \Theta_p + y_1 \theta_1^p.$$

équation qui nous montre que l'on peut choisir les constantes C_{p+1}
de telle sorte que les $\dfrac{dS_p}{dy_1}$ restent constamment finis.

D'où nous devons conclure que les conditions (29) sont remplies d'elles-mêmes.

Nous avons vu au numéro précédent que les $\dfrac{dS_p}{dy_1}$ sont des fonctions périodiques de période 4π par rapport à y_1; il n'en est pas
de même ici des $\dfrac{dS_p'}{dy_1'}$ ni des $\dfrac{dS_p''}{dy_1''}$, parce que F, comme je l'ai fait
observer plus haut, n'est plus périodique en y_1'. Cependant l'équa-
tion (37) nous montre :

1° Que $\dfrac{dS_p''}{dy_1}$ est périodique ;

2° Que $\dfrac{dS_p''}{dy_2}$ augmente de $- 4\pi\theta_1^p$ quand y_1 augmente de 4π.

Considérons les équations

$$(37) \qquad\qquad x_1 = \frac{dS}{dy_1}, \qquad x_2 = \frac{dS}{dy_2}$$

qui nous donnent x_1 et x_2 en fonctions de y_1 et de y_2. Elles ont
une signification intéressante.

Reprenons, en effet, les équations (30); elles définissent la
solution périodique qui nous a servi de point de départ. Nous
avons vu que cette solution est instable.

Donc, en vertu des principes du Chapitre VII, elle donne nais-
sance à deux séries de solutions asymptotiques, dont les équations
générales peuvent être mises sous la forme

$$(38)\ \ x_1 = \omega_1(t, A), \qquad x_2 = \omega_2(t, A), \qquad y_1 = \omega_1'(t, A), \qquad y_2 = \omega_2'(t, A)$$

pour la première série ou

$$(39) \quad x_1 = \eta_1(t, B), \qquad x_2 = \eta_2(t, B), \qquad y_1 = \eta'_1(t, B), \qquad y_2 = \eta'_2(t, B)$$

pour la seconde.

A et B sont des constantes arbitraires.

Si entre les équations (38) on élimine t et A, puis qu'on résolve par rapport à x_1 et x_2, on obtiendra les équations (37) et l'on obtiendra encore le même résultat (le signe du radical $\sqrt{C_2 - [F_1]}$ étant seul changé) si l'on élimine t et B entre les équations (39).

Il peut être intéressant de comparer la démonstration qui précède celles que j'avais données dans le Tome XIII des *Acta mathematica*, p. 211 à 216 d'une part, 217 à 219 d'autre part.

209. Occupons-nous d'étendre cette démonstration au cas où il y a plus de deux degrés de liberté et, pour cela, cherchons d'abord à généraliser la notion qui nous a servi de point de départ, c'est-à-dire celle de la solution périodique (30).

Cherchons donc $n + 1$ fonctions des $n - 1$ variables

$$y_2, \quad y_3, \quad \ldots, \quad y_n,$$

fonctions que j'appellerai

$$\eta, \quad \zeta, \quad \xi_2, \quad \xi_3, \quad \ldots, \quad \xi_n$$

et qui seront telles que les relations

$$x_1 = \eta, \qquad y_1 = \zeta, \qquad x_i = \xi_i \qquad (i > 1)$$

soient des *relations invariantes* au sens donné à ce mot au n° 19. Cela entraîne les conditions suivantes

$$(40) \quad \begin{cases} \sum_k \dfrac{d\eta}{dy_k} \dfrac{dF}{dx_k} = -\dfrac{dF}{dy_1}, \\[2mm] \sum_k \dfrac{d\xi_i}{dy_k} \dfrac{dF}{dx_k} = -\dfrac{dF}{dy_i}, \\[2mm] \sum_k \dfrac{d\zeta}{dy_k} \dfrac{dF}{dx_k} = \dfrac{dF}{dx_1} \qquad (i, k = 2, 3, \ldots, n). \end{cases}$$

Inutile d'ajouter que, dans les dérivées de F, x_1, y_1 et les x_i sont supposés remplacés par η, ζ et les ξ_i.

De plus, les fonctions η_1, ζ et ξ_1 doivent être périodiques en y_2, y_3, ..., y_n; elles devront se réduire à des constantes η_{10}, ζ_0 et ξ_1^0 pour $\mu = 0$.

Enfin je m'impose une condition de plus, je veux que

$$x_1\, dy_1 + x_2\, dy_2 + \ldots + x_n\, dy_n = d\theta + \eta_1\, d\zeta$$

soit la différentielle exacte d'une fonction $\theta + \eta_{10}\zeta$ de $y_2, y_3, \ldots, y_n$. On en tire

$$(41) \qquad \xi_1 = \frac{d\theta}{dy_1} - (\eta_1 - \eta_{10})\frac{d\zeta}{dy_1},$$

et l'on en conclut que les dérivées de θ sont des fonctions périodiques. On aura de plus

$$(42) \qquad F(\eta_1, \xi_1, \zeta, y_1) = \text{const.},$$

c'est-à-dire qu'en remplaçant dans F les variables x_1, x_i et y_i par les fonctions η_1, ξ_i et ζ, on réduit F à une constante.

On vérifierait aisément par un calcul qui rappelle quelques-uns de ceux du Chapitre XV que la deuxième équation (40) est une conséquence nécessaire des deux autres et des équations (41) et (42).

Si, en effet, on différentie l'équation (42) par rapport à y_1, et qu'on la transforme ensuite en tenant compte de la première et de la troisième équation (40) ainsi que des relations

$$\frac{dx_1}{dy_2} - \frac{dy_1}{dx_2}\frac{dx_1}{dy_1} = \frac{dx_2}{dx_1} + \frac{dy_1}{dy_2}\frac{dx_1}{dx_2}$$

déduites des relations (41) par différentiation, on retrouvera la seconde équation (40).

Nous conserverons donc, pour définir les fonctions η_1, ζ, ξ_i et θ, la première et la troisième équation (40) ainsi que les équations (41) et (42).

Nous allons chercher à développer les fonctions η_1, ζ et θ suivant les puissances de μ, sous la forme

$$(43) \qquad \left\{ \begin{aligned} \eta_1 &= \eta_0 + \mu\eta_1 + \mu^2\eta_2 + \ldots, \\ \zeta &= \zeta_0 + \mu\zeta_1 + \mu^2\zeta_2 + \ldots, \\ \theta &= \theta_0 + \mu\theta_1 + \mu^2\theta_2 + \ldots, \qquad \xi_1 = \Sigma\mu^p\xi_1^p. \end{aligned} \right.$$

Nous trouvons d'abord, en faisant $\mu = 0$ dans la première équation (40)

$$\Sigma a_k^0 \frac{d\tau_{i,0}}{dy_k} = 0,$$

ce qui prouve d'abord que $\tau_{i,0}$ ne dépend pas de $y_2, y_3, \ldots y_n$, ce que nous pouvons écrire

$$\tau_{i,0} = [\tau_{i,0}],$$

puisque $[\tau_{i,0}]$ désigne la valeur moyenne de $\tau_{i,0}$ considérée comme fonction périodique de $y_2, y_3, \ldots y_n$.

Il vient ensuite, en faisant $\mu = 0$ dans la troisième équation (40),

$$-\Sigma n_k^0 \frac{d\zeta_0}{dy_k} = \frac{dF_0}{dx_1},$$

Dans le second membre x_1 et les x_i doivent être respectivement remplacés par $\tau_{i,0}$ et ξ_i^0, et ces quantités doivent être des constantes telles que l'on ait

$$\frac{dF_0}{dx_1} = -n_1^0 = 0, \qquad \frac{dF_0}{dx_i} = -n_i^0.$$

Nous regarderons les n_i^0 comme des données de la question de telle façon que ces équations détermineront les ξ_i^0 et

$$\tau_0 = [\tau_0].$$

Notre équation devient alors

$$\Sigma n_k^0 \frac{d\zeta_0}{dy_k} = 0,$$

d'où

$$\zeta_0 = [\zeta_0].$$

Comme τ_0 est une constante absolue, et que $\dfrac{d\zeta_0}{dy_k}$ doit être nul, les équations (41) nous donneront

$$\xi_i^0 = \frac{d\theta_0}{dy_i}.$$

Si, d'autre part, nous développons la constante du second membre de (42) suivant les puissances croissantes de μ et que nous l'écrivions

$$C_0 + C_1 \mu + C_2 \mu^2 + \ldots,$$

l'équation (42), quand nous y ferons $\mu = 0$, nous donnera

$$F_0 \left(\tau_{i0}, \frac{d\theta_0}{dy_i} \right) = C_0.$$

Cette équation détermine simplement la constante C_0, et nous voyons de plus que

$$\theta_0 = \xi_2^0 y_2 + \xi_3^0 y_3 + \ldots + \xi_n^0 y_n.$$

Nous connaissons maintenant τ_{i0} et θ_0; mais, quant à ζ_0, nous savons seulement que ζ_0 est une constante et par conséquent que

$$\zeta_0 = [\zeta_0],$$

mais nous ne connaissons pas $[\overset{\vee}{\zeta}_0]$.

Égalons les coefficients de μ dans la première équation (40), il viendra, si l'on se rappelle que τ_{i0} est une constante,

$$\Sigma n_k^0 \frac{d\tau_{i1}}{dy_k} = \frac{dF_1}{dy_i}.$$

Dans le second membre y_1, x_1 et les x_i sont supposés remplacés par ζ_0, τ_{i0} et les ξ_i^0; ce second membre sera une fonction périodique de y_2, y_3, $\ldots$, y_n, et sa valeur moyenne, puisque ζ_0, τ_{i0}^0, ξ_i^0 sont des constantes, sera

$$\left[\frac{dF_1}{dy_i} \right] = \frac{d[F_1]}{dy_i}.$$

Cette valeur moyenne doit être nulle, ce qui donne une équation

$$\frac{d[F_1]}{dy_i} = 0$$

qui détermine la constante ζ_0.

Il reste alors

$$\Sigma n_k^0 \frac{d\tau_{i1}}{dy_k} = \Phi,$$

Φ étant une fonction périodique connue dont la valeur moyenne est nulle, équation d'où l'on tire aisément

$$\tau_{11} = [\tau_{11}].$$

Égalons maintenant les coefficients μ dans l'équation (42) en tenant compte des équations (41), qui nous donnent

$$\xi_1^i = \frac{d\theta_1}{dy_i} - \tau_{11}\frac{d\zeta_0}{dy_i} = \frac{d\theta_1}{dy_i};$$

nous trouverons

$$\Sigma n_k^0 \frac{d\theta_1}{dy_k} = \Phi - C_1.$$

Φ est une fonction périodique connue dont la valeur moyenne n'a pas besoin d'être nulle, puisque nous n'avons pas assujetti θ_1, mais seulement ses dérivées, à être périodiques. Cette équation nous donnera θ_1 qui dépendra de $n-1$ constantes que nous pourrons choisir arbitrairement.

Égalons les coefficients de μ dans la troisième équation (40), il viendra

$$(44) \qquad \Sigma n_k^0 \frac{d\zeta_1}{dy_k} = \Phi - \frac{d^2 F_0}{dx_1^2}\tau_{11}.$$

La valeur moyenne du second membre doit être nulle, d'où

$$\frac{d^2 F_0}{dx_1^2}[\tau_{11}] = [\Phi],$$

ce qui nous donne $[\tau_{11}]$ et l'équation (44) nous donne ensuite

$$\zeta_1 = [\zeta_1].$$

Continuons de la même manière et supposons que l'on ait trouvé

$$\tau_{10}, \ \tau_{11}, \ \ldots, \ \tau_{1,p-1}, \ \theta_0, \ \theta_1, \ \ldots, \ \theta_{p-1},$$

$$\zeta_0, \ \zeta_1, \ \ldots, \ \zeta_{p-2}, \ \zeta_{p-1} = [\zeta_{p-1}],$$

et qu'on se propose de trouver

$$\tau_{1p}, \ \theta_p \quad \text{et} \quad \zeta_{p-1}, \ \zeta_p = [\zeta_p].$$

Égalons d'abord les coefficients de μ^p dans la troisième équation (40), il viendra

$$(45) \qquad \Sigma n_k^0 \frac{d\tau_{ip}}{dy_k} = \Phi + \frac{d^2 F_1}{dy_1^2} \zeta_{p-1}.$$

Le second membre doit avoir sa valeur moyenne nulle, d'où

$$\left[\frac{d^2 F_1}{dy_1^2} \zeta_{p-1} \right] = [\Phi]$$

ou

$$\frac{d^2 [F_1]}{dy_1^2} [\zeta_{p-1}] = [\Phi] - \left[\frac{d^2 F_1}{dy_1^2} (\zeta_{p-1} - [\zeta_{p-1}]) \right].$$

d'où nous tirerons $[\zeta_{p-1}]$ puisque $\zeta_{p-1} - [\zeta_{p-1}]$ est connu. Donc ζ_{p-1} est désormais connu, et l'équation (45) nous donne

$$\tau_{ip} - [\tau_{ip}].$$

Si nous égalons maintenant les coefficients de μ^p (42), en tenant compte de (41), il viendra

$$\Sigma n_k^0 \frac{d\theta_p}{dy_k} = \Phi - C_{p_1}$$

d'où nous tirerons θ_p.

Égalant enfin les coefficients de μ^p dans la troisième équation (40), nous trouvons une équation analogue à (44)

$$(46) \qquad \Sigma n_k^0 \frac{d\zeta_p}{dy_k} = \Phi - \frac{d^2 F_0}{dx_1^2} \tau_{ip}.$$

Le second membre doit avoir sa valeur moyenne nulle et cette condition

$$\Phi = \frac{d^2 F_0}{dx_1^2} [\tau_{ip}]$$

détermine $[\tau_{ip}]$ et par conséquent τ_{ip}.

L'équation (46) détermine ensuite

$$\zeta_p - [\zeta_p]$$

et ainsi de suite.

Nous avons donc pu déterminer des fonctions satisfaisant aux conditions que nous nous étions imposées et nous avons ainsi réalisé une véritable *généralisation des solutions périodiques*. Seulement, tandis que les séries qui définissent les solutions pério-

diques sont convergentes, il n'en est plus de même de celles dont
nous venons de démontrer l'existence, de sorte que cette généralisation n'a de valeur qu'au point de vue du calcul formel.

210. Cherchons maintenant à nous servir des résultats du
numéro précédent pour démontrer dans le cas général que les
relations (29) sont satisfaites d'elles-mêmes.

A cet effet, posons

$$S^* = x'_2 y_2 + x'_3 y_3 + \ldots + x'_n y_n + \theta - (\tau_1 - \tau_{10}) \zeta + x'_1 y_1 + y_1 \tau_1 - x'_1 \zeta$$

et changeons de variables en posant

$$x_i = \frac{dS^*}{dy_i}, \qquad y'_i = \frac{dS^*}{dx'_i},$$

la forme canonique des équations ne sera pas altérée, et l'on
trouvera

$$x_1 = x'_1 + \tau_1, \qquad y'_1 = y_1 - \zeta, \qquad y'_i = y_i \qquad (i > 1),$$

et enfin

$$x_i = x'_i + \frac{d\theta}{dy_i} - (\tau_1 - \tau_{10}) \frac{d\zeta}{dy_i} - \zeta \frac{d\tau_1}{dy_i} + y_1 \frac{d\tau_1}{dy_i} - x'_1 \frac{d\zeta}{dy_i},$$

ou, en tenant compte de (41),

$$x_i = x'_i + \xi_i + y'_1 \frac{d\tau_1}{dy_i} - x'_1 \frac{d\zeta}{dy_i}.$$

F conserve la même forme avec les variables nouvelles, sauf
qu'elle ne sera plus périodique par rapport à y_1.

Les nouvelles équations canoniques admettront comme relations
invariantes

$$x'_1 = x'_i = y'_1 = o,$$

ce qui prouve que pour $x'_1 = x'_i = y'_1 = o$, on a

$$\frac{dF}{dy'_1} = \frac{dF}{dx'_i} = \frac{dF}{dx'_1} = o$$

et que, de plus, F se réduit à une constante A ; je poserai alors

$$F' = F - A$$

et je verrai que, si l'on développe F' suivant les puissances de x'_1, des x'_j et de y'_1, il n'y aura pas de terme de degré o et que les seuls termes du premier degré seront des termes en x'_2, x'_3, ..., x'_n.

Considérant alors l'équation

$$F'\left(\frac{dS'}{dy'_1}, y_i\right) = o,$$

cherchons à y satisfaire en faisant

$$S' = \Sigma y_1^p S'_p$$

et déterminons par récurrence les fonctions S'_p.

Le calcul se poursuivra tout à fait comme au n° 208.

Les fonctions S'_q et leurs dérivées seraient encore ici des fonctions de y'_1, et l'on verrait encore ici que ces fonctions ne deviennent pas infinies pour $y'_1 = o$; au contraire $y'_1 = o$ est un zéro double pour les

$$\frac{dS'_q}{dy'_i} \qquad (i > 1)$$

et un zéro simple pour les $\dfrac{dS'_q}{dy'_1}$.

Le raisonnement se ferait par récurrence comme au n° 208 ; les équations conservent en effet la même forme. Je n'en reproduirai pas ici les détails. Remarquons seulement que l'équation analogue à (34) s'écrit

$$\Sigma n_k^o \frac{dS'_q}{dy'_k} = \Phi,$$

où

$$\Phi = \Sigma A \cos(m_2 y'_2 + \ldots + m_n y'_n + \omega)$$

est une fonction périodique de y_2, y_3, ..., y_n dont la valeur moyenne est nulle. Les coefficients A et ω sont des fonctions de y_1 qui, bien entendu, ne sont pas les mêmes pour les différents termes ; on en tire

$$\frac{dS'_q}{dy'_2} = \Sigma \frac{A\, m_i}{n_1^o m_2 + \ldots + n_n^o m_n} \cos(m_2 y'_2 + \ldots + m_n y'_n + \omega).$$

Dire que $y'_1 = o$ est un zéro double pour Φ, c'est dire évidemment que c'en est encore un pour chacun des coefficients A et par conséquent pour $\dfrac{dS'_q}{dy'_k}$.

Le reste du raisonnement est tout à fait pareil à celui du n° 208.

Les fonctions S'_q sont donc finies et l'on en conclurait comme au n° 208 qu'il en est de même des fonctions S_q et, par conséquent, que les relations (29) sont satisfaites d'elles-mêmes.

C. Q. F. D.

Relation avec les séries du n° 125.

211. Au n° 125 nous avons défini certaines séries S dont les premiers termes convergent d'une façon suffisamment rapide si aucune des combinaisons

$$m_1 n_1^0 + m_2 n_2^0 + \ldots + m_n n_n^0$$

n'est très petite. Aux n°s 204 et suivants, nous avons défini d'autres séries S dont la convergence reste suffisante même quand une de ces combinaisons est très petite.

Comment peut-on passer des unes aux autres? Ce que nous avons dit au n° 201 nous permet déjà de le prévoir.

La fonction S définie au n° 125 dépend (p. 20) d'une infinité de séries de n constantes arbitraires; à savoir de

$$
\begin{array}{cccc}
x_1^0, & x_2^0, & \ldots, & x_n^0, \\
z_{1,1}, & z_{1,2}, & \ldots, & z_{1,n}, \\
z_{2,1}, & z_{2,2}, & \ldots, & z_{n,n}, \\
\multicolumn{4}{c}{\ldots\ldots\ldots\ldots\ldots\ldots}
\end{array}
$$

Mais nous ne restreignons pas la généralité en supposant que tous les $z_{i,k}$ sont nuls.

Soit en effet

$$(1) \qquad S^* = S_0^* + \mu S_1^* + \mu^2 S_2^* + \ldots$$

celle des fonctions S que l'on obtient en annulant tous les $z_{i,k}$; elle ne contiendra plus que n constantes arbitraires

$$x_1^0, \quad x_2^0, \quad \ldots, \quad x_n^0.$$

Les x_i^0 étant des constantes arbitraires, nous pouvons les remplacer par des développements quelconques procédant suivant les puissances des μ.

Nous remplacerons donc x_i^0 par

$$x_i^0 + \mu \beta_{1,i} + \mu^2 \beta_{2,i} + \ldots,$$

les β étant des constantes quelconques. La fonction S à laquelle conduit cette substitution satisfait comme S^* à l'équation (4) du n° 125; mais les $\alpha_{i,h}$ ne sont plus nulles et il est clair que l'on peut choisir les arbitraires β de façon que les valeurs des α soient tout à fait quelconques. La fonction ainsi obtenue est donc la fonction S la plus générale.

Revenons à S^*; cette fonction dépend des n constantes x_i^0; mais, d'autre part, les n moyens mouvements n_i^0 sont aussi des fonctions des x_i^0, et inversement les x_i^0 sont des fonctions des n_i^0, de sorte que nous pourrons considérer S^* comme dépendant de n constantes arbitraires

$$n_1^0, \quad n_2^0, \quad \ldots, \quad n_n^0.$$

De quelle manière les fonctions S_p^* dépendent-elles de ces constantes? Chaque terme de S_p^* contient en facteur le sinus ou le cosinus d'un angle de la forme

$$p_1 y_1 + p_2 y_2 + \ldots + p_n y_n \quad \text{(les p entiers)}$$

et le coefficient de ce sinus ou de ce cosinus est égal à une fonction holomorphe des n_i^0 divisée par un produit de facteurs de la forme

$$q_1 n_1^0 + q_2 n_2^0 + \ldots + q_n n_n^0 \quad \text{(les q entiers).}$$

Ce sont des facteurs que l'on appelle les *petits diviseurs*.

En raisonnant comme nous l'avons fait au n° 201, on verrait qu'aucun des termes de S_p^* ne peut contenir plus de $2p - 1$ petits diviseurs au dénominateur.

Si l'un de ces petits diviseurs, par exemple

$$m_1 n_1^0 + m_2 n_2^0 + \ldots + m_n n_n^0,$$

était très petit, la convergence de la série S^* deviendrait illusoire; remplaçons alors comme au n° 202 les constantes d'intégration n_i^0

par divers développements procédant non plus suivant les puissances de μ, mais suivant celles de $\sqrt{\mu}$; soit, par exemple,

$$(2) \qquad n_i^0 = \alpha_i^0 + \sqrt{\mu}\,\alpha_i^1 + \mu\,\alpha_i^2 + \ldots$$

Je suppose que

$$m_1 \alpha_1^0 + m_2 \alpha_2^0 + \ldots + m_n \alpha_n^0 = 0.$$

Il en résultera que le développement de

$$m_1 n_1^0 + m_2 n_2^0 + \ldots + m_n n_n^0$$

commencera par un terme en $\sqrt{\mu}$.

Soit alors

$$(3) \qquad \frac{N \cos}{P \sin}(p_1 y_1 + p_2 y_2 + \ldots + p_n y_n)$$

un terme quelconque de S_p^*, où P représente le produit des petits diviseurs.

Alors N et P seront développables suivant les puissances croissantes de $\sqrt{\mu}$ et l'exposant de μ dans le premier terme du développement de P sera au plus égal à $p - \frac{1}{2}$.

Il résulte de là que S^*, après qu'on y a substitué, à la place des n_i^0, leurs valeurs (2), est développable suivant les puissances *positives* de $\sqrt{\mu}$.

Soit alors

$$(4) \qquad S^* = S_0' + \sqrt{\mu}\,S_1' + \mu\,S_2' + \ldots$$

ce développement; il est clair que les divers développements (4) que l'on peut ainsi obtenir ne diffèrent pas des développements qui ont fait l'objet de ce Chapitre et que nous avons appris à former dans les n°s 204 à 207. Étudions, en particulier, les premiers termes S_0' et S_1'.

On trouvera

$$S_0' = S_0^* = x_1^0 y_1 + x_2^0 y_2 + \ldots + x_n^0 y_n.$$

Les x_i^0 sont des constantes; ces constantes sont elles-mêmes des fonctions connues des n_i^0 et dans S_0' il faut y remplacer les n_i^0

par les x_i^0, puisque, pour $\mu = 0$, le développement (2) de n_i^0 se réduit à son premier terme, c'est-à-dire à x_i^0.

On trouvera d'autre part

$$S_1 = \xi_1 y_1 + \xi_2 y_2 + \ldots + \xi_n y_n + U,$$

où

$$(5) \qquad \xi_i = \sum \frac{dx_i^0}{dn_k^0}\, x_k^1.$$

Les x_i^0 étant des fonctions connues des n_k^0, il en sera de même de leurs dérivées $\dfrac{dx_i^0}{dn_k^0}$ et l'on devra y remplacer les n_k^0 par les x_k^0.

Quant à U, il s'obtient de la manière suivante.

Prenons dans S_p^* tous les termes de la forme (3) où le dénominateur P contiendra le petit diviseur

$$m_1 n_1^0 + m_2 n_2^0 + \ldots + m_n n_n^0$$

à la puissance $2p - 1$.

Remplaçons dans le numérateur N les n_k^0 par les x_k^0 et dans le dénominateur remplaçons

$$(6) \qquad m_1 n_1^0 + m_2 n_2^0 + \ldots + m_n n_n^0$$

par

$$(7) \qquad m_1 x_1^1 + m_2 x_2^1 + \ldots + m_n x_n^1 = \gamma;$$

ce terme deviendra

$$(8) \qquad \frac{N_0}{\gamma^{2p-1}} \, \frac{\cos}{\sin} (p_1 y_1 + p_2 y_2 + \ldots + p_n y_n),$$

où N_0 est ce que devient N quand on y remplace les n_i^0 par les x_i^0.

Opérons de même pour tous les termes de S_p^* qui contiennent le petit diviseur (6) à la puissance $2p - 1$ et soit

$$\frac{U_p}{\gamma^{2p-1}}$$

la somme de tous les termes de la forme (8) ainsi obtenus.

Opérons encore de même sur toutes les fonctions $S_1^*, S_2^*, \ldots,$

ce qui nous donnera successivement

$$\frac{U_1}{\gamma}, \quad \frac{U_2}{\gamma^2}, \quad \ldots$$

On aura alors

$$U = \frac{U_1}{\gamma} + \frac{U_2}{\gamma^2} + \frac{U_3}{\gamma^3} + \ldots$$

Si nous supposons maintenant que l'hypothèse (9) du n° **204** soit satisfaite, nous devrons avoir

$$\frac{\xi_1}{m_1} = \frac{\xi_2}{m_2} = \ldots = \frac{\xi_n}{m_n}.$$

En combinant ces relations avec (5) et avec (7), on peut écrire

$$\xi_i = m_i A \gamma.$$

A étant un coefficient facile à calculer, dépendant des entiers m_i et des dérivées $\dfrac{d x_i^0}{d n_k^\gamma}$.

On en tire

$$(9) \qquad \frac{dS_1'}{dy_1} = m_1 A \gamma + \frac{1}{\gamma} \frac{dU_1}{dy_1} + \frac{1}{\gamma_2} \frac{dU_2}{dy_1} + \ldots,$$

et l'on en conclut que le carré du second membre de l'équation (9), qui doit comme ce second membre lui-même procéder suivant les puissances décroissantes de γ, se réduira à ses deux premiers termes

$$m_1^2 A^2 \gamma^2 + m_1 A \frac{dU_1}{dy_1}.$$

Il en résulte une série d'identités

$$2 m_1 A \frac{dU_2}{dy_1} + \left(\frac{dU_1}{dy_1}\right)^2 = 0,$$

$$2 m_1 A \frac{dU_3}{dy_1} + 2 \frac{dU_1}{dy_1} \frac{dU_2}{dy_2} = 0,$$

$$\cdots\cdots\cdots\cdots\cdots\cdots\cdots$$

qui, indépendamment même des applications en vue desquelles ce Chapitre est écrit, sont des propriétés curieuses et inattendues du développement (1).

Divergence des séries.

212. Les séries que nous avons obtenues dans ce Chapitre sont divergentes au même titre que celles de MM. Newcomb et Lindstedt.

Considérons en effet une des séries S définies au n° **204**. Cette série dépendra d'un certain nombre de constantes arbitraires.

Nous avons en premier lieu

$$x_1^0, \quad x_2^0, \quad \ldots, \quad x_n^0.$$

Ces constantes sont liées entre elles par la relation

$$m_1 n_1^0 + m_2 n_2^0 + \ldots + m_n n_n^0 = 0.$$

Supposons, comme dans les n°s **205** et suivants,

$$m_1 = 1, \quad m_2 = m_3 = \ldots = m_n = 0;$$

nous avons vu que cela était toujours permis; notre relation deviendra

$$- n_1^0 = \frac{dF_0}{dx_1^0} = 0.$$

Cette équation pourra être résolue par rapport à x_1^0, ce qui donnera

$$(1) \qquad x_1^0 = \varphi(x_2^0, x_3^0, \ldots, x_n^0),$$

de plus ces n constantes sont liées à C_0 par la relation

$$F_0(x_1^0, x_2^0, \ldots, x_n^0) = C_0.$$

Nous avons ensuite, outre C_0,

$$C_2, \quad C_3, \quad C_4, \quad \ldots$$

Nous avons enfin

$$x_1, \quad x_2, \quad \ldots, \quad x_n,$$
$$\ldots\ldots\ldots\ldots\ldots\ldots$$
$$x_1'', \quad x_2'', \quad \ldots, \quad x_n'',$$
$$\ldots\ldots\ldots\ldots\ldots\ldots$$

Mais nous pouvons, sans restreindre la généralité, supposer que ces quantités sont liées entre elles par les relations (9) et (10) du

n° 204, ou mieux encore nous pouvons, sans restreindre la généralité, supposer que toutes ces quantités x_i et x_i^p sont nulles.

Les constantes C_4, C_6, ... sont liées par certaines relations aux arbitraires α_i et α_i^p. Si l'on suppose donc que les α_i et les α_i^p sont nulles, C_4, C_6, ... deviennent des fonctions entièrement déterminées des x_i^0 et de C_2.

Il nous reste donc en tout n arbitraires

$$x_2^0, \quad x_3^0, \quad \dots, \quad x_n^0 \quad \text{et} \quad C_2,$$

puisque x_1^0 est lié aux autres x_i^0 par une relation.

Considérons maintenant les relations

$$(2) \qquad x_1 = \frac{dS}{dy_1}, \quad x_2 = \frac{dS}{dy_2}, \quad \dots, \quad x_n = \frac{dS}{dy_n}.$$

Les seconds membres sont des fonctions de

$$y_1, \quad y_2, \quad \dots, \quad y_n, \quad x_2^0, \quad x_3^0, \quad \dots, \quad x_n^0, \quad C_2.$$

Résolvons alors les équations (2) par rapport à

$$x_2^0, \quad x_3^0, \quad \dots, \quad x_n^0, \quad C_2,$$

il viendra

$$(3) \qquad \begin{cases} x_i^0 = \psi_i(x_1, x_2, \dots, x_n, y_1, y_2, \dots, y_n) & (i = 2, 3, \dots n), \\ C_2 = \theta(x_1, x_2, \dots, x_n, y_1, y_2, \dots, y_n). \end{cases}$$

Si les séries S étaient convergentes, les ψ_i et θ seraient des intégrales des équations différentielles.

Voyons quelle en serait la forme.

Plaçons-nous d'abord dans le cas du n° 204 et supposons par conséquent que C_2 soit plus grand que le maximum de $[F_1]$; il en résulte que

$$\sqrt{C_2 - [F_1]}, \quad \frac{1}{\sqrt{C_2 - [F_1]}},$$

seront des fonctions holomorphes de C_2, y_1, y_2, ..., y_n, pour toutes les valeurs réelles des y_i et pour les valeurs de C_2 voisines de celle que l'on considère.

Nous avons supposé dans ce qui précède que F est une fonction holomorphe des x_i et des y_i pour toutes les valeurs réelles des y_i et pour les valeurs des x_i voisines des x_i^0.

De plus, la dérivée seconde de F_0 par rapport à x_1^0 ne sera pas nulle en général, de sorte que x_1^0 sera une fonction holomorphe des autres x_i^0.

Il résulte de tout cela que les $\dfrac{dS_p}{dy_i}$ seront des fonctions holomorphes pour toutes les valeurs réelles des y_i et pour les valeurs de

$$x_2^0, \quad x_3^0, \quad \ldots, \quad x_n^0, \quad C_2$$

voisines de celles que l'on considère.

Soient donc

$$\lambda_2, \quad \lambda_3, \quad \ldots, \quad \lambda_n, \quad \gamma$$

des valeurs de ces constantes voisines de celles que l'on considère. Posons

$$\lambda_1 = \varphi(\lambda_2, \lambda_3, \ldots, \lambda_n).$$

Les deux membres des équations (2) vont être développables suivant les puissances de

$$\sqrt{\mu}, \quad x_1 - \lambda_1, \quad x_2 - \lambda_2, \quad \ldots, \quad x_n - \lambda_n, \quad x_1^0 - \lambda_1, \quad x_2^0 - \lambda_2, \quad \ldots,$$

$$x_n^0 - \lambda_n, \quad C_2 - \gamma,$$

et suivant les sinus et cosinus des multiples des y_i.

Mais, avant d'appliquer le théorème du n° 30 aux équations (2), nous allons transformer l'une de ces équations. A cet effet, posons

$$x_1 = \varphi(x_2, x_3, \ldots, x_n) + \sqrt{\mu}\, x_1'.$$

Alors la première équation (2) devient

$$\varphi(x_2, x_3, \ldots, x_n) + \sqrt{\mu}\, x_1' = \varphi(x_2^0, x_3^0, \ldots, x_n^0) + \sqrt{\mu}\, \frac{dS_1}{dy_1} + \mu\, \frac{dS_2}{dy_1} + \ldots,$$

ou, en tenant compte des autres équations (2),

$$\sqrt{\mu}\, x_1' = \varphi\left(\frac{dS}{dy_2}, \frac{dS}{dy_3}, \ldots, \frac{dS}{dy_n}\right) - \varphi(x_2^0, x_3^0, \ldots, x_n^0)$$
$$+ \sqrt{\mu}\, \frac{dS_1}{dy_1} + \mu\, \frac{dS_2}{dy_1} + \ldots.$$

Or nous savons que $\dfrac{dS_1}{dy_2}, \dfrac{dS_1}{dy_3}, \ldots, \dfrac{dS_1}{dy_n}$ sont nuls, ce qui veut dire que les différences

$$\frac{dS}{dy_i} - x_i^0 \quad (i > 1),$$

et par conséquent la différence

$$\varphi\left(\frac{dS}{dy_i}\right) - \varphi(x_i^0),$$

sont divisibles par μ. Je puis donc poser

$$\varphi\left(\frac{dS}{dy_2}, \frac{dS}{dy_3}, \ldots, \frac{dS}{dy_n}\right) - \varphi(x_2^0, x_3^0, \ldots, x_n^0) = \mu H,$$

d'où

$$(4) \qquad x_1' = \frac{dS_1}{dy_1} + H\sqrt{\mu} + \frac{dS_2}{dy_1}\sqrt{\mu} + \frac{dS_3}{dy_1}\mu + \ldots$$

Adjoignons à cette équation (4) les $n-1$ dernières équations (2). Nous aurons ainsi un système de n équations dont les deux membres seront développables suivant les puissances de

$$\sqrt{\mu}, \quad x_1', \quad x_2 - \lambda_2, \quad \ldots, \quad x_n - \lambda_n, \quad x_2^0 - \lambda_2, \quad \ldots, \quad x_n^0 - \lambda_n, \quad C_2 - \gamma$$

et suivant les sinus et cosinus des multiples des y_i.

Pour $\mu = 0$, ce système se réduit à

$$x_1' = \frac{dS_1}{dy_1}, \qquad x_i = x_i^0.$$

Il faut donc démontrer que, pour

$$x_1' = 0, \qquad x_i = x_i^0 = \lambda_i,$$

le déterminant fonctionnel des $x_i^0 - x_i$ et de $\frac{dS_1}{dy_1} - x_1'$ par rapport aux x_i^0 et à C_2 ne s'annule pas. Or ce déterminant se réduit à la dérivée de $\frac{dS_1}{dy_1}$ par rapport à C_2 ou, si

$$\frac{dS_1}{dy_1} = \Lambda\sqrt{C_2 - [F_1]},$$

à

$$\frac{\Lambda}{2\sqrt{C_2 - [F_1]}}.$$

Il n'est donc pas nul et le théorème du n° 30 est applicable; si donc nos séries étaient convergentes, nos équations différentielles admettraient n intégrales ψ_i et θ uniformes par rapport aux x et aux y, et périodiques par rapport aux y. Or cela est impossible. Donc les séries divergent.   C. Q. F. D.

Le même résultat subsiste dans le cas de la libration; pour s'en convaincre, on n'a qu'à se rappeler qu'au n° 206 nous avons ramené nos équations, par un changement de variables convenable, à la forme des équations du n° 134. En raisonnant comme au Chapitre XIII, on montrerait donc encore que la convergence des séries entraînerait l'existence d'intégrales uniformes, contrairement au théorème du Chapitre V.

Même dans le cas limite, les séries sont encore divergentes, mais je ne pourrai le démontrer rigoureusement que plus loin.

On peut se demander par quel mécanisme, pour ainsi dire, les termes de ces séries sont susceptibles de croître de façon à empêcher la convergence.

Dans le cas particulier où il n'y a que deux degrés de liberté, il ne s'introduit pas de petits diviseurs.

En effet, les équations que l'on a à intégrer sont alors de l'une des deux formes

$$n_2^0 \frac{dS_p}{dy_2} = \Phi,$$

$$\frac{dS_1}{dy_1} \frac{d[S_p]}{dy_1} = \Phi$$

et les seuls diviseurs qui s'introduisent, $n_2^0 m_2$ et $\dfrac{dS_1}{dy_1}$, ne sont pas très petits.

En revanche on a à effectuer des différentiations et, en différentiant un terme contenant le cosinus ou le sinus de

$$p_1 y_1 + p_2 y_2 + \ldots + p_n y_n,$$

on introduit en multiplicateur un des entiers p_i qui peut être très grand.

Ce qui empêche la convergence, ce n'est donc pas la présence de petits diviseurs s'introduisant par l'intégration, mais celle de grands multiplicateurs s'introduisant par la différentiation.

On peut aussi présenter la chose d'une autre manière.

On a, dans le cas du n° **125** et s'il n'y a que deux degrés de liberté, de petits diviseurs de la forme

$$m_1 n_1^0 + m_2 n_2^0;$$

remplaçons-y n_1^0 et n_2^0 par des développements analogues aux développements (2) du numéro précédent. Soit, par exemple,

$$n_2^0 = \alpha_2, \qquad n_1^0 = \alpha_1\sqrt{\mu}.$$

Nos petits diviseurs deviendront

$$m_2\alpha_2 + m_1\alpha_1\sqrt{\mu}.$$

L'expression

$$\frac{1}{m_2\alpha_2 + m_1\alpha_1\sqrt{\mu}}$$

peut se développer suivant les puissances de $\sqrt{\mu}$ et l'on trouve

$$(5) \qquad \frac{1}{m_2\alpha_2} + \sqrt{\mu}\,\frac{m_1\alpha_1}{(m_2\alpha_2)^2} + \mu\,\frac{(m_1\alpha_1)^2}{(m_2\alpha_2)^3} + \ldots.$$

Aucun des termes de ce développement ne contient au dénominateur un très petit diviseur; car $m_2\alpha_2$ n'est jamais très petit.

Il est clair pourtant que, quelque petit que soit μ, on pourra trouver des nombres entiers m_1 et m_2 tels que

$$\sqrt{\mu}\,\frac{m_1\alpha_1}{m_2\alpha_2} > 1$$

et tels par conséquent que le développement (5) diverge. On s'explique donc comment, en substituant, comme je l'ai fait au numéro précédent, à la place des moyens mouvements leurs développements (2) et ordonnant ensuite suivant les puissances de $\sqrt{\mu}$, on arrive à des séries divergentes.

On rapprochera ce que je viens de dire de ce que j'ai dit aux n°s **109** et suivants.

CHAPITRE XX.

SÉRIES DE M. BOHLIN.

213. Dans le Chapitre précédent, nous avons montré comment on pouvait construire la fonction S; pour en déduire les coordonnées en fonctions du temps, il suffit d'appliquer la méthode de Jacobi.

Supposons, pour simplifier un peu, que l'entier que nous avons appelé m_1 soit égal à 1 et que les autres entiers m_i soient nuls; c'est ce que nous avons fait dans les n°s 205 et 206, et nous savons qu'on peut ramener le cas général à ce cas particulier par le changement de variables (3) de la page 339.

La fonction S, définie dans les n°s 204 et suivants, dépend des n variables y_i; elle contient de plus n constantes arbitraires x_2^0, x_3^0, ..., x_n^0 et C_2; d'autres constantes pourraient s'introduire dans nos calculs; à savoir x_1^0, les C_p, les α_i^p; mais nous supposerons :

1° Que x_1^0 est lié aux autres x_i^0 par la relation (4) de la page 344;

2° Que les α_i^p satisfont à la condition (10) de la page 349;

3° Que les C_p sont exprimés d'une manière quelconque, d'ailleurs arbitraire jusqu'à nouvel ordre, en fonctions des autres constantes.

Ainsi S sera fonction de

$$y_1, \quad y_2, \quad \dots, \quad y_n; \quad C_2, \quad x_2^0, \quad x_3^0, \quad \dots, \quad x_n^0.$$

Posons alors

$$(1) \qquad x_i = \frac{dS}{dy_i}; \qquad w_1 = \frac{dS}{dC_2}; \qquad w_k = \frac{dS}{dx_k^0}$$

$$(i = 1, 2, \dots, n; \text{ K} = 2, 3, \dots, n).$$

On tirera de là les x_i et les y_i en fonctions des w, des x_k^0 et de C_2, et si, dans les expressions ainsi obtenues, on considère les x_k^0 et les C_2 comme constantes arbitraires et les w comme des fonctions linéaires du temps, on aura les coordonnées x_i et y_i exprimées en fonctions du temps. C'est ce que nous apprend le théorème du n° 3.

Mais il est préférable de modifier un peu la forme des équations (1) et d'écrire

$$(2) \qquad x_i = \frac{dS}{dy_i}, \qquad \theta_i w_1 = \frac{dS}{dC_2}, \qquad w_k - \theta_k w_1 = \frac{dS}{dx_k^0}$$

les θ étant des fonctions arbitraires C_2 et des x_k^0.

Il est clair que si l'on remplace les équations (1) par les équations (2), les w resteront des fonctions linéaires du temps; car les θ ne dépendant que de C_2 et des x_k^0 seront des constantes.

Voici d'ailleurs l'usage que je ferai de ces fonctions arbitraires θ; je les choisirai de telle sorte que les x_i, les $\cos y_i$ et les $\sin y_i$ soient des fonctions périodiques des w de période 2π.

Plaçons-nous d'abord dans le premier cas, celui où $\dfrac{dS_1}{dy_1}$ est toujours réel et ne s'annule jamais et voyons quelle est la forme des séries ainsi obtenues.

Dans ce cas, les $\dfrac{dS_1}{dy_1}$ sont des fonctions des y périodiques et de période 2π; quant à S, c'est une fonction de la forme suivante

$$S = S' + \beta_1 y_1 + \beta_2 y_2 + \ldots + \beta_n y_n,$$

S' étant une fonction périodique des y et les β étant des fonctions de C_2 et des x_k^0.

De plus, S' et les β sont développables suivant les puissances de $\sqrt{\mu}$.

Comme, d'après les hypothèses faites sur les entiers m_i, les conditions (10) de la page 349 se réduisent à

$$x_i^0 = 0 \quad (i = 2, 3, \ldots, n),$$

on aura tout simplement

$$\beta_2 = x_2^0, \qquad \beta_3 = x_3^0, \qquad \ldots \qquad \beta_n = x_n^0.$$

Si l'on développe β_1 suivant les puissances de $\sqrt{\mu}$, le premier terme se réduit de même à x_1^0.

Je veux que quand

$$w_1, \quad w_2, \quad \dots, \quad w_n$$

se changent en

$$w_1 + 2k_1\pi, \quad w_2 + 2k_2\pi, \quad \dots, \quad w_n + 2k_n\pi,$$

les k_i étant des entiers, les x_i et les y_i se changent en

$$x_i \quad \text{et} \quad y_i + 2k_i\pi.$$

J'obtiendrai ce résultat en faisant

$$\theta_1 = \frac{d\beta_1}{dC_2}; \qquad \theta_k = \frac{d\beta_1}{dx_k^0}.$$

Il en résulte que θ_1 et les θ_k sont développables suivant les puissances de $\sqrt{\mu}$. Pour $\mu = 0$, β_1 se réduit à x_1^0; or x_1^0 est lié aux autres x_k^0 par la relation (4) de la page 344 qui, dans le cas qui nous occupe, se réduit à

$$n_1^0 = 0.$$

Donc, pour $\mu = 0$, θ_1 et θ_k se réduisent à

$$\theta_1 = \frac{dx_1^0}{dC_2} = 0, \qquad \theta_k = \frac{dx_1^0}{dx_k^0}.$$

Des équations (2) on tirera alors les y_i puis les x_i sous la forme de fonctions des w, des x_k^0, de C_2 et de μ développables suivant les puissances de $\sqrt{\mu}$; pour $\mu = 0$, la première et la troisième équation (2) deviennent

$$x_i = x_i^0, \qquad w_1 + \frac{dx_1^0}{dx_k^0} w_k = y_1 + \frac{dx_1^0}{dx_k^0} y_k;$$

quant à la seconde, elle se réduirait à $0 = 0$; mais, si on la divise par $\sqrt{\mu}$ et qu'on fasse ensuite $\mu = 0$, elle devient

$$\theta_1' w_1 = \frac{dS_1}{dC_2},$$

$\theta_1' \sqrt{\mu}$ étant le premier terme du développement de θ_1. Si nous reprenons les notations du Chapitre précédent, nous pouvons écrire

$$\theta_1' w_1 = \frac{d}{dC_2} \int \sqrt{\frac{C_2 - [F_1]}{A}}\, dy_1 = \frac{1}{2\sqrt{A}} \int \frac{dy_1}{\sqrt{C_2 - [F_1]}}.$$

Le second membre peut se développer sous la forme suivante

$$\gamma\, y_1 + \psi(y_1),$$

γ étant une constante dépendant de C_2 et des x_k^0 et ψ une fonction périodique.

Nous déterminerons θ_1' conformément à la convention faite plus haut en faisant

$$\theta_1' = \gamma,$$

d'où

$$\gamma(w_1 - y_1) = \psi.$$

D'autre part, il vient

$$\frac{dw_1}{dy_1} = \frac{1}{2\gamma\sqrt{A}}\frac{1}{\sqrt{c_2 - [F_1]}} = \frac{1}{2\gamma A}\frac{dS_1}{dy_1}.$$

Comme $\dfrac{dS_1}{dy_1}$ est toujours de même signe, $\dfrac{dw_1}{dy_1}$ sera toujours positif, de sorte que w_1 sera une fonction de y_1 toujours croissante et qui augmente de 2π quand y_1 augmente de 2π.

Il en résulte inversement que y_1 est une fonction de w_1 toujours croissante et qui augmente de 2π quand y_1 augmente de 2π.

Nous pouvons donc écrire

$$y_1 = w_1 + \tau_1,$$

τ_1 étant une fonction de w_1 de période 2π.

Si donc nous ne supposons plus $\mu = 0$, les premiers termes du développement de

$$x_i, \quad y_1, \quad y_k$$

seront respectivement

$$x_i^0, \quad w_1 + \tau_1, \quad w_k - \frac{dx_1^0}{dx_k^0}\tau_1.$$

Les termes suivants seront périodiques par rapport aux w, de sorte que les x_i et les $y_i - w_i$ seront des fonctions périodiques des w_i.

Nous avons vu que les w doivent être des fonctions linéaires du temps de sorte que

$$w_i = n_i t + \varpi_i,$$

les ϖ_i étant des constantes d'intégration arbitraires.

Il nous reste à déterminer les n_i.

Pour cela reprenons l'équation (2) de la page 343 ; le second membre C est égal à

$$C = C_0 + C_2 \mu + C_4 \mu^2 + \ldots.$$

C_0 est une fonction des x_k^0 ; C_4, C_6, ... sont des fonctions de C_2 et des x_k^0 que nous avons choisies arbitrairement, mais une fois pour toutes.

Il en résulte que C est une fonction de nos constantes C_2 et x_k^0.

Maintenant la méthode de Jacobi nous apprend que l'on a

$$(3) \quad \begin{cases} \theta_1 n_1 = -\dfrac{dC}{dC_2} \\[2mm] n_k + \theta_k n_1 = -\dfrac{dC}{dx_k^0}. \end{cases}$$

Comme les θ et C sont donnés en fonctions de C_2 et des x_k^0, ces équations nous donneront les n_i en fonctions de ces mêmes variables.

J'observe d'abord que C et les θ étant développables suivant les puissances de $\sqrt{\mu}$, il doit en être de même des n_i.

Le premier terme du développement de θ_1 est $\gamma \sqrt{\mu}$; le premier terme du développement de $\dfrac{dC}{dC_2}$ est μ ; le premier terme du développement de n_1 sera

$$\frac{\sqrt{\mu}}{\gamma},$$

de sorte que n_1 s'annule pour $\mu = 0$, comme on devait s'y attendre ; au contraire, pour $\mu = 0$, la seconde équation (3) nous donne

$$n_k = -\frac{dC_0}{dx_k^0} = n_k^0.$$

Le premier terme du développement de n_k est donc n_k^0.

Cas de la libration.

214. Passons au second cas, celui où $\dfrac{dS_1}{dy_1}$ peut s'annuler et n'est pas toujours réel.

Voyons d'abord, ce qui nous sera d'ailleurs surtout utile dans le numéro suivant, quelle est alors la forme de la fonction S; je dis que les dérivées

$$\frac{dS_p}{dy_1}, \quad \frac{dS_p}{dy_2}, \quad \ldots, \quad \frac{dS_p}{dy_n}$$

seront de la forme

$$(z) \qquad \sum \frac{A}{\left(\dfrac{dS_1}{dy_1}\right)^q} \begin{array}{c}\cos\\\sin\end{array} (p_2 y_2 + p_3 y_3 + \ldots + p_n y_n),$$

$q, p_2, p_3, \ldots, p_n$ étant des entiers et A une fonction périodique de y_1 ne devenant pas infinie.

Il est clair d'abord :

1° Que la somme ou le produit de deux fonctions de la forme (z) sera encore de la forme (z);

2° Que la dérivée d'une fonction de la forme (z) soit par rapport à y_1, soit par rapport à $y_2, y_3, \ldots$ ou y_n, sera encore de la forme (z).

Supposons donc que les dérivées

$$\frac{dS_1}{dy_i}, \quad \frac{dS_2}{dy_i}, \quad \ldots, \quad \frac{dS_{p-1}}{dy_i}$$

soient toutes de la forme (z) et cherchons à démontrer qu'il en sera encore de même des $\dfrac{dS_p}{dy_i}$.

En effet, ces dérivées nous seront données par une équation de la forme

$$(\beta) \qquad \sum_{k=1}^{k=n} u_k^2 \frac{dS_p}{dy_k} = \Phi,$$

Φ étant une combinaison de fonctions de la forme (z) sera encore de la même forme. On déduira de cette équation

$$\frac{dS_\mu}{dy_2}, \quad \frac{dS_\mu}{dy_3}, \quad \ldots, \quad \frac{dS_\mu}{dy_n}, \quad S_\mu - [S_\mu],$$

et l'on voit que toutes ces fonctions sont de la forme (α).

Il vient ensuite

$$(7) \qquad \frac{d[S_\mu]}{dy_1} \frac{dS_\mu}{dy_1} = [\Phi],$$

$[\Phi]$ étant de la forme (α); il en sera de même de $\dfrac{d[S_\mu]}{dy_1}$ et par conséquent de $\dfrac{dS_\mu}{dy_1}$. $\qquad$ C. Q. F. D.

Malgré la complication de la forme de S, on pourrait former directement les équations (2) du numéro précédent et en tirer les x et les y en fonctions des w; mais il est plus simple d'opérer autrement.

Nous avons vu en effet au n° 206 qu'en faisant un changement de variables et en passant des variables x_i et y_i aux variables u_1, v_1, x_k et z_k, on arrive à des équations qui sont tout à fait de même forme que celles du n° 134. Les conclusions de ce numéro sont donc applicables, ainsi que tout ce que nous avons dit dans les Chapitres XIV et XV au sujet du problème du n° 134.

Il en résulte qu'on peut résoudre ces équations en égalant u_1, v_1, les x_i et z_i à des fonctions de n constantes d'intégration et de n fonctions linéaires du temps

$$w_1, \quad w_2, \quad \ldots, \quad w_n.$$

Et cela de telle sorte que

$$u_1, \quad v_1 - w_1, \quad x_k' \quad \text{et} \quad z_k - w_k$$

soient fonctions périodiques des w, développables d'ailleurs suivant les puissances de $\sqrt{\mu}$.

Revenant ensuite aux variables primitives nous voyons que

$$x_i, \quad v_1 \quad \text{et} \quad y_k - w_k, \quad (k > 1)$$

sont fonctions périodiques des w.

On aura d'ailleurs

$$w_i = n_i v + \varpi_i,$$

les ϖ_i étant des constantes d'intégration et les n_i étant développables suivant les puissances de $\sqrt{\mu}$.

Le premier terme du développement de n_i est n_i^0 et comme n_1^0 est nul, le développement de n_1 commence par un terme en $\sqrt{\mu}$.

Toutes ces séries se déduisent de la fonction V définie au n° 206.

Cette fonction V dépend elle-même des variables de la deuxième série

$$v_1, \quad z_2, \quad z_3, \quad \ldots, \quad z_n,$$

et en outre de n constantes d'intégration

$$\lambda_1, \quad \lambda_2, \quad \lambda_3, \quad \ldots, \quad \lambda_n,$$

et cela de telle sorte que

$$V - \lambda_1 v_1 - \lambda_2 z_2 - \lambda_3 z_3 - \ldots - \lambda_n z_n$$

soit une fonction périodique de v_1 et des z_k.

On trouvera ensuite les variables u_1, v_1, x'_k et z_k en fonctions des λ et des w à l'aide des équations

$$(4) \qquad u_1 = \frac{dV}{dv_1}, \qquad x'_k = \frac{dV}{dz_k}, \qquad w_i = \frac{dV}{d\lambda_i}.$$

La manière de déduire les équations (4) des équations (2) du numéro précédent est assez compliquée pour que j'y insiste un peu.

Nous avons

$$dV = u_1 dv_1 + \Sigma x'_k dz_k + \Sigma w_i d\lambda_i.$$

Il demeure convenu que l'indice k varie de 2 à n et l'indice i de 1 à n.

D'autre part,

$$dT = \Sigma x_i dy_i + \sqrt{\mu} \, \Sigma z_i dx'_i,$$

et

$$v_1 du_1 = z_1 dx'_1,$$

d'où

$$dT = \Sigma x_i dy_i + \sqrt{\mu} \, \Sigma z_k dx'_k + \sqrt{\mu} \, v_1 du_1.$$

Si nous posons

$$(5) \qquad S = V\sqrt{\mu} + T - \sqrt{\mu}\left(\Sigma z_k x'_k + u_1 v_1\right),$$

il viendra, par un calcul facile,

$$dS = \Sigma x_i\, dy_i - \sqrt{\mu}\, \Sigma w_i\, dk_i,$$

de sorte que, si nous exprimons S en fonction des y_i et des λ_i, nous aurons

$$(6) \qquad x_i = \frac{dS}{dy_i}, \qquad w_i\sqrt{\mu} = \frac{dS}{dk_i}.$$

Ces changements continuels de variables pouvant engendrer quelque confusion, j'insiste un peu :

V est exprimé en fonction de v_1, z_k, λ_i.

T est exprimé en fonction de u_1, x'_k, y_i.

S est exprimé en fonction de λ_i et y_i.

Nous avons donc 6 n variables, à savoir

$$x_i, \quad y_i, \quad u_1, \quad v_1, \quad x'_k, \quad z_k, \quad \lambda_i, \quad w_i.$$

Mais ces variables étant liées par les 4 n relations

$$x_i = \frac{dT}{dy_i}, \qquad \sqrt{\mu}\, z_k = \frac{dT}{dx'_k}, \qquad \sqrt{\mu}\, v_i = \frac{dT}{du_1},$$

$$u_1 = \frac{dV}{dv_1}, \qquad x_k = \frac{dV}{dz_k}, \qquad w_i = \frac{dV}{dk_i},$$

il n'y a en réalité que $2\,n$ variables indépendantes, ce qui nous permet d'exprimer chacune de nos fonctions S, V, T par le moyen de $2n$ variables convenablement choisies.

La fonction V jouit de la propriété caractéristique suivante :

Quand l'un des z_k augmente de 2π, les autres variables v_1, z et λ ne changent pas, V augmente de $2\pi\lambda_k$.

Nous savons en effet que les dérivées de V par rapport à v_1 et aux z_k sont périodiques par rapport à ces variables.

Or quand z_k se change ainsi en $z_k + 2\pi$, les autres z, v_1 et λ ne changent pas; qu'arrive-t-il?

Les dérivées de V étant périodiques, ainsi que je viens de le dire, u_1 et les x'_k ne changeront pas.

Pour voir ce que deviendront les y_i, nous nous servirons des équations

$$\sqrt{\mu}\,z_k = \frac{dT}{dx_k'}, \qquad \sqrt{\mu}\,v_1 = \frac{dT}{du_1}.$$

Ces équations, qui ne sont autre chose que les équations (16) du n° 206, montrent que, si z_k augmente de 2π, y_k augmente de 2π, pendant que les autres y_i ne changent pas.

Dans les mêmes conditions T augmente de $2\pi\left(x_k^0 + \sqrt{\mu}\,x_k'\right)$, $z_k x_k'$ augmente de $2\pi x_k'$, et par conséquent S de

$$2\pi\left(x_k^0 + \sqrt{\mu}\,\lambda_k\right).$$

Il résulte de là que les dérivées de S par rapport aux y sont périodiques par rapport à $y_2, y_3, \ldots, y_n$.

La fonction S définie par l'équation (5) jouit donc de la propriété caractéristique des fonctions étudiées aux n° 204, 205 et 207.

Elle en diffère toutefois par un point important.

La fonction S du numéro précédent dépend non seulement des variables y_i, mais de n constantes

$$x_2^0, \quad x_3^0, \quad \ldots, \quad x_n^0, \quad C_2.$$

D'ailleurs l'analyse des n° 204 et 205 prouve que l'on peut en déduire toutes les fonctions S dont les dérivées sont périodiques, en remplaçant ces n constantes par des fonctions arbitraires de n autres constantes.

La fonction S définie par l'équation (5) dépend des variables y_i, des n constantes λ_i; mais elle dépend en outre des constantes x_i^0, car les x_i^0 figurent dans la fonction T et, par conséquent, dans le changement de variables du n° 206; seulement dans le n° 206, ainsi que dans le calcul qui précède, nous avons traité les x_i^0 comme des constantes absolues; c'est pour cette raison que les différentielles $d\lambda_i$ figurent dans l'expression de dV, tandis que les différentielles dx_i^0 n'y figurent pas.

J'observe en outre que, quand y_k augmente de 2π, la fonction S du numéro précédent augmente de $2\pi x_k^0$, tandis que celle qui est définie par l'équation (5) augmente de $2\pi\left(x_k^0 + \sqrt{\mu}\,\lambda_k\right)$.

J'en conclus que l'on obtiendra la fonction S déduite de l'équation (5) en remplaçant dans celle du numéro précédent les constantes x_k^0 par $x_k^0 + \sqrt{\mu}\,\lambda_k$ et la constante C_2 par une certaine fonction

$$\varphi(x_2^0,\ x_3^0,\ \ldots,\ x_h^0,\ \lambda_2,\ \lambda_3,\ \ldots,\ \lambda_n).$$

Comparons maintenant les équations (2) et les équations (6). On trouve

$$\frac{dS}{d\lambda_1} = \frac{dS}{dC_2}\frac{d\varphi}{d\lambda_1},$$

$$\frac{dS}{d\lambda_k} = \frac{dS}{dC_2}\frac{d\varphi}{d\lambda_k} + \sqrt{\mu}\,\frac{dS}{dx_k^0},$$

d'où, en tenant compte des équations (2) et (6),

$$w_1\sqrt{\mu} = \theta_1 w_1 \frac{d\varphi}{d\lambda_1},$$

$$w_k\sqrt{\mu} = \theta_1 w_1 \frac{d\varphi}{d\lambda_k} + \sqrt{\mu}(w_k + \theta_k w_1),$$

d'où

$$(7) \qquad \theta_1 = \frac{\sqrt{\mu}}{\left(\dfrac{d\varphi}{d\lambda_1}\right)}, \qquad \theta_k = -\frac{\left(\dfrac{d\varphi}{d\lambda_k}\right)}{\left(\dfrac{d\varphi}{d\lambda_1}\right)}.$$

On passera donc des équations (2) aux équations (6) en remplaçant les x_k^0 et C_2 par $x_k^0 + \sqrt{\mu}\,\lambda_k$ et φ et les θ par leurs valeurs (7).

Cas limite.

215. Passons enfin au cas limite, celui où C_2 est égal au maximum de $[F_1]$.

J'observe d'abord que nous pouvons toujours supposer que, pour

$$x_1 = x_l = y_1 = 0,$$

on a

$$F = \frac{dF}{dy_1} = \frac{dF}{dy_l} = \frac{dF}{dx_1} = 0,$$

et que, par conséquent, le développement de F_1, F_2, ..., suivant les puissances de x_1, des x_l et de y_1 ne contient ni terme de degré zéro, ni d'autre terme du premier degré que des termes en x_2, x_3, ..., x_n.

Si, en effet, cela n'était pas, on ferait le changement de variables des n°s 208 et 210 et on serait ramené au cas où cette supposition est vraie.

Il résulte de là que, si l'on donne aux constantes arbitraires les valeurs suivantes

$$x_2^0 = x_3^0 = \ldots = x_n^0 = 0 \qquad (\text{d'où } x_1^0 = C_0 = 0),$$
$$C_2 = C_4 = \ldots = C_6 = 0,$$

on se trouve précisément dans le cas limite et que la fonction S est telle que les $\dfrac{dS_p}{dy_1}$ ont un zéro simple et les $\dfrac{dS_p}{dy_i}$ $(i > 1)$ un zéro double pour $y_1 = 0$. Il suffit pour s'en convaincre de se rappeler que, dans le calcul des n°s 208 et 210, on est conduit après le changement de variables à des équations tout à fait analogues aux équations (3) du n° 204 et qui n'en diffèrent que parce que les lettres y sont accentuées et que *les constantes C_p sont toutes nulles* (*Cf.* p. 371).

Donnons maintenant aux constantes x_2^0, x_3^0, ..., x_n^0 d'autres valeurs voisines de 0. On pourra encore choisir C_2, C_4, C_6, ... de telle façon que C_2 soit égal au maximum de $[F_1]$ et que, les conditions (28) du n° 207 étant remplies, les fonctions S_1, S_2, ..., S_p restent finies.

Les valeurs de C_2, C_4, C_6, ... qui satisfont à ces conditions seront des fonctions holomorphes de x_2^0, x_3^0, ..., x_n^0 de sorte que

$$C_p = \varphi_p(x_2^0, x_3^0, \ldots, x_n^0).$$

Ces fonctions, d'après ce que nous venons de voir, devront s'annuler pour

$$x_2^0 = x_3^0 = \ldots = x_n^0 = 0.$$

Nous avons ainsi défini une fonction S dépendant de $n - 1$ constantes arbitraires

$$x_2^0, \quad x_3^0, \quad \ldots, \quad x_n^0.$$

Cette fonction est de la forme

$$(8) \qquad S = x_1^0 y_1 + x_2^0 y_2 + x_3^0 y_3 + \ldots + x_n^0 y_n + S',$$

β_1 étant une constante et S' étant développable suivant les sinus et les cosinus des multiples de

$$\frac{y_1}{2}, \quad y_2, \quad y_3, \quad \ldots, \quad y_n.$$

Cette fonction est d'ailleurs holomorphe par rapport aux x_i^0 et, quand on y fait

$$x_1^0 = x_2^0 = \ldots = x_n^0 = 0,$$

la dérivée $\dfrac{dS}{dy_1}$ admet un zéro simple pour $y_1 = 0$ et les autres déri-

vées $\dfrac{dS}{dy_i}$ admettent un zéro double.

Pour obtenir une fonction S dépendant de n constantes arbitraires, je ferai

$$C_0 = \varphi_0(x_1^0, \ldots, x_n^0),$$
$$C_2 = \lambda + \varphi_2(x_1^0, \ldots, x_n^0),$$
$$C_4 = \varphi_4(x_1^0, \ldots, x_n^0),$$
$$C_6 = \varphi_6(x_1^0, \ldots, x_n^0).$$
$$\ldots \ldots \ldots \ldots \ldots \ldots \ldots \ldots$$

J'aurai ainsi une fonction S contenant les n constantes

$$\lambda, \quad x_2^0, \quad \ldots, \quad x_n^0.$$

D'après ce que nous avons vu au commencement du numéro
précédent, les dérivées de cette fonction S seront de la forme (z).
Mais il y a plus; soit

$$\frac{A}{\left(\dfrac{dS_1}{dy_1}\right)^q} \, \frac{\cos}{\sin} \, (p_2 y_2 + p_3 y_3 + \ldots + p_n y_n)$$

un terme d'une de ces dérivées mises sous la forme (z); je dis que
le numérateur A ne dépend pas de λ.

Cela tient à ce que les constantes C_2, C_4, $\ldots$ ne dépendent pas
de λ.

Pour démontrer le point en question, convenons, pour abréger
le langage, de dire qu'une expression est de la forme (z') lorsqu'elle
est de la forme (z) et que de plus les numérateurs A sont indépendants de λ.

Supposons que

$$\frac{dS_1}{dy_1}, \quad \frac{dS_2}{dy_1}, \quad \ldots, \quad \frac{dS_{p-1}}{dy_1}$$

soient de la forme (α'), je dis qu'il en sera de même de $\dfrac{dS_p}{dy_1}$.

En effet, dans l'équation (β) du numéro précédent, le second membre sera de la forme (α') ; il en sera donc encore de même de

$$\frac{dS_p}{dy_2}, \quad \frac{dS_p}{dy_3}, \quad \ldots \quad \frac{dS_p}{dy_2}, \quad S_p - [S_p].$$

Je dis qu'il en sera encore de même de

$$\frac{dS_p}{dy_1} - \frac{d[S_p]}{dy_1},$$

c'est-à-dire que la dérivée par rapport à y_1 d'une expression de la forme (α') sera encore de la forme (α'). Soit, en effet,

$$\Sigma \Lambda \left(\frac{dS_1}{dy_1}\right)^{-q} \frac{\cos}{\sin}(\omega)$$

cette expression où j'ai mis ω pour abréger à la place de

$$p_2 y_2 + \ldots + p_n y_n.$$

Sa dérivée est

$$(9) \quad \sum \frac{d\Lambda}{dy_2}\left(\frac{dS_1}{dy_1}\right)^{-q}\frac{\cos}{\sin}(\omega) - \sum_2 q\,\Lambda \,\frac{d}{dy_1}\left(\frac{dS_1}{dy_1}\right)^2\left(\frac{dS_1}{dy_1}\right)^{-q-2}\frac{\cos}{\sin}(\omega).$$

Si Λ est indépendant de λ, il en sera de même de $\dfrac{d\Lambda}{dy_2}$. D'autre part, $\left(\dfrac{dS_1}{dy_1}\right)^2$ est égal, à un facteur constant près, à

$$\lambda - q_2 - [F_1].$$

Sa dérivée

$$\frac{d}{dy_1}\left(\frac{dS_1}{dy_1}\right)^2$$

est donc indépendante de λ, de sorte que l'expression (9) est de la forme (α'). C. Q. F. D.

Alors dans l'équation (γ) du numéro précédent, le second membre est de la forme (α'). Il en est donc de même de

$$\frac{d[S_p]}{dy_1} \quad \text{et de} \quad \frac{dS_p}{dy_1}. \qquad\qquad \text{C. Q. F. D.}$$

La fonction S va donc être de la forme

$$(10) \quad \begin{cases} S = \Sigma A \left(\dfrac{dS_1}{dy_1} \right)^{-2} \dfrac{\cos}{\sin}(\omega) \\[2mm] \quad + \displaystyle\int \Sigma A_1 \left(\dfrac{dS_1}{dy_1} \right)^{-q} dy_1 + x_2^0 y_2 + x_3^0 y_3 + \ldots + x_n^0 y_n. \end{cases}$$

Quand dans cette expression on annule les constantes

$$\lambda, \quad x_2^0, \quad x_3^0, \quad \ldots, \quad x_n^0,$$

A admet un zéro d'ordre $q + 2$ et A_1 un zéro d'ordre $q + 1$ pour $y_1 = 0$; cela est nécessaire pour que $\dfrac{dS}{dy_k}$ ait un zéro double et $\dfrac{dS}{dy_1}$ un zéro simple.

Cela posé, nous allons avoir à envisager les équations suivantes, analogues aux équations (2)

$$(2\ bis) \quad \begin{cases} x_i = \dfrac{dS}{dy_i}, \\[2mm] \theta_1 \varpi_1 = \dfrac{dS}{d\lambda}, \\[2mm] \varpi_k + \theta_k \varpi_1 = \dfrac{dS}{dx_k^0}. \end{cases}$$

Dans ces expressions on devra, *après la différentiation*, faire

$$\lambda = x_k^0 = 0.$$

Mais on peut aussi, même *avant la différentiation*, faire

$$\lambda = x_k^0 = 0$$

dans la première équation (2 *bis*),

$$x_k^0 = 0$$

dans la seconde,

$$\lambda = 0$$

dans la troisième.

L'essentiel est de ne pas annuler avant la différentiation la variable *par rapport à laquelle on différentie*.

La première équation (2 *bis*) nous apprend que les x_i sont développables suivant les sinus et les cosinus des multiples de

$$\frac{y_1}{2}, \quad y_2, \quad y_3, \quad \ldots, \quad y_n.$$

Considérons maintenant la troisième équation (2 *bis*); si l'on y fait $\lambda = 0$, on voit que S est de la forme (8) et en différentiant l'équation (8), on trouve

$$\frac{dS}{dx_k^0} = y_1 \frac{dS_1}{dx_k^0} + y_k + \frac{dS'}{dx_k^0},$$

d'où

$$(11) \qquad x_1 \theta_k + w_k = y_1 \frac{dS_1}{dx_k^0} + y_k + \frac{dS'}{dx_k^0}.$$

Le dernier terme du second membre est développable suivant les sinus et les cosinus des multiples de

$$\frac{y_1}{2}, \quad y_2, \quad y_3, \quad \ldots, \quad y_n.$$

Passons à la deuxième équation (2 *bis*); pour avoir $\frac{dS}{d\lambda}$ je différentie l'équation (10) après avoir fait $x_k^0 = 0$.

Il vient alors

$$\frac{dS_1}{dy_1} = D \sqrt{\lambda - [F_1]}$$

(D étant une constante); car φ_2 devient nul.

On a donc

$$(12) \qquad \frac{dS}{d\lambda} = -\sum^q \frac{A D^2}{2} \left(\frac{dS_1}{dy_1}\right)^{-q-2} \frac{\cos}{\sin}(\omega) + \int \sum^q \frac{A_1 D^2}{2} \left(\frac{dS_1}{dy_1}\right)^{-q-2} dy_1.$$

Nous ferons après la différentiation $\lambda = 0$; alors, pour $y_1 = 0$, $\frac{dS_1}{dy_1}$ admet un zéro simple, A un zéro d'ordre $q + 2$ et A_1 un zéro d'ordre $q + 1$.

Il en résulte que le premier terme du second membre de (12) reste fini, mais que dans le second terme la quantité sous le signe $\int$ admet un infini simple pour $y_1 = 2k\pi$, de sorte qu'on peut la mettre sous la forme

$$\frac{z}{2\sin\dfrac{y_1}{2}} + f(y_1),$$

$f(y_1)$ étant une fonction finie et périodique.

L'intégrale elle-même devient donc logarithmiquement infinie pour $y_1 = 0$, $y_1 = \pm\pi$, ... : je veux dire qu'on peut la mettre sous la forme

$$z \log \tan g \frac{y_1}{4} + \psi,$$

ψ étant une fonction de y_1 qui reste finie pour toutes les valeurs de y_1 et z une constante.

On a donc

$$\frac{dS}{dt} = z \log \tan g \frac{y_1}{4} + \gamma y_1 + \Theta,$$

γ étant une nouvelle constante et Θ une fonction développée suivant les sinus et les cosinus des multiples de

$$\frac{y_1}{2}, \quad y_2, \quad y_3, \quad \dots, \quad y_n,$$

d'où

(13) $$\qquad\qquad a_1\theta_1 = z \log \tan g \frac{y_1}{4} + \gamma y_1 + \Theta.$$

Il s'agit maintenant de se servir des équations (11) et (13) pour trouver les y en fonctions des w.

Les seconds membres de ces équations (11) et (13) étant développables suivant les puissances de $\sqrt{\mu}$, cherchons les premiers termes du développement.

Le terme indépendant de $\sqrt{\mu}$ se réduit à zéro dans le second membre de (13) et à

$$\frac{dx_1^0}{dx_k^0} y_1 + y_k$$

dans le second membre de (11).

Quant au terme en $\sqrt{\mu}$, il doit se réduire dans (11) et dans (13) respectivement à

$$\sqrt{\mu}\,\frac{dS_1}{dx_k^0} \quad \text{et} \quad \sqrt{\mu}\,\frac{dS_1}{dt};$$

pour la première de ces quantités je me bornerai à remarquer qu'elle dépend seulement de y_1, et pas de $y_2, y_3, \ldots, y_n$.

Quant à la seconde on trouve, en faisant,

$$\lambda = x_k^0 = 0,$$

après la différentiation

$$\frac{dS_1}{d\lambda} = \frac{D}{2} \int \frac{dy_1}{\sqrt{-F_1}}.$$

Cela posé, considérons les seconds membres des équations (11) et (13).

Ce sont n fonctions de $y_1, y_2, \ldots, y_n$; leur déterminant fonctionnel Δ par rapport à $y_1, y_2, \ldots, y_n$ est divisible par $\sqrt{\mu}$; mais si on le divise par $\sqrt{\mu}$, puis qu'après la division on fasse $\mu = 0$, ce déterminant fonctionnel se réduit à

$$\frac{D}{2\sqrt{-F_1}}.$$

Cette expression ne s'annule pour aucun système de valeurs des y, puisque F_1 n'est jamais infini.

Si donc μ est suffisamment petit, Δ ne s'annule pas.

En revanche, Δ peut devenir infini; en effet, les seconds membres des équations (11) et (13) deviennent infinis pour

$$y_1 = 2k\pi.$$

Il résulte de là que, quand on donnera à $y_2, y_3, \ldots, y_n$ toutes les valeurs possibles et qu'on fera varier y_1 de zéro à 2π, Δ ne changera pas de signe.

Nous prendrons pour simplifier

$$\theta_1 = 1, \qquad \theta_k = 0,$$

de sorte que les équations (11) et (13) s'écriront

$$(11) \qquad w_k = y_1 \frac{dS_1}{dx_k^0} + y_k + \frac{dS'}{dx_k^0},$$

$$(13) \qquad w_1 = 2 \log \operatorname{tang} \frac{y_1}{4} + \gamma y_1 + \theta.$$

A cause de la présence du terme logarithmique, quand y_1 variera de zéro à 2π, w_1 variera de $-\infty$ à $+\infty$.

Donc, quand, donnant aux y_k toutes les valeurs possibles, on fera varier y_1 de zéro à 2π, les w prendront toutes les valeurs possibles. De plus, dans ces conditions, nous avons vu que Δ ne change pas de signe.

Donc les y sont des fonctions *uniformes* des w pour toutes les valeurs réelles des w. En effet, on peut, en partant de (11) et de (13) et en appliquant le théorème du n° 30, développer les y suivant les puissances de

$$w_1 - h_1, \quad w_2 - h_2, \quad \ldots, \quad w_n - h_n$$

$h_1, h_2, \ldots, h_n$ étant des constantes quelconques, puisque le déterminant fonctionnel ne s'annule jamais.

J'ajoute que

$$y_1, \quad y_2 - w_2, \quad y_3 - w_3, \quad \ldots, \quad y_n - w_n$$

sont des fonctions périodiques de

$$w_2, \quad w_3, \quad \ldots, \quad w_n;$$

et, en effet, quand y_k augmente de 2π, w_k augmente de 2π. La première équation (2 *bis*) nous montre ensuite que les x_i sont aussi des fonctions uniformes des w périodiques par rapport à

$$w_2, \quad w_3, \quad \ldots, \quad w_n.$$

Quand w_1 tend vers $\pm\infty$, y_1 tend vers zéro ou vers 2π; il faut voir ce que deviennent les équations (11) et (13) quand on y fait, par exemple,

$$w_1 = \infty, \quad y_1 = 0.$$

L'équation (13) devient illusoire et l'équation (11) s'écrit

$$w_k = y_k + \frac{dS}{dx_k^0}.$$

On tire de là $y_2, y_3, \ldots, y_n$ en fonctions des $n-1$ arguments

$$w_2, \quad w_3, \quad \ldots, \quad w_n.$$

On voit sans peine que $y_k - w_k$ est périodique par rapport aux $\varpi_2, \varpi_3, \ldots, \varpi_n$. Soit donc

$$y_k = w_k + \tau_k(\varpi_2, \varpi_3, \ldots, \varpi_n).$$

Si dans la première équation (2 *bis*) nous faisons $y_1 = 0$, elle se réduit à

$$x_1 = 0.$$

Nous trouvons donc une solution particulière des équations (2 *bis*) en faisant

(14) $$x_1 = x_i = y_1 = 0, \quad y_k = w_k + \tau_k.$$

La signification de ces équations (14) est évidente.

Au n° 209, nous avons trouvé une généralisation des solutions périodiques. Nous avons, en effet, formé les relations invariantes

$$x_1 = \tau, \quad y_1 = \zeta, \quad x_i = \xi_i.$$

Grâce à l'hypothèse que nous avons faite au début du présent numéro, ces relations invariantes se réduisent ici à

$$x_1 = y_1 = x_i = 0.$$

Nous reconnaissons là les trois premières équations (14).

Ces quatre équations (14) nous fournissent donc, sous une forme nouvelle, la généralisation des solutions périodiques. On voit que les x_i, y_1 et les $y_k - \varpi_k$ sont exprimés en fonctions périodiques de $n - 1$ arguments de la forme

$$w_k = n_k t + \varpi_k.$$

Dans le cas particulier où il n'y a que deux degrés de liberté, il ne reste plus qu'un seul argument ϖ_2.

Alors x_1, x_2, y_1 et $y_2 - \varpi_2$ sont exprimés en fonctions périodiques de ϖ_2, et, par conséquent, du temps. Nous retrouverons alors simplement les solutions périodiques telles qu'elles ont été définies au Chapitre III.

Une conséquence remarquable, c'est que, s'il n'y a que deux degrés de liberté, les développements (14) sont *convergents*, tandis qu'ils n'ont de valeur qu'au point de vue du calcul formel si le nombre des degrés de liberté est supérieur à 2.

216. Examinons, en particulier, ce qui se passe quand w_1 est, par exemple, négatif et très grand; les valeurs correspondantes de y_1 seront très petites, le second membre de (11) sera donc développable suivant les puissances croissantes de y_1.

Quant à l'équation (13), nous la transformerons comme il suit

$$(13\ bis) \qquad e^{\frac{w_1}{\alpha}} = \tang\frac{y_1}{2}\, e^{\frac{y_1}{\alpha}}\, e^{\frac{\Theta}{\alpha}}.$$

Si α est positif, ainsi que je le suppose pour fixer les idées et si w_1 est négatif et très grand, l'exponentielle

$$e^{\frac{w_1}{\alpha}}$$

sera très petite. Quant au second membre de (13 bis) il est développable suivant les puissances de y_1.

Écrivons donc nos équations sous la forme

$$(11\ bis) \qquad w_k = y_k + \psi_k,$$

$$(13\ bis) \qquad e^{\frac{w_1}{\alpha}} = \psi_1.$$

Les ψ seront développables suivant les puissances de y_1 et de $\sqrt{\mu}$, et chacun des termes du développement sera périodique par rapport à

$$y_2, \quad y_3, \quad \ldots, \quad y_n.$$

Les deux membres des équations (11 bis) et (13 bis) peuvent donc être regardés comme développés suivant les puissances de y_1, de $\sqrt{\mu}$ et de $e^{\frac{w_1}{\alpha}}$.

Observons que α est développable suivant les puissances de $\sqrt{\mu}$, et soit

$$\alpha_1 \sqrt{\mu}$$

le premier terme du développement.

D'autre part, le premier terme du développement de γ et de Θ sera en $\sqrt{\mu}$; de sorte que le développement de $\frac{\gamma}{\alpha}$ et de $\frac{\Theta}{\alpha}$ commencera par un terme indépendant de $\sqrt{\mu}$.

Si dans les équations (11 bis) et (13 bis), nous faisons $\mu = 0$, elles deviennent

$$w_k = y_k + \frac{dx_1^0}{dx_k^0}\, y,$$

$$e^{\frac{w_1}{x}} = e^{\frac{ds_1}{x_1 dt}}.$$

Le déterminant fonctionnel des seconds membres de ces équations par rapport à $y_1, y_2, \ldots, y_n$ se réduit à 1 pour $y_1 = 0$.

Cela va nous permettre d'appliquer le théorème du n° 30.

Il en résulte que, pour toutes les valeurs de

$$w_2, \quad w_3, \quad \ldots, \quad w_n,$$

les y sont développables suivant les puissances de $\sqrt{\mu}$ et de

$$e^{\frac{w_1}{x}}.$$

Les coefficients des développements sont des fonctions de

$$w_2, \quad w_3, \quad \ldots, \quad w_n.$$

Pour nous rendre compte de la forme de ces fonctions, observons que, quand y_k augmente de 2π, w_k augmente de 2π.

Nous conclurons que

$$y_1 \quad \text{et} \quad y_k - w_k$$

est développable en séries procédant suivant les puissances de

$$\sqrt{\mu} \quad \text{et} \quad e^{\frac{w_1}{x}},$$

et dont les coefficients sont des fonctions périodiques de

$$w_2, \quad w_3, \quad \ldots, \quad w_n.$$

La première équation ($2\,bis$) nous fait voir ensuite, immédiatement, que les x_i sont développables en séries de la même forme.

Si, au lieu de supposer w_1 négatif et très grand, et y_1 très voisin de zéro, nous avions supposé w_1 positif et très grand et y_1 très voisin de 2π, nous serions arrivé au même résultat; seulement, au lieu de séries procédant suivant les puissances de

$$\sqrt{\mu} \quad \text{et} \quad e^{\frac{w_1}{x}},$$

nous aurions eu des séries procédant suivant les puissances de

$$\sqrt{\mu} \quad \text{et} \quad e^{-\frac{w_1}{\alpha}}.$$

Revenons au cas où w_1 est négatif et très grand et y_1 très voisin de zéro, et supposons qu'il n'y ait que deux degrés de liberté.

Nous n'avons plus alors que deux arguments

$$w_1 \quad \text{et} \quad w_2,$$

et nos séries procèdent suivant les puissances de $\sqrt{\mu}$ et de $e^{\frac{w_1}{\alpha}}$ et suivant les sinus et les cosinus des multiples de w_2. Comme les arguments w_1 et w_2 sont des fonctions linéaires du temps, nos séries procèdent suivant les puissances de $\sqrt{\mu}$ et d'une exponentielle dont l'exposant est proportionnel au temps, les coefficients des divers termes étant des fonctions périodiques du temps. Elles ne diffèrent donc pas des séries qui ont été étudiées dans le Chapitre VII et qui définissent les *solutions asymptotiques*.

Il résulte de là une conséquence que le Chapitre VII met en évidence.

Si les séries restent ordonnées suivant les puissances de $\sqrt{\mu}$ et de l'exponentielle, elles ne convergent pas, et n'ont de valeur qu'au point de vue du calcul formel. Si on les ordonne par rapport aux puissances croissantes de l'exponentielle seule (en réunissant par conséquent en un seul tous les termes qui contiennent une même puissance de l'exponentielle, mais des puissances différentes de μ), *elles deviennent convergentes*. Si, au contraire, on faisait cette opération dans le cas où il y a plus de deux degrés de liberté, les séries ne deviendraient pas convergentes.

217. Au début du n° 215, j'ai fait certaines hypothèses au sujet de la fonction F; j'ai supposé que l'on avait

$$F = \frac{dF}{dy_1} = \frac{dF}{dy_1} = \frac{dF}{dx_1} = 0$$

pour

$$x_1 = x_1 = y_1 = 0.$$

J'ai ajouté que, si la fonction F ne satisfait pas à ces conditions, il suffit de faire le changement de variables des n°s 208 et 210.

Supposons donc que la fonction F ne satisfasse pas à ces conditions. Soient x_i et y_i les anciennes variables, faisons le changement de variables du n° **210** et soient x'_i et y'_i les nouvelles variables. On aura

$$(1) \qquad \begin{cases} x_1 = x'_1 + \eta, \qquad y'_1 = y_1 - \zeta, \qquad y_i = y_i, \\ \quad x_i = x'_i + \xi_i - y'_1 \dfrac{d\eta}{dy_i} - x'_1 \dfrac{d\zeta}{dy_i}. \end{cases}$$

(*Cf.* p. 381.)

Avec les nouvelles variables, les conclusions des deux derniers numéros sont applicables et, par conséquent,

$$x'_1, \quad x'_k, \quad y'_1, \quad y_k - w_k$$

peuvent se représenter par des séries ordonnées suivant les puissances de $\sqrt{\mu}$ et des cosinus et sinus des multiples de

$$w_2, \quad w_3, \quad \ldots, \quad w_n$$

et dont les coefficients sont des fonctions uniformes de w_1; ces fonctions uniformes sont développables suivant les puissances de $e^{\frac{w_1}{\alpha}}$ si w_1 est négatif et suffisamment grand et suivant celles de $e^{-\frac{w_1}{\alpha}}$ si w_1 est suffisamment grand.

Des relations (1) qui lient les x_i et y_i aux x'_i et y'_i, il est donc permis de conclure que

$$x_1, \quad x_k, \quad y_1, \quad y_k - w_k$$

sont encore développables en séries de la même forme.

La seule différence, c'est que pour $w_1 = -\infty$, x'_1, x'_k et y'_1 se réduisent à o; tandis que x_1, x_k et y_1 ne s'annulent pas.

Quand on fait $w_1 = -\infty$, d'où $e^{\frac{w_1}{\alpha}} = o$, on trouve

$$(2) \qquad x_1 = \varphi_1, \qquad x_k = \varphi_k, \qquad y_1 = \varphi'_1, \qquad y_k = w_k + \varphi'_k,$$

φ_i et φ'_i représentant des séries ordonnées suivant les puissances de $\sqrt{\mu}$ et les lignes trigonométriques des multiples de

$$w_2, \quad w_3, \quad \ldots, \quad w_n.$$

En éliminant w_2, w_3, ..., w_n entre les relations (2) on doit retrouver

$$x_1 = \tau, \qquad y_1 = \zeta, \qquad x_k = \zeta_k.$$

c'est-à-dire les relations du n° 209. S'il n'y a que deux degrés de liberté, les relations (2) représentent tout simplement une solution périodique (*Cf.* n° 208).

Si nous faisons

$$w_1 = +\infty, \qquad \text{d'où} \qquad e^{-\frac{w_1}{x}} = 0,$$

il vient de même

$$x_1 = \varphi_1, \qquad x_k = \varphi_k, \qquad y_1 = \varphi'_1 + 2\pi, \qquad y_k = w_k + \varphi'_k.$$

Les séries étudiées dans ce Chapitre pourraient être obtenues directement par des procédés analogues à ceux des Chapitres XIV et XV. Malgré l'intérêt que présenterait cette question, je ne puis m'y appesantir, cela m'entraînerait trop loin. Je me bornerai à rappeler que, par le changement de variables du n° 206, on est ramené au problème du n° 134, auquel les procédés des Chapitres XIV et XV sont directement applicables.

Comparaison avec les séries du n° 127.

218. Nous avons vu au n° 211 comment les séries des n° 204 et suivants pouvaient se déduire de celles du n° 125. Je me propose de rechercher de même comment les séries du présent Chapitre peuvent se déduire de celles du n° 127.

Commençons d'abord par traiter le cas le plus simple, celui du n° 199. Dans ce cas, nos équations peuvent s'écrire (en supprimant l'indice 1 devenu inutile)

$$(1) \qquad \begin{cases} x = \sqrt{C - \mu \cos y}, \\ \theta w = \displaystyle\int \frac{dy}{\sqrt{C - \mu \cos y}}, \end{cases}$$

$2\theta\pi$ désignant la période réelle de l'intégrale du second membre. Ces équations nous permettent de calculer x et y en fonctions de l'argument w, de la constante C et de μ.

Si nous supposons d'abord que μ soit très petit par rapport à C, nous pourrons développer suivant les puissances croissantes de μ, et nous obtiendrons les séries du n° 127; si, au contraire, C est comparable à μ, nous poserons $C = C_1 \mu$ et nous retomberons sur les séries étudiées dans le présent Chapitre.

Voyons la chose d'un peu plus près. Les équations (1) prouvent que x, $\cos y$ et $\sin y$ sont des fonctions doublement périodiques de θw, ou ce qui revient au même de w. Soient ω_1 et ω_2 les deux périodes (en considérant θw comme la variable indépendante). Par exemple, ω_1 sera égale à l'intégrale du second membre prise entre 0 et 2π; et ω_2 sera égale à deux fois cette intégrale prise entre $\pm \arccos \frac{C}{\mu}$. De plus, quand θw augmente de ω_2, y ne change pas et quand θw augmente de ω_1, y augmente de 2π.

Si $C > |\mu|$, ω_1 est réel, et on doit prendre $\theta = \frac{\omega_1}{2\pi}$. Alors x et $y - w$ sont des fonctions périodiques de w de période 2π. Si μ est petit par rapport à C, on peut développer suivant les puissances de μ (ce qui conduit aux séries du n° 127) et chacun des termes sera périodique de période 2π par rapport à w.

Mais si C est du même ordre de grandeur que μ, et que l'on pose $C = C_1 \mu$, il arrive que, pour une même valeur de C_1, la période ω_1 et le coefficient θ sont proportionnels à $\frac{1}{\sqrt{\mu}}$; si alors nous posons

$$\theta_0 = \frac{\theta}{\sqrt{\mu}},$$

les équations (1) deviennent

$$(\text{1 bis}) \qquad \left\{ \begin{aligned} x &= \sqrt{\mu}\sqrt{C_1 - \cos y}, \\ \theta_0 w &= \int \frac{dy}{\sqrt{C_1 - \cos y}}. \end{aligned} \right.$$

La seconde de ces équations ne dépend plus de μ. Nous tirerons de là $y - w$ et $\frac{x}{\sqrt{\mu}}$, en séries développées suivant les sinus et les cosinus des multiples de w, dépendant de C_1, mais indépendantes de μ. Ce sont les séries du présent Chapitre.

Les séries obtenues d'abord, développées suivant les puissances

de μ et analogues à celles du n° 127, étaient, comme il est aisé de
le voir, de la forme suivante

$$(2) \quad \begin{cases} x = \sqrt{C} + \mu C^{-\frac{1}{2}} \varphi_1 + \mu^2 C^{-\frac{3}{2}} \varphi_2 + \mu^3 C^{-\frac{5}{2}} \varphi_3 + \ldots \\ y = \omega + \dfrac{\mu}{C} \psi_1 + \left(\dfrac{\mu}{C}\right)^2 \psi_2 + \ldots \end{cases}$$

les φ et les ψ ne dépendant ni de μ, ni de C et étant périodiques
de période 2π par rapport à ω.

Si l'on fait ensuite $C = C_1 \mu$, y et $\dfrac{x}{\sqrt{\mu}}$, comme je l'avais annoncé,
ne dépendent plus que de C_1 et non plus de μ.

Ainsi, pour passer des séries du n° 127 à celles de ce Chapitre,
on fera $C = C_1 \mu$, et on ordonnera ensuite de nouveau suivant les
puissances croissantes de μ. Dans le cas particulier qui nous
occupe, les nouveaux développements ainsi obtenus se réduisent
à un seul terme, puisque x ne contient que des termes en $\sqrt{\mu}$ et y
des termes indépendants de μ.

Tant que C_1 est plus grand que 1, ω_1 est réel, x et $y - \omega$ sont
périodiques de période 2π par rapport à ω. Mais, si C_1 est plus
petit que 1, ω_1 devient imaginaire et c'est ω_2 qui est réel; il faut
donc prendre $\theta = \dfrac{\omega_2}{2\pi}$; alors x et y (et non plus $y - \omega$) sont périodiques de période 2π par rapport à ω.

Si nous considérons ω comme la variable indépendante, il y a
donc une discontinuité qui tient à ce que la définition de θ change
quand C_1 passe d'une valeur plus grande que 1 à une valeur plus
petite que 1. Cet inconvénient sera évité si l'on prend $\theta \omega \sqrt{\mu}$ pour
variable indépendante.

Et en effet, si l'on exprime x et y en fonctions de $\theta \omega \sqrt{\mu}$ et de C_1,
les expressions que l'on obtient pour $C_1 < 1$ sont la continuation
analytique de celles que l'on obtient pour $C_1 > 1$.

Partant donc des séries (2), c'est-à-dire des séries du n° 127 et
y faisant $C = C_1 \mu$, il vient

$$(2\ bis) \quad \begin{cases} \dfrac{x}{\sqrt{\mu}} = C_1^{\frac{1}{2}} + C_1^{-\frac{1}{2}} \varphi_1 + C_1^{-\frac{3}{2}} \varphi_2 + \ldots \\ y = \omega + \dfrac{1}{C_1} \psi_1 + \dfrac{1}{C_1^2} \psi_2 + \ldots \end{cases}$$

Ces séries sont convergentes si C_1 est suffisamment grand ; dans ce cas il suffit de les sommer ; quand elles deviennent divergentes, on peut néanmoins prolonger les fonctions $\dfrac{x}{\sqrt{\mu}}$ et y par continuité analytique ; et il arrive qu'en poursuivant ainsi jusqu'à des valeurs de C_1 plus petite que 1, la forme de ces fonctions est complètement modifiée, parce que la période réelle devient imaginaire et inversement.

C'est donc la double périodicité qui explique les cas si différents que nous avons rencontrés dans cette étude ; la période qui est réelle dans le cas ordinaire est imaginaire dans le cas de la libration et inversement. Dans le cas limite, une des périodes devient infinie.

Mais on peut se demander comment ces résultats peuvent s'étendre au cas où $F = x^2 + \mu F_1$, F_1 étant une fonction *quelconque* dépendant de y seulement et périodique en y, les équations (1) deviennent alors

$$(1\ ter) \qquad \begin{cases} x = \sqrt{C - \mu F_1}, \\ \theta w = \displaystyle\int \frac{dy}{\sqrt{C - \mu F_1}}. \end{cases}$$

Soit A le maximum de F_1.

On est dans le cas ordinaire si

$$C > A\mu$$

et, dans le cas de la libration, si

$$C < A\mu.$$

Mais ici x, $\cos y$ et $\sin y$ ne sont plus des fonctions elliptiques de w. Elles ne sont donc plus uniformes et doublement périodiques pour toutes les valeurs réelles et imaginaires de w (bien que, bien entendu, elles restent uniformes pour toutes les valeurs *réelles* de w).

Les résultats précédents subsistent néanmoins.

Il suffit de nous restreindre à un domaine D tel que la partie imaginaire de θw soit suffisamment petite et que d'autre part C soit suffisamment voisin de $A\mu$.

Si alors l'on regarde x, $\cos y$ et $\sin y$ comme des fonctions de $\theta \omega$ et de C $\left(\text{ou de } \theta \omega \sqrt{\mu}, \text{ et de } C_1 = \frac{C}{\mu}\right)$, ces fonctions sont uniformes et doublement périodiques *pour en qu'on ne sorte pas du domaine* D; l'une des périodes est égale à l'intégrale du second membre (1 *ter*) prise entre o et 2π et l'autre à deux fois cette même intégrale prise entre deux valeurs de y, qui rendent μF_1 égal à C.

Cela suffit pour que les circonstances du passage du cas ordinaire à celui de la libration soient les mêmes que dans le cas particulier que nous avons étudié d'abord.

Pour étendre plus facilement ces résultats au cas général, il peut y avoir lieu d'introduire le moyen mouvement n_1, que j'appellerai ici simplement n, puisque j'ai supprimé partout l'indice 1 devenu inutile.

Il vient alors, d'après les principes du n° 3,

$$n = \frac{1}{\theta} = \frac{2\pi}{\omega_1}.$$

D'autre part, si l'on développe n suivant les puissances de μ, comme nous l'avons fait dans ce qui précède, de telle sorte que

$$n = n^0 + \mu n^1 + \ldots,$$

il viendra, pour $\mu = 0$,

$$\omega_1 = \int \frac{dv}{\sqrt{C}} = \frac{2\pi}{\sqrt{C}},$$

d'où

$$n^0 \theta = \sqrt{C}.$$

Nous pouvons donc prendre pour variables n^0 et μ au lieu de C et μ.

Alors les séries (2) procéderont suivant les puissances de μ et de $\frac{1}{n^0}$, ce qui les rend analogues aux séries envisagées au n° 201 qui contenaient des termes en

$$\frac{\mu^p}{(n_1^0)^q} \qquad (q \leq 2p - 1).$$

Passons enfin au cas général.

Envisageons les séries du n° 127; elles exprimeront les $2n$ variables x_i et y_i en fonctions des n arguments

$$w_1, \quad w_2, \quad \ldots, \quad w_n$$

et de n constantes d'intégration. Nous choisirons par exemple pour ces n constantes d'intégration les quantités que nous avons appelées

$$n_1^0, \quad n_2^0, \quad \ldots, \quad n_n^0.$$

Dans nos séries qui procèdent suivant les puissances entières de μ, figurent en dénominateurs les petits diviseurs

$$m_1 n_1^0 + m_2 n_2^0 + \ldots + m_n n_n^0.$$

Supposons maintenant que l'un de ces petits diviseurs devienne très petit; et, par exemple, supposons que ce soit n_1^0 (car, si c'en était un autre, on n'aurait qu'à faire le changement de variables du n° 202). Voyons d'abord quel est l'exposant maximum de n_1^0 au dénominateur de chacun des termes de nos séries.

D'après ce que nous avons vu aux n°ˢ 201 et 211, le développement de S ne contient que des termes en

$$\frac{\mu^p}{(n_1^0)^q}$$

où

$$q \leq 2p - 1.$$

Si nous formons ensuite les équations

$$x_i = \frac{dS}{dy_i}, \qquad w_i = \frac{dS}{dx_i^0},$$

on ne trouvera non plus dans la dérivée $\dfrac{dS}{dy_i}$ que des termes en $\dfrac{\mu^q}{(n_1^0)^p}$; mais dans la dérivée $\dfrac{dS}{dx_i^0}$ s'introduiront en outre des termes en

$$\mu^p \frac{d}{dx_i^0} [(n_1^0)^{-q}] = - q \mu^p \frac{dn_1^0}{dx_i^0} (n_1^0)^{-q-1},$$

c'est-à-dire des termes en

$$\frac{\mu^p}{(n_1^0)^{q+1}} \qquad (q \leq 2p - 1).$$

Des équations

$$w_i = \frac{dS}{dx_i^0}$$

nous tirerons alors les y_i en fonctions des w_i et des x_i^0, ou, si l'on préfère, en fonctions des w_i et des n constantes d'intégration,

$$n_1^0, \quad n_2^0, \quad \ldots, \quad n_n^0.$$

On voit d'après cela que le développement des y ne contiendra que des termes en

$$\frac{\mu^p}{(n_1^0)^{q+1}} \qquad (q \leq 2p - 1).$$

Substituons ensuite les valeurs de y ainsi obtenues dans les équations

$$(3) \qquad x_i = \frac{dS}{dy_i}.$$

Avant la substitution, le second membre de (3) ne contient que des termes en

$$\frac{\mu^p}{(n_1^0)^q}.$$

Soit

$$\frac{\mu^p}{(n_1^0)^q} \varphi_\alpha(y_1, y_2, \ldots, y_n, n_1^0, n_2^0, \ldots, n_n^0)$$

un de ces termes, φ_α ne devenant pas infini pour $n_1^0 = 0$. Après la substitution il vient

$$\varphi_\alpha = \sum \frac{\mu^\lambda}{(n_1^0)^h} \psi(w_i, n_i^0)(h \leq 2\lambda),$$

ψ ne devenant pas infini pour $n_1^0 = 0$.

Le terme général du second membre de (3), après la substitution, sera donc de la forme

$$\frac{\mu^{p+\lambda}}{(n_1^0)^{q+h}} \psi,$$

et il est clair que

$$q + h \leq 2(p + \lambda) - 1.$$

La conclusion générale de tout ceci, c'est que dans les développements du n° 127, les expressions des x_i ne contiennent que des termes en

$$\frac{\mu^p}{(n_1^0)^q}$$

et celles des y_i que des termes en

$$\frac{\mu^p}{(n_1^0)^{q+1}},$$

où

$$q > 2p - 1.$$

Cela posé, supposons que n_1^0 soit très petit et du même ordre de grandeur que $\sqrt{\mu}$. Posons alors

$$n_1^0 = z_1\sqrt{\mu} + z_2\mu + z_3\mu^{\frac{3}{2}} + \ldots,$$

les z étant de nouvelles constantes. C'est ce que nous avons fait au n° 211. On peut, par exemple, poser tout simplement

$$n_1^0 = z_1\sqrt{\mu}.$$

Après cette substitution, un terme en

$$\frac{\mu^p}{(n_1^0)^q}$$

n'est plus d'ordre p en μ, mais d'ordre $p - \dfrac{q}{2}$.

Groupons ensuite ceux des termes de nos séries qui sont devenus ainsi du même ordre en μ. Chacun des groupes ainsi obtenus formera une série particulière; et la série totale sera la somme de toutes ces séries partielles.

Pour obtenir les séries du présent Chapitre, il suffit de faire la somme de chacune de ces séries partielles.

Si z_1 est assez grand, les séries partielles sont convergentes (les séries totales restant bien entendu divergentes et n'ayant de valeur qu'au point de vue du calcul formel). Mais, si z_1 est trop petit pour que les séries partielles convergent, on peut néanmoins poursuivre par continuité analytique, cela est aisé à comprendre.

C'est ainsi que la fonction

$$\frac{1}{1+x},$$

définie par la série

$$1 - x + x^2 - \ldots,$$

continue à exister après que la série a cessé de converger.

Considérons donc la somme d'une de ces séries partielles. Cette somme sera d'abord périodique de période 2π en $w_2, w_3, \ldots, w_n$; de plus, ce sera une fonction d'un autre argument $\theta_1 w_1$, uniforme pour les valeurs réelles de cet argument, et pour les valeurs dont la partie imaginaire est suffisamment petite; ou, en d'autres termes, tant que l'argument $\theta_1 w_1$ reste à l'intérieur d'un certain domaine comprenant l'axe des quantités réelles tout entier. Quand z_1 varie entre certaines limites, cette fonction est, *à l'intérieur de ce domaine*, uniforme et doublement périodique; l'une des périodes est réelle, l'autre imaginaire; pour une certaine valeur de z_1, l'une des périodes devient infinie; puis la période réelle devient imaginaire et inversement.

C'est ainsi que s'effectue le passage du cas ordinaire à celui de la libration.

CHAPITRE XXI.

EXTENSION DE LA MÉTHODE DE M. BOHLIN.

Extension au problème du n° 134.

219. J'ai expliqué au début du Chapitre XI quelles étaient les difficultés particulières que présente le problème des trois Corps. Ces difficultés proviennent de ce fait, que toutes les variables de la première série, c'est-à-dire les variables x_i, ne figurent pas dans la fonction F_0.

Nous avons vu dans les Chapitres XI et XIII comment on peut se tirer de cette difficulté et construire néanmoins une fonction S développée suivant les puissances de μ, satisfaisant à l'équation de Jacobi

$$F = C,$$

et telle que ses dérivées par rapport aux y_i soient des fonctions périodiques des y_i.

Cette fonction S dépend en outre de n constantes d'intégration, par exemple des n quantités

$$n_1^0, \quad n_2^0, \quad \ldots, \quad n_n^0.$$

Si l'une des combinaisons linéaires

$$m_1 n_1^0 + m_2 n_2^0 + \ldots + m_n n_n^0$$

est très petite et de l'ordre de grandeur de $\sqrt{\mu}$, nous pourrons poser, comme nous l'avons fait au n° 211,

$$n_i = \alpha_i^0 + \alpha_i^1 \sqrt{\mu} + \alpha_i^2 \mu + \ldots,$$

les α_i^p étant de nouvelles constantes, et supposer que

$$m_1 \alpha_1^0 + m_2 \alpha_2^0 + \ldots + m_n \alpha_n^0 = 0.$$

Ordonnons ensuite chacun des termes de S suivant les puissances croissantes de $\sqrt{\mu}$, et groupons ensemble les termes qui contiennent en facteur une même puissance de $\sqrt{\mu}$; chacun des groupes de termes ainsi obtenus devra jouir de la même propriété que la fonction S elle-même, c'est-à-dire que leurs dérivées seront des fonctions périodiques des y.

On peut donc prévoir que la méthode de M. Bohlin est encore applicable aux cas où F_0 ne dépend pas de toutes les variables de la première série et, en particulier, au problème des trois Corps. Mais l'application soulève quelques questions délicates et je suis obligé d'insister.

220. Imaginons donc que F_0 ne dépende pas de toutes les variables de la première série. Pour mettre ce fait en évidence, j'appellerai les variables de la première série

$$x_1, \quad x_2, \quad \ldots, \quad x_p, \quad z_1, \quad z_2, \quad \ldots, \quad z_q,$$

et les variables correspondantes de la deuxième série

$$y_1, \quad y_2, \quad \ldots, \quad y_p, \quad u_1, \quad u_2, \quad \ldots, \quad u_q,$$

et je supposerai que F_0 dépend de tous les x_i, mais ne dépend pas des z_i.

Je me propose de former une fonction S des y et des u, qui satisfasse à l'équation de Jacobi

$$(1) \qquad F\left(\frac{dS}{dy_i}, \frac{dS}{du_i}, y_i, u_i\right) = C,$$

où je suppose que dans le premier membre les variables de la première série x_i et z_i ont été remplacées par les dérivées correspondantes $\dfrac{dS}{dy_i}$ et $\dfrac{dS}{du_i}$.

Je veux également que la fonction S soit développable suivant les puissances de $\sqrt{\mu}$ et que ses dérivées soient périodiques par rapport aux y et aux u.

En faisant $\mu = 0$, l'équation (1) devient

$$(2) \qquad F_0\left(\frac{dS_0}{dy_1}, \frac{dS_0}{dy_2}, \ldots, \frac{dS_0}{dy_p}\right) = C_0,$$

ce qui nous apprend que S_0 est de la forme

$$S_0 = x_1^0 y_1 + x_2^0 y_2 + \ldots + x_p^0 y_p + T_0,$$

T_0 ne dépendant que des u.

Nous poserons

$$n_i^0 = -\frac{dF_0}{dx_i^0}.$$

S'il n'y a entre les n_i^0 aucune relation linéaire à coefficients entiers, il n'y a pas de difficulté, les calculs du Chapitre XI sont applicables et l'on peut former la fonction S qui ne contiendra d'ailleurs que des puissances entières de μ; car les termes contenant des puissances impaires de $\sqrt{\mu}$ disparaissent.

Supposons donc qu'il y ait entre les n_i^0 une relation linéaire, et soit

$$n_1^0 = 0$$

cette relation; ce que je puis supposer, car dans le cas contraire, j'appliquerais le changement de variables du n° 202.

Avant d'aller plus loin, introduisons une notation nouvelle. Soit U une fonction périodique quelconque des y, dépendant en outre de u; je désignerai par

$$[U]$$

la valeur moyenne de U considérée comme fonction de $y_2, y_3, \ldots, y_n$ et par

$$[[U]]$$

la valeur moyenne de U considérée comme fonction de $y_1, y_2, \ldots, y_n$.

Il résulte de cette définition que $[U]$ est une fonction de y_1 et des u, tandis que $[[U]]$ n'est fonction que des u.

Si nous supposons que U, au lieu d'être une fonction périodique des y, est une fonction telle que ses dérivées soient périodiques, de telle sorte que

$$U = x_1^0 y_1 + x_2^0 y_2 + \ldots + x_p^0 y_p + U',$$

U' étant périodique et les x_i^0 étant des constantes; nous poserons

$$[U] = x_1^0 y_1 + x_2^0 y_2 + \ldots + x_p^0 y_p + [U'],$$

et

$$[[U]] = x_1^0 y_1 + x_2^0 y_2 + \ldots + x_p^0 y_p + [[U']].$$

Cela posé, reprenons les équations (3) de la page 343. La première de ces équations n'est autre chose que l'équation (2) que nous venons de considérer.

La seconde nous apprend que

$$\frac{dS_1}{dy_2}, \quad \frac{dS_1}{dy_3}, \quad \ldots, \quad \frac{dS_1}{dy_n}$$

sont des constantes; nous pouvons, sans restreindre la généralité, supposer que ces constantes sont nulles; c'est là en effet reprendre les hypothèses (9) de la page 348.

Alors S_1 n'est plus fonction que de y_1 et des u, de sorte que

$$S_1 = [S_1].$$

Considérons maintenant la troisième équation (3).

La fonction Φ qui figure au second membre n'est autre chose que $-F_1$.

Le second terme du premier membre se réduit à

$$\frac{1}{2}\frac{d^2 F_0}{dx_1^2}\left(\frac{dS_1}{dy_1}\right)^2,$$

parce que les autres $\dfrac{dS_1}{dy_1}$ sont nuls.

Posons

$$\frac{1}{2}\frac{d^2 F_0}{dx_1^2} = A,$$

l'équation devient alors

$$(4)\qquad -\Sigma\, n_i^0\,\frac{dS_2}{dy_i} + A\left(\frac{dS_1}{dy_1}\right)^2 = C_2 - F_1.$$

Seulement il importe de remarquer qu'ici la fonction F_1 n'est pas connue; elle dépend en effet des x, des z, des y et des u, et l'on doit y remplacer les x_i par les x_i^0 qui sont connus, *et les z_i par les*

$$\frac{dS_0}{du_i} = \frac{dT_0}{du_i}$$

qui ne le sont pas.

Prenons maintenant les valeurs moyennes des deux membres par rapport à $y_2, y_3, \ldots, y_n$. D'abord les $\left[\dfrac{dS_2}{dy_i}\right]$ se réduisent à des constantes, et je puis supposer, sans restreindre la généralité,

que ces constantes sont nulles; car c'est reprendre les hypothèses (10) de la page 349.

D'autre part,

$$\left[\frac{dS_1}{dy_1}\right]^2 = \left(\frac{dS_1}{dy_1}\right)^2,$$

puisque S_1 ne dépend pas de $y_2, y_3, \ldots, y_n$.

Enfin il importe de remarquer que, dans le calcul de la valeur
moyenne de F_1, on peut opérer comme si les fonctions $\dfrac{dT_0}{du_i}$ (qu'on
doit y substituer à la place des z_i) étaient des constantes, puisque
ces fonctions ne dépendent pas de $y_2, y_3, \ldots, y_n$.

Il vient donc

$$(4\ bis) \qquad A\left(\frac{dS_1}{dy_1}\right)^2 = C_2 - [F_1],$$

d'où

$$\frac{dS_1}{dy_1} = \sqrt{\frac{C_2 - [F_1]}{A}}.$$

Prenons maintenant les valeurs moyennes des deux membres
par rapport à y_1, il viendra

$$\left[\left[\frac{dS_1}{dy_1}\right]\right] = \left[\left[\sqrt{\frac{C_2 - [F_1]}{A}}\right]\right].$$

Si S_1 est une fonction dont les dérivées sont périodiques, le premier membre se réduira à une constante que j'appelle h. On doit
donc avoir

$$\left[\left[\sqrt{\frac{C_2 - [F_1]}{A}}\right]\right] = h$$

ou,

$$(5) \qquad \int_0^{2\pi} \sqrt{C_2 - [F_1]}\, dy_1 = 2\pi A h.$$

Le premier membre dépend des u_i et en outre des dérivées $\dfrac{dT_0}{du_i}$
qui entrent dans F_1. C'est donc une équation aux dérivées partielles qui définit T_0. Nous définirons cette fonction T_0 de telle
façon que ses dérivées soient périodiques. Nous pourrons écrire

l'équation (5) sous la forme

$$(5 \; bis) \qquad\qquad \Theta\left(\frac{dT_0}{du_i}, \; u_i\right) = 2\pi\Lambda h.$$

Tout est donc ramené à l'intégration de cette équation (5 *bis*); j'y reviendrai plus loin; supposons cette intégration possible et soit

$$T_0 = z_1^0 u_1 + z_2^0 u_2 + \ldots + z_q^0 u_q + T_0',$$

une solution complète de cette équation contenant les q constantes d'intégration z_i^0. Je suppose, bien entendu, que T_0' est une fonction des u_i et des constantes z_i^0 périodique par rapport aux u_i.

T_0 étant ainsi déterminé, nous pouvons calculer $\dfrac{dS_1}{dy_1}$ et, par conséquent,

$$S_1 - [[S_1]].$$

Nous pouvons donc écrire

$$S_1 = S_1' + T_1,$$

S_1' étant une fonction *connue* de y_1 et des u, et T_1 une fonction encore inconnue des u.

L'équation (4) nous donne ensuite

$$-\Sigma n_i^0 \frac{dS_2}{dy_i} = [F_1] - F_1,$$

d'où l'on déduit

$$\frac{dS_2}{dy_2}, \quad \frac{dS_2}{dy_2}, \quad \ldots, \quad \frac{dS_2}{dy_n}, \quad S_2 - [S_2].$$

Considérons maintenant la quatrième équation (3).

Dans le second terme du premier membre, les $\dfrac{dS_2}{dy_i}$ sont connus, à l'exception de $\dfrac{dS_2}{dy_1}$; ce second terme peut donc s'écrire

$$2\Lambda \frac{dS_2}{dy_1} \frac{dS_1}{dy_1} - \Phi.$$

D'autre part, j'ai, à la page 343, désigné le second membre par Φ parce qu'il était entièrement connu. Mais ici, il n'en est plus de même parce que ce second membre dépend des $\dfrac{dS_1}{du_i}$ et, par conséquent, des $\dfrac{d\mathrm{T}_1}{du_i}$ que nous ne connaissons pas. Il est aisé de voir que ce second membre sera de la forme

$$-\sum \frac{d\mathrm{F}_1}{dz_i}\frac{d\mathrm{T}_1}{du_i}+\Phi,$$

Φ étant connue.

Notre équation s'écrit donc

$$(6)\qquad -\Sigma\, n_i^0\,\frac{d\mathrm{S}_2}{dy_i}+2\mathrm{A}\,\frac{d\mathrm{S}_2}{dy_1}\frac{d\mathrm{S}_1}{dy_1}+\sum\frac{d\mathrm{F}_1}{dz_i}\frac{d\mathrm{T}_1}{du_i}=\Phi.$$

Il va sans dire que, dans $\dfrac{d\mathrm{F}_1}{dz_i}$, les x_i et les z_i doivent être remplacés respectivement par les x_i^0 et les $\dfrac{d\mathrm{T}_0}{du_i}$.

Prenons les valeurs moyennes des deux membres par rapport à $y_2, y_3, \ldots, y_n$. Nous pouvons supposer, comme plus haut, que les valeurs moyennes des $\dfrac{d\mathrm{S}_2}{dy_i}$ $(i>1)$ sont nulles; il viendra alors

$$(7)\qquad 2\mathrm{A}\,\frac{d[\mathrm{S}_2]}{dy_1}\frac{d\mathrm{S}_1}{dy_1}+\sum\frac{d[\mathrm{F}_1]}{dz_i}\frac{d\mathrm{T}_1}{du_i}=\Phi.$$

Nous tirons de là

$$\frac{d[\mathrm{S}_2]}{dy_1}=\frac{\Phi-\sum\dfrac{d[\mathrm{F}_1]}{dz_i}\dfrac{d\mathrm{T}_1}{du_i}}{2\mathrm{A}\dfrac{d\mathrm{S}_1}{dy_1}}.$$

Les deux membres de cette équation dépendent de y_1 et des u; la valeur moyenne du premier membre doit se réduire à une constante à laquelle je puis, sans restreindre la généralité, attribuer une valeur arbitraire, par exemple la valeur zéro; on doit donc avoir

$$\left[\!\left[\frac{\Phi-\sum\dfrac{d[\mathrm{F}]}{dz_i}\dfrac{d\mathrm{T}_1}{du_i}}{2\mathrm{A}\dfrac{d\mathrm{S}_1}{dy_1}}\right]\!\right]=0,$$

ce que je puis écrire

$$(8)\qquad -\int_0^{2\pi}\frac{\sum\dfrac{d[\mathrm{F}_1]}{dz_i}\dfrac{d\mathrm{T}_1}{du_i}}{2\sqrt{\mathrm{C}_2-[\mathrm{F}_1]}}\,dy=\Phi,$$

ou bien encore

$$(8\ bis) \qquad \sum \frac{d\Theta}{dz_i}\frac{dT_1}{du_i} = \Phi.$$

Θ est une fonction des z_i et des u_i, périodique par rapport aux u_i; quand on y remplace les z_i par les $\dfrac{dT_0}{du_i}$, on obtient le premier membre de ($5\ bis$); de même dans ($8\ bis$), je suppose que dans les dérivées $\dfrac{d\Theta}{dz_i}$, les z_i ont été remplacés par les $\dfrac{dT_0}{du_i}$.

L'équation ($8\ bis$) doit déterminer T_1; je vais montrer que l'intégration en est aisée quand on sait intégrer ($5\ bis$).

En effet, si nous savons intégrer ($5\ bis$), nous connaîtrons une fonction T_0 dépendant des u_i et de q constantes z_i^0 et telle que si l'on substitue ses dérivées dans Θ à la place des z_i, cette fonction Θ se réduise à une constante par rapport aux u_i, c'est-à-dire à une fonction des z_i^0 que j'appelle

$$\theta(z_1^0, z_2^0, \ldots, z_q^0).$$

Nous poserons d'autre part

$$(9) \qquad z_i = \frac{dT_0}{du_i}; \qquad u_i^0 = \frac{dT_0}{dz_i^0}.$$

Nous aurons ainsi $2q$ relations entre les $4q$ quantités z_i, u_i, z_i^0, u_i^0; de sorte que nous pourrons prendre pour variables indépendantes, soit les z_i et les u_i, soit les z_i^0 et les u_i, soit les z_i^0 et les u_i^0.

Pour éviter toute confusion, nous représenterons les dérivées par la lettre d lorsque nous prendrons pour variables les z_i et les u_i ou bien les z_i^0 et les u_i^0, et par la lettre ∂ lorsque nous prendrons pour variables les z_i^0 et les u_i.

Dans l'équation ($8\ bis$), Θ doit être considéré comme exprimé à l'aide des z_i et des u_i (car ce n'est qu'après la différentiation qu'on remplace les z_i par les $\dfrac{dT_0}{du_i}$). Au contraire, T_1 est une fonction des u_i dépendant en outre des constantes d'intégration z_i^0.

Avec notre nouvelle notation, l'équation (8 *bis*) doit donc s'écrire

$$\sum \frac{d\Theta}{dz_i} \frac{\partial T_1}{\partial u_i} = \Phi.$$

D'autre part, on a identiquement

$$\Theta = \vartheta$$

et, comme ϑ ne dépend que des z_i^0,

$$\frac{\partial \Theta}{\partial u_i} = 0.$$

Cette équation peut encore s'écrire

$$\frac{d\Theta}{du_i} + \sum \frac{d\Theta}{dz_k} \frac{\partial z_k}{\partial u_i} = 0.$$

On a d'ailleurs

$$\frac{\partial T_1}{\partial u_i} = \frac{dT_1}{du_i} + \sum \frac{dT_1}{dz_k} \frac{\partial z_k}{\partial u_i} = 0.$$

On trouve alors successivement en transformant (8 *bis*)

$$\sum \frac{d\Theta}{dz_i} \frac{dT_1}{du_i} + \sum \frac{d\Theta}{dz_i} \frac{dT_1}{dz_k} \frac{\partial z_k}{\partial u_i} = \Phi,$$

ou, par permutation d'indices,

$$\sum \frac{d\Theta}{dz_i} \frac{dT_1}{du_i} + \sum \frac{d\Theta}{dz_k} \frac{dT_1}{dz_i} \frac{\partial z_k}{\partial u_i} = \Phi;$$

car

$$\frac{\partial z_k}{\partial u_i} = \frac{\partial z_i}{\partial u_k} = \frac{\partial^2 T_0}{\partial u_i \partial u_k},$$

d'où

$$\sum \left(\frac{d\Theta}{dz_i} \frac{dT_1}{du_i} - \frac{d\Theta}{du_i} \frac{dT_1}{dz_i} \right) = \Phi$$

ou, en prenant pour variables les u_i^0 et les z_i^0,

$$\sum \left(\frac{d\Theta}{dz_i^0} \frac{dT_1}{du_i^0} - \frac{d\Theta}{du_i^0} \frac{dT_1}{dz_i^0} \right) = \Phi.$$

Comme Θ se réduit à ϑ qui ne dépend pas des u_i^0, il vient enfin

$$(8 \; ter) \qquad \sum \frac{d\vartheta}{dz_i^0} \frac{dT_1}{du_i^0} = \Phi,$$

Φ doit être exprimé en fonction des variables u_i^0 et des constantes d'intégration z_i^0. Comme les dérivées de θ ne dépendent que des constantes z_i^0, ce sont aussi des constantes. Il en résulte que l'équation (8 *ter*) étant à coefficients constants s'intègre immédiatement.

Φ est périodique par rapport aux u_i; il arrivera souvent que la forme de la fonction T_0 et des équations (9) sera telle que les u_i seront des fonctions uniformes des u_i^0 et inversement. Alors les différences $u_i - u_i^0$ seront des fonctions périodiques soit des u_i, soit des u_i^0.

Alors Φ qui est périodique par rapport aux u_i, le sera également par rapport aux u_i^0. On pourra alors intégrer l'équation (8 *ter*) de telle façon que les dérivées $\dfrac{d T_1}{d u_i^0}$ soient périodiques par rapport aux u_i^0, ou, ce qui revient au même, de façon que les dérivées $\dfrac{\partial T_1}{\partial u_i}$ soient périodiques par rapport aux u_i, ou bien encore que T_1 augmente d'une constante quand u_i augmente de 2π.

L'équation (8) étant ainsi intégrée, l'équation (7) nous donnera $\dfrac{d[S_2]}{dy_1}$, de sorte que nous pourrons écrire

$$ S_2 = S_2' + T_2 $$

S_2' étant une fonction entièrement connue des y et des u et T_2 une fonction inconnue ne dépendant que des u.

L'équation (6) peut alors s'écrire

$$ \Sigma\, n_i^0\, \frac{d S_3}{d y_i} = \Phi $$

et elle détermine

$$ \frac{d S_3}{d y_2}, \quad \frac{d S_4}{d y_3}, \quad \ldots, \quad \frac{d S_3}{d y_2}, \quad S_3 - [S_3] $$

et ainsi de suite.

Extension au problème des trois Corps.

221. Tout se trouve ainsi ramené à l'intégration de l'équation (5). Voyons donc quelle est, dans le cas du problème des

trois Corps, la forme de cette équation. Elle s'écrit

$$\int_0^{2\pi} \sqrt{C_1 - [F_1]}\, dy_1 = 2\pi A_1 h.$$

Mais quelle est la forme de $[F_1]$?

Nous choisirons pour variables les quantités

$$\Lambda_1, \quad \Lambda'_1, \quad \xi_1, \quad \xi'_1$$
$$\lambda_1, \quad \lambda'_1, \quad \eta_1, \quad \eta'_1$$

définies à la page 87, auxquelles nous devrons adjoindre, si les trois corps ne se meuvent pas dans un même plan, les variables

$$p, \quad p'$$
$$q, \quad q'$$

définies tome I, page 30.

Alors la fonction F sera développée suivant les puissances positives de μ, ξ_1, ξ'_1, η_1, η'_1, p, q, p', q' et suivant les sinus et cosinus des multiples de λ_1 et λ'_1. Un terme en

$$\frac{\cos}{\sin} (m\lambda_1 + m'\lambda'_1)$$

devra contenir en facteur un monome dont le degré par rapport aux variables ξ_1, η_1, p, q, ... sera au moins égal à $|m + m'|$ et n'en pourra différer que d'un nombre pair. Enfin F_0 ne dépendra que de Λ_1 et Λ'_1.

Cela posé, imaginons que l'on ait

$$m \frac{dF_0}{d\Lambda_1^0} + m' \frac{dF_0}{d\Lambda_1'^0} = 0,$$

m et m' étant deux entiers; Λ_1^0 et $\Lambda_1'^0$ deux constantes auxquelles nous égalerons $\dfrac{dS_0}{d\lambda_1}$ et $\dfrac{dS_0}{d\lambda'_1}$, analogues par conséquent aux constantes que nous désignions par x_1^0 dans le numéro précédent. Nous poserons alors

$$m\lambda_1 + m'\lambda'_1 = y_1,$$

et pour former $[F_1]$ nous n'avons qu'à supprimer dans F_1 tous les termes qui dépendent de λ_1 ou de λ'_1, sauf ceux qui ne dépendent que de y_1.

Pour mettre en évidence le degré de chaque terme par rapport aux excentricités et aux inclinaisons, remplaçons partout

$$\xi_1,\quad \eta_1,\quad \xi'_1,\quad \eta'_1,\quad p,\quad q,\quad p',\quad q'$$

par

$$\varepsilon\xi_1,\quad \varepsilon\eta_1,\quad \varepsilon\xi'_1,\quad \varepsilon\eta'_1,\quad \varepsilon p,\quad \varepsilon q,\quad \varepsilon p',\quad \varepsilon q'$$

et rendons-nous compte du degré de chacun des termes de F_1 par rapport à ε.

Nous aurons

$$[F_1] = R + R',$$

où R est l'ensemble des termes indépendants à la fois de λ_1 et de λ'_1, de telle sorte que

$$R = [[F_1]]$$

et où R' est l'ensemble des termes dépendant de y'_1, et de y_1 seulement.

R est alors développable suivant les puissances de ε^2 et nous aurons

$$R = R_0 + \varepsilon^2 R_2 + \varepsilon^4 R_4 + \ldots.$$

Quant à R', il est divisible par

$$\varepsilon^{|m-m'|}.$$

On aura, en général,

$$|m - m'| > 2,$$

de telle sorte que l'on peut poser

$$R' = \varepsilon^3 R''.$$

R_0 ne dépend que de Λ_1^0 et $\Lambda_1'^0$ et peut être regardé comme une constante ; je puis donc poser

$$C_2 = R_0 + k_0^2 + \varepsilon^2 k_1$$

et en même temps

$$\Lambda h = k_0 + \varepsilon^2 k'_1,$$

de telle sorte que l'équation (5) devient

$$\int_0^{2\pi} \sqrt{k_0^2 + \varepsilon^2 k_1 - \varepsilon^2 R_2 - \varepsilon^3 R'' - \varepsilon^4 R_4 - \ldots}\, dy_1 = 2\pi(k_0 + \varepsilon^2 k'_1),$$

où, en développant le radical suivant les puissances de ε, réduisant et divisant par $2\pi\varepsilon^2$,

$$\frac{k_1 - R_3}{2k_0} + \varepsilon Z = k'_3,$$

Z représente une fonction développable suivant les puissances positives de ε, des ξ_1, des η_1, des p et des q.

En posant enfin

$$k_1 - 2k_0 k'_1 = K,$$

il vient

$$R_2 - 2\varepsilon k_0 Z = K.$$

La fonction R_2 est la même qui a été désignée ainsi page 40 (sauf que les lettres ξ et η sont affectées de l'indice 1). Nous pourrons alors définir absolument comme au n° 131 les variables ρ_i et ω_i (en les formant toutefois avec les ξ_1 et les η_1 au lieu de les former avec les ξ et les η), et je prendrai pour variables nouvelles

$$\Lambda_1, \quad \Lambda'_1, \quad \rho_i,$$
$$\lambda_1, \quad \lambda'_1, \quad \omega_i.$$

Alors R_2 se réduit à

$$2\Lambda_1\rho_1 + 2\Lambda_2\rho_2 + 2\Lambda_3\rho_3 + 2\Lambda_4\rho_4.$$

(*Cf.* p. 44).

Remplaçons ρ_i par $\dfrac{dT_0}{d\omega_i}$, nous aurons finalement à intégrer l'équation

$$(5\ ter) \qquad \Theta\left(\frac{dT_0}{d\omega_i}, \omega_i\right) = R_2 - 2\varepsilon k_0 Z = K.$$

Le premier membre Θ est périodique par rapport aux ω_i, il est développable suivant les puissances de ε et, quand on y fait $\varepsilon = 0$, il se réduit à R_2 et ne dépend plus des ω_i mais seulement des $\dfrac{dT_0}{d\omega_i}$.

Nous pouvons donc appliquer les procédés du n° 125.

L'intégration de l'équation (5) *à laquelle nous avions ramené le problème est donc possible.*

Le cas où

$$m + m' = \pm 1 \quad \text{ou} \quad \pm 2$$

se traiterait d'une manière analogue; le cas où

$$m + m' = 0,$$

d'où

$$\Lambda_1^0 = \Lambda_1'^0,$$

c'est-à-dire celui où les deux grands axes diffèrent très peu, présente des difficultés spéciales.

Discussion des séries.

222. Reprenons les notations du n° **220** et supposons que l'on ait déterminé la fonction S par les procédés de ce numéro. Le problème n'est pas encore entièrement résolu. Il faut encore former les équations

$$(10) \quad \begin{cases} (k > 1), \qquad \dfrac{dS}{dx_k^0} = w_k + \theta_k w_1, \\[2ex] \dfrac{dS}{dC_2} = \theta_1 w_1, \qquad \dfrac{dS}{dz_i^0} = w_i' + \theta_i' w_1, \qquad x_i = \dfrac{dS}{dy_i}, \qquad z_i = \dfrac{dS}{du_i}; \end{cases}$$

où les θ et les θ' seront des fonctions convenablement choisies des constantes x_i^0 et z_i^0; puis résoudre ces équations pour obtenir les x_i, les y_i, les u_i en fonctions des x_i^0, des z_i^0, des w_i, des w_i'; enfin remplacer les w_i et les w_i' par des fonctions linéaires du temps dont les coefficients seront convenablement choisis. On obtiendra ainsi les expressions des coordonnées x, y, z, u en fonctions du temps.

Voyons d'abord quelle sera la forme des équations (10).

La fonction S ayant ses dérivées périodiques peut s'écrire

$$S = \beta y_1 + x_2^0 y_2 + x_3^0 y_3 + \ldots + x_p^0 y_p + z_1^0 u_1 + \ldots + z_q^0 u_q + S',$$

β étant une constante indépendante des y et des u et S' étant périodique par rapport aux y et aux u. Les coefficients de $y_k (k > 1)$ et de u_i peuvent, sans que la généralité s'en trouve restreinte, être supposés égaux à x_k^0 et à z_i^0; c'est là, en effet, reprendre les hypothèses (10) de la page 349.

Quant à β, il est développable suivant les puissances de $\sqrt{\mu}$:

$$\beta = \beta_0 + \sqrt{\mu}\beta_1 + \mu\beta_2 + \ldots,$$

β_0 est égal à x_1^0 et β_1 à la constante h de l'équation (5) du n° **220**.

De même S′ est développable suivant les puissances de $\sqrt{\mu}$.

$$S' = S'_0 + S'_1\sqrt{\mu} + \ldots$$

avec

$$S'_0 = T'_0,$$

$$S'_1 = \int\left(\sqrt{\frac{C_2 - [F_1]}{A}} - h\right)dy_1 + T'_1.$$

Les équations (10) deviennent alors

$$(11)\quad \begin{cases} w_k + \theta_k w_1 = y_k + \dfrac{d\beta}{dx_k^0}\,y_1 + \dfrac{dS'}{dx_k^0}, \\[2mm] \theta_1 w_1 = \dfrac{d\beta}{dC_2}\,y_1 + \dfrac{dS'}{dC_2}, \\[2mm] w'_i + \theta'_i w_1 = u_i + \dfrac{d\beta}{dz_i^0}\,y_1 + \dfrac{dS'}{dz_i^0}. \end{cases}$$

Nous sommes ainsi conduits à prendre

$$\theta_k = \frac{d\beta}{dx_k^0}, \qquad \theta_1 = \frac{d\beta}{dC_2}, \qquad \theta'_i = \frac{d\beta}{dz_i^0}.$$

Mais la difficulté provient de la circonstance suivante. Comme $\beta_0 = x_1^0$ ne dépend pas de C_2 ni de z_i^0, θ_1 et θ'_i s'annulent pour $\mu = 0$ et sont divisibles par $\sqrt{\mu}$. Au contraire, $\frac{dS'}{dC_2}$ pour $\mu = 0$ se réduit à

$$\frac{dT'_0}{dC_2}$$

et ne s'annule pas.

Il faut faire ensuite

$$w_i = n_i t + \varpi_i; \qquad w'_i = n'_i t + \varpi'_i,$$

les n étant des constantes déterminées et les ϖ des constantes arbitraires. Pour déterminer les n, on opère de la façon suivante.

Quand dans F on remplace les x_i et les z_i par $\frac{dS}{dy_i}$ et $\frac{dS}{du_i}$, cette fonction F, d'après la définition même de la fonction S, devra se réduire à une constante ou plutôt à une fonction des constantes d'intégration x_k^0, C_2 et z_i^0. Soit donc

$$F = \varphi(x_k^0, C_2, z_i^0),$$

on aura

$$(12)\qquad \begin{cases} n_k + \theta_k n_1 = -\dfrac{d\varphi}{dx_k^0}, & (k > 1), \\ \theta_1 n_1 = -\dfrac{d\varphi}{dC_2}, \\ n_i' + \theta_i' n_1 = -\dfrac{d\varphi}{dz_i^0}. \end{cases}$$

On voit que les n sont développables suivant les puissances de $\sqrt{\mu}$. Pour nous rendre compte de la forme du développement, développons la fonction φ elle-même suivant les puissances de μ; il vient

$$\varphi = C_0 + \mu C_2 + \mu^2 C_4 + \ldots.$$

On a d'ailleurs

$$C_0 = F_0(x_1^0, x_2^0, \ldots, x_p^0),$$

d'où

$$\frac{dC_0}{dx_k^0} = \frac{dF_0}{dx_k^0} + \frac{dF_0}{dx_1^0}\frac{dx_1^0}{dx_k^0} = -n_k^0 - n_1^0\frac{dx_1^0}{dx_k^0} = -n_k^0,$$

puisque n_1^0 est nul.

D'ailleurs on voit que

$$\frac{d\varphi}{dC_2} = \mu$$

et que le développement de $\dfrac{d\varphi}{dz_i^0}$ commence par un terme en μ^2.

La seconde équation (12), où le coefficient θ_1 est divisible par $\sqrt{\mu}$ et le second membre par μ, nous apprend que le développement de n_1 commence par un terme en $\sqrt{\mu}$. Comme θ_i' est également divisible par $\sqrt{\mu}$, $\theta_i' n_1$ par μ, et le second membre par μ^2; la troisième équation (12) nous apprend que n_i' est divisible par μ.

Remarquons, d'autre part, que les équations (11) sont susceptibles de simplification. Nous avons supposé jusqu'ici que S et S' étaient exprimés en fonctions des variables y et u et des constantes x_k^0, C_2 et z_i^0. Posons maintenant

$$\beta = x_1^0 + \gamma\sqrt{\mu}$$

et supposons, ce qui revient au même, que S et S' sont exprimés en fonctions des y et des u et des constantes x_k^0, γ et z_i^0. Nos équations (11) deviennent alors

(11 bis)

$$(w_k - y_k) + \frac{dx_1^0}{dx_k^0}(w_1 - y_1) = \frac{dS'}{dx_k^0},$$

$$\sqrt{\mu}(w_1 - y_1) = \frac{dS'}{d\gamma},$$

$$w_i' - u_i = \frac{dS'}{dz_i^0}.$$

Il n'en subsiste pas moins que, si ces équations (11) et (11 bis) nous donnent implicitement nos coordonnées en fonctions des w, nous ne pouvons plus les résoudre par le procédé du n° 30, et que, par conséquent, les relations entre ces coordonnées et les w sont beaucoup plus compliquées qu'au n° 127 ou qu'aux Chapitres XI et XX.

Nous nous bornerons à remarquer ce qui suit. Que deviennent nos équations pour $\mu = 0$? Impliquent-elles contradiction? Comme n_1 et n_i' s'annulent pour $\mu = 0$, w_1 et w_i' se réduisent à des constantes ϖ_1 et ϖ_i'; de sorte que nous avons d'abord

$$\varpi_i' - u_i = \frac{dT_0'}{dz_i^0}.$$

Comme T_0' ne contient d'autres variables que les u_i, ces équations nous apprennent que les u_i sont des constantes. Passons à la seconde équation (11 bis) et, comme ϖ_1 est une constante arbitraire, égalons-la à $\dfrac{z_1}{\sqrt{\mu}}$, z_1 étant une constante donnée et finie. La seconde équation devient

$$z_1 = \frac{dT_0'}{d\gamma} \qquad \text{ou} \qquad \frac{dT_0'}{d\gamma} = \text{const.}$$

et comme T_0' ne dépend que des u qui sont des constantes, elle est satisfaite d'elle-même.

Voyons maintenant ce que devient la première; posons encore

$$\varpi_k = \frac{z_k}{\sqrt{\mu}} + z_k',$$

z_k et z_k' étant des constantes finies; remplaçons $w_1 - y_1$ par sa valeur tirée de la seconde équation et écrivons les termes en $\dfrac{1}{\sqrt{\mu}}$ et les termes indépendants de $\sqrt{\mu}$; il viendra

$$\frac{z_k}{\sqrt{\mu}} + (z_k^0 + n_k t - y_k) - \frac{dx_1^0}{dx_k^0}\left(\frac{1}{\sqrt{\mu}}\frac{dT_0'}{d\gamma} + \frac{dS_1'}{d\gamma}\right) = \frac{dS_0'}{dx_k^0} = \frac{dT_0'}{dx_k^0}.$$

d'où

$$z_k + \frac{dx_1^0}{dx_k^0}\frac{dT_0'}{d\gamma} = 0 \qquad \text{ou} \qquad \frac{dT_0}{d\gamma} = \text{const.},$$

$$z_k' + n_k t - y_k + \frac{dx_1^0}{dx_k^0}\frac{dS_1'}{d\gamma} = \frac{dT_0'}{dx_k^0}.$$

La première est satisfaite d'elle-même et la seconde nous donne y_k.

<h3 align="center">Seconde méthode.</h3>

223. On peut aussi diriger autrement les calculs et, au lieu de se servir de l'équation (5) du n° **220**, s'attaquer directement à l'équation (4 *bis*), qui s'écrit

$$(4\ bis) \qquad\qquad A\left(\frac{dS_1}{dy_1}\right)^2 = C_2 - [F_1].$$

Reprenons les notations du n° **221** et choisissons comme variables les quantités

$$A_1, \quad A_1', \quad \rho_1,$$
$$\lambda_1, \quad \lambda_1', \quad \omega_1,$$

telles qu'elles ont été définies dans ce n° **221**. Voyons quelle sera la forme de l'équation (4 *bis*).

1° Les deux membres de cette équation ne dépendront pas d'une manière quelconque de λ_1 et de λ_1', mais seulement de

$$m\lambda_1 + m'\lambda_1' = y_1,$$

m et m' étant les entiers définis au n° **221**. En effet, on a obtenu $[F_1]$ en supprimant dans F_1 tous les termes qui dépendent de λ_1 et de λ_1' autrement que par la combinaison $m\lambda_1 + m'\lambda_1'$.

2° Ils dépendent de A_1 et A_1'; mais ces quantités y doivent être remplacées par les constantes A_i^0 et $A_i'^0$ analogues aux z_i^0. A devient ainsi une constante.

$3°$ Ils sont périodiques par rapport à y_1 et aux ω_i.

$4°$ Ils sont développables par rapport aux puissances entières de ε, et aux puissances fractionnaires des ρ_i qui doivent être remplacés par $\dfrac{dT_0}{d\omega_i}$.

L'équation ($4\ bis$) peut ainsi s'écrire

$$(4\ a) \qquad H\left(\frac{dS_i}{dy_i}, \frac{dT_0}{d\omega_i}, y_1, \omega_i\right) = C_2.$$

Envisageons le développement de H suivant les puissances de ε. Le terme indépendant de ε se réduit à

$$A\left(\frac{dS_1}{dy_1}\right)^2 + R_0.$$

R_0, défini comme au n° 221, est une constante qui ne dépend que de A_i^0 et $A_i'^0$.

Le terme en ε est nul (sauf si $m + m' = \pm 1$, cas que nous laissons de côté).

Le terme en ε^2 se réduit à

$$R_2 + 2A_1\rho_1 + 2A_2\rho_2 + 2A_3\rho_3 + 2A_4\rho_4.$$

Le premier terme qui dépend de y_1 est le terme en

$$\varepsilon^{|m+m'|}.$$

Voici comment on peut traiter l'équation ($4\ a$). Cherchons à développer S_1 suivant les puissances de ε, et soit

$$S_1 = U_0 + \varepsilon U_1 + \varepsilon^2 U_2 + \ldots$$

Développons de même C_2 et T_0, et soit

$$C_2 = \gamma_0 + \varepsilon^2 \gamma_2 + \varepsilon^3 \gamma_3 + \ldots \qquad T_0 = V_0 + \varepsilon V_1 + \ldots;$$

en remplaçant T_0 par cette valeur dans R et développant R, il vient

$$R = R_0' + \varepsilon^2 R_2' + \varepsilon^3 R_3' + \ldots$$

Nous trouvons d'abord

$$A\left(\frac{dU_0}{dy_1}\right)^2 + R'_0 = \gamma_0,$$

ce qui nous montre que $\frac{dU_0}{dy_1}$ est une constante. Soit donc

$$U_0 = \alpha y_1,$$

α étant une constante qui dépendra de la constante d'intégration γ_0. Il vient ensuite

$$2\alpha A \frac{dU_1}{dy_1} = \gamma_1,$$

ce qui nous montre que $\frac{dU_1}{dy_1}$ est encore une constante. Nous pouvons, sans restreindre la généralité, supposer que U_1 et γ_1 sont nuls.

Il vient donc ensuite

$$2\alpha A \frac{dU_2}{dy_1} + 2\Sigma A_i \frac{dV_0}{d\omega_i} = \gamma_2.$$

Cette équation montre que $\frac{dU_2}{dy_1}$ est encore une constante que nous pourrons encore considérer comme nulle sans restreindre la généralité et il nous restera à traiter l'équation

$$2\Sigma A_i \frac{dV_0}{d\omega_i} = \gamma_2,$$

qui montre que les $\frac{dV_0}{d\omega_i}$ sont des constantes que nous pouvons choisir arbitrairement puisque γ_2 est arbitraire.

Il vient ensuite

$$2\Sigma A_i \frac{dT_1}{d\omega_i} + 2\alpha A \frac{dU_3}{dy_1} = \gamma_3.$$

Nous pourrons encore supposer U_3 et γ_3 nuls sans restreindre la généralité, puis

$$2\alpha A \frac{dU_4}{dy_1} + R'_1 = \gamma_4.$$

Nous supposerons encore U_4 nul et il restera

$$R'_1 = \gamma_4,$$

qui permettra facilement de déterminer T_2, car y_1 n'y entre pas.

On ira ainsi jusqu'au terme en $\varepsilon^{|m+m'|}$. Posons $|m+m'| = q$, il vient alors

$$2\alpha\Lambda\,\frac{dU_q}{dy_1} + R'_q + M_q\cos y_1 + N_q\sin y_1 = \gamma_q.$$

M_q et N_q, dépendant des ω_i et de V_0, V_1, ..., V_{q-3} qui sont des fonctions connues des ω_i, pourront être regardés comme connus.

Quant à R'_q, on aura

$$R'_i = 2\Sigma\Lambda_i\,\frac{dV_{q-2}}{d\omega_i} + L_q,$$

L_q étant une fonction connue des ω_i.

Nous pourrons alors décomposer l'équation précédente en deux et écrire

$$2\alpha\Lambda\,\frac{dU_q}{dy_1} = -M_q\cos y_1 + N_q\sin y_1,$$

$$2\Sigma\Lambda_i\,\frac{dV_{q-2}}{d\omega_i} = \gamma_q - L_q.$$

Les seconds membres sont connus, de sorte que nous déduirons facilement de ces équations les valeurs de U_q et V_{q-2}. On voit que les dérivées de V_{q-2} sont périodiques par rapport à ω_i; nous pouvons même sans restreindre la généralité choisir γ_q de façon à annuler la valeur moyenne de $\gamma_q - L_q$. Alors V_{q-2} est lui-même périodique. Quant à U_q, on voit qu'il sera périodique par rapport à y_1 et aux ω_i.

On continuera de la sorte. En égalant les coefficients de $\varepsilon^p (p > q)$, on trouvera

$$(13) \qquad 2\alpha\Lambda\,\frac{dU_p}{dy_1} + 2\Sigma\Lambda_i\,\frac{dV_{p-2}}{d\omega_i} = \gamma_p + \Phi,$$

Φ étant une fonction connue périodique par rapport à y_1 et aux ω_i; nous supposerons la fonction Φ développée en série trigonométrique et nous choisirons γ_p de façon à annuler la valeur moyenne du second membre.

Nous poserons ensuite

$$\gamma_p + \Phi = \Phi' + \Phi'',$$

Φ' représentant l'ensemble des termes qui dépendent de y_1 et Φ''

l'ensemble des termes qui n'en dépendent pas, de sorte que

$$\Phi'' = [[\gamma_p + \Phi]].$$

Nous décomposerons alors l'équation (13) en deux en écrivant

$$2\,\alpha A\,\frac{dU_p}{d\gamma_1} = \Phi',$$

$$2\,\Sigma A_i\,\frac{dV_{p-2}}{d\omega_i} = \Phi'';$$

ces deux équations détermineront V_{p-2} et U_p; et les deux fonctions ainsi obtenues seront périodiques.

L'équation (4 *bis*) du n° 220 étant ainsi intégrée, l'équation (4) nous donnera $S_2 - [S_2]$ et l'on formera ensuite les équations (6) et (7).

Nous allons traiter l'équation (7) comme nous avons traité l'équation (4 *bis*). Les deux membres de (7) étant développés suivant les puissances de ε, nous développerons de même $[S_2]$ et T, et nous écrirons

$$[S_2] = U'_0 + \varepsilon U'_1 + \varepsilon^2 U'_2 + \ldots$$
$$T_1 = V'_0 + \varepsilon V'_1 + \varepsilon^2 V'_2 + \ldots$$

Nous égalerons ensuite dans les deux membres de (7) les coefficients des puissances semblables de ε, et nous obtiendrons une série d'équations qui nous permettront de déterminer par récurrence les U'_i et les V'_i.

En égalant les coefficients de ε^p, on obtiendra une équation qui servira à déterminer U'_p et V'_{p-2}. Cette équation serait de même forme que (13), sauf que U_p et V_{p-2} seraient remplacés par U'_p et V'_{p-2}. On la traiterait donc de la même manière.

L'équation (7) étant ainsi intégrée, on continuera de la même manière.

Cas de la libration.

224. Comment le cas de la libration peut-il se présenter?

Reprenons nos équations du numéro précédent et supposons que

$$a = U_0 = 0.$$

On poursuivra le calcul comme plus haut jusqu'à ce qu'on arrive
à l'équation obtenue en égalant les coefficients de ε^q. On aura
alors

$$U_i = 0 \qquad \left(i = 1, 2, 3, \ldots, \frac{q}{2} - 1 \right)$$

et, si q est pair, l'équation en ε^q pourra s'écrire

$$(14) \quad A \left(\frac{dU_{\frac{q}{2}}}{dy_1} \right)^2 - 2 \Sigma A_i \frac{dN_{q-i}}{d\omega_i} + L_q + M_q \cos y_1 + N_q \sin y_1 = \gamma_q.$$

Si nous posons, pour abréger,

$$2 \Sigma A_i \frac{dN_{q-i}}{d\omega_i} = X$$

et si nous supprimons pour un instant l'indice $\frac{q}{2}$ de U et les indices q de L, M, N et γ, il viendra

$$\frac{dU_{\frac{q}{2}}}{dy_1} = \sqrt{\frac{\gamma - L - X - M \cos y_1 - N \sin y_1}{A}} = \sqrt{Z}$$

en appelant Z, pour abréger, la quantité sous le radical.
L'intégrale

$$\int \sqrt{Z}\, dy_1$$

est une intégrale elliptique de deuxième espèce. L'une de ses
périodes est

$$\int_0^{2\pi} \sqrt{Z}\, dy_1.$$

Si γ et X sont choisis de façon que Z soit toujours positif, cette
période est toujours réelle; nous voulons qu'elle soit constante et
indépendante des ω_i. J'égale donc cette période à une constante
donnée h et j'obtiens une équation

$$(15) \qquad \int_0^{2\pi} \sqrt{Z}\, dy_1 = h.$$

En résolvant cette équation par rapport à X, il vient

$$X = \gamma - \psi(\omega_i).$$

ψ étant une fonction des ω_i que l'on peut regarder comme donnée et qui est périodique.

Cela nous donne

$$2 \Sigma A_i \frac{dV_{q-2}}{d\omega_i} = \gamma + \psi(\omega_i),$$

équation qui détermine V_{q-2}, après quoi on tirera facilement $U_{\frac{q}{2}}$ de l'équation (14).

C'est là le cas ordinaire.

Mais il peut se faire que γ et X soient choisis de telle sorte que Z puisse s'annuler. Dans ce cas c'est la seconde période de notre intégrale elliptique qui est réelle. En égalant cette seconde période à une constante donnée h, on obtiendra une équation (15 *bis*) analogue à (15). Si l'on résout par rapport à X, il viendra

$$X = \gamma + \psi(\omega_i)$$

ou

$$2 \Sigma A_i \frac{dV_{q-2}}{d\omega_i} = \gamma + \psi(\omega_i),$$

qui déterminera V_{q-2} puisque ψ est connue et périodique.

C'est là le cas de la libration.

On obtiendra le *cas limite* en écrivant que l'une des périodes de l'intégrale elliptique de première espèce correspondante est infinie, ce qui donne pour déterminer V_{q-2} l'équation suivante

$$2 \Sigma A_i \frac{dV_{q-2}}{d\omega_i} = L\gamma_q - L_q - \sqrt{M_q^2 + N_q^2}.$$

L'inconvénient de cette façon d'opérer, c'est que les expressions obtenues dans les deux cas ne sont pas la continuation analytique l'une de l'autre.

Égalons maintenant les coefficients de ε^{q+1}, il viendra

$$(16) \qquad 2 A \frac{dU_{\frac{q}{2}}}{dy_1} \frac{dU_{\frac{q}{2}+1}}{dy_1} + 2 \Sigma A_i \frac{dV_{q-1}}{d\omega_i} = \gamma_{q+1} + \Phi,$$

Φ étant connu et périodique.

Si nous sommes, par exemple, dans le cas ordinaire, nous devrons écrire que

$$\int_0^{2\pi} \frac{dU_{\frac{q}{2}+1}}{dy_1}\, dy_1$$

est égal à une constante donnée h indépendante des ω_i; nous trouverons ainsi $\left(\text{en posant, pour abréger, } \dfrac{dU_{\frac{q}{2}}}{dy_1} = W\right)$

$$(17) \qquad 2\Sigma A_i \frac{dN_{q-1}}{d\omega_i} = \gamma + \frac{\displaystyle\int_0^{2\pi} \frac{\Phi\, dy_1}{2AW} - h}{\displaystyle\int_0^{2\pi} \frac{dy_1}{2AW}}.$$

Cette équation nous donnera V_{q-1} et l'équation (16) nous donnerait ensuite

$$U_{\frac{q}{2}+1}$$

Les équations obtenues en égalant les coefficients des autres puissances de ε seraient de même forme que (16). Il en serait encore de même des équations que l'on obtiendrait en égalant dans les deux membres de (7) les coefficients des diverses puissances de ε.

Toutes ces équations pourraient donc se traiter de la même manière.

Les résultats seraient absolument les mêmes si q était impair; seulement il faudrait modifier la forme du développement de S_1 et écrire

$$S_1 = \varepsilon^{\frac{q}{2}} U_{\frac{q}{2}} + \varepsilon^{\frac{q}{2}+1} U_{\frac{q}{2}+1} + \varepsilon^{\frac{q}{2}+2} U_{\frac{q}{2}+2} + \ldots$$

S_1 étant ainsi développé suivant les puissances impaires de $\sqrt{\varepsilon}$.

Tous les résultats obtenus depuis le commencement de ce Chapitre sont bien incomplets et de nouvelles études deviendront nécessaires. Elles seraient prématurées.

Divergence des séries.

225. Nous avons vu au n° 212 que les séries auxquelles conduit la méthode de M. Bohlin sont généralement divergentes et j'ai cherché à expliquer le mécanisme de cette divergence. Je crois devoir revenir sur ce sujet et étudier avec quelques détails un exemple simple qui fera mieux comprendre ce mécanisme. Soit

$$-F = p + q^2 - 2\mu \sin^2\frac{y}{2} - \mu\varepsilon\varphi(y)\cos x,$$

où $(p, x\,;\ q, y)$ sont deux paires de variables conjuguées, $\varphi(y)$ une fonction périodique de y de période 2π et où μ et ε sont deux constantes que je supposerai très petites.

Formons les équations canoniques

$$(1)\ \begin{cases} \dfrac{dx}{dt} = -\dfrac{dF}{dp} = 1; \qquad \dfrac{dy}{dt} = -\dfrac{dF}{dq} = 2q, \\[2ex] \dfrac{dp}{dt} = \dfrac{dF}{dx} = -\mu\varepsilon\varphi(y)\sin x; \qquad \dfrac{dq}{dt} = \dfrac{dF}{dy} = \mu\sin y + \mu\varepsilon\varphi'(y)\cos x, \end{cases}$$

d'où

$$\frac{d^2y}{dx^2} = 2\mu\sin y + 2\mu\varepsilon\varphi'(y)\cos x.$$

L'intégration de ces équations est presque immédiate quand $\varepsilon = 0$. Écrivons l'équation aux dérivées partielles de Jacobi et soit

$$(2)\qquad \frac{dS}{dx} + \left(\frac{dS}{dy}\right)^2 = 2\mu\sin^2\frac{y}{2} + \mu\varepsilon\varphi(y)\cos x + C.$$

C étant une constante. Développons S et C suivant les puissances de ε et soit

$$S = S_0 + S_1\varepsilon + S_2\varepsilon^2 + \ldots$$
$$C = C_0 + C_1\varepsilon + C_2\varepsilon^2 + \ldots$$

Pour $\varepsilon = 0$, l'équation (2) devient

$$(3)\qquad \frac{dS_0}{dx} + \left(\frac{dS_0}{dy}\right)^2 = 2\mu\sin^2\frac{y}{2} + C_0.$$

L'intégration, ai-je dit plus haut, est presque immédiate, et

en effet, pour obtenir l'intégrale complète de (3), il suffit de
prendre, en appelant A_0 une constante,

$$\frac{dS_0}{dx} = A_0; \quad C_0 = A_0 + 2h\mu; \quad \frac{dS_0}{dy} = \sqrt{2\mu}\sqrt{h + \sin^2\frac{y}{2}}.$$

$$S_0 = A_0 x + \sqrt{2\mu}\int\sqrt{h + \sin^2\frac{y}{2}}\,dy.$$

Nous retombons en somme, aux notations près, sur l'exemple
que nous avons traité au n° 199. Le cas de $h > 0$ correspond au
cas ordinaire; le cas de $h < 0$ à celui de la libration; le cas
de $h = 0$ au cas limite.

Mettons en évidence les solutions particulières remarquables.

Nous avons d'abord la solution simple

$$x = t, \quad p = 0, \quad y = 0, \quad q = 0,$$

qui est une *solution périodique*. Voyons quelles sont les solutions asymptotiques correspondantes.

On les obtiendra en faisant $A_0 = h = 0$ dans S_0, ce qui donne

$$S_0 = \pm 2\sqrt{2\mu}\cos\frac{y}{2},$$

d'où

$$p = 0, \quad q = \pm\sqrt{2\mu}\sin\frac{y}{2}; \quad \tan g\frac{y}{4} = C e^{\pm t\sqrt{2\mu}}, \quad x = t,$$

ce qui montre que les exposants caractéristiques sont égaux
à $\pm\sqrt{2\mu}$.

Calculons maintenant S_1, S_2, ...

En égalant dans l'équation (2) les coefficients de ε, je trouve

$$\frac{dS_1}{dx} + 2\frac{dS_0}{dy}\frac{dS_1}{dy} = \mu\,\varphi(y)\cos x + C_1,$$

C_1 étant une constante que je pourrai d'ailleurs supposer nulle
sans restreindre la généralité, ou bien

$$(4) \qquad \frac{dS_1}{dx} + 2\sqrt{2\mu}\sqrt{h + \sin^2\frac{y}{2}}\frac{dS_1}{dy} = \mu\,\varphi(y)\cos x.$$

S_1 est alors la partie réelle de la fonction Σ définie par l'équation

$$(4\ bis)\qquad \frac{d\Sigma}{dx} + 2\sqrt{2\mu}\sqrt{h + \sin^2\frac{y}{2}}\,\frac{d\Sigma}{dy} = \mu\varphi(y)e^{ix};$$

nous l'obtiendrons en posant

$$\Sigma = \psi e^{ix},$$

d'où

$$(4\ ter)\qquad i\psi + 2\sqrt{2\mu}\sqrt{h + \sin^2\frac{y}{2}}\,\frac{d\psi}{dy} = \mu\varphi.$$

Pour intégrer cette équation linéaire, intégrons d'abord l'équation sans second membre qui peut s'écrire

$$\alpha\psi + \sqrt{h + \sin^2\frac{y}{2}}\,\frac{d\psi}{dy} = 0,$$

en posant

$$\alpha = \frac{i}{2\sqrt{2\mu}},$$

d'où

$$\psi = K e^{-\alpha \int \frac{dy}{\sqrt{h + \sin^2\frac{y}{2}}}},$$

K étant une constante. Je poserai l'intégrale elliptique

$$\int \frac{dy}{\sqrt{h + \sin^2\frac{y}{2}}} = u,$$

d'où

$$\psi = K e^{-\alpha u}$$

pour l'intégrale générale de l'équation sans second membre. Pour intégrer l'équation à second membre, je regarderai K comme une fonction de y, ce qui donne

$$2\sqrt{2\mu}\,\frac{dK}{dy}e^{-\alpha u}\sqrt{h + \sin^2\frac{y}{2}} = \mu\varphi,$$

d'où

$$K = \sqrt{\frac{\mu}{8}}\int e^{\alpha u}\varphi\,\frac{dy}{\sqrt{h + \sin^2\frac{y}{2}}} = \sqrt{\frac{\mu}{8}}\int e^{\alpha u}\varphi\, du.$$

et enfin

$$(5) \qquad \psi = e^{-zu}\sqrt{\frac{h}{8}}\int e^{zu}\varphi\, du.$$

Si je pose $z = \beta i$, β sera réel, et j'aurai

$$(6)\quad S_1 = \sqrt{\frac{h}{8}}\left[\cos(\beta u - x)\int \varphi\cos\beta u\, du + \sin(\beta u - x)\int \varphi\sin\beta u\, du\right].$$

Nous discuterons plus loin les expressions (5) et (6); montrons d'abord comment on conduirait les approximations suivantes.

On trouverait

$$(7)\qquad \frac{dS_1}{dx} + 2\sqrt{2p}\sqrt{h + \sin^2\frac{y}{2}}\,\frac{dS_1}{dy} = \Phi,$$

Φ étant une fonction connue de y et de x, périodique par rapport à x et que par conséquent nous pourrons mettre sous la forme

$$\Phi = \Sigma\varphi_n e^{nix},$$

n étant un entier positif ou négatif et φ_n une fonction connue de y; dans la somme du second membre le nombre des termes est limité. Si nous posons alors

$$S_1 = \Sigma\psi_n e^{nix},$$

ψ_n ne dépendant que de y, la fonction ψ_n devra satisfaire à l'équation différentielle

$$in\psi_n + 2\sqrt{2p}\sqrt{h + \sin^2\frac{y}{2}}\,\frac{d\psi_n}{dy} = \varphi_n.$$

Cette équation étant tout à fait de même forme que (4 *ter*) se traitera de la même manière.

Les fonctions S_3, S_4, ... seraient données ensuite par une équation de même forme que (7) et qui se traiterait de la même manière.

Cette méthode a été employée sous une forme assez différente par M. Gyldén dans son Mémoire du Tome IX des *Acta mathematica*.

Discutons maintenant les expressions (5) et (6).

Considérons d'abord le cas ordinaire où $h > 0$; alors $\varphi(y)$ étant une fonction périodique de y sera également une fonction périodique de u, dont la période sera égale à la période réelle de l'intégrale elliptique de u. Je pourrai donc écrire

$$\varphi = \Sigma A_m e^{im\lambda u},$$

λ étant une constante réelle dépendant de la période de l'intégrale u et m étant un entier.

On en déduit

$$\psi = \sqrt{\frac{\mu}{8}} \, \Sigma A_m \frac{e^{im\lambda u}}{\alpha + im\lambda}$$

ou

$$\psi = \sum \frac{\mu A_m}{i} \frac{e^{im\lambda u}}{1 + m\lambda \sqrt{8\mu}},$$

et enfin, si ρ_m et ω_m sont le module et l'argument de A_m,

$$(8) \qquad S_1 = \Sigma \mu \rho_m \frac{\sin(m\lambda u + x\omega_m)}{1 + m\lambda \sqrt{8\mu}}.$$

On voit que chacun des termes de S_1 est développable suivant les puissances de $\sqrt{\mu}$. On peut chercher à effectuer le développement puis à réunir en un seul tous les termes qui contiennent en facteur une même puissance de $\sqrt{\mu}$; on obtiendra ainsi, *au point de vue formel*, le développement de S_1 suivant les puissances de $\sqrt{\mu}$; soit

$$(9) \qquad S_1 = \Sigma T_p \mu^{\frac{p}{2}}.$$

On a

$$T_{p+2} = (-\lambda \sqrt{8})^p \Sigma m^p \rho_m \sin(m\lambda u + x + \omega_m).$$

C'est au même résultat que l'on serait parvenu en appliquant la méthode de M. Bohlin. On aurait développé S suivant les puissances de $\sqrt{\mu}$ et l'on aurait trouvé

$$S = S_0 + S'_1 \sqrt{\mu} + S'_2 \mu + \ldots + S'_p \mu^{\frac{p}{2}} + \ldots$$

La fonction S'_p aurait été à son tour développable suivant les puissances croissantes de ε, et le coefficient de ε n'aurait été autre chose que T_p.

La série T_p aurait été convergente; en effet, si, comme je le suppose, la fonction $\varphi(y)$ est holomorphe pour toutes les valeurs réelles de y, on aura

$$\varphi_m < k h_0^{|m|},$$

k et h_0 étant deux constantes positives ($h_0 < 1$); d'où il suit que la série

$$\Sigma m^p \varphi_m$$

converge absolument, de même *a fortiori* que la série T_{p+2}.

D'autre part, le développement (8) converge, mais il n'en est pas de même du développement (9).

Pour nous en rendre compte, il nous suffira d'envisager un exemple très particulier.

Faisons

$$x = \frac{\pi}{2}, \quad y = o, \quad \omega_m = o, \quad \varphi_m = A^{|m|}, \quad o < A < 1, \quad \lambda = \frac{1}{\sqrt{8}},$$

il viendra

$$T_{p+2} = \Sigma(-m)^p A^{|m|} \qquad (m \text{ variant de } -\infty \text{ à } +\infty),$$

ce qui montre que T_{p+2} est nul si p est impair et égal à

$$2\Sigma m^p A^m \qquad (m \text{ variant de } 1 \text{ à } +\infty).$$

Or nous avons évidemment

$$\Sigma m^p A^m > \Sigma m(m-1)\ldots(m-p-1)A^m = \frac{p! A^p}{(1-A)^{p+1}},$$

d'où, pour $A = \frac{1}{2}$ par exemple,

$$T_{p+2} > 2(p!).$$

Les termes du développement (9) sont alors nuls de deux en deux et ceux qui restent sont plus grands que les termes correspondants du développement

$$2\Sigma q!\, p^{q-1},$$

qui est manifestement divergent.

Ce que je viens de dire du développement de S_1 s'appliquerait évidemment à celui de S_2 et des autres fonctions analogues.

Il n'y a presque rien à changer à ce qui précède dans le cas de $h < 0$, c'est-à-dire dans le cas de la libration. La seule différence est que la période réelle de l'intégrale u, n'est plus

$$u_0 = \int_0^{2\pi} \frac{dy}{\sqrt{R}},$$

mais

$$u_1 = \int_{-\beta}^{+\beta} \frac{dy}{\sqrt{R}},$$

en appelant $\sqrt{R}$ le radical $\sqrt{h + \sin^2\frac{y}{2}}$ et posant

$$\beta = 2\arcsin\sqrt{-h}.$$

La quantité λ doit alors être égale non plus à $\frac{2\pi}{u_0}$, mais à $\frac{2\pi}{u_1}$.

226. Le cas limite où $h = 0$ présente plus d'intérêt. Dans ce cas on a

$$u = \int \frac{dy}{\sin\frac{y}{2}} = 2\log\tan\frac{y}{4},$$

et en posant

$$\tan\frac{y}{4} = t,$$

$$du = \frac{2\,dt}{t}.$$

Soit d'abord, par exemple,

$$\varphi(y) = \sin y,$$

il viendra

$$\varphi(y) = \frac{4t(1-t^2)}{(1+t^2)^2},$$

d'où

$$\psi = t^{-2\alpha}\sqrt{\frac{\mu}{8}\int \frac{4t^{2\alpha}(1-t^2)\,dt}{(1+t^2)^3}}.$$

Or, en intégrant par parties, on trouve

$$\int \frac{t^{2\alpha}(1-t^2)\,dt}{(1+t^2)^2} = \frac{t^{2\alpha+1}}{1+t^2} - 2\alpha\int\frac{t^{2\alpha}\,dt}{1+t^2},$$

d'où

$$(10) \qquad \psi = 4\sqrt{\frac{\mu}{8}}\frac{1}{1+t^2} - it^{-2\alpha}\int\frac{t^{2\alpha}\,dt}{1+t^2}.$$

On pourrait se proposer de développer, au moins au point de vue formel, la fonction ψ suivant les puissances de $\sqrt{\mu}$; mais il vaut peut-être mieux pour cela revenir au cas général.

Quand y varie de 0 à 2π, u varie de $-\infty$ à $+\infty$; $\varphi(y)$ est une fonction de u; supposons qu'elle puisse être représentée par l'intégrale de Fourier sous la forme

$$\varphi = \int_{-\infty}^{+\infty} e^{iqu}\theta(q)\,dq.$$

Pour cela il suffit, puisque $\varphi(y)$ est pour toutes les valeurs réelles de y analytique et périodique, il suffit, dis-je, que

$$\varphi(0) = 0.$$

Nous trouverons alors

$$\psi = \sqrt{\frac{\mu}{8}}\, e^{-\alpha u}\int du \int_{-\infty}^{+\infty} e^{i\alpha+iqu}\theta(q)\,dq.$$

Cette formule contient en réalité une constante arbitraire, puisque les limites de l'intégration par rapport à u sont indéterminées; je disposerai de cette constante de la manière suivante :

Intervertissons l'ordre des intégrations et effectuons l'intégration par rapport à u, il viendra

$$\psi = \sqrt{\frac{\mu}{8}}\, e^{-\alpha u}\int_{-\infty}^{+\infty}\left[\frac{e^{i\alpha+iqu}}{\alpha+iq}\theta(q) + \eta(q)\theta(q)\right]dq.$$

$\eta(q)$ étant une fonction arbitraire de q introduite par l'intégration. On pourrait d'abord dans certains cas supposer cette fonction nulle, et il resterait

$$\psi = \sqrt{\frac{\mu}{8}}\, e^{-\alpha u}\int_{-\infty}^{+\infty}\frac{e^{i\alpha+iqu}\theta(q)\,dq}{\alpha+iq}$$

ou bien

$$(11) \qquad \psi = \frac{\mu}{i}\int_{-\infty}^{+\infty}\frac{e^{iqu}\theta(q)\,dq}{1+q\sqrt{8\mu}}.$$

ou encore, en appelant ρ et ω le module de l'argument de $\theta(q)$,

$$(12) \qquad S_1 = \mu \int_{-\infty}^{+\infty} \frac{\rho \sin(qu + x + \omega)\, dq}{1 + q\sqrt{8\mu}},$$

où ρ et ω sont des fonctions de q.

Mais, pour que la formule (11) ait un sens, il faut que l'intégrale soit finie et pour cela que la fonction sous le signe $\int$ ne devienne pas infinie pour $q = -\dfrac{1}{\sqrt{8\mu}}$, c'est-à-dire que

$$\theta\left(-\frac{1}{\sqrt{8\mu}}\right) = 0.$$

Comme cela n'aura pas lieu en général, on pourrait remplacer la formule (11) par la suivante [ce qui est une autre manière de disposer de la fonction arbitraire $\tau_1(q)$]

$$(11\ bis) \qquad \psi = \frac{\mu}{i} \int_{-\infty}^{+\infty} \frac{e^{iqu} - e^{i\left(qu_0 + x + \frac{u_0 - u}{\sqrt{8\mu}}\right)}}{1 + q\sqrt{8\mu}}\, \theta(q)\, dq,$$

u_0 étant une constante arbitraire, d'où

$$(12\ bis) \qquad \left\{ S_1 = \mu \int_{-\infty}^{+\infty} \frac{\rho\, dq}{1 + q\sqrt{8\mu}} \left[\sin(qu + x + \omega) \right.\right.$$
$$\left.\left. - \sin\left(qu_0 + x + \omega + \frac{u_0 - u}{\sqrt{8\mu}}\right) \right]. \right.$$

Mais on peut encore s'en tirer d'une autre manière. En général, $\theta(q)$ sera une fonction de q qui restera holomorphe si q est réel ou si la partie imaginaire de q n'est pas trop grande. Soit, par exemple,

$$\varphi = \sin y = \frac{4t(1 - t^2)}{(1 + t^2)^2}.$$

Comme on a, d'après la formule de Fourier,

$$\theta(q) = \int_{-\infty}^{+\infty} \frac{\varphi}{2\pi}\, e^{-iuq}\, du,$$

il vient, en remplaçant φ et u en fonctions de t,

$$2\pi\theta(q) = \int_0^\infty \frac{4t^{-2iq}(1-t^2)\,dt}{(1+t^2)^2}.$$

En appliquant à cette intégrale la transformation qui nous a conduits à la formule (10), on trouve

$$2\pi\theta(q) = 8qi\int_0^\infty \frac{t^{-2iq}\,dt}{1+t^2} = \frac{8qi\pi}{e^{\frac{q\pi}{2}} + e^{-\frac{q\pi}{2}}},$$

d'où enfin

$$\theta(q) = \frac{4qi}{e^{\frac{q\pi}{2}} + e^{-\frac{q\pi}{2}}}.$$

On voit que $\theta(q)$ ne cesse d'être holomorphe que quand q est égal à $\sqrt{-1}$ multiplié par un entier impair.

Cela posé, la formule

$$\psi = \int_{-\infty}^{+\infty} e^{iqu}\theta(q)\,dq$$

restera vraie quand l'intégrale sera prise non plus le long de l'axe des quantités réelles, mais le long d'une courbe C restant au-dessus de cet axe, mais s'en éloignant assez peu pour qu'entre cette courbe et cet axe il n'y ait aucun point singulier de $\theta(q)$.

Alors les formules (11) et (12) seront vraies également en prenant les intégrales le long de C; *mais elles le seront sans restriction*, car, quel que soit $\theta(q)$, la quantité sous le signe $\int$ ne deviendra pas infinie le long du chemin d'intégration.

On voit tout de suite une importante propriété de la fonction ψ définie par cette fonction (11). Nous avons sous le signe $\int$ l'exponentielle e^{iqu}; comme la partie imaginaire de q est positive, si u est réel, positif et très grand, le module de cette exponentielle est très petit. Donc pour $u = +\infty$, c'est-à-dire pour $y = 2\pi$, ψ et S_1 s'annulent. On peut aussi remplacer le chemin d'intégration C par un autre chemin C' qui reste au-dessous de l'axe des quantités réelles sans s'en éloigner beaucoup, de façon qu'entre C' et cet axe il n'y ait aucun point singulier de θ.

Les intégrales (11) et (12), prises le long de C', nous donneront d'autres valeurs de ψ et de S_1 que je désignerai par ψ' et S'_1, pour les distinguer des premières.

Comme la partie imaginaire de q est négative, si u est réel, négatif et très grand, l'exponentielle e^{iqu} aura son module très petit. Donc, pour $u = -\infty$, c'est-à-dire pour $y = 0$, ψ' et S'_1 s'annulent.

On peut se demander si ψ est égal à ψ'. On voit qu'entre les deux chemins d'intégration C et C', la quantité sous le signe $\int$ présente un point singulier qui est le point

$$q = -\frac{1}{\sqrt{8\mu}}.$$

Ce point singulier est un pôle. La différence des deux intégrales sera donc égale à $2i\pi$ multiplié par le résidu; ce qui donne

$$\psi' - \psi = \pi \sqrt{\frac{\mu}{2}} \, e^{\frac{-iu}{\sqrt{8\mu}}} \theta\left(-\frac{1}{\sqrt{8\mu}}\right),$$

et, en appelant ρ_0 et ω_0 le module et l'argument de $\theta\left(-\frac{1}{\sqrt{8\mu}}\right)$,

$$S'_1 - S_1 = \pi \sqrt{\frac{\mu}{2}} \, \rho_0 \cos\left(x - \frac{u}{\sqrt{8\mu}} + \omega_0\right).$$

On voit que ψ' n'est pas égal à ψ à moins que

$$\theta\left(-\frac{1}{\sqrt{8\mu}}\right) = \theta(i\infty) = \int_{-\infty}^{+\infty} \frac{\varphi}{2\pi} \, e^{xu} \, du = 0.$$

Cherchons maintenant à développer ψ et ψ' suivant les puissances de $\sqrt{\mu}$; voici ce que nous obtiendrons; soit

$$\psi = \Sigma \mu^{\frac{p}{2}} \psi_p, \qquad \psi' = \Sigma \mu^{\frac{p}{2}} \psi'_p,$$

il viendra

$$\psi_p \quad \text{et} \quad \psi'_p = \int \frac{e^{iqu}}{i} \theta(q) (-q\sqrt{8})^{p-2} \, dq,$$

l'intégrale étant prise le long de C pour ψ_p et le long de C' pour ψ'_p.

Mais, cette fois, la quantité sous le signe $\int$ ne présente pas de point singulier entre C et C'; d'où il résulte que l'on a

$$\psi_p = \psi_{p'}.$$

Ainsi, bien que les fonctions ψ et ψ' ne soient pas égales, leurs développements formels suivant les puissances de $\sqrt{\mu}$ sont identiques. C'est assez dire que ces développements ne sont pas convergents.

Cela montre toutefois que si μ est considéré comme un infiniment petit du premier ordre, la différence $\psi - \psi'$ sera un infiniment petit d'ordre infini, comme est, par exemple, $e^{-\frac{1}{\mu}}$.

Et, en effet, dans le cas particulier où $\varphi(y) = \sin y$, on a

$$\varphi\left(-\frac{1}{\sqrt{8\mu}}\right) = \frac{-i\sqrt{\frac{\mu}{2}}}{e^{\frac{\pi}{4\sqrt{2\mu}}} + e^{-\frac{\pi}{4\sqrt{2\mu}}}},$$

ce qui montre que les différences $\psi - \psi'$ et $S_1 - S'_1$ sont du même ordre de grandeur que

$$\frac{1}{\sqrt{\mu}} e^{-\frac{\pi}{4\sqrt{2\mu}}}.$$

227. Nous retrouverons plus loin les mêmes résultats par des moyens plus simples, mais je tenais à les présenter sous cette forme, afin de mieux faire comprendre le passage du cas ordinaire au cas limite.

Comparons en effet les formules (8) et (12). Dans la formule (8), nous avons une série où entre la quantité $m\lambda$; comme m est un entier, $m\lambda$ ne pourra prendre que certaines valeurs qui seront d'autant plus rapprochées les unes des autres que λ sera plus petit. Quand h tend vers zéro, la période de l'intégrale u croît indéfiniment, et λ tend vers zéro. Les valeurs de $m\lambda$ deviennent de plus en plus rapprochées et, à la limite, la série se transforme en une intégrale, ce qui conduit à la formule (12).

Mais quand λ décroîtra ainsi d'une manière continue, il passera par certaines valeurs pour lesquelles il se produira une circonstance qui mérite de fixer l'attention.

Si $\dfrac{1}{\lambda\sqrt{8\mu}}$ devient entier, l'un des dénominateurs de la formule (8)

$$1 + m\lambda\sqrt{8\mu}$$

s'annule et la formule devient illusoire. Et en effet un des termes de cette formule devient infini. Dans ce cas, il est aisé de voir que le terme qui devient ainsi infini doit être remplacé par

$$(13)\qquad \sqrt{\frac{\mu}{8}}\,A_m\,u\,e^{-\alpha u} = \sqrt{\frac{\mu}{8}}\,A_m\,u e^{im\lambda u}$$

et, en effet, on a

$$\psi = \sqrt{\frac{\mu}{8}}\,e^{-\alpha u}\,\Sigma\,A_m\int e^{(im\lambda+\alpha)u}\,du.$$

Si $im\lambda + \alpha$ n'est pas nul, l'intégrale du second membre est égale à

$$\frac{e^{(im\lambda+\alpha)u}}{im\lambda + \alpha}$$

plus une constante que l'on peut supposer nulle. Mais, si $im\lambda + \alpha$ est nul, cette intégrale est égale à u plus une constante que l'on peut supposer nulle.

En substituant ainsi l'expression (13) dans ψ à la place du terme qui deviendrait infini, la fonction ψ ne devient plus infinie, mais elle cesse d'être périodique par rapport à u.

228. Revenons au cas limite où h est nul et supposons d'abord

$$\varphi(y) = \sin y.$$

La formule (10) nous donne alors

$$\psi = 4\sqrt{\frac{\mu}{8}}\,\frac{t}{1+t^2} - it^{-2\alpha}\int_0^t \frac{t^{2\alpha}\,dt}{1+t^2} + C\,t^{-2\alpha},$$

C étant une constante d'intégration. Le premier terme est développable suivant les puissances croissantes de t, pourvu que t soit plus petit que 1. Il en est de même du second terme, car

$$\frac{t^{2\alpha}}{1+t^2} = \Sigma\,t^{(2\alpha+2n)}(-1)^n,$$

On en conclut, en effectuant l'intégration,

$$\psi = \sqrt{2\mu} \, \Sigma \, t^{(2n+1)}(-1)^n - i \sum \frac{t^{2n+1}(-1)^n}{2\alpha - 2n + 1} + C\, t^{-2\alpha},$$

On voit ainsi que, pour $t = 0$, $\psi - C\, t^{-2\alpha}$ s'annule. D'autre part, comme la partie réelle de α est nulle, l'expression $t^{-2\alpha}$ ne s'annule pas pour $t = 0$.

Pour que la fonction ψ s'annule pour $t = 0$, c'est-à-dire pour $u = -\infty$, il faut donc et il suffit que la constante C s'annule. La fonction que nous avons appelée ψ' au n° **226** est donc égale à

$$\psi' = \sqrt{2\mu} \, \frac{t}{1 + t^2} - i\, t^{-2\alpha} \int_0^t \frac{t^{2\alpha}\, dt}{1 + t^2}.$$

Je puis écrire aussi la formule (10) sous la forme

$$\psi = \sqrt{2\mu} \, \frac{t}{1 + t^2} + i\, t^{-2\alpha} \int_t^\infty \frac{t^{2\alpha}\, dt}{1 + t^2} + C'\, t^{-2\alpha},$$

C' étant une nouvelle constante.

Si nous supposons que t soit plus grand que 1 et que nous développions suivant les puissances décroissantes de t, il viendra

$$\psi = \sqrt{2\mu} \, \Sigma \, t^{-(2n+1)}(-1)^n + i \sum \frac{t^{-(2n+1)}(-1)^n}{2n + 1 - 2\alpha} + C'\, t^{-2\alpha}.$$

Le premier et le second terme s'annulent pour $t = \infty$, mais il n'en est pas de même du troisième.

Pour que la fonction ψ s'annule pour $t = \infty$, c'est-à-dire pour $u = +\infty$, il faut donc et il suffit que la constante C' s'annule. La fonction que nous avons appelée ψ au n° **226** est donc égale à

$$\psi = \sqrt{2\mu} \, \frac{t}{1 + t^2} + i\, t^{-2\alpha} \int_t^\infty \frac{t^{2\alpha}\, dt}{1 + t^2}.$$

Pour que ψ fût égal à ψ', il faudrait donc que l'on eût

$$\int_0^\infty \frac{t^{2\alpha}\, dt}{1 + t^2} = 0,$$

ce qui, comme nous l'avons vu plus haut, n'a pas lieu.

Plus généralement, supposons que $\varphi(y)$ s'annule pour $y = 0$, il viendra

$$\psi = t^{-2\alpha} \sqrt{\frac{\mu}{8}} \int \varphi \, t^{2\alpha-1} \, dt.$$

φ s'annule pour $y = 0$, c'est-à-dire pour $t = 0$ et pour $y = 2\pi$, c'est-à-dire pour $t = \infty$. Soit donc d'abord t petit et développons φ suivant les puissances de t, soit

$$\varphi = \Sigma A_n t^n,$$

d'où

$$\psi = \sqrt{\frac{\mu}{8}} \, t^{-2\alpha} \int_0^t \varphi \, t^{2\alpha-1} \, dt + C t^{-2\alpha} = \sqrt{\frac{\mu}{8}} \, \Sigma A_n \frac{t^n}{2\alpha + n} + C t^{-2\alpha},$$

C étant une constante d'intégration. Pour que cette expression s'annule pour $t = 0$, il faut et il suffit que C soit nul. La fonction ψ' du n° **226** est donc égale à

$$(14) \qquad \psi' = \sqrt{\frac{\mu}{8}} \, t^{-2\alpha} \int_0^t \varphi \, t^{2\alpha-1} \, dt = \sqrt{\frac{\mu}{8}} \, \Sigma A_n \frac{t^n}{2\alpha + n}.$$

Soit maintenant t très grand ; développons φ suivant les puissances décroissantes de t et soit

$$\varphi = \Sigma B_n t^{-n},$$

il viendra

$$\psi = -\sqrt{\frac{\mu}{8}} \, t^{-2\alpha} \int_t^\infty \varphi \, t^{2\alpha-1} \, dt + C' t^{-2\alpha} = \sqrt{\frac{\mu}{8}} \, \Sigma \frac{B_n t^{-n}}{2\alpha + n} + C' t^{-2\alpha} ;$$

C' étant une constante d'intégration. Pour que cette expression s'annule pour $t = \infty$, il faut et il suffit que C' soit nul. La fonction ψ du n° **226** est donc égale à

$$(15) \qquad \psi = -\sqrt{\frac{\mu}{8}} \, t^{-2\alpha} \int_t^\infty \varphi \, t^{2\alpha-1} \, dt = \sqrt{\frac{\mu}{8}} \, \Sigma \frac{B_n t^{-n}}{2\alpha - n}.$$

Pour que ψ fût égale à ψ', il faudrait que

$$\int_0^\infty \varphi \, t^{2\alpha-1} \, dt = \frac{1}{2} \int_{-\infty}^{+\infty} \varphi \, e^{2\alpha u} \, du = 0,$$

c'est-à-dire que

$$\theta(i\alpha) = 0,$$

ce qui n'a pas lieu en général.

Développons maintenant les expressions (14) et (15) suivant les puissances de $\sqrt{\mu}$. On trouve

$$\psi' = \frac{\mu}{2i} \Sigma A_n \frac{t^n}{1 - in\sqrt{2\mu}},$$

ce qui nous donne pour le développement formel de ψ'

$$(16) \qquad \psi' = \Sigma T'_p \mu^{\frac{p+2}{2}}, \qquad T'_p = \frac{1}{2i} \Sigma A_n t^n n^p (\sqrt{-2})^p.$$

La formule (15) nous donne de même

$$\psi = \frac{\mu}{2i} \Sigma B_n \frac{t^{-n}}{1 - in\sqrt{2\mu}},$$

d'où

$$(16\ bis) \qquad \psi = \Sigma T_p \mu^{\frac{p+2}{2}}, \qquad T_p = \frac{1}{2i} \Sigma B_n t^n n^p (-\sqrt{-2})^p.$$

Sous cette forme l'identité des deux développements n'est pas aussi immédiatement manifeste que sous la forme que nous lui avions donnée d'abord.

229. Mais il est aisé de passer de l'une à l'autre.

Nous avons, en effet,

$$\theta(q) = \int_{-\infty}^{+\infty} \frac{\varphi}{2\pi} e^{-iqu}\, du.$$

Je dis que $\theta(q)$ est une fonction méromorphe de q qui n'a d'autre singularité que des pôles et dont les pôles sont égaux à $\frac{1}{2} i$ multiplié par un entier positif ou négatif. Écrivons, en effet,

$$2\pi\theta(q) = \int_0^\infty \varphi e^{-iqu}\, du + \int_{-\infty}^0 \varphi e^{-iqu}\, du.$$

Si la partie imaginaire de q est positive, la seconde intégrale est une fonction holomorphe de q, ne présentant aucune singularité; car, pour $u = -\infty$, φ et e^{-iqu} s'annulent. Il peut ne pas en être de même de la première.

Si, au contraire, la partie imaginaire de q est négative, la première intégrale sera une fonction holomorphe de q, mais il pourra n'en pas être de même de la seconde.

Étudions donc les singularités que peut présenter la seconde intégrale quand la partie imaginaire de q est négative. Supposons que cette partie imaginaire soit plus grande que $-\dfrac{n}{2}$. Reprenons le développement

$$\varphi = \Sigma A_n t^n = \Sigma A_n e^{+\frac{nu}{2}}.$$

Nous pourrons écrire

$$\varphi = A_1 e^{+\frac{u}{2}} + A_2 e^{+u} + \ldots + A_n e^{+\frac{nu}{2}} + R_n$$

et, quand u tendra vers $-\infty$, $R_n e^{-\frac{nu}{2}}$ tendra vers zéro. La seconde intégrale peut s'écrire alors

$$J_1 + J_2 + \ldots + J_n + S_n,$$

où

$$J_K = A_K \int_{-\infty}^0 e^{\left(\frac{K}{2}-iq\right)u}\,du, \qquad S_n = \int_{-\infty}^0 R_n e^{-iqu}\,du.$$

L'intégrale J_K n'a pas de sens par elle-même dès que la partie imaginaire de q est plus petite que $-\dfrac{K}{2}$ et l'on ne peut lui en attribuer un que par continuité analytique. On trouve alors

$$J_K = \frac{A_K}{\dfrac{K}{2}-iq}.$$

Quant à S_n, tant que la partie imaginaire de q est plus grande que $-\dfrac{n}{2}$, c'est une fonction de q qui ne présente aucune singularité, car la quantité sous le signe $\int$ s'annule pour $u=\infty$.

On voit ainsi que la seconde intégrale est une fonction méromorphe de q admettant pour pôles

$$q = -i\frac{K}{2} \qquad \text{(K entier positif)}$$

avec le résidu

$$iA_K.$$

On verrait de même que la première intégrale est une fonction méromorphe de q admettant pour pôles

$$q = i \frac{K}{2} \qquad \text{(K entier positif)}$$

avec le résidu

$$- i B_K.$$

Les pôles de $\theta(q)$ sont donc

$$q = \pm i \frac{K}{2}$$

avec les résidus respectifs

$$\frac{B_K}{2 i \pi},$$

quand on prend le signe supérieur et

$$- \frac{A_K}{2 i \pi},$$

quand on prend le signe inférieur.

Reprenons alors la formule (11) et supposons que l'intégrale soit prise le long de la courbe C.

Construisons un cercle K ayant pour centre l'origine et pour rayon $\frac{2m+1}{4}$, m étant très grand. Soit K_1 la partie de ce cercle qui est située au-dessus de la courbe C. Soit C_1 la partie de la courbe C qui est intérieure au cercle K.

Les deux arcs C_1 et K_1 formeront un contour fermé et l'intégrale (11), prise le long de ce contour, sera égale à $2 i \pi$ multiplié par la somme des résidus relatifs aux pôles intérieurs au contour; c'est-à-dire à la somme des m premiers termes de la série (15).

On montrerait que l'intégrale (11) prise le long de K_1 tend vers zéro quand m croît indéfiniment; le calcul se ferait sans difficulté, mais il est inutile puisque nous savons d'avance que la série (15) est convergente.

L'intégrale prise le long de C_1 tend vers ψ; donc ψ est égal à la somme de la série (15).

Nous retrouvons ainsi le développement (14) ainsi que les développements (16) et (16 *bis*).

Ce qui précède suffira pour faire comprendre comment on peut passer des développements du n° **226** à ceux du n° **228**.

230. On peut se proposer maintenant de rattacher les développements du n° 228 à ceux du Chapitre VII.

Nous avons vu au n° 225 que, quand $\varepsilon = 0$, les équations admettent une solution périodique simple

$$x = t, \qquad p = y = q = 0$$

avec les exposants caractéristiques $\pm \sqrt{2\mu}$ et que les solutions asymptotiques correspondantes sont

$$p = 0, \qquad q = \pm \sqrt{2\mu} \sin \frac{y}{2}, \qquad \tan g \frac{y}{4} = C e^{\pm t \sqrt{2\mu}}, \qquad x = t.$$

La troisième de ces équations peut aussi s'écrire

$$\cot \frac{y}{4} = C e^{t \sqrt{2\mu}}$$

ou

$$\tan g \frac{y}{4} = C e^{t \sqrt{2\mu}},$$

suivant qu'on prend le signe supérieur ou le signe inférieur.

Comme les exposants caractéristiques ne sont pas nuls, les principes des Chapitres III et IV nous apprennent que, pour les petites valeurs de ε, il existera encore une solution périodique; nous aurons encore $x = t$, pendant que p, y et q seront des fonctions de t et de ε, développables suivant les puissances croissantes de ε, s'annulant avec ε et périodiques de période 2π par rapport à t.

De même les exposants caractéristiques qui seront égaux et de signe contraire, et que j'appellerai $\pm \beta$, seront développables suivant les puissances croissantes de ε ($Cf.$ Chapitre IV); β se réduira à $+\sqrt{2\mu}$ pour $\varepsilon = 0$.

Pour les petites valeurs de ε il existera également deux séries de solutions asymptotiques qui se présenteront sous la forme suivante; pour la première série, nous aurons

$$(17) \qquad x = t, \qquad p = \tau_{11}, \qquad q = \tau_{12}, \qquad \cot \frac{y}{4} = \tau_{13},$$

τ_{11}, τ_{12} et τ_{13} étant des séries développées suivant les puissances de $C e^{-\beta x}$, et dont les coefficients sont périodiques en t.

Pour la seconde série, nous aurons

$$(17 \; bis) \qquad x = t, \qquad p = \eta'_1, \qquad q = \eta'_2, \qquad \operatorname{tang} \frac{y}{4} = \eta'_3;$$

η'_1, η'_2 et η'_3 étant des séries développées suivant les puissances de $Ce^{+\beta x}$ et dont les coefficients sont périodiques en t.

Si nous considérons maintenant ces quantités comme fonctions de ε, le n° 106 nous apprendra que les six fonctions η_i sont développables suivant les puissances croissantes de ε.

Si nous les considérons comme fonctions de μ, le n° 104 nous apprendra que chacun des termes des six fonctions η_i aura un coefficient de la forme

$$\frac{N}{\Pi},$$

N étant un polynôme développé suivant les puissances croissantes de $\sqrt{\mu}$ et de β et Π étant un produit de facteurs de la forme

$$m\sqrt{-1} + n\beta,$$

m et n étant des entiers positifs ou négatifs.

$\dfrac{N}{\Pi}$, comme nous l'avons vu au n° 108, peut être développé suivant les puissances de $\sqrt{\mu}$, mais le développement est en général purement formel parce que les exposants caractéristiques s'annulent pour $\mu = 0$.

Transformons maintenant les expressions (17) et (17 bis). Commençons par remplacer partout t par x. Résolvons ensuite l'équation

$$\cot \frac{y}{4} = \eta_3$$

par rapport à C, nous trouverons

$$Ce^{\beta x} = \zeta.$$

Si nous observons que, pour $\varepsilon = 0$, η_3 se réduit à $Ce^{\beta x}$; nous verrons que ζ peut se développer suivant les puissances de ε et de $\cot \frac{y}{4}$ et que ses coefficients sont périodiques en x.

Substituons ζ à la place de $Ce^{\beta x}$ dans η_1 et η_2; alors η_1 et η_2

deviendront des fonctions de x et de y et l'expression

$$r_{i1}\,dx + r_{i2}\,dy$$

sera une différentielle exacte dS. Intégrons cette différentielle, nous obtiendrons une certaine fonction S jouissant des propriétés suivantes :

1° Ses dérivées seront périodiques par rapport à x.

2° Elle sera développable suivant les puissances de z et de $\cot\frac{y}{4}$.

3° Un terme quelconque de

$$\frac{dS}{dx} = r_{i1} \qquad \text{ou de} \qquad \frac{dS}{dy} = r_{i2}$$

se composera du cosinus ou du sinus d'un multiple de x, multiplié par une puissance de $\cot\frac{y}{4}$, par une puissance de z, et par un coefficient de la forme

$$\frac{N}{\Pi},$$

où N est développable suivant les puissances de z, de $\sqrt{\mu}$ et de β, et où Π est un produit de facteurs de la forme

$$m\sqrt{-1} + n\beta.$$

4° L'expression $\dfrac{N}{\Pi}$ est développable suivant les puissances de z et de $\sqrt{\mu}$; il en est donc de même de S ; seulement, tandis que le développement de S suivant les puissances de z est convergent, le développement suivant les puissances de $\sqrt{\mu}$ n'a de valeur qu'au point de vue formel.

Nous aurions pu opérer de même sur l'expression (17 *bis*) et nous aurions obtenu une fonction S' tout à fait analogue à la fonction S, avec cette seule différence qu'au lieu d'être développée suivant les puissances de z et de $\cot\frac{y}{4}$, elle serait développée suivant les puissances de z et de $\tang\frac{y}{4}$.

J'ai dit que S (et S') est développable suivant les puissances de z ; soit donc

$$S = S_0 + S_1 z + S_2 z^2 + \ldots$$

Alors S_1 n'est autre chose que la partie réelle de ψe^{ix}; et ψ se présente sous la forme d'un développement procédant suivant les puissances de $\cot\frac{y}{4}$, c'est-à-dire suivant les puissances décroissantes de la variable que j'ai appelée t au n° 228.

Ce développement n'est autre chose que le développement (15).

Voyons ce que deviennent dans cette transformation les expressions $\frac{N}{\Pi}$.

N est développable suivant les puissances de ε; d'autre part, β étant développable également suivant les puissances de ε, il en sera de même de

$$\frac{1}{m\sqrt{-1} + n\beta}$$

et le premier terme du développement sera

$$\frac{1}{m\sqrt{-1} + n\sqrt{2\mu}}.$$

Supposons donc que nous ayons une expression $\frac{N}{\Pi}$ où le premier terme du développement de N suivant les puissances de ε se réduise à $\frac{\varepsilon\mu}{2} B_n$ et où le produit Π se réduise à un seul facteur

$$\sqrt{-1} - n\beta.$$

Alors le développement de $\frac{N}{\Pi}$ aura pour premier terme

$$\frac{\varepsilon\mu}{2}\frac{B_n}{\sqrt{-1} - n\sqrt{2\mu}} = \varepsilon\sqrt{\frac{\mu}{8}}\frac{B_n}{2\alpha - n}.$$

Ainsi s'explique, dans le développement (15), la présence du coefficient

$$\frac{B_n}{2\alpha - n}.$$

De même S' est développable suivant les puissances de ε, ce qui donne

$$S' = S_0 + S'_1 \varepsilon + \dots;$$

S_1 est la partie réelle de $\psi e^{i x}$, et ψ se présente sous la forme d'un développement procédant suivant les puissances de t et qui n'est autre chose que le développement (14).

231. Les fonctions S et S' se présentent sous la forme de développements. Le développement de S procédant suivant les puissances de $\cot\frac{y}{4}$, n'est convergent que quand y est voisin de 2π; celui de S', procédant suivant les puissances de $\tang\frac{y}{4}$, n'est convergent que quand y est voisin de zéro. Mais on peut, par continuité analytique, définir S et S' pour des valeurs de y quelconques; on peut « continuer » ainsi ces fonctions de telle façon qu'elles soient définies toutes deux pour les valeurs de y comprises entre y_0 et y_1, y_0 et y_1 étant elles-mêmes comprises entre 0 et 2π.

On peut se demander si dans ce champ où elles sont définies toutes deux, les fonctions S et S' sont égales. La réponse doit être négative. En effet, si l'on avait identiquement

$$S = S',$$

les termes des développements convergents de S et S', suivant les puissances de ε, devraient être égaux et l'on devrait avoir en particulier

$$S_1 = S'_1,$$

et par conséquent

$$\psi = \psi'.$$

Or nous avons vu dans les numéros précédents que ψ n'est pas égal à ψ'.

Ainsi S n'est pas égal à S'; on peut tirer de là une conséquence importante. Nous savons que S et S' sont développables *formellement* suivant les puissances de $\sqrt{\mu}$; soient

$$(18) \quad \begin{cases} S = T_0 + T_1\sqrt{\mu} + T_2\mu + \dots \\ \dots\dots\dots\dots\dots\dots\dots\dots \\ S' = T'_0 + T'_1\sqrt{\mu} + T'_2\mu + \dots \end{cases}$$

ces développements peuvent s'obtenir, soit par les procédés des n^{os} **207** à **210**, soit en partant des séries (17) et (17 *bis*), les développant suivant les puissances de $\sqrt{\mu}$ (*Cf.* n° **108**) et les traitant ensuite comme je l'ai fait au numéro précédent.

La fonction T_i est, pour y voisin de 2π, développable suivant les puissances de z et de $\cot\frac{y}{4}$ et la fonction T'_i, pour y voisin de zéro, se développe suivant les puissances de z et de $\tan\frac{y}{4}$. Cette propriété est caractéristique. La fonction S est la seule, en effet, qui soit développable suivant les puissances de z et de $\cot\frac{y}{4}$ et qui satisfasse à l'équation (2); de même S' est la seule fonction qui soit développable suivant les puissances de z et de $\tan\frac{y}{4}$ et qui satisfasse à l'équation (2).

D'autre part, les n°ˢ **207** à **210** nous apprennent que les fonctions T_i peuvent être mises sous la forme de séries procédant suivant les sinus et les cosinus des multiples de $\frac{y}{2}$. Elles sont donc développables à la fois suivant les puissances de z et de $\cot\frac{y}{4}$ pour y voisin de 2π, et suivant celles de z et de $\tan\frac{y}{4}$ pour y voisin de zéro.

On a donc

$$T_i = T'_i.$$

Si donc les développements (18) étaient convergents, on aurait

$$S = S'.$$

Donc les développements (18) *divergent.*
Donc les développements du n° **108**, *d'où on peut les tirer, ne convergent pas non plus.*

(*Cf.* Tome I, p. 351, lignes 3 sqq., et Tome II, p. 392, ligne 13.)

232. J'ai supposé, dans ce qui précède, que $\varphi(y)$ s'annule pour $y = 0$. Cette restriction n'a rien d'essentiel. Si $\varphi(0)$ ne s'annulait pas et était égal par exemple à A_0, il suffirait d'ajouter aux développements (14) et (15) un terme

$$\sqrt{\frac{\mu}{8}\frac{A_0}{2z}};$$

et d'ajouter la même constante aux intégrales (11) qui définissent ψ et ψ'.

J'ai insisté assez longuement sur cet exemple, qui non seulement me permettait de démontrer la divergence des séries des n°^{os} 108 et 207, mais qui présentait encore d'autres avantages.

D'abord il montrait comment on peut passer des développements analogues à ceux du n° 225 à des développements analogues à ceux du n° 104, en passant par l'intermédiaire des développements des n°^{os} 226 et 228.

Ensuite les singularités que j'ai signalées dans les lignes qui précèdent sont la première indication de l'existence des solutions périodiques du deuxième genre et doublement asymptotiques, sur lesquelles je me réserve de revenir plus tard.

FIN DU TOME SECOND.

TABLE DES MATIÈRES

DU TOME DEUXIÈME.

CHAPITRE VIII.

CALCUL FORMEL.

CHAPITRE IX.

MÉTHODES DE MM. NEWCOMB ET LINDSTEDT.

CHAPITRE X.

APPLICATION A L'ÉTUDE DES VARIATIONS SÉCULAIRES.

CHAPITRE XI.

APPLICATION AU PROBLÈME DES TROIS CORPS.

CHAPITRE XII.

APPLICATION AUX ORBITES PEU EXCENTRIQUES.

CHAPITRE XIII.

DIVERGENCE DES SÉRIES DE M. LINDSTEDT.

CHAPITRE XIV.

CALCUL DIRECT DES SÉRIES.

CHAPITRE XV.

AUTRES PROCÉDÉS DE CALCUL DIRECT.

CHAPITRE XVI.

MÉTHODES DE M. GYLDÉN.

CHAPITRE XVII.

CAS DES ÉQUATIONS LINÉAIRES.

CHAPITRE XVIII.

CAS DES ÉQUATIONS NON LINÉAIRES.

CHAPITRE XIX.

MÉTHODES DE M. BOHLIN.

CHAPITRE XX.

SÉRIES DE M. BOHLIN.

CHAPITRE XXI.

EXTENSION DE LA MÉTHODE DE M. BOHLIN

FIN DE LA TABLE DES MATIÈRES DU TOME DEUXIÈME.

48591   Paris. — Imprimerie GAUTHIER-VILLARS ET FILS, quai des Grands-Augustins, 55.